MULTILEVEL ANALYSIS
TECHNIQUES AND APPLICATIONS (3RD ED.)

다층모형분석 _{원서 3판}

기법과 적용

Joop J. Hox · Mirjam Moerbeek · Rens van de Schoot 공저
김준엽 · 박현정 · 신혜숙 공역

학지사

1990년대 초반, 다층모형이 우리나라에 처음 소개되고, 한국교육개발원의 한국교육종단연구를 위시하여 다양한 패널자료들이 생산되면서 다층모형은 조직효과 연구와 발달연구를 중심으로 우리나라에서 다양하게 활용되고 있다. 특히 사회과학분야에서 다루는 자료들은 개인이 집단에 소속되어 있거나, 개인 혹은 집단을 반복측정한 경우가 많기 때문에 이러한 자료의 본질적 구조를 분석에 적절히 반영하기 위한 통계기법으로 다층모형은 많은 연구자의 선택을 받아 왔다.

그러나 한편으로는, 많은 사람이 자신의 학위논문 등에 다층모형을 적용하고 싶어하지만 통계에 대한 두려움으로 인해 새로운 분석을 시도해 보기보다는 통과가 검증된 기존의 분석방법을 답습하기도 한다. 아마도 구조방정식과 같이 도식에 기반하여 직관적 이해가 용이한 (혹은 용이하다고 느끼는) 분석방법에 비해, 수식에 기반하여 모형이 제시되는 다층모형에 대한 진입장벽이 더 높다고 느껴질 수 있을 것이다.

그간 대학원 수업 혹은 다양한 다층모형 관련 특강을 진행하면서, 그리고 다층분석을 수행한 국내 다양한 연구물을 살펴보면서 느낀 점은, 우선 한글로 된 입문서에 대한 요구가 많았다는 것이다. 최근 다층모형 전문서(강상진, 2016)가 출간되어 이에 대한 갈증이 어느 정도 해소되기는 했으나 다층모형의 방법론적 발전내용을 전반적으로 아우르는 입문서는 여전히 부족한 실정이다.

다음으로, 다층모형을 활용한 연구물의 수는 양적으로 크게 성장했지만, 적용된 모형은 매우 제한적이라는 점이다. 국내 대다수의 연구물들은 학교-학생 등의 2수준 내재자료를 이용한 다층회귀분석 혹은 시점-개인 내재자료를 이용한 다층성장모형의 범주에 포함된다. 다양한 형태의 표본설계 및 이에 따른 내재된 구조와 종속변인의 특성을 반영할 수 있도록 다층모형은 확장 · 발전되었으나, 이러한 모형들에 대한 소개가 부족하였고 확장된 모형을 활용한 연구성과 또한 상대적으로 저조한 측면이 있었다.

마지막으로, 다층모형을 적용한 많은 연구가 모형선택, 표본의 크기와 결측처리방법, 추정방법, 중심화방법 및 무선효과의 설정 등 분석과 해석의 적절성에 대해 판단할 수 있을 만한 충분한 분석 관련 정보를 제공하지 않거나, 부적절하게 선택된 경우가 많았다. 분석절차 및 결과의 해석과 보고에 관한 충실한 가이드라인이 제공된다면 연구의 질은 훨씬 향상될 수 있을 것이란 생각을 가지게 되었다. 연구 및 강의활동을 통해 느낀 이런 아쉬움들이 이 책을 번역하고자 마음먹은 동기가 되었다.

이 책의 원저자인 Hox, Moerbeek, van de Schoot 교수의 『Multilevel Analysis: Techniques and Applications』는 저자들이 서문에서 밝히고 있듯, 다층분석에 대한 입문서로 기획되었다. 중다회귀분석 및 분산분석에 대한 기본적인 지식을 가진 연구자들이 큰 어려움 없이 읽어 낼 수 있도록 서술되어 다층모형의 학습을 위한 좋은 길잡이가 될 것으로 기대한다. 특히 3판에 이르러 전통적인 2수준 다층회귀분석뿐만 아니라 일반화 다층모형, 교차분류 다층모형, 다층생존분석, 다변량 다층모형 및 메타분석, 다층구조방정식 등 보다 확장되고 발전된 형태의 다층모형을 실제 자료분석 결과와 함께 소개하고, 웹사이트를 통해 데이터를 제공하고 있으므로 국내 자료를 활용한 다층모형 응용연구의 영역을 확장하는 데 큰 도움이 될 것이라 생각한다.

입문서로서의 가치와 더불어 이 책은 다층모형 분석과정에서 연구자들이 대면하게 되는 다양한 현실적 질문들, 예컨대 표본의 크기와 검증력, 추정방식의 선택과 장단점, 고정 및 무선모수에 대한 가설검증 방식에 대한 소프트웨어별 비교 등에 충실한 논의를 제공하고 있으며 이와 관련된 참고문헌을 풍부하게 제공하고 있으므로 전문 연구자들은 다층모형 분석의 가이드북으로 유용하게 활용할 수 있을 것이다.

이 책을 읽는 독자들에게 다음과 같은 사항을 강조하고 싶다. 우선, 구조방정식이든 다층모형이든 제대로 이해하고 적용하기 위해서 어느 정도의 수리적 배경지식은 반드시 필요하며, 쿡북(cookbook) 형태의 클릭 따라가기식 입문서를 통해 프로그램을 '돌리는 데' 성공할 수 있을지 몰라도 본인의 분석이 타당한 것인지, 결과가 무엇을 의미하는지를 제대로 알기는 어렵다는 점을 강조하고 싶다. 다층모형은 분산분석과 회귀분석을 통합하고 확장한 모형이므로 다층모형의 논리를 제대로 이해하고, 결과를 적절히 해석하기 위해서는 분산분석과 회귀분석에 대한 충실한 학습이 전제되어야 한다. 특히 범주형 예측변수의 코딩, 상호작용의 명세화와 해석, 중심화, 분산의 분해 등 분산분석과 회귀분석의 중요한 개념들을 단단하게 학습하고 다층분석을 공부한다면 훨씬 친숙하고 수월하게 다층분석이라는 강력한 연구의 무기를 손에 쥘 수 있게 될 것이다.

다음으로 강조하고 싶은 부분은 경험의 중요성이다. 실제로 데이터에 손을 담그고 분석을 해 보는 경험은 통계분석에서 무엇보다 중요하다. 실제 데이터를 다루는 과정에서 책에서는 언급되지 않은 다양한 현실적 문제를 만나게 되고 이러한 문제들을 고민하고 해결해 나가는 과정에서 분석역량이 길러지게 된다. 수업이나 워크숍에서 다루는 잘 정리된 데이터와 명확한 결과들은 비유하자면 밀키트로 요리하는 것과 같다. 실제 데이터를 수집, 가공, 분석하여 결과를 도출하는 과정은 요리재료를 장만하고(때로는 스스로 재배하는 것도 포함하여!), 요리에 맞게 다듬고, 조리방법을 고민하여 요리하고, 적절하게 플레이팅하는 것까지 요리의 전 과정을 해내는 것에 비유할 수 있을 것이다.

이 책이 다층분석의 입문서이자 가이드북으로, 다층분석을 공부하는 다양한 단계의 연구자들의 여정에 늘 함께하는 충실한 동반자가 되기를 기대한다.

2023년 3월
역자 일동

> To err is human, to forgive divine,
> but to include errors into your design is statistical.
> – Leslie Kish

　이 책은 학생 및 연구자들을 위한 다층분석의 소개서로 기획되었다. '다층'이라는 용어는 위계적인 혹은 내재된 자료구조로, 주로 개인들이 조직 혹은 집단에 소속된 구조를 지칭한다. 그러나 내재된 구조는 개인이 반복측정된 자료 혹은 군집표집과 같은 자료에서도 발견할 수 있으며, 다층모형이란 표현은 이러한 내재된 자료의 분석을 위한 모형을 통칭한다. 다층분석은 다층적 자료구조의 서로 다른 층위에서 측정된 변수들 간의 관계를 분석하기 위해 사용되는 통계모형이다. 이 책은 두 가지 종류의 다층모형을 심층적으로 다루고 있는데, 다층회귀모형과 다층구조방정식모형이 그것이다. 많은 연구 분야에서 다층분석이 활용되고 있지만 이 책에서는 주로 사회과학 및 행동과학 분야의 예시들을 다룬다.

　지난 수십 년간 강력하고 접근 가능한 다양한 다층분석 소프트웨어가 단독 프로그램 혹은 범용 통계프로그램에 포함된 패키지 형태로 개발되었고, 이 책의 이전 판을 포함하여 몇몇 핸드북도 출판되었다. 다층분석에 대한 학문적 관심도 지속되고 있는데, 다양한 학술논문과 리뷰, 심리학, 사회학, 교육학 및 의학을 아우르는 다양한 분야에서의 적용연구, 1,400명 이상의 구독자를 가지고 점점 확대되어 가는 인터넷 토론그룹, 20년 이상 격년제로 개최되고 있는 다층모형 국제 콘퍼런스 등이 이를 방증한다. 개인이 집단에 내재된 데이터의 분석만을 주로 다루던 초기의 다층모형은 복잡한 데이터를 다루기 위한 매우 유연한 방법론으로 발전하면서, 전통적인 집단에 소속된 개인에 대한 분석뿐만 아니라 반복측정 및 종단자료, 계량사회학 분석, 커플 자료 분석, 메타분석 및 집단무선화시행 자료의 분석에도 기여해 왔다.

이 책은 두 유형의 다층모형, 즉 다층회귀모형과 다층구조방정식모형(MSEM)을 다루고 있다.

다층회귀모형은 익숙한 중다회귀모형을 다층구조로 확장한 통계모형이다. Cohen과 Cohen(1983), Pedhazur(1997) 및 여타 연구물에서 밝혀진 바와 같이 중다회귀모형은 확장성이 매우 뛰어나다. 일반적인 중다회귀모형뿐만 아니라 범주형 변수를 더미코딩하여 분산분석에 활용하는 것도 가능하다. 다층모형은 전통적 중다회귀모형의 확장이므로 이 또한 매우 다양한 연구문제에 활용될 수 있다.

이 책의 제2장에서는 위계선형모형 혹은 무선계수모형이라고도 불리는 다층회귀모형을 소개하고 있다. 제3장과 제4장에서는 모수추정 절차 및 중요한 몇 가지 방법론적·통계적 이슈를 다루는 동시에 예측변수의 중심화와 상호작용의 해석 등과 같이 다층모형에만 국한되지 않는 주요한 기술적 주제에 대해 논의한다.

제5장에서는 종단자료에 대한 다층회귀모형을 소개한다. 종단자료에 대한 모형은 표준적인 다층회귀모형의 간단한 확장으로 볼 수 있지만, 오차의 자기상관과 같은 특정한 복잡성이 존재하므로 이에 대해 논의한다.

제6장에서는 이분변수 및 비율의 모형화를 위한 일반화 선형모형을 다룬다. 종속변수가 이분변수 혹은 비율일 경우 표준적인 회귀모형이 사용될 수 없다. 이 장에서는 로지스틱 및 프로빗 회귀모형을 다층으로 확장한 모형에 대해 논의한다.

제7장에서는 제6장의 논의를 확장하여 범주형 서열변인 및 사건의 발생빈도를 종속변인으로 한 모형에 대해 논의한다. 특히 사건의 발생빈도와 관련하여, 영의 빈도가 매우 많은 영과잉 빈도를 고려한 모형을 살펴본다.

제8장에서는 생존자료 혹은 사건사(event history)자료에 대한 다층모형을 소개한다. 생존모형은 특정 기간 내에 어떤 사건의 발생 여부를 종속변수로 한다. 관찰기간의 종료 시까지 사건이 발생하지 않았을 경우, 우리는 관찰이 끝난 이후 해당 사건이 발생했는지 아닌지 알 수 없으므로 종속변수는 절단되었다(censored)고 표현한다.

제9장에서는 교차분류모형을 다룬다. 어떤 자료는 본질적으로 다층적이지만 그

위계의 구조가 좀 더 복잡할 수 있다. 예를 들어, 학생이 학교에 내재되어 있지만 매년 반복해서 학생들을 측정한다면 전학 등으로 인해 학생의 소속 학교가 달라질 수 있다. 이러한 교차분류자료는 다층모형으로 명세화할 수 있고, 모수치에 제약을 가하는 것이 가능한 소프트웨어를 통해 추정이 가능하다.

제10장에서는 다변량 종속변수에 대한 다층회귀모형을 논의한다. 다변량 다층모형은 다층 측정치의 신뢰도를 분석하는 데에도 사용할 수 있다.

제11장에서는 메타분석에 사용할 수 있는 다양한 다층회귀모형에 대해 다룬다. 이 모형은 메타분석에 사용되는 가중회귀모형과 유사하다. 특히 복수의 종속변인을 다루는 다변량 메타분석의 경우 표준적인 다층회귀모형은 매우 유연한 분석도구가 될 수 있다.

제12장에서는 다층분석에 요구되는 표본의 크기 및 표본의 크기가 주어질 경우 통계적 검증력을 추정하는 문제를 다룬다. 다층자료에서의 통계적 검증력 분석은 각 수준별 표본의 크기를 고려해야 한다는 점에서 일반적 검증력 분석보다 더 복잡하다.

제13장에서는 다층모형의 통계적 가정에 대해 살펴보고 이러한 가정들의 충족 여부를 판단하기 위한 방법을 제시한다. 이 장에서는 또한 프로파일 우도 방법, 신뢰구간 설정을 위한 강건 표준오차, 편향−교정 점추정 및 신뢰구간 설정을 위한 다층 부트스트래핑 등의 보다 강건한 추정법들에 대해 논의하고, 모형추정 및 추론을 위한 베이지언(MCMC) 방법을 소개한다.

다층 구조방정식(MSEM)은 다층자료 분석을 위한 강력한 도구이다. LISREL이나 Mplus와 같은 구조방정식 소프트웨어의 최근 버전은 모두 다층분석 기능을 탑재하고 있다. 다층 공분산구조 분석을 위한 일반적 통계모형은 상당히 복잡하다. 제14장에서는 다층 확인적 요인분석의 추정을 위한 두 가지 접근법 및 다층구조모형에서의 표준화계수 산출과 적합도지수에 대해 논의한다. 제15장에서는 제14장의 논의를 다층경로모형으로 확장한다.

제16장에서는 잠재곡선모형을 다룬다. 이 모형은 종단자료를 분석하기 위한 구조방정식의 접근법이며, 제5장에서 다룬 다층회귀분석과 매우 유사하다.

이 책은 다층분석에 대한 입문서로 기획되었다. 이 책의 대부분의 내용은 분산분석 및 전통적 중다회귀분석에 대한 일반적 지식을 가진 사회과학 및 행동과학 연구자라면 큰 어려움 없이 읽어 낼 수 있을 것이다. 몇몇 장들은 좀 더 복잡한 내용을 포함하고 있지만 이런 내용들은 특수한 문제에 대한 논의이므로 첫 읽기에서는 생략해도 문제없다. 예를 들어, 종단자료 분석을 다룬 제5장에서 인접한 두 시점 간의 특정 공분산구조의 모형화에 대해 길게 논의하고 있는데, 이러한 논의는 종단자료에 대한 다층분석의 핵심을 이해하는 데 반드시 필요한 것은 아니다. 그러나 실제로 종단자료를 분석하고자 할 경우 이 내용은 중요하게 참고할 필요가 있을 것이다. 다층구조방정식을 다룬 장들을 이해하기 위해서는 Tabachnick과 Fidell(2013)의 다변량 분석 관련 저서에서 다루고 있는 내용 정도의 다변량 통계 및 구조방정식모형에 대한 배경지식이 요구된다. 그러나 이 장들도 적절한 수준의 구조방정식에 대한 배경지식을 넘어서는 고급 수리통계 지식을 요구하지는 않는다. 이 책의 전체에 걸쳐, 저자들은 고급 통계기법에 대한 논의에 있어 이론적으로는 심오하되 지나치게 기술적이지는 않도록 노력하였다.

입문서의 역할 이외에도, 이 책은 다층모형의 확장 및 특수한 적용방법에 대해 충분히 논의하고 있다. 입문서로서 이 책은 심리학, 교육학, 사회학 및 경영학 등 사회 및 행동과학분야의 다층모형 강좌 교재로 사용될 수 있을 것이다. 모형의 다양한 확장과 적용은 응용 및 이론분야 연구자 및 응용연구자들을 컨설팅하는 방법론 연구자들에게 유용하게 사용될 수 있을 것이다. 이 책이 다루고 있는 여러 예시에서 기술적인 용어의 사용은 배제하고, 모형의 실제 사용에 관련된 방법론적·통계적 이슈들의 이해에 초점을 맞추었다. 몇몇 확장모형들과 특수한 응용방법들은 보다 기술적으로 논의되고 있는데, 이는 모형의 이해에 있어 필요하기 때문이거나 보다 심화된 주제들을 다루는 다른 텍스트의 이해에 도움을 주기 위해서이다. 따라서, 입문서의 역할 이외에도 이 책은 다양한 다층모형의 적용을 위한 표준적 참고자료로 유용하게 활용할 수 있을 것이다. 교차분석이나 메타분석, 그리고 추정과 검증과 관련된 심화주제를 다루는 장들은 독자의 필요에 의해 생략해도 좋을 것이다.

3판의 새로운 내용

2판과 비교하여 가장 크게 달라진 점은 2명의 공저자가 추가되었다는 점이다. 다층모형의 영역이 크게 확장되어 소프트웨어 측면에서나 통계이론의 측면에서 단독 저자로 다층모형의 발전상을 모두 따라가기는 현실적으로 불가능했기 때문이다.

2판과 비교하여 일부 장은 대폭 수정되었고, 어떤 장들은 최신 통계연구 동향과 소프트웨어 개발을 반영하여 업데이트되었다. 중요한 발전으로 베이지언 추정법의 활발한 활용과 강건 최대우도 추정법의 개발을 들 수 있다. 3판에서는 베이지언 추정에 대한 새로운 장을 추가하는 대신, 베이지언 방식의 활용을 통해 추정을 향상시킬 수 있는 영역에서 베이지언 추정법에 대한 논의를 추가하였다. 다층 로지스틱 및 다층 서열회귀분석은 이와 관련된 잠재척도 및 설명된 분산의 문제를 다루는 방식을 개선하여 서술하였다. 다층 구조방정식 분야는 발전의 속도가 매우 빨랐다. 따라서 다층 확인적 요인분석 및 다층 경로분석을 다루는 장은 많은 부분이 개정되었는데, 이 과정에서 더이상 사용하지 않는 이전의 추정방법에 대한 논의는 삭제하였다. 표본크기와 검증력 및 다층 생존분석을 다루는 장들 또한 대폭 새롭게 서술하였다.

업데이트된 웹사이트(https://multilevel-analysis.sites.uu.nl)에 책에서 사용한 모든 데이터셋을 SPSS, HLM, MLwiN 및 Mplus 최신 포맷으로 수록하였고, 더불어 소프트웨어의 소개 또한 스크린샷을 포함하여 수록하였다. 이 책에서 다룬 대부분의 분석은 어떤 다층회귀분석용 소프트웨어를 통해서도 수행할 수 있으나, 대부분의 다층회귀분석은 HLM과 MLwiN을 사용하여 수행되었다. 다층구조방정식 분석은 모두 Mplus를 사용하였다. 시스템 파일과 프로그램 설정 또한 웹사이트에 수록되어 있다.

분석에 사용된 자료 중 일부는 실제자료이고 일부는 분석을 위해 생성된 모의자료이다. 교육학, 사회학, 심리학, 가족학, 의학 및 간호학 등 다양한 분야에서 참고할 수 있도록 여러 분야의 자료를 사용하였다. 추가적인 실습용 예시자료도 웹사이트를 통해 제공될 것이다.

Utrecht, August 2017

Joop J. Hox

Mirjam Moerbeek

Rens van de Schoot

제9장 교차분류 다층모형 249

제10장 다변량 다층회귀모형 269

제11장 메타분석에 대한 다층적 접근 295

제1장

다층분석의 소개

요약

사회과학 연구에서는 보통 개인과 개인이 살아가는 사회적 맥락과의 관계를 분석한다. 일반적인 개념은 개인이 자신이 속한 사회적 맥락과 상호작용하고, 자신이 속한 맥락이나 집단의 영향을 받으며, 집단 역시 집단을 구성하는 개인에 의해 영향을 받는다는 것이다. 이때 개인과 사회집단은 집단에 개인이 내재된 위계적 구조로 개념화되며, 개인과 집단은 이 위계구조의 개별 수준으로 정의된다. 이러한 시스템은 다른 위계수준에서 관찰될 수 있으며, 각 수준에서 변인들이 정의된다. 이를 통해 개인 특성 변인과 집단 특성 변인 간의 관계를 연구할 수 있는데, 이러한 연구를 일반적으로 '다층연구'라고 한다.

다층연구에서 모집단의 자료구조는 위계적이며, 표본자료는 위계적인 모집단에서 추출한 표본이다. 예를 들어, 교육연구에서 모집단은 일반적으로 학급과 학급 내 학생들, 그리고 학급이 모인 학교로 구성된다. 표집 과정은 보통 연속적인 단계로 진행된다. 먼저 학교를 표집하고, 표집학교에서 다시 학급을 표집하며, 마지막으로 표집학급에서 학생들을 표집한다. 물론 실제 연구에서 학교를 편의적으로 표집하거나, 학생을 따로 표집하지 않고 학급의 모든 학생을 연구할 수도 있다. 그럼에도 불구하고 다층분석의 중심통계모형은 위계적 모집단에서 각 수준에서 연속적으로 표집하는 것이라는 것을 꼭 기억해야 한다.

앞의 예시에서 학생은 학급에 내재되어 있다. 다른 예로, 개인이 국가 단위에 내재된 국제비교연구, 개인이 조직 내 부서에 내재된 조직연구, 가족 구성원이 가족에 내재된 가족연구, 그리고 면접자에 내재된 피면접자 자료로 면접자 효과를 연구하는 방법론적 연구 등이 있다. 또한 여러 관찰치가 개인에 내재된 종단연구와 성장곡선연구, 연구주제들이 개별연구에 내재된 메타분석 등도 다층모형 중 하나이다.

1. 통합과 분해

　다층연구에서 변인은 위계의 각 수준에서 정의할 수 있다. 일부 변인들은 자연적인 수준에서 측정할 수 있다. 예를 들어, 학교 수준에서 학교규모나 학교이름을, 학급 수준에서는 학급규모를, 그리고 학생 수준에서 지능과 학교성취를 측정할 수 있다. 또한 통합이나 분해를 이용하여 한 수준의 변인을 다른 수준의 변인으로 바꿀 수 있다. 통합은 낮은 수준의 변인을 높은 수준으로 바꾸는 것인데, 예를 들어, 학생들의 지능점수 평균을 학급 수준으로 활용하는 것이다. 분해는 변인을 더 낮은 수준으로 바꾸는 것을 의미한다. 예를 들어, 학교 내의 모든 학생들에게 소속 학교명을 부여하는 것이다.

　1수준은 가장 낮은 수준이며, 보통 개인으로 정의된다. 그러나 종단연구 설계에서는 개인에 내재된 반복측정이 가장 낮은 수준이다. 이 설계에서 개인은 2수준이며, 집단은 3수준이다. 대부분의 통계 프로그램으로 3개 이상의 수준을 분석할 수 있으며, 일부 프로그램은 수준의 수에 한계가 없다. 그러나 많은 수준이 포함된 모형은 추정하기가 어렵고, 추정에 성공하더라도 해석하기 어렵다.

　각 위계 수준에 포함될 수 있는 변인은 다양하다. 이하는 Lazarsfeld와 Menzel(1961)의 분류유형에 의한 구분이다. 이 책에서는 일반변인과 구조변인, 맥락변인으로 구분한다.

　일반변인은 다른 단위나 수준을 참조하지 않고 정의된 수준만 참조하는 변인이다. 학생의 지능이나 성별은 학생 수준에서 일반변인이다. 학교명이나 학급규모는 학교나 학급 수준에서 일반변인이다. 간단히 말하여, 일반변인은 해당 변인이 실제로 존재하는 수준에서 측정된다.

　구조변인은 낮은 수준의 하위단위를 참조하여 구성한다. 즉, 구조변인은 낮은 수준의 변인을 통해 구성되는데, 예를 들어, 학급 변인인 '평균지능'은 해당 학급 학생들의 지능점수의 평균으로 정의하는 것이다. 낮은 수준의 변인의 평균을 높은 수준의 설명변인으로 활용하는 것을 통합이라고 하며, 다층분석에서 흔히 이루어지는 과정이다. 낮은 수준 변인의 다른 함수값도 활용할 수 있는데, 예를 들어, 낮은 수준 변인의 표준편차를 높은 수준의 설명변인으로 활용하여 결과변인의 집단 이질성의 효과에 대한 가설을 검증할 수 있다(Klein & Kozlowski, 2000).

맥락변인은 분해의 결과이다. 즉, 소속된 맥락의 높은 수준의 일반변인 값을 낮은 수준 변인으로 가져온 것이다. 예를 들어, 동일 학교 내의 모든 학생에게 학교규모나 평균지능점수를 학생 수준으로 부여할 수 있다. 적절한 다층분석에서는 분해가 필요하지 않다. 다층자료는 보통 단일 자료 파일에 저장되는데, 집단 수준 변인은 집단 내 개인에 반복되지만 통계모형과 소프트웨어는 상위수준 단일 값으로 인식한다. 맥락변인이라는 용어는 맥락이 개인에게 미치는 영향을 모형화하는 변인을 지칭한다.

다층모형분석에서 변인을 앞의 세 가지 유형으로 구분하는 것이 중요한 것은 아니다. 이러한 도식은 개념적인 것이며, 각 측정이 어느 수준에 속하는지를 명확하게 구분한다. 역사적으로 다층 문제는 통합과 분해로 모든 변인을 단일 관심 수준으로 변환한 다음, 일반적인 다중회귀분석, 분산분석, 또는 다른 '표준' 분석 방법 등을 적용하였다. 그러나 수준이 다른 변인들을 한 수준에서 분석하는 것은 다음 두 가지 문제를 발생시킨다.

첫 번째는 통계적인 문제이다. 자료가 통합되면, 다수의 하위단위가 소수의 상위단위로 결합되기 때문에 결과가 달라진다. 그 결과 많은 정보가 소실되고 통계적 검증력이 낮아진다. 반대로 자료를 분해하면, 적은 수의 상위수준 값이 많은 수의 하위수준 값으로 '증폭'된다. 통계검증에서 분해된 자료값은 더 많은 수의 하위단위의 독립적인 정보로 취급된다. 분해된 사례를 활용하면 표본크기가 증가하기 때문에 유의도 검증에서 영가설을 기각하는 경우가 보통의 알파 수준보다 많아지게 된다. 즉 연구자가 도출한 '유의미한' 결과가 논리적이지 않을 수도 있다.

두 번째는 개념적인 문제이다. 결과해석에 유의하지 않으면 한 수준에서 자료를 분석하고 다른 수준에서 결론을 내리는 '수준 착오의 오류(fallacy of the wrong level)'를 범할 수 있다. 가장 유명한 오류는 생태적 오류로서 개인 수준의 자료를 통합하여 해석하는 것을 말한다. 이는 Robinson 효과라고 알려져 있는데, Robinson(1950)이 1930년대 9개 지역의 흑인 비율과 문맹 수준간의 관계를 통합하여 제시한 사례이다.

지역 수준에서 통합된 변인들 간의 상관인 생태적 상관은 .95였다. 반면 이러한 일반 변인들의 개인 수준의 상관은 .20이었다. Robinson은 생태적 상관과 개인 수준 상관이 언제나 실제적으로 동일하지 않다고 결론지었다. 이에 대한 통계적 설명은 Robinson(1950)이나 Kreft & de Leeuw(1987)를 참조하면 된다. 낮은 수준에서 수행된 분석을 바탕으로 높은 수준에서 추론하는 것은 오해를 불러일으킨다. 이러한 오류는 원자론적 오류(atomistic fallacy, 단순화 오류)라고 알려져 있다.

다층수준 자료를 분석할 수 있는 '올바른' 단일 수준은 없다는 것을 명심해야 한다. 자료 내의 모든 수준은 그 자체로 매우 중요하다. 수준 간 가설이나 다층 문제를 분석하는 경우 이러한 사실은 더욱 명확해진다. 다층 문제는 다양한 위계적 수준에서 측정된 변인들 간의 관계에 대한 문제이다. 예를 들어, 다양한 개인변인과 집단변인이 단일한 개인수준 변인에 어떤 영향을 주는가이다. 일반적으로 상위 수준 설명변인 중 일부는 구조변인인데, 하위 수준의 일반(개인)변인을 통합한 집단평균이 그 예시이다. 분석의 목표는 개인 및 집단 수준의 설명변인의 직접 효과를 결정하고, 집단 수준 설명변인이 개인 수준의 관계를 조절하는지를 결정하는 것이다. 집단 수준 변인이 하위 수준 관계를 조절한다면, 이는 다른 수준의 설명변인과의 통계적인 상호작용으로 나타난다. 과거에는 이러한 자료를 전통적인 다중회귀분석으로 분석하였는데, 하위수준(개인수준) 단일 종속변인과 모든 수준의 분해된 설명변인을 모형에 포함시킨다(cf. Boyd & Iversen, 1979). 이는 모든 자료를 단일 수준으로 분석하기 때문에 시대에 맞지 않으며, 앞에서 논의된 개념적 문제와 통계적 문제가 모두 발생한다.

2. 특수한 다층분석 방법

　다층연구는 위계구조의 모집단에 대한 것이다. 이러한 모집단의 표본은 다단계 표본으로 설명할 수 있다. 첫째, 상위수준(예: 학교)에서 단위를 표집하고, 표집된 단위에서 하위 단위를 표집한다. 이러한 표본에서 개별 관찰치는 보통 독립적이지 않다. 예를 들어, 같은 학교의 학생들은 선발과정으로 인해 서로 비슷한 경향이 있다. 어떤 학교에는 사회경제적 지위(SES) 수준이 높은 학생들이 입학하고 다른 학교는 낮은 SES 학생들이 입학한다. 또한 학생들은 같은 학교를 다니면서 공통의 역사를 공유한다. 그 결과 같은 학교 학생들의 측정치간의 평균 상관(intraclass correlation, 집단 내 상관)은 다른 학교의 학생들의 측정치간의 평균 상관에 비하여 더 높다. 기존 표준 통계검증은 관찰치 간의 독립성 가정에 크게 의존한다. 내재된 자료 등에서 이 가정이 위배되면 기존 통계검증의 표준오차 추정치가 작아져서 결과가 실제로 유의미하지 않은 경우에도 유의미하게 나타날 수 있다. 일반적으로 이러한 효과는 무시할 만큼 작지 않으며, 집단크기가 중간 규모 이상인 경우에는 상호의존성이 작더라도 표준오차에 큰 편향이 발생한다. 기존 표준 통계검증에서 측정치의 독립성 가정 위반이 심각한 편향을 초래한다는 것은 오랫동안 알려져 왔으며(Walsh, 1947), 이는 통계적 분석에서 확인해야 할 매우 중요한 가정이다(Stevens, 2009).

　조사연구에서도 무선 표집이 아닌 군집표집을 사용하는 경우 개별 관찰치의 종속성 문제가 발생한다. 앞의 학교 예시와 비슷한 이유로 같은 지역의 응답자는 다른 지역의 응답자보다 서로 더 비슷하다. 이로 인하여 표준오차가 매우 작게 추정되어 의심스러운 '유의미한' 결과가 발생한다. 조사연구에서의 군집표집의 효과는 매우 잘 알려져 있다(cf. Kish, 1965, 1987). 이는 '설계효과'라고 하며 이를 해결하기 위한 다양한 방법들이 존재한다. 편리한 교정방법은 일반 분석방법으로 표준오차를 계산하고, 군집 내의 응답자 간의 집단 내 상관을 추정한 다음 표준오차 교정공식을 사용하는 것이다. 예를 들어, Kish(1965, p. 259)은 $\nu_{eff} = \nu(1 + (n_{clus} - 1)\rho)$를 사용하여 표집분산을 교정한다. 이때 ν_{eff}는 유효표본분산이고, ν는 단순무선표집 가정하에 표준

방법으로 계산된 표집분산, n은 군집 크기, 그리고 ρ는 집단 내 상관이다. 집단 내 상관과 추정방법은 이후 2장에서 설명된다. 다음 예시를 보면 독립성의 가정이 얼마나 중요한지 알 수 있다. 학생 수가 20명인 10개의 학급을 표집하여 총 사례 수는 200명인 경우를 생각해 보자. 관심변인의 집단 내 상관이 .10으로 상대적으로 작은 경우라도 유효 표집크기는 $200/[1+(20-1)0.1]=69.0$으로 전체 표집 사례 수인 200에 비하여 훨씬 작다. 표본크기 200명을 사용하면 표준오차가 너무 낮게 산출된다.

설계효과는 집단 내 상관과 군집크기에 따라 다르므로, 집단 내 상관이 큰 경우 집단크기가 작으면 그 영향이 일부 상쇄된다. 반대로 상위수준에서의 집단 내 상관이 낮고 군집이 큰 경우 그 영향이 상쇄된다.

군집표본이나 기타 복잡한 표본에서 사용할 수 있는 일부 교정방법은 매우 효과적이다(Skinner et al., 1989). 이러한 교정방법은 통계검증의 표준오차를 조정하는 방식이며, 원칙적으로 다층자료분석에도 적용될 수 있다. 그러나 다층모형은 다변량모형으로 일반적으로 집단 내 상관이나 유효 N은 변인마다 다르다. 또한 다층모형의 문제에는 개인이 집단에 포함된 군집의 문제 외에도, 모든 수준에서 변인을 측정하고 이들 변인 간의 관계를 연구하는 것도 포함된다. 하나의 통계모형에서 여러 수준의 변인들을 조합하는 것은 설계효과를 추정하고 교정하는 것과 다르며 더 복잡한 문제이다. 다층모형은 상호의존성을 반영하는 통계모형을 사용하여 여러 수준의 변인을 동시에 분석하도록 설계되었다.

다층적인 문제의 사례로 교육 및 조직연구에 활용되는 '개구리 연못' 이론을 생각해 보자. '개구리 연못' 이론은 어떤 특정한 개구리가 큰 개구리로 채워진 연못의 중형 개구리일 수도 있고, 작은 개구리로 채워진 연못의 중형 개구리일수도 있다는 개념이다. 이를 교육에 적용한다면 '지능'과 같은 설명변인이 학교 성취에 미치는 영향은 다른 학생들의 평균 지능에 따라 다를 수 있다는 것을 의미한다. 평균적인 지능이 높은 집단에서 중간 수준의 지능을 가진 학생은 동기가 낮아지고 성취가 낮을 수 있으며, 평균적인 지능이 낮은 환경에서는 동기 수준이 높아지고 성취가 높아질 수 있다. 따라서 개별학생의 지능의 효과는 학급 내 다른 학생들의 평균적인 지능에 따라 달라진다. '개구리 연못' 효과를 분석하는 교육연구에서는 학생들의 IQ를 집단평균으로 통합하고, 집단평균을 다시 개인 수준으로 분해한다. 결과적으로 자료파일에는 개인수준 일반변인과 분해된 형태의 상위수준 맥락변인들이 포함된다. 1976년 Cronbach는 개별점수를 집단평균으로부터의 편차로 표시하자고 제안하였는데, 이는 집단평균에 대한 중심화, 즉 집단평균 중심화로 알려진 절차이다. 집단평균 중심화는 개별점수를 집단평균과의 상대적인 개념으로 해석할 수 있도록 한다. 개구리 연못 이론이나 예측변인의 중심화 과정을 보면, 여러 수준에서 수집한 정보를 하나의 통계적 모형 안에서 조합하고 분석하는 것이 다층모형에서 중요하다는 것을 알 수 있다.

3. 다층이론

다층이론은 모델링이나 컴퓨팅 기계의 발전에 비하여 상대적으로 덜 발달된 영역이다. 다층모형은 일반적으로 집단 구성 준거가 명확하고, 변인들의 측정 수준이 명확하게 상세화되어야 한다. 그러나 실제로는 집단의 경계가 모호하거나 다소 임의적이고, 변인의 할당이 항상 명백하거나 단순하지 않다. 다층연구에서는 다양한 이론적 가정을 바탕으로 집단을 구성하고 조직한다(Klein & Kozlowski, 2000). 사회적 맥락이 개인에 영향을 주는 경우 이러한 영향은 사회적 맥락의 특성과 관련된 개입 과정에 의해 조정된다. 각 수준에 변인의 수가 많으면, 수준간 상호작용이 다수 존재한다(자세한 사항은 제2장에 소개된다). 다층이론에서는 어떠한 직접효과와 수준 간 상호작용효과가 예상되는지를 지정해야 한다. 개인과 맥락간의 수준간 상호작용효과를 이론적으로 해석하기 위해서는 개인이 맥락의 특정한 측면에 의해 차별적으로 영향받는 개인 내 과정을 상세화할 필요가 있다. 이러한 상세화 과정은 Stinchcombe(1968), Erbring와 Young(1979), 그리고 Chan(1998)에서 찾아볼 수 있다. 이 이론의 공통적인 핵심은 개인변인들과 집단변인들 간을 매개하는 과정을 가정한다는 것이다. '집단 텔레파시'는 일반적으로 받아들여지지 않기 때문에, 집단의 의사소통 과정과 내적 구조가 중요한 개념이 된다. 이들은 구조변인으로 측정되기도 한다. 이론적인 관련성에도 불구하고 구조변인은 다층연구에서 사용되는 일이 드물다. 다층연구자들의 관심을 받지 않는 또 다른 이론적인 영역은 집단에 대한 개인의 영향이다. 다층모형에서는 결과변인이 가장 낮은 수준에 있는 모형에 초점을 둔다. 개인변인이 집단 결과변인에 미치는 영향을 분석하는 모형은 매우 드물다. DiPrete와 Forristal(1994)은 이 문제를 다루며, Alba와 Logan(1992)에서 관련 사례를 다룬다. Croon과 van Veldhoven(2007)은 결과변인이 가장 상위수준인 다층자료를 분석하는 모형을 제안하였다.

4. 추정과 소프트웨어

다층모형에서 비교적 새로운 발전은 베이지언 추정 방법의 사용이다. 베이지언 추정방법은 상위수준의 표본크기가 작은 경우처럼 다층분석에서 흔히 발생하는 추정 문제의 해답을 제시한다. 이 책의 이전 판에서도 베이지언 추정을 소개하였는데, 이번 판에서는 베이지언 추정에 대한 논의를 확장하였다. 이 책에서는 베이지언 방법에 대한 독립된 장을 구성하지 않고, 베이지언 방법을 사용하기 적절한 부분에서 관련 논의를 추가하였다. 이 책은 베이지언 모형 전체를 설명하는 것이 목표가 아니다. 이 책의 목적은 언제 어떤 곳에서 베이지언 모형이 도움이 되는지를 보여 주고 이 흥미로운 분야를 시작하는 데 필요한 정보를 제공함으로써 독자들이 베이지언 모형에 관심을 가지도록 하는 것이다.

이 책에서 소개하는 많은 통계방법과 프로그램의 실행은 통계연구나 방법론적 연구의 주제이다. 통계방법이나 프로그램 도구는 매우 빠르게 발전하고 있으며 많은 연구자가 고급 모형을 자료에 적용하고 있다. 따라서 이 책은 다층분석을 소개하는 것 외에도 독자들이 부스트랩핑이나 베이지언 추정 방법 등과 같은 고급모델링방법에도 익숙해지도록 하는 것을 목표로 한다. 이 글을 쓰는 시점에도 이러한 방법들은 전문가만이 사용하던 방법으로 표준화된 분석 패키지에는 포함되지 않았었다. 그러나 발전은 매우 빠르게 이루어지고 있고, 현재는 다양한 응용연구에서도 폭넓게 활용되고 있다.

제**2**장

기본 2수준 회귀모형

요약

　다층회귀모형은 무선회귀계수모형(Kreft & de Leeuw, 1998), 분산성분모형(Searle et al., 1992; Longford, 1993), 그리고 위계선형모형(Raudenbush & Bryk, 2002; Snijders & Bosker, 2012) 등의 다양한 이름으로 연구문헌에 소개되어 왔다. 통계문헌에서는 혼합효과모형이나 혼합선형모형(Littell et al, 1996), 사회학에서는 맥락분석으로 지칭한다(Lazarsfeld & Menzel, 1961). 이 모형들이 모두 같지는 않지만 매우 유사하며, 집합적으로 다층회귀모형이라고 한다. 다층회귀모형은 연구대상이 집단에 소속된 위계자료에서 결과변인 또는 반응변인이 가장 하위수준에서 측정되고, 설명변인은 모든 수준에 존재한다고 가정한다. 다층구조방정식모형은 모든 수준에서 다변량변인의 분석이 가능하고(제14장과 제15장), 다층회귀모형은 여러 결과변인에 수준을 추가하여 확장시킬 수 있다(제10장). 개념적으로 다층회귀모형은 회귀식의 위계적 시스템으로 볼 수 있다. 이 장에서는 2수준 자료에 대한 다층회귀모형의 공식과 사례를 설명하고, 이후에 이를 3수준 모형으로 확장한다.

1. 다층회귀모형의 예시

J개 학급에 학급당 n_j명의 학생자료가 있다고 가정하자. 학생수준 결과변인 '인기도(Y)'는 0(매우 낮음)에서 10점(매우 높음)까지의 자기보고 방식으로 측정되었다. 2개의 학생수준 설명변인은 성별(X_1)과 외향성이며, 성별의 경우 남학생은 0, 여학생은 1로 입력되었고, 외향성은 1~10점까지 자기보고 방식으로 측정되었다. 학급수준 설명변인은 교직경력(Z)이며, 2~25년까지의 연도 단위로 기록되었다. 연구대상은 100개 학급의 2,000명 학생이며 학급규모의 평균은 20명이다. 자료는 부록 E에 소개되어 있으며 자료 파일과 다른 자료는 온라인에서 찾을 수 있다(https://multilevel-analysis.sites.uu.nl/).

이때 설명변인 X_1과 X_2가 Y를 예측하는 학급별 회귀식은 다음과 같다.

$$Y_{ij} = \beta_{0j} + \beta_{1j}X_{1ij} + \beta_{2j}X_{2ij} + e_{ij}, \tag{2.1}$$

앞의 식에 변인의 이름을 대입하면 다음과 같다.

$$\text{인기도}_{ij} = \beta_{0j} + \beta_{ij}\text{성별}_{ij} + \beta_{2j}\text{외향성}_{ij} + e_{ij} \tag{2.2}$$

이 회귀식에서 β_{0j}는 절편, β_{1j}는 이분 설명변인 성별의 회귀계수(회귀선의 기울기)이며 남학생과 여학생의 차이를 나타낸다. β_{2j}는 연속 설명변인 외향성의 회귀계수(기울기)이며, e_{ij}는 일반 잔차이다. 아래첨자 $j(j=1...J)$는 학급을 나타내고, 아래첨자 i는 개별학생($i=1...n_j$)을 나타낸다. 일반 회귀식과의 차이는 각 학급이 고유한 절편계수(β_{0j})와 기울기계수(β_{1j}와 β_{2j})를 갖는다고 가정한다는 것이다. 이는 공식 2.1과 2.2의 회귀식에 아래첨자 j를 추가하여 나타낸다. 잔차 e_{ij}는 평균을 0으로 가정하고 분산은 추정한다. 대부분의 다층모형의 통계 프로그램은 잔차가 모든 학급에서 동일하다고 가정한다. 학자마다 다른 표기방식을 사용하는데(Goldstein, 2011; Raudenbush

& Bryk, 2002 참조), 이 책에서는 가장 낮은 수준의 잔차를 σ_e^2로 표기한다.

[그림 2-1]은 Y가 단일 설명변인 X에 회귀하는 단일수준 회귀선을 나타낸다. 회귀선은 Y의 예측값 $\hat{y}$이며, 회귀계수 b_0는 절편으로 $X=0$일 때 Y의 예측값이다. 회귀선의 기울기 b_1은 X가 1 단위 증가할 때 Y의 증가량의 예측값이다.

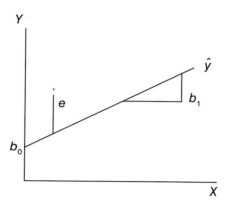

[그림 2-1] 단일 수준 회귀선의 예시

다층회귀식에서 절편과 기울기 계수가 학급마다 다르기 때문에 무선계수라고 한다. 물론 이러한 변산이 모두 무선적이지 않기를 바라기 때문에 상위수준 변인을 투입하여 일부 변산을 설명한다. 보통 모든 변산이 설명되지 않으므로 설명되지 않은 잔차 변산이 존재한다. 위의 예시에서 절편과 기울기 계수는 학급의 특징이다. 일반적으로 절편이 높은 학급은 절편이 낮은 학급에 비하여 인기도 있는 학생들이 많은 것으로 예상된다. 더미변인인 성별이 모형에 포함되어 있으므로, 절편은 0으로 코딩된 남학생의 예측값을 나타낸다. 절편의 변화는 전체 학급, 즉 남학생과 여학생 모두의 평균을 이동시킨다. 성별이나 외향성의 기울기 차이는 학생의 성별 또는 외향성과 인기도의 관계가 모든 학급에서 동일하지 않다는 것을 나타낸다. 성별의 기울기가 큰 학급에서는 남학생과 여학생의 차이가 상대적으로 크다. 성별 기울기가 작은 학급에서는 성별이 인기도에 미치는 효과가 작다. 외향성의 기울기 분산도 같은 방식으로 해석할 수 있다. 외향성의 기울기가 큰 학급에서는 외향성이 인기도에 미치는 영향이 크고, 외향성 기울기가 작은 학급에서는 인기도에 대한 외향성의 영향도 작다.

　[그림 2-2]는 두 집단의 예시이다. 왼쪽 그림에서 두 집단의 기울기에 변산이 없기 때문에 두 기울기는 평행이며, 두 집단의 절편이 다르다. 오른쪽 그림에는 집단 간 기울기 변산이 존재하며 두 집단의 기울기가 서로 다르다. 기울기의 변산이 절편의 차이에도 영향을 준다는 것에 주목하자.

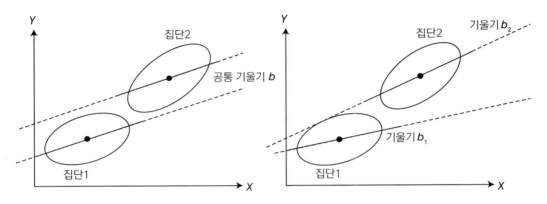

[그림 2-2] 고정기울기와 무선기울기의 비교

　모든 학급에 대하여 회귀계수 $\beta_{0j}\cdots\beta_{2j}$는 다변량 정규분포를 가정한다. 다층모형의 다음 단계는 회귀계수 $\beta_{0j}\cdots\beta_{2j}$의 변산을 학급 수준의 설명변인으로 설명하는 것이다. 절편에 대해서는 다음 공식을 활용한다.

$$\beta_{0j} = \gamma_{00} + \gamma_{01}Z_j + u_{0j}, \tag{2.3}$$

그리고 기울기에 대해서는 다음 공식을 활용한다.

$$\beta_{1j} = \gamma_{10} + \gamma_{11}Z_j + u_{1j}$$
$$\beta_{2j} = \gamma_{20} + \gamma_{21}Z_j + u_{2j} \tag{2.4}$$

　공식 2.3은 교직경력(Z)으로 학급의 평균인기도(절편 β_{0j})를 예측한다. 따라서

γ_{01}이 양수이면 경력이 많은 교사의 학급의 평균인기도가 높다. 반대로 γ_{01}이 음수이면 경력이 많은 교사의 학급평균 인기도가 낮다. 공식 2.4의 해석은 더 복잡하다. 공식 2.4의 첫 번째 공식은 기울기 계수 β_{1j}로 표시되는 인기도(Y)와 성별(X)의 관계가 교직경력(Z)에 따라 다르다는 것을 나타낸다. γ_{11}이 양수이면, 인기도에 대한 성별 효과가 교직경력이 많은 교사에서 더 크고, 반대로 γ_{11}가 음수이면 인기도에 대한 성별 효과가 교직경력이 많은 교사에서 더 작다는 것이다. 공식 2.4의 두 번째 공식도 비슷하게 설명된다. γ_{21}가 양수이면 외향성의 효과가 교직경력이 많은 교사의 학급에서 크다는 것이다. 따라서 교사의 교직경력은 인기도와 성별 또는 외향성과의 관계에서 조절변인으로 작용한다. 즉 이러한 관계는 조절변인에 따라 다르다.

공식 2.3과 2.4의 u_{0j}와 u_{1j}, u_{2j}는 학급수준 (무선) 잔차항이다. 잔차 u_j는 평균이 0이고 개인(학생)수준 잔차 e_{ij}와 독립이라고 가정한다. 잔차 u_{0j}의 분산은 $\sigma_{u_0}^2$으로, 그리고 잔차 u_{1j}와 u_{2j}의 분산은 각각 $\sigma_{u_1}^2$과 $\sigma_{u_2}^2$로 상세화한다. 잔차항 사이의 공분산은 $\sigma_{u_{01}}$와 $\sigma_{u_{02}}$, $\sigma_{u_{12}}$으로 나타내고, 보통 0으로 가정하지 않는다.

공식 2.3과 2.4에서 회귀계수 γ이 학급에 따라 다르지 않기 때문에 학급을 나타내는 아래첨자 j가 없다. 그리고 모든 학급에 적용되기 때문에 고정계수라고 한다. 학급변인 Z_j로 예측한 이후 회귀계수 β에 남은 모든 학급 간 변산은 잔차변산이라고 가정한다. 이는 잔차항 u_j이며 소속 학급을 나타내기 위해 아래첨자 j를 사용한다.

학생 수준의 2개 변인과 학급수준의 1개 변인이 포함된 위의 모형은 식 2.3과 2.4를 식 2.1에 투입함으로써 다음과 같은 복잡한 회귀식으로 나타낼 수 있다.

$$Y_{ij} = \gamma_{00} + \gamma_{10}X_{1ij} + \gamma_{20}X_{2ij} + \gamma_{01}Z_j + \gamma_{11}X_{1ij}Z_j + \gamma_{21}X_{2ij}Z_j$$
$$+ u_{1j}X_{1ij} + u_{2j}X_{2ij} + u_{0j} + e_{ij} \tag{2.5}$$

대수 표시 대신 변인의 이름을 대입하면 다음과 같다.

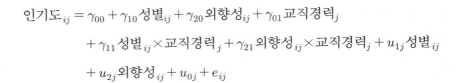

$$인기도_{ij} = \gamma_{00} + \gamma_{10}성별_{ij} + \gamma_{20}외향성_{ij} + \gamma_{01}교직경력_{j}$$
$$+ \gamma_{11}성별_{ij} \times 교직경력_{j} + \gamma_{21}외향성_{ij} \times 교직경력_{j} + u_{1j}성별_{ij}$$
$$+ u_{2j}외향성_{ij} + u_{0j} + e_{ij}$$

공식 2.5의 $[\gamma_{00} + \gamma_{10}X_{1ij} + \gamma_{20}X_{2ij} + \gamma_{01}Z_j + \gamma_{11}X_{1ij}Z_j + \gamma_{21}X_{2ij}Z_j]$ 부분은 고정계수이며, 모형의 고정부분(또는 결정부분)이라고 한다. 공식 2.5의 $[u_{1j}X_{1ij} + u_{2j}X_{2ij} + u_{0j} + e_{ij}]$ 부분은 무선오차항을 포함하며, 무선부분(또는 확률부분)이라고 한다. $X_{1ij}Z_j$와 $X_{2ij}Z_j$ 항은 상호작용항으로, 학생수준 변인의 기울기인 β_j가 학급수준 변인 Z_j에 따라 변하는 모형을 적용한 것이다. 즉, 종속변인 Y와 예측변인 X 간의 관계에 대한 Z의 조절효과는 단일수준 공식에서 수준 간 상호작용의 형태로 표현된다. 다중회귀분석에서 상호작용항의 해석은 복잡하며 자세한 사항은 제4장에서 설명된다. 제4장의 요점은 상호작용항을 구성하는 변인이 각 평균에서의 편차로 표현된다면, 모형의 계수를 실질적으로 훨씬 쉽게 설명할 수 있다는 것이다.

무선 오차 u_{1j}은 X_{ij}에 연결된다. 설명변인 X_{ij}과 대응하는 오차 u_{1j}이 곱해졌기 때문에 설명변인 X_{ij}의 값에 따라 오차항이 다르게 산출되며, 이는 보통의 다중회귀분석에서 이분산성(heteroscedasticity)의 상황이다. 보통의 다중회귀모형은 등분산성(homoscedasticity)을 가정하는데, 이는 잔차 분산이 설명변인의 값과 독립적이라는 것이다. 이 가정이 성립되지 않으면 다중회귀모형이 제대로 수행되지 않는다. 이는 일반 다중회귀방법으로 다층자료를 제대로 분석할 수 없는 또 다른 이유이다.

1장에서 설명한 것처럼, 동일집단의 관찰치는 다른 집단 관찰치에 비해 서로 비슷하기 때문에 관찰치가 서로 독립적이라는 가정에 위배된다. 이때 상호의존성의 정도는 상관계수, 즉 집단 내 상관으로 나타낼 수 있다. 방법론 관련 문헌에는 집단 내 상관 ρ를 설명하는 매우 다양한 공식이 존재한다. 예를 들어 일원분산분석으로 종속변인에 대한 집단의 효과를 검증하면 집단 내 상관은 $\rho = [MS(B) - MS(error)]/[MS(B) + (n-1) \times MS(error)]$이며, 이때 MS(B)는 집단 간 평균제곱이고 n은 공통 집단크기이다. Shrout와 Fleiss(1979)는 다양한 연구설계 상황에서 집단 내 상관을 산출하는 공식을 소개하고 있다.

다층회귀모형도 집단 내 상관 추정치를 산출한다. 이때 설명변인이 없는 무선절편 모형, 즉 영모형(기본모형)을 사용한다. 공식 2.1과 2.3에서 무선절편모형은 다음과 같다. 하위수준 설명변인 X가 없으면 공식 2.1은 다음과 같이 간단해진다.

$$Y_{ij} = \beta_{0j} + e_{ij} \tag{2.6}$$

비슷하게, 상위수준에 설명변인 Z가 없으면 공식 2.3은 다음과 같이 간단해진다.

$$\beta_{0j} = \gamma_{00} + u_{0j}, \tag{2.7}$$

공식 2.7을 2.7에 대입하면 다음과 같은 단일식이 도출된다.

$$Y_{ij} = \gamma_{00} + u_{0j} + e_{ij} \tag{2.8}$$

무선절편모형(공식 2.8)은 Y의 분산을 설명하지 않고 두 개의 요소(σ_e^2과 $\sigma_{u_0}^2$)로 분할한다. 이 때 σ_e^2은 하위수준 오차 e_{ij}의 분산이고, $\sigma_{u_0}^2$는 상위수준 오차 u_{0j}의 분산이다. 이 두 분산을 합하면 총분산이므로 이를 분산성분이라고 한다. 이 모형에서 집단 내 상관 ρ는 다음과 같이 정의할 수 있다.

$$\rho = \frac{\sigma_{u0}^2}{\sigma_{u0}^2 + \sigma_e^2} \tag{2.9}$$

집단 내 상관 ρ는 전체분산 중에 모집단의 집단구조에 의해 설명되는 비율을 나타낸다. 공식 2.9를 보면, 집단 내 상관 ρ은 전체 분산에 대한 집단 간 분산의 비율이다. 집단 내 상관 ρ은 또한 동일한 표본에서 무선으로 표집된 두 단위의 예측 상관으로도 해석할 수 있다.

무선절편모형에서 하위수준 오차분산과 상위수준 오차분산을 정의하였다. 이 모형에 아직 예측변인이 포함되지 않기 때문에, 이 두 항은 각 수준에서 설명되지 않은 분산이라고 해석할 수 있다(일반 회귀분석처럼 예측변인을 추가한 후 설명변인으로 모델링된 분산의 비율로 해석되는 R^2을 계산할 수 있다). 그러나 다층모형의 경우 모든 수준 및 무선기울기 요인에도 설명해야 하는 분산이 존재한다. 각각의 R^2값의 해석은 ICC 값에 따라 다르다. 예를 들어, 상위수준 R^2가 0.20이고 ICC가 0.40이면, 전체분산의 40% 중에서 20%가 설명되는 것이다. 자세한 설명은 제4장에 제시된다.

2. 확장된 예시

무선절편모형은 영모형이며 다른 모형과의 비교기준으로 활용된다. 학생 인기도 예시 자료에서 무선절편모형은 다음과 같이 나타낼 수 있다.

$$인기도_{ij} = \gamma_{00} + u_{oj} + e_{ij}$$

성별과 학생 외향성, 교직경력이 포함되지만 수준 간 상호작용이 없는 모형은 다음과 같이 표현된다.

$$인기도_{ij} = \gamma_{00} + \gamma_{10}성별_{ij} + \gamma_{20}외향성_{ij} + \gamma_{01}교직경력_{j}$$
$$+ u_{1j}성별_{ij} + u_{2j}외향성_{ij} + u_{0j} + e_{ij}$$

〈표 2-1〉 무선절편모형과 설명변인모형

모형	단일 수준 모형	M_0: 무선절편모형	M_1: 설명변인모형
고정부분	회귀계수(s.e.)	회귀계수(s.e.)	회귀계수(s.e.)
절편	5.08(.03)	5.08(.09)	0.74(.20)
학생성별			1.25(.04)
학생외향성			0.45(.03)
교직경력			0.09(.01)
무선부분[a]			
σ_e^2	1.91(.06)	1.22(.04)	0.55(.02)
σ_{u0}^2		0.69(.11)	1.28(.47)
σ_{u1}^2			0.00(−)
σ_{u2}^2			0.03(.008)
이탈도	6970.4	6327.5	4812.8

a. 간명성을 위하여 공분산은 제시하지 않음

〈표 2-1〉은 두 모형의 모수 추정치와 표준오차이다. 비교를 위해서 첫 번째 열에 단일수준모형을 제시하였다. 절편은 올바르게 추정되었지만 분산은 1수준과 2수준 분산의 합이기 때문에 의미가 없다. 영모형인 M_0에서는 분산을 1수준 분산과 2수준 분산으로 분할한다. 무선절편 2수준 모형에서 절편은 5.08인데, 이는 전체 학급과 학생들의 인기도 평균이다. 학생수준 잔차 분산(σ_e^2)은 1.22로, 학급간 잔차 분산($\sigma_{u_0}^2$)은 0.69로 추정되었다. 모든 모수 추정치는 각각의 표준오차보다 훨씬 크기 때문에 t검증의 결과 통계적으로 유의미하다($p < 0.005$). 공식 2.9에 따라 집단 내 상관 $\rho = \sigma_{u_0}^2 / (\sigma_{u_0}^2 + \sigma_e^2)$을 계산하면 0.69/1.91로서 0.36이다. 따라서 모집단분산의 36%가 집단수준이며, 이는 사회과학 자료라인 점을 고려할 때 높은 수치이다. 무선절편모형에는 설명변인이 없기 때문에 잔차 분산은 설명되지 않은 오차분산을 나타낸다. 〈표 2-1〉의 이탈도는 모형의 부적합도의 측정치이며, 설명변인을 모형에 투입하면 이탈도는 감소한다.

〈표 2-1〉의 두 번째 모형은 성별, 외향성, 그리고 교직경력을 설명변인으로 포함한다. 이 세 변인의 회귀계수는 모두 유의미하다. 성별의 회귀계수는 1.25이다. 성별은 여학생을 1로 하고 남학생을 0으로 코딩하였기 때문에, 이는 다른 변인이 일정하다고 할 때 인기도의 여학생 평균 점수가 남학생보다 1.25점 높다는 것을 의미한다. 학생 외향성의 회귀계수는 0.45로서 외향성이 한 단위 증가할 때 인기도가 0.45점 증가할 것으로 예상된다는 것을 의미한다. 교직경력의 회귀계수는 0.09인데, 이는 교직경력이 1년 증가할 때마다 학급내 학생 인기도 평균이 0.09 높아진다는 것을 의미한다. 이 수치가 크다고 할 수 없지만 예시 자료의 교직경력의 범위가 2~25년인 것을 고려하면 경력이 가장 많은 교사와 가장 적은 교사의 학급평균 인기도 차이값은 $(25-2) \times 0.09 = 2.07$이다. 절편값은 보통 해석하지 않는데, 모든 설명변인이 0일 때 기대되는 값이다. 〈표 2-1〉의 회귀계수의 표준오차는 95% 신뢰구간을 구성하는 데 활용된다. 성별 회귀계수의 95% 신뢰구간은 1.17~1.33이고, 학생 외향성 회귀계수의 신뢰구간은 0.39~0.51이며, 교직경력 회귀계수의 신뢰구간은 0.07~0.11이다. 고정 요소의 회귀계수의 해석은 다른 회귀모형과 다르지 않다(Aiken & West, 1991 참조).

〈표 2-1〉의 설명변인모형에는 성별과 학생 외향성의 분산성분이 존재하며, 각각 $\sigma_{u_1}^2$과 $\sigma_{u_2}^2$으로 나타낸다. 학급 간 학생 외향성의 분산은 0.03, 표준오차는 0.008로 추정되었다. 성별 회귀계수의 분산은 0으로 추정되어 유의미하지 않았다. 따라서 이 자료에서는 성별의 회귀계수의 기울기가 학급마다 다르다는 가설이 지지되지 않았다. 따라서 모형에서 성별 기울기의 잔차 분산 항을 제거하고 새로운 모형을 추정하였다. 〈표 2-2〉는 성별효과의 기울기가 고정된 모형의 결과이다. 또한 학급수준 절편 오차와 외향성 기울기간의 공분산을 포함한다. 이러한 공분산은 별도로 해석하지 않으며, 표에 나타내지 않는 경우가 많다(제5장과 제16장의 성장모형에서 예외의 경우가 설명된다). 그러나 〈표 2-2〉의 경우처럼 공분산이 꽤 크고 유의미하면 모형에 포함시키는 것이 규칙이다.

〈표 2-2〉 외향성 변인이 무선인 설명변인모형

모형	M_0: 무선절편모형
고정부분	회기계수 (s.e.)
절편	0.74(.20)
성별	1.25(.04)
외향성	0.45(.02)
교직경력	0.09(.01)
무선부분	
σ_e^2	0.55(.02)
σ_{u0}^2	1.28(.28)
σ_{u2}^2	0.03(.008)
σ_{u02}	−0.18(.05)
이탈도	4812.8

외향성 기울기 계수의 분산이 유의미하다는 것은 0.45라는 회귀계수를 해석할 때 이 변산을 고려해야 한다는 것을 의미한다. 다층구조가 없는 일반 회귀모형에서 0.45라는 값은, 모든 학급의 모든 학생에 대하여, 외향성 측정치가 1단위 증가할 때 학생의 인기도는 0.45만큼 증가한다는 것을 의미한다. 다층모형에서는 외향성의 회귀계수가 학급마다 다르며 0.45라는 값은 모든 학급의 평균 기댓값을 나타낸다. 외향성의 기울기 계수는 정상분포를 따른다고 가정한다. 이 자료의 분산 추정값은 0.034이다. 분산은 표준편차로 변환하여 해석하며, 0.034의 제곱근은 0.18이다.

정상분포에서 약 67%의 관찰값은 평균보다 1 표준편차 크거나 작은 사이에 존재하고, 약 95%의 관찰값은 평균보다 2 표준편차 크거나 작은 사이에 존재한다. 외향성 회귀계수에 이를 적용하면, 약 67%의 회귀계수가 0.27(=0.45−0.18)과 0.63(=0.45+0.18) 사이에 존재하고, 약 95%의 회귀계수가 0.08(=0.45−0.37)과 0.82(=0.45+0.37) 사이에 존재할 것이라고 기대된다. 더 정확한 $Z_{.975}=1.96$을 대입하면 95% 예측구간은 0.09−0.81이다. 회귀계수가 음수인 경우에도 활용하여 백분율을 계산할 수 있다. 외향성 회귀계수의 평균이 0.45이므로, 분산추정치로 계산해 보면 1% 미만의 학급은 회귀계수가 음수일 것으로 기대되며 실제로 그러했다. 여기서 계산된 95% 구간은 외향성 회귀계수의 95% 신뢰구간(0.41~0.50)과 다르다. 95% 신뢰구간은 모든 학급의 외향성의 회귀계수 평균 γ_{20}에 적용된다. 여기서 계산된 95% 구간은 95% 예측구간이며, 이는 학급의 학생 외향성 변인의 회귀계수의 95%가 0.09와 0.81에 존재할 것으로 예상된다는 뜻이다.

외향성 회귀계수의 분산이 학급마다 유의미하게 다르며, 이러한 변산은 학급 수준 변인으로 설명할 수 있다. 이 예시에서 학급수준 변인은 교직경력이다. 개인수준 회귀식을 기호가 아닌 변인 이름으로 제시하면 다음과 같다.

$$인기도_{ij} = \beta_{0j} + \beta_1 성별_{ij} + \beta_{2j} 외향성_{ij} + e_{ij} \tag{2.10}$$

성별의 회귀계수 β_1에는 아래첨자 j가 없는데, 학급마다 다르다고 가정하지 않기 때문이다. j 학급의 절편 β_{0j}를 예측하는 회귀식과 j 학급의 학생 외향성의 회귀기울기 β_{2j}를 예측하는 회귀식은 공식 2.3과 공식 2.4에 제시되었다.

$$\beta_{0j} = \gamma_{00} + \gamma_{01} 교직경력_j + u_{0j}$$
$$\beta_{2j} = \gamma_{20} + \gamma_{21} 교직경력_j + u_{2j} \tag{2.11}$$

공식 2.11을 공식 2.10에 대입하면 다음과 같다.

$$인기도_{ij} = \gamma_{00} + \gamma_{10} 성별_{ij} + \gamma_{20} 외향성_{ij} + \gamma_{01} 교직경력_j$$
$$+ \gamma_{21} 외향성_{ij} \times 교직경력_j + u_{2j} 외향성_{ij} + u_{0j} + e_{ij} \tag{2.12}$$

이 식을 보면 기울기계수 β_{2j}의 설명에 상호작용이 필요하다는 것을 알 수 있다. 학생 외향성과 교직경력의 상호작용은 설명변인이 서로 다른 수준에 있다는 점에서 수준 간 상호작용이다. 〈표 2-3〉은 수준 간 상호작용을 포함하는 모형의 추정결과이다. 비교를 위해서 상호작용이 없는 모형도 함께 제시하였다.

〈표 2-3〉 수준 간 상호작용 유무에 따른 모형 결과

모형	M_{1A}: 주효과모형	M_2: 상호작용모형
고정부분	회귀계수(s.e.)	회귀계수(s.e.)
절편	0.74(.20)	−1.21(.27)
성별	1.25(.04)	1.24(.04)
외향성	0.45(.02)	0.80(.04)
교직경력	0.09(.01)	0.23(.02)
외향성×교직경력		−0.03(.003)
무선부분		
σ_e^2	0.55(.02)	0.55(.02)
σ_{u0}^2	1.28(.28)	0.45(.16)
σ_{u2}^2	0.03(.008)	0.005(.004)
$\sigma_{u_{02}}$	−0.18(.05)	−0.03(.02)
이탈도	4812.8	4747.6

〈표 2-3〉의 고정 회귀계수 추정결과를 보면, 성별의 효과는 비슷하지만 외향성과 교직경력의 기울기계수는 상호작용모형에서 더 크다. 외향적인 학생이 인기도가 더 많다는 결과 해석은 서로 비슷하다. 수준 간 상호작용의 회귀계수는 −0.03으로 매우 작지만 유의미하다. 이 상호작용은 '외향성'과 '교직경력' 변인의 점수를 곱하여 만든 것으로, 이 값이 음수라는 것은 교직경력이 높은 교사의 학급에서의 외향성의 효과가 직접효과만 있을 때 비하여 작다는 것을 의미한다. 즉, 외향적인 학생과 내향적인 학생의 인기도 차이가 경력이 높은 교사에서는 작다는 것을 의미한다.

두 모형을 비교해보면 수준 간 모형에서 학생의 외향성의 분산 성분이 0.03에서 0.005로 감소하였다. 수준 간 모형이 학생 외향성의 기울기의 분산 중 일부를 설명한 것이다. 이탈도 역시 감소하였는데, 이는 이전 모형에 비하여 모형 적합도가 상승했다는 것을 나타낸다. 무선부분의 차이는 다소 해석하기 어렵다. 〈표 2-3〉의 두 모형

의 추정치를 제대로 설명하는 것이 어려운 것은 상호작용효과를 추가했기 때문이다. 보다 자세한 사항은 제4장에서 다룬다.

〈표 2-3〉에 제시된 계수는 모두 비표준화 회귀계수이기 때문에 제대로 해석하기 위해서는 설명변인의 척도를 염두에 두어야 한다. 다중회귀모형과 구조방정식모형 (SEM)에서 회귀계수를 표준화시키는데, 이는 한 표본에서 여러 변인의 효과를 비교하는 데 편리하기 때문이다. 반대로 분석의 목표가 여러 표본에서 모수 추정치를 비교하고자 하는 것이라면, 비표준화 회귀계수를 사용해야 한다. 〈표 2-1〉이나 〈표 2-3〉의 회귀계수를 표준화하기 위해서는 분석 이전에 모든 변인을 표준화해야 한다. 그러나 이는 분산성분의 추정치와 표준오차에도 영향을 주기 때문에 비표준화 계수로부터 표준화 회귀계수를 도출하는 것이 더 바람직하다.

$$\text{표준화 회귀계수} = \frac{\text{비표준화 회귀계수*설명변인의 표준편차}}{\text{종속변인의 표준편차}} \tag{2.13}$$

이 예시자료의 표준편차를 보면, 인기도는 1.38, 성별은 0.51, 외향성은 1.26, 그리고 교직경력은 6.55이다. 〈표 2-4〉에는 〈표 2-2〉의 두 번째 모형의 비표준화계수와 표준화계수가 제시되었으며, 변인을 먼저 표준화하고 분석한 결과도 함께 제시되었다.

〈표 2-4〉를 보면 표준화 회귀계수는 표준화된 변인으로 추정한 회귀계수와 거의 비슷하며, 일부 작은 차이는 반올림상의 오차이다. 그러나 표준화된 변인들을 분석에 사용하면 분산 성분과 이탈도에서 큰 차이가 난다는 것을 알 수 있다. 변인의 척도가 바뀌면서 외향성 기울기와 절편간의 공분산이 비표준화 변인에서는 유의미하지만 표준화 변인에서는 유의미하지 않다. 이러한 결과 차이는 일반적인 것이다. 단일 수준 일반회귀식의 회귀계수처럼 다층회귀모형의 고정 부분은 선형 변환에 따라 달라지지 않는다. 즉, 설명변인의 척도를 바꾸면 각 회귀계수와 관련 표준오차가 동일한 곱의 요인으로 변화하고 관련된 p값이 동일하게 유지된다. 그러나 다층회귀모형에서 무선부분은 선형변환에 따라 달라지며, 그 크기가 매우 클 때도 있다. 보다 자세

한 사항은 제4장의 2절에서 설명된다.

〈표 2-4〉 비표준화 추정치와 표준화 추정치의 비교

모형	공식 2.13을 활용한 표준화		표준화된 변인
고정부분	회귀계수 (s.e.)	표준화 회귀계수	회귀계수 (s.e.)
절편	0.74(.20)	–	−1.21(.27)
성별	1.25(.04)	0.46	0.45(.04)
외향성	0.45(.02)	0.41	0.41(.02)
교직경력	0.09(.01)	0.43	0.43(.04)
무선부분			
σ_e^2	0.55(.02)		0.28(.01)
σ_{u0}^2	1.28(.28)		0.15(.02)
σ_{u2}^2	0.03(.008)		0.03(.01)
$\sigma_{u_{02}}$	−0.18(.01)		−0.01(.01)
이탈도	4812.8		3517.2

즉, 기울기계수에 무선성분이 존재하는 경우 설명변인의 척도를 바꾸는 것을 조심해야 한다. 만약 비표준화계수 외에 표준화계수를 제시하는 것이 목표라면 공식 2.13을 적용하는 것이 변인을 변환하는 것보다 더 안전하다. 반면 직접 계산하지 않고 표준화 회귀계수를 산출하고자 한다면 무선 부분과 편차를 포함하여 비표준화 결과를 먼저 추정하고, 이후 표준화된 변인들을 활용하여 재분석해야 한다.

3. 3수준 이상의 회귀모형

1) 다층모형

원칙적으로 2수준 회귀모형을 3수준 이상의 회귀모형으로 확장하는 것은 간단하다. 1수준에 종속변인이 있고, 모든 수준에 설명변인이 있을 수 있기 때문이다. 다만 3수준 이상의 모형은 복잡해지기가 쉽다. 일반 고정회귀계수 외에도 1수준 설명변인의 회귀계수가 2수준과 3수준의 단위에 따라 변화할 수 있다는 것을 알아야 한다. 2수준의 설명변인의 회귀계수도 3수준의 단위에 따라 변화할 수 있다. 이러한 변산을 설명하기 위해서는 수준 간 상호작용항을 모형에 포함시켜야 한다. 1수준과 2수준간의 상호작용의 회귀 기울기도 3수준 단위에 따라 달라질 수 있다. 이러한 변산을 설명하기 위해서는 모든 3수준의 변인을 포함하는 '3-way 상호작용'이 필요하다.

이러한 복잡한 모형을 간단한 요약표기법이 아닌 단일방정식의 대수적 공식으로 표현하면 더욱 복잡해진다(제2장 4절 참조). 이러한 모형은 개념적으로도 이해하기 어려우며 추정하기도 어렵다. 추정모수의 수가 매우 많고, 가장 상위수준의 표본크기는 상대적으로 작은 편이다. DiPrete와 Forristal(1994, p. 349)은 "강건추정치를 추정할 때 자료, 컴퓨터, 그리고 최적화방법의 용량을 넘기 쉽다."고 지적하였다.

그럼에도 불구하고 3수준 이상의 모형이 필요한 때가 있다. 학생이 학급과 학교, 그리고 응답자가 가구와 지역에 차례로 내재되어 있는 것은 개념적으로나 경험적으로 다루어질 만하다. 가장 낮은 수준이 시간에 따른 반복적인 측정이라면, 반복측정치를 학교에 내재된 학생에 다시 내재시키는 것은 그렇게 복잡하지 않다. 이런 경우에 모형을 작게 설정하면 개념적·통계적 문제를 해결할 수 있다. 특히 상위수준에서의 분산과 공분산은 이론적으로 고려하여 결정해야 한다. 특정 회귀계수의 상위수준 분산은 이 회귀계수가 해당 수준에서 단위에 따라 변화한다는 것을 가정하며, 상위수준 공분산은 이들 회귀계수가 단위에 따라 공변한다는 것을 가정한다. 특히 모형이 크고 복잡해지면 고차 상호작용을 피하고 이론적 또는 경험적 근거가 강한 요소만 무선부분에 포함시키는 것이 좋다. 즉, 2차 및 고차 상호작용을 최대한 추정하는 것이 바람직한 것은 아니라는 것이다. 이론적으로 매우 중요하다고 정당화되거나 어떤 회귀선의 기울기 분산이 매우 커서 설명할 필요가 있을 때에만 고차 상호작용을 설정할 필요가 있다. 대체로 모형의 무선부분에 공분산 성분보다 고차 분산성분을 포함시켜야 할 이론적 근거가 있다. 공분산이 작거나 유의미하지 않으면 되도록 모형에 포함시키지 않지만, 다음과 같은 일부 예외가 있다. 첫째, 절편과 무선기울기의 공분산은 항상 포함시켜야 한다. 둘째, 한 범주형 변인에 속하는 더미변인의 기울기에 해당하는 공분산, 그리고 상호작용에 포함되거나 동일다항식에 속하는 변인에 대한 공분산을 포함하는 것이 좋다.

2) 3수준 모형의 집단 내 상관

2수준 무선절편모형의 집단 내 상관은 식 2.9를 활용하여 다음과 같이 계산된다.

$$\rho = \frac{\sigma_{u_0}^2}{\sigma_{u_0}^2 + \sigma_e^2}$$ (위의 식 2.9)

집단 내 상관은 2수준 분산의 비율을 나타내며, 이는 동일집단에서 무선적으로 표집된 두 개인 간 예측된 (모집단) 상관으로 해석할 수 있다.

학생이 학급과 학교에 소속된 3수준에서는 집단 내 상관을 계산하는 두 가지 방법이 있다. 첫째, 3수준 자료를 무선절편모형으로 추정할 때, 단일 계산식은 다음과 같다.

$$Y_{ijk} = \gamma_{000} + \nu_{0k} + u_{0jk} + e_{ijk}$$ (2.15)

각 수준의 분산은 각각 σ_e^2, $\sigma_{u_0}^2$, 그리고 $\sigma_{\nu_0}^2$ 이다. 첫 번째 방법(Davis & Scott, 1995 참조)은 학급과 학교 수준에서의 집단 내 상관을 다음과 같이 정의한다.

$$\rho_\text{학급} = \frac{\sigma_{u_0}^2}{\sigma_{\nu_0}^2 + \sigma_{u_0}^2 + \sigma_e^2} \tag{2.16}$$

$$\rho_\text{학교} = \frac{\sigma_{\nu_0}^2}{\sigma_{\nu_0}^2 + \sigma_{u_0}^2 + \sigma_e^2} \tag{2.17}$$

두 번째 방법(Siddiqui et al., 1996 참조)은 학급과 학교 수준의 집단 내 상관을 다음과 같이 정의한다.

$$\rho_\text{학급} = \frac{\sigma_{\nu_0}^2 + \sigma_{u_0}^2}{\sigma_{\nu_0}^2 + \sigma_{u_0}^2 + \sigma_e^2} \tag{2.18}$$

$$\rho_\text{학교} = \frac{\sigma_{\nu_0}^2}{\sigma_{\nu_0}^2 + \sigma_{u_0}^2 + \sigma_e^2} \tag{2.19}$$

위 두 가지 방법은 모두 타당한 방법이다(Algina, 2000). 첫 번째 방법은 학급과 학교의 수준에서의 분산비율을 나타낸다. 이는 가용한 수준간의 분산의 분할에 관심이 있을 때, 즉 분산이 각 수준에 얼마나 존재하는지에 관심이 있을 때(제4장 5절의 주제) 사용가능하다. 두 번째 방법은 동일 집단에서 무선적으로 선택된 두 요소 간의 예측된 (모집단) 상관 추정치를 나타낸다. 따라서 공식 2.18에서 계산된 $\rho_\text{학급}$ 값은 동일한 학급의 두 학생간의 상관의 기댓값이며, 이는 동일 학급내의 두 학생이 본질적으로 동일한 학교의 학생이라는 것을 올바르게 반영한 값이다. 이러한 이유로 학급과 학교의 분산 요소는 공식 2.18의 분자에 존재한다. 따라서 학교 수준의 분산의 양이 클 때 두 방법의 추정치가 다르게 산출된다. 두 공식은 자료의 다른 측면을 보여 주는데, 수준이 2개인 경우 그 결과는 일치한다. 이 중 각 수준에서의 분산의 비율을 나타내는 첫 번째 방법이 주로 사용된다.

3) 3수준 모형의 사례

이 예시자료는 병원의 직무스트레스에 대한 가상연구이며, 병원내 병동에 근무하는 간호사 자료이다. 25개 병원에서 4개 병동을 표집하여 실험집단과 통제집단에 무선적으로 배치하였다. 실험집단 간호사에게 직무 관련 스트레스 극복 프로그램을 제공하였다. 프로그램이 끝난 후 각 병동별로 10명의 간호사를 표집하여 직무 관련 스트레스를 측정하였다. 이 외의 변인은 간호사의 연령(연도), 간호사 경력(연도), 간호사 성별(남성=0, 여성=1), 병동의 종류(일반치료=0, 특별치료=1), 그리고 병원규모(소규모=0, 중간규모=1, 대규모=2)였다.

이는 상위수준, 즉 병동별로 실험처치가 진행되는 실험의 사례이다. 생체의학 연구에서 이러한 실험설계는 다중군집무선실험(multisite cluster randomized trial)이라고 알려져 있다. 이는 전체 학급이나 학교가 실험집단과 통제집단에 배정되는 학교 및 조직연구에서 매우 일반적인 실험설계이다. 실험집단과 통제집단(ExpCon)이 2수준(병동)에서 정해지기 때문에 실험효과가 병원마다 다른지를 분석할 수 있다.

이 사례에서 실험처치는 주요 관심변인이고 다른 변인은 공변인이다. 공변인의 기능은 무선할당이 적용되었더라도 발생하는, 특히 표본이 작을 때 발생하는 실험집단 간 차이를 통제하고, 종속변인인 스트레스의 분산을 설명하는 것이다. 공변인이 분산을 잘 설명하는 만큼 실험처치의 효과의 검증력이 증가한다. 따라서 1수준 설명변인이 2수준이나 3수준에 무선계수가 있는지 여부와 2수준 설명변인이 3수준에 무선계수가 있는지를 논리적으로 검증할 수 있다 하더라도 이러한 가능성은 탐색하지 않는다. 반면, 실험처치가 3수준에서 유의미한 기울기 변동이 있는 경우 모형에 무선계수를 포함시키고 실험처치와 병원규모 사이의 수준간 상호작용으로 이를 설명한다. 상호작용이라는 관점에서 실험처치와 병원규모는 전체평균으로 중심화한다.

〈표 2-5〉는 일련의 모형의 결과를 나타낸다. 기본모형은 다음과 같다.

$$스트레스_{ijk} = \gamma_{000} + \nu_{0k} + u_{0jk} + e_{ijk} \tag{2.20}$$

이는 〈표 2-5〉의 M_0의 분산 추정치를 산출한다. 공식 2.18과 2.19를 사용하면 분산의 비율(ICC)은 병동수준에서 0.52, 병원 수준에서는 0.17이다. 간호사수준과 병동수준 분산은 통계적으로 유의미하다.

〈표 2-5〉 병원과 병동에서의 스트레스 모형

모형	M_0: 기본모형	M_1: 예측변인모형	M_2: 무선기울기모형	M_0: 수준간상호작용 모형
고정부분	회귀계수(s.e.)	회귀계수(s.e.)	회귀계수(s.e.)	회귀계수(s.e.)
절편	5.00(0.11)	5.50(.12)	5.46(.12)	5.50(.11)
실험처치*		−0.70(.12)	−0.22(.01)	−0.50(.11)
연령		0.02(.002)	0.02(.002)	0.02(.002)
성별		−0.45(.03)	−0.45(.03)	−0.45(.03)
직무경력		−0.06(.004)	−0.06(.004)	−0.06(.004)
병동타입		0.05(.12)	0.05(.07)	0.05(.07)
병원규모*		0.46(.12)	0.29(.12)	0.46(.12)
직무경력×병원규모				1.00(.16)
무선부분				
$\sigma^2_{e\ ijk}$	0.30(.01)	0.22(.01)	0.22(.01)	0.22(.01)
$\sigma^2_{u0\ jk}$	0.49(.09)	0.33(.06)	0.11(.03)	0.11(.03)
σ^2_{v0k}	0.16(.09)	0.10(0.05)	0.166(.06)	0.15(.05)
σ^2_{u1k}			0.66(.22)	0.18(.09)
이탈도	1942.4	1604.4	1574.2	1550.8

*은 전체평균 중심화된 변인임

병원 수준 분산의 통계검증은 $Z=0.162/0.0852=1.901$로, 일방검증 p값은 0.029이다. 병원 수준 분산은 5% 유의수준에서 유의미하다. 〈표 2–5〉의 이어지는 모형은 병동의 종류를 제외하고 모든 설명변인이 유의미한 효과를 가지며, 실험 처치가 유의미하게 낮은 스트레스를 가져온다는 것을 나타낸다. 실험효과는 병원마다 차이가 나며, 이러한 분산의 많은 부분은 병원의 규모로 설명될 수 있다. 즉, 병원의 규모가 클수록 실험효과는 작았다.

4. 표기법과 소프트웨어

1) 표기법

보통 하위수준과 상위수준에 하나 이상의 설명변인이 존재한다. 하위수준에 설명변인 X가 P개 있으면 아래첨자 $p(p=1...P)$로 표시한다. 상위수준에 설명변인 Z가 Q개 있으면 아래첨자 $q(q=1...Q)$로 표시한다. 이렇게 하면 공식 2.5는 보다 일반적인 공식으로 변환된다.

$$Y_{ij} = \gamma_{00} + \gamma_{p0}X_{pij} + \gamma_{0q}Z_{qj} + \gamma_{pq}Z_{qj}X_{pij} + u_{pj}X_{pij} + u_{0j} + e_{ij} \tag{2.21}$$

합의 기호를 사용하면 다음과 같이 나타낼 수 있다.

$$Y_{ij} = \gamma_{00} + \sum_p \gamma_{p0}X_{pij} + \sum_q \gamma_{0q}Z_{qj} + \sum_p \sum_q \gamma_{pq}Z_{qj}X_{pij} + \sum_p u_{pj}X_{pij} + u_{0j} + e_{ij}$$

$$\tag{2.22}$$

하위수준 오차 e_{ij}는 평균이 0이고, 분산이 공통분산 σ_e^2인 정규분포를 따른다고 가정한다. u_{0j}와 u_{pj}는 상위수준 잔차로서 개인 수준 오차 e_{ij}와 독립적이며, 평균이 0인 중다정규분포를 따른다고 가정한다. 잔차 u_{0j}의 분산은 집단 간 절편의 분산으로 $\sigma_{u_0}^2$로 표기한다. 잔차 u_{pj}의 분산은 집단 간 기울기의 분산으로 $\sigma_{u_p}^2$로 표기한다. 잔차의 공분산 $\sigma_{pp'}$은 보통 0이라고 가정하지 않으며, 상위 수준의 분산/공분산 행렬 Ω를 구성한다.

공식 2.15에서 절편의 회귀계수인 γ_{00}은 설명변인과 연관되지 않는다는 것에 주의해야 한다. 한 설명변인이 모든 관찰 단위에서 1로 일정하다는 조건으로 이 공식은 다음과 같이 확장할 수 있다.

$$Y_{ij} = \gamma_{p0}X_{\pi j} + \gamma_{pq}Z_{qj}X_{\pi j} + u_{pj}X_{\pi j} + e_{ij} \tag{2.23}$$

이때 $X_{0ij} = 1$이고 $p = 0...P$이다.

공식 2.23을 보면 다른 회귀계수와 마찬가지로 절편도 회귀계수라는 것을 알 수 있다. HLM(Raudenbush et al., 2011) 등의 일부 통계 프로그램은 회귀식의 절편 X_0을 기본값 1로 지정한다. MLwiN(Rasbash et al., 2015) 등에서는 연구자가 모든 사례에서 1인 변인을 직접 포함시켜야 한다. 공식 2.23에서 고정부분의 설명변인의 행렬을 X로, 수준 l에서의 잔차를 $u^{(l)}$로, 그리고 (X와 같을 수도 있고 다를 수 있는) 모든 예측변인 Z의 오차 성분이 관련된다고 하면, 공식 2.23은 보다 일반화될 수 있으며, 이를 행렬식으로 표현하면 $Y = X\beta + Z^{(l)}u^{(l)}$이다(Goldstein, 2011 참조, 부록 2.1). 이 책은 수학적 통계보다는 적용에 초점을 두기 때문에 구조방정식 모형과 같은 다변량 모형을 다루는 경우를 제외하고는 대수 표현을 사용한다.

이 책의 기호는 Goldstein (2011)과 Kreft와 de Leeuw (1988)에서 사용한 것과 비슷하다. 가장 중요한 차이는 이 책에서 $\sigma_{u_0}^2$로 표기되는 상위 수준 분산이 이들 책에서는 σ_{00}으로 표기된다는 점이다. 이는 σ_{01}가 변인 0과 1의 공분산이기 때문에 σ_{00}는 변인 0과 자신의 공분산, 즉 분산을 나타낸다는 것이다. Raudenbush와 Bryk (2002), 그리고 Snijders와 Bosker (2012)는 다른 표기법을 사용하는데, 낮은 수준의 오차항을 r_{ij}로, 상위수준 오차항을 u_j로 표기한다. 그리고 하위수준의 분산은 σ^2이고, 상위수준의 분산과 공분산은 그리스 문자 τ(타우)를 사용하는데, 예를 들어 절편의 분산은 τ_{00}이다. 이러한 τ_{pp}는 T로 표시되는 타우행렬에 모두 포함된다. HLM 프로그램과 매뉴얼에서 종단모형이나 3수준 모형과 같은 일부 모형에서는 다른 표기법을 사용한다.

2수준 이상의 모형에서는 두 가지 표기 시스템이 사용된다. 먼저 각 수준에 다른 그리스문자를 사용하고 다른 수준의 분산에 다른 그리스 또는 라틴 문자를 사용하는 방법이 있다. 수준이 많을수록 이 방법은 불편하기 때문에 회귀선의 기울기는 β을, 잔차분산은 u를 쓰되, 아래첨자의 수가 수준을 나타내게 하는 방법이 더 간단하다.

2) 소프트웨어

다층모형은 두 가지 방법으로 나타낼 수 있다. 즉, 각 수준별 회귀식으로 나타내는 방법과 모든 회귀식을 통합하여 단일 모형식으로 나타내는 방법이다. HLM(Raudenbush 외, 2011)과 Mplus(Muthen & Muthen, 1998-2015)는 각 수준별로 개별 모형을 상세화한다. 그러나 MLwinM(Rasbasch et al., 2015), SAS Proc Mixed(Littell et al., 1996), SPSS command Mixed(Norusis, 2012) R package LME4(Bates et al., 2015) 등의 다른 대부분의 프로그램에서는 단일 모형식을 활용한다. 두 방법 모두 장단점이 있다. 개별 공식 방법은 모형이 어떻게 만들어졌는지를 명확하게 보여 준다는 장점이 있으나, 회귀식의 기울기를 다른 변인으로 모형화하는 것이 모형에 수준 간 상호작용을 투입하는 것과 동등하다는 것을 보여 주지 않는다는 단점이 있다. 4장에서 설명하겠지만, 상호작용을 올바르게 추정하고 해석하기 위해서는 매우 신중하게 생각해야 한다. 반면 단일 모형식 방법은 상호작용의 존재를 명확하게 보여 주지만, 복잡한 오차 부분이 기울기 변화에 대한 공식에 따라 생성되었다는 것이 잘 나타내지 않는다는 단점이 있다. 실제로 모형을 명확하게 하기 위해서는 각 수준의 개별적인 공식을 먼저 상세화하고 단일 공식으로 유도하는 것이 바람직하다.

SAS Proc Mixed으로 다층모형을 설명하는 Singer의 방법을 인용하면 다음과 같다 (Singer, 1998, p. 350). '소프트웨어가 통계학자가 아니다. 소프트웨어가 없으면 거의 대부분의 통계학자나 연구자들이 복잡한 모형을 추정하지 못할 것이다. 실제로 소프트웨어가 통계학자를 만들지는 못하지만, 강력하고 이용하기 편리한 다층모형 소프트웨어는 교육 및 조직 연구, 인구학, 역학, 의학 등 다양한 연구 분야에 매우 큰 영향을 주었다. 이 책은 복잡한 자료구조를 반영하는 다층모형의 개념 및 통계적 이슈에 초점을 둔다. 이러한 방법을 적용하는 연구자는 일부 소프트웨어를 활용할 수 있으며 익숙하다고 가정한다. 경우에 따라서 특정 소프트웨어가 언급되기는 하지만 해당 프로그램의 특징이 설명되어야 하거나 해당 프로그램만이 활용 가능한 경우에 해당한다.

통계 소프트웨어가 매우 빠르게 발전되고 프로그램의 새로운 버전이 계속해서 개발되기 때문에 프로그램의 설정이나 결과를 자세하게 다루지 않는다. 결과적으로 이 책은 특정 통계패키지로 할 수 있는 것보다는 다양한 방법(technique)으로 분석 가능한 것에 초점을 둔다. 이러한 방법들은 소규모의 현실적인 자료 세트로 수행할 수 있는 분석을 통해 설명된다. 동시에 특정한 기능이 있는 소프트웨어로만 분석 가능한 것이 있다면 그 부분은 따로 설명된다. 이를 통해 독자는 이들 소프트웨어가 이러한 요구사항을 맞추는지를 알게 되고, 선호하는 패키지로 프로그램을 세팅하는데 도움을 받을 수 있다.

관련 소프트웨어 매뉴얼 외에 일부 소프트웨어 프로그램은 소개 논문에서 다루어진다. Singer(1998)는 SAS Proc Mixed를 활용하여 다층 자료와 종단자료를 설명하였다. Peugh와 Enders(2005)는 SPSS Mixed를 사용하여 Singer의 예시를 설명하였다. Arnold(1992)와 Heck와 Thomas(2009)는 모두 HLM와 Mplus를 활용하여 다층모형을 설명하였다. Sullivan, Dukes, Losina(1999)는 HLM과 SAS Proc Mixed를 활용하였다. West, Welch, Gatecki(2007)은 SAS, SPSS, R, Stata, HLM을 활용하여 일련의 다층모형 분석을 제시하였다. Heck, Thomas, Tabata(2012, 2014)는 SPSS를 활용하였다. 마지막으로, Bristol 대학에서 다층모형 홈페이지를 운영하는데, 일련의 소프트웨어

리뷰를 포함하고 있다. 이 책의 홈페이지에는 이러한 다층모형 자료 및 정보를 포함한다(https://multilevel-analysis.sites.uu.nl/).

예시에 사용된 자료는 여기에 제시되어 있다. 또한 부록 E에 기술된 예시 자료도 포함되어 있다.

제**3**장

다층회귀식의 추정과
가설 검증

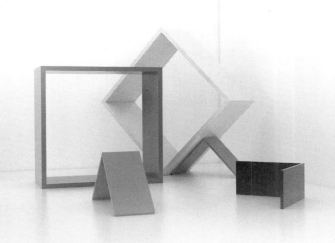

요약

회귀계수와 절편 및 기울기 분산을 추정하는 일반적인 방법은 최대우도 추정법이다. 제3장에서는 최대우도추정법과 관련 통계 프로그램의 추정옵션에 대해 설명한다. 베이지언 추정법이나 부트스트랩핑 등과 같은 다른 대안적인 추정법도 간단하게 소개하고자 한다. 마지막으로 이 장에서는 내재모형과 비내재모형의 비교절차를 소개하는데, 이는 분산을 검증할 때 특히 유용하다.

1. 추정방법의 종류

다층모형에서 회귀계수와 분산성분 등의 모수를 추정하는 데 주로 쓰는 방법은 최대우도방법이다. 최대우도(ML)방법은 주어진 모형에서 실제 관측된 자료를 관찰할 수 있는 확률을 최대화하는, 즉 '최대우도'를 산출하는 모집단의 모수치를 추정한다(Eliason, 1993 참조). 다층모형에서 사용되는 다른 추정방법은 일반화최소제곱법(GLS), 일반화추정방정식(GEE), 부스트랩 방법과 마르코프 체인 몬테카를로(MCMC)와 같은 베이지언 방법이다. 이 장에서는 이들 방법을 간략하게 설명한다.

1) 최대우도(ML)방법: 완전최대우도 및 제한최대우도 추정법

최대우도(ML)는 다층모형에서 가장 일반적으로 사용되는 추정방법이다. 제2장의 결과는 모두 완전최대우도 추정법으로 산출한 것이다. 최대우도추정법의 장점은 대체로 효과적이고, 효율적이며, 일관된 추정치를 산출한다는 것이다. ML 추정치는 표본이 큰 경우 비정규 오차와 같은 가벼운 가정의 위배에도 강건하다. 최대우도 추정법은 우도함수를 최대화함으로써 진행된다.

다층회귀모형에서는 두 가지 우도함수가 사용된다. 하나는 완전최대우도(Full Maximum Likelihood: FML)이며, 회귀계수와 분산성분이 우도함수에 포함된다. 다른 추정방법은 제한최대우도(Restricted Maximum Likelihood: RML)이며, 우도함수에 분산성분만 포함되고, 회귀계수는 두 번째 추정 단계에서 추정된다. 두 방법 모두 모수 추정치 및 표준오차, 그리고 우도함수 형태의 전체모형 이탈도를 산출한다. FML은 분산성분을 추정할 때, 회귀계수를 고정 미지수로 취급하지만, 고정효과를 추정할 때 자유도가 감소한다는 것을 고려하지 않는다. RML은 모형에서 고정효과를 제거한 이후에 분산성분을 추정한다(Searle et al., 1992, 6장). 결과적으로 FML 분산성분 추정치는 편파적이며, 보통 과소추정된다. RML 추정치는 덜 편파적이다(Longford, 1993). 집단크기가 동일하면 RML 추정치는 ANOVA 추정치와 동일하다는 특징이 있다(Searle et al., 1992, p. 254). RML이 더 현실적이기 때문에 이론적으로 더 나은 추정치를 산출하며, 특히 집단의 수가 작을 때 그러하다(Bryk & Raudenbush, 1992; Longford, 1993). 그러나 실제로 두 방법의 차이는 보통 작다(Hox, 1998; Kreft & de Leeuw, 1998 참조). 예를 들어, 〈표 2-1〉 인기도 자료의 무선절편모형의 FML 추정치와 RML 추정치를 비교해 보면, 2수준 절편 분산의 차이는 소수 둘째 자리이다. 이때 FML 추정값은 0.69이고, RML은 0.70이며, 차이가 매우 작다. 차이가 사소하지 않으면 RML 방법을 사용하는 것이 좋다(Browne, 1998). FML은 RML에 비하여 두 가지 장점이 있기 때문에 여전히 사용된다. 첫째, 대체로 계산이 더 쉬우며, 둘째, 회귀계수가 우도함수에 포함되어 있기 때문에 두 모형간 고정부분(회귀계수)을 비교할 때 우도 기반 전체 카이제곱 검증을 활용할 수 있다. RML으로는 무선부분(분산성분)에 차이가 있을 때에만 카이제곱 검증 비교가 가능하다. 이 책의 대부분의 표는 FML을 이용한 것이고, RML이 적용된 경우에는 본문에 명시적으로 이를 표시하였다.

최대우도 추정치의 계산은 반복적인 과정이다. 컴퓨터 프로그램은 시작 시점에서 각 모수치에 대해 단일수준 회귀식 추정치와 같은 합리적인 초기값을 생성한다. 다음 단계에서 초기값을 개선하고 더 나은 추정치를 산출하기 위해 계산 절차를 진행한다. 이 두 번째 단계는 여러 번 반복된다. 각 반복 이후에 프로그램은 이전 단계에 비하여 추정치가 얼마나 바뀌었는지를 검사한다. 그 차이가 매우 작으면 추정절차가 수렴되었다고 판단하고 이를 종료한다. 다층모형 프로그램에서도 이러한 절차를 활용한다. 그러나 계산상의 문제가 가끔 발생한다. 반복적인 최대우도 절차를 사용하는 프로그램의 일반적인 문제는 반복과정이 항상 종료되는 것이 아니라는 것이다. 어떤 모형과 자료는 반복이 계속되어서 프로그램을 중지시켜야만 끝나는 경우도 있다. 이러한 문제 때문에 대부분 프로그램에서는 반복 최대값을 설정한다. 한계점까지 수렴되지 않으면 좀 더 높은 한계점까지 계산을 반복할 수 있다. 반복 최대값이 높은데도 수렴되지 않는다면, 수렴이 불가능한 것으로 생각해볼 수 있다.[1] 문제는 수렴하지 않는 모형을 어떻게 해석할 것인가이다. 보통 수렴하지 않는 모형은 좋지 않은 모형으로 해석한다. 그러나 자료에 문제가 있을 수 있다. 특히 표본이 작은 경우 모형이 타당하더라도 추정절차가 실패할 수 있다. 또한 컴퓨터 알고리즘이나 초기값을 개선하면 수용할 만한 추정치를 얻을 가능성도 있다. 그러나 경험적으로, 표본의 크기가 합리적인데도 프로그램이 수렴하지 않으면 문제는 모형 상세화가 잘못되었기 때문인 경우가 많다. 다층모형분석에서 무선(분산)성분이 실제로 0이거나 0에 가까운 데도 많은 수의 무선(분산)성분을 추정할 때 모형이 수렴하지 않는 경우가 자주 발생한다. 해결방법은 일부 무선성분을 제거하여 모형을 단순하게 하는 것이다. 수렴하지 않는 해로부터 추정된 값은 어떤 무선성분을 제거해야 할지에 대한 정보가 되기도 한다. 수렴 문제 해결전략은 로그북이나 논문에 제시해야 한다.

---

[1] 일부 프로그램은 계산이 어떻게 되어 가는지 우도함수를 개선하지 않고 전후 어떻게 차이가 나는지를 관찰할 수 있도록 반복(iteration)을 관찰할 수 있도록 한다.

2) 일반화최소제곱법

일반화최소제곱법(Generalized Least Squares: GLS)은 이질성을 허용하는 최소제곱 (OLS) 표준 추정방법의 확장으로, 관찰값은 표집분산에서 차이가 난다. GLS 추정법은 ML 추정값과 비슷하며, 근사적으로 동등하다. 근사적 동등성은 대규모 표본에서 실제적으로 이들을 구분할 수 없다는 것이다. '예측된 GLS' 추정치는 반복숫자를 1로 제한하고 최대우도방법으로 산출할 수 있다. GLS 추정값이 완전 ML 추정치를 계산하는 것보다 훨씬 빠르기 때문에, 대규모자료처럼 계산이 복잡한 절차에서 ML 추정치의 대안으로 사용될 수 있다. 또한 ML 추정절차가 수렴하지 않을 때 GLS 추정치를 살펴보는 것은 문제 진단에 도움이 될 수 있다. 그러나 모의연구 결과 GLS 추정값이 덜 효율적이고 GLS에서 도출한 표준오차는 정확하지 않았다(Hox, 1998; van der Leeden et al., 2008, Kreft, 1996 참조). 그러므로 보통 ML 추정법을 사용하는 것이 바람직하다.

3) 일반화추정방정식

일반화추정식방정식(Generalized Estimating Equations: GEE, Liang & Seger, 1987 참조)은 다층모형의 무선부분 분산과 공분산을 잔차로부터 직접 추정하기 때문에 완전 ML추정법보다 빠르게 계산할 수 있다. 보통 다층자료의 종속성은 가상관행렬(working correlation matrix)이라는 간단한 모형으로 설명된다. 집단 내 개인에 대한 가정은 동일집단의 응답자가 모두 동일상관을 가진다는 것이다. 반복측정은 보통 단순 자기상관구조를 가정한다. 분산성분 추정치를 산출하고 GLS를 사용하여 고정회귀계수를 추정한다. 분산구조의 근사추정에는 강건 표준오차를 사용한다. 비정규 자료의 경우 모집단 평균모형을 생성하는데, 개별 차이에 대한 모형화가 아닌 평균 모집단 효과 추정에 초점을 둔다.

Goldstein(2011), Raudenbush와 Bryk(2002)에 따르면 GEE 추정치는 완전ML추정치보다 덜 효율적이지만, 다층모형의 무선부분 구조에 대해 더 약한 가정을 기반으로 한다. 모형의 무선부분이 올바르게 상세화되면 ML추정치가 더 효율적이며 모형기반(ML) 표준오차는 보통 GEE 기반 강건표준오차보다 작다. 모형의 무선부분이 올바르지 않더라도 GEE 기반 추정값과 강건 표준오차는 여전히 일관성이 있다. 따라서 표본크기가 어느 정도 크다면 GEE 추정치는 정규성 가정의 위배와 같은 모형의 무선부분의 상세화 오류에 강건하다. GEE 방법의 단점은 무선효과 구조를 근사추정하므로 무선효과를 자세히 분석할 수 없다는 것이다. 대부분의 소프트웨어는 무선부분의 전체 비구조화된 공분산행렬을 간단히 추정하므로 절편이나 기울기의 무선효과를 추정할 수 없다. ML방법의 일반적 강건성을 고려할 때, 되도록 ML 방법을 사용하고, ML 방법의 가정에 대해 의심이 가는 경우 강건추정치나 부트스트랩 상관을 사용하는 것이 좋다. GEE 추정치와 함께 쓰이는 ML 추정치(Burton et al., 1998)에 대한 자세한 설명은 이 책의 제13장에 제시된다.

2. 베이지언 방법

다층분석 분야 외에 많은 분야에서 베이지언 통계의 인기가 높아지고 있는데(van de Schoot et al., 2017), 이는 베이지언 통계가 공선성(Can et al., 2014)이나 비정규성(제13장 참조) 또는 가장 상위수준의 표본크기가 작은 경우(예: Baldwin & Fellinghan, 2013) 등과 같은 기술적인 문제를 해결할 수 있기 때문이다. 이 책에서 베이지언 다층모형 전체를 소개하는 것은 아니며, 자세한 사항은 Hamaker와 Klugkist(2011)를 참고하기 바란다. 초보자는 Kaplan(2014) 또는 van de Schoot 등(2014)을 참조하면 되며, Gelman과 Hill(2007)에는 베이지언 다층모형에 대한 자세한 정보가 있다. Browne(2005)에서는 MLwinN의 맥락에서 설명한다. 이 장과 제13장 5절에서 베이지언 추정치의 중요한 특징을 설명하고자 한다.

베이지언 통계에는 3가지 핵심요소가 있다. 첫째, 모형에서 검증되는 모수에 대한 사전지식이다. 이는 자료를 보기 전에 사용할 수 있는 모든 지식이며 소위 사전분포로 설명된다. 사전분포(prior)는 모집단의 모수치에 대한 연구자의 믿음과 이에 대한 연구자의 불확실성의 양을 반영하는 확률분포이다. 연구자가 자신의 믿음에 대해 어느 정도의 확신이 있으면 '정보적 사전분포'로 세분화하며, 이는 분산이 작은 사전분포이다. 반대로 믿음에 대한 확신이 작을 경우 '비정보적 사전분포'로 상세화하며, 이는 사전분포의 분산이 크다는 것을 의미하며 'diffuse' 또는 'flat prior'라고 알려져 있다. 사전분포의 정보는 하이퍼파라미터에 의해 결정된다. 예를 들어, 정규분포의 하이퍼파라미터는 평균과 분산이며 이는 정규분포의 위치와 산포도를 나타낸다. 정규분포를 따르는 사전분포는 $N(\mu, \sigma^2)$로 표기하는데, N은 사전분포가 정규분포를 따른다는 것을 나타내고, 사전분포의 평균은 μ, 사전분산은 σ^2이다. 결과적으로 μ은 모형의 모수에 대한 사전정보를 바탕으로 하며, σ^2은 μ값에 대해 얼마나 확신하는지를 상세화하는 데 사용할 수 있다. 사전함수에 대한 정보가 많을수록 최종모형 결과에 대한 영향력은 커지며, 특히 사전분포가 소규모표본과 관련될 때 더욱 그러하다. 비정보 사전분포가 필요하다면 사전분포가 매우 큰 분산을 가지는 것으로 상세화하면 된다. 모의실험에 따르면, 통계적 검증력과 정확성을 유지하는 데 필요한 표본의 크기가 작다.

베이지언 추정치의 두 번째 요소는 자료 자체의 정보이다. 이는 모수가 주어졌을 때 자료의 우도함수로 관찰된 증거이다. 우도함수는 "평균과 분산 등 일련의 모수가 주어졌을 때, 주어진 자료의 우도 또는 확률이 어떠한가?"에 대한 것이다.

세 번째 요소는 다른 두 요소가 결합한 것으로 사후추론이라고 한다. 첫 번째와 두 번째 모두 베이즈 이론으로 결합되어 사후분포로 요약되며, 이는 사전지식과 관찰증거의 조합이다. 사후분포는 업데이트된 지식을 나타내며 사전지식과 관찰자료의 균형을 유지한다. 사후분포가 사전분포와 자료의 정보를 조합한 것이므로 사전분포의 정보가 클수록 사후분포(또는 최종결과)에 더 큰 영향을 미친다.

사전지식을 활용하는 것은 베이지언이 기존 빈도주의 방법과 다른 점 중의 하나이다. 이 외에 베이지언 모형추정과정도 서로 다르다. 일반적으로 Markov chain Monte Carlo (MCMC) 방법이 사용되며, 마르코브 체인, 즉 사후분포의 특성을 찾아내는 체인을 통해 추정이 실행된다. 사후가 단일 고정된 숫자가 아니라 분포라는 점에서, 사후분포를 '최적으로 추측'하기 위해서 표본을 추출해야 한다. 사후분포의 표본은 체인을 형성한다. 모든 모형모수는 관련 체인이 있으며, 그 체인이 수렴하면, 즉 평균(체인의 수평중간)과 분산(체인의 높이)이 안정화 되면 체인의 정보를 이용하여 최종모형 추정치를 산출한다. 때때로 체인의 시작 부분은 수렴 이전의 불안정한 부분이기 때문에 버려지기도 하는데, 체인의 이 부분을 번인단계(burn-in phase)라고 한다. 체인의 마지막 부분인 후기 번인단계는 최종모형 추정치가 구해지는 사후분포 추정치로 사용된다.

사전(분포)는 (비정보적이더라도) 최종모형 결과에 다소 큰 영향을 줄 수 있다. 따라서 선택된 분포 형태, 하이퍼파라미터(즉, 정보성의 수준), 사전정보의 출처 등 사전(분포)의 모든 세부사항을 보고하는 것이 중요하다(Depaoli & van de Schoot, 2017 참조). 또한 사전분포가 일정 수준 바뀌었을 때 최종모형이 얼마나 견고한지 보여 주기 위해서 사전분포의 민감성 분석을 보고하는 것도 중요하다. 이는 분석에서의 사전분포의 역할을 이해하는 데 도움을 준다. 마지막으로 체인 수렴 평가에 대한 모든 정보를 보고하는 것도 중요하다. 최종모형 추정치는 마르코브 체인이 모든 모형모수에 대해 성공적으로 수렴했을 때 신뢰할 수 있으며, 관련 평가 방법을 보고하는 것이 베이지언 분석에서 매우 중요한 요소이다.

베이지언 다층추정방법은 비정규성을 다루기 위한 강건 추정방법에 대한 제13장과 표본크기문제에 대한 제12장에서 보다 자세히 논의된다.

3. 부트스트랩

부트스트랩 자체는 다른 추정방법은 아니다. 가장 간단한 형태의 부트스트랩은 이론적 표집분포를 참조하지 않고 표본에서 직접 모형모수와 표준오차를 추정하는 방법이다(Efron, 1982; Efron & Tibshirani, 1993)[2]. 부트스트랩은 통계적 추론의 논리를 그대로 따른다. 통계적 추론은 반복된 표집에서 표본의 통계치는 표본마다 다르다는 것을 가정한다. 표집에 따른 변동은 정규분포 등과 같은 이론적 표집분포로 모형화 되며 기댓값과 분산의 추정은 이 분포에 기반한다. 부트스트랩에서는 가용한 관찰표 본에서 중복을 허용하여 b회 표본을 뽑는다. 각 표본에서 관심이 되는 통계값을 추정 하고, 관찰된 b개의 통계값의 분포를 표집분포로 사용한다. 이 경험적 표집분포에서 기댓값과 통계의 변동을 추정한다(Stine, 1989; Mooney & Duval, 1993; Yung & Chan 1999). 따라서 다층 부트스트랩에서 각 부트스트랩 표본마다 모형모수가 추정되어야 하고, 이는 일반적으로 ML을 통해 이루어진다.

부트스트랩은 관찰자료를 모집단에 대한 전체 정보로 사용하기 때문에, 원 표본규 모가 어느 정도 이상이어야 한다. Good(1999, p. 107)은 기본분포가 대칭이 아닌 경 우 표본크기가 최소 50명 이상이어야 한다고 제안하였다. Yung과 Chan(1999)은 작 은 표본으로 시행된 부트스트랩 결과를 검토한 후, 부트스트랩 방법의 최소 표본크 기에 대해 간단하게 제언할 수 없다는 결론을 내렸다. 그러나 보통 부트스트랩은 점 근적 방법이 보다 나은 것으로 보인다. 복잡한 구조방정식모형이 포함된 대규모 모 의연구에 따르면(Nevitt & Hancock 2001), 정규성 가정이 크게 어긋날 때 정확한 추정 을 위해서는 부트스트랩 방법에 150명 이상의 관찰표본이 필요하였다. 이러한 결과 를 보면 표본크기가 작은 것이 문제될 때 부트스트랩은 최선의 방법이 아니다. 문제 가 가정의 위배나, 분산성분의 편향 보정 추정치와 타당한 신뢰구간의 산출일 때, 부 트스트랩이 점근적 추정방법에 대한 대안으로 보인다.

부트스트랩 반복횟수(b)는 보통 1,000에서 2,000이다(Booth & Sarkar, 1998; Carpenter & Bithell, 2000). 정확한 신뢰구간을 설정하기 위해서는 0 또는 100에 가까운 정확한 백분위 추정치가 필요하며, $b > 5,000$과 같이 훨씬 많은 반복이 필요하다.

부트스트랩은 본연의 가정이 없이는 존재하지 않는다. 부트스트랩의 주요 가정은 통계값의 재표집의 특성은 표집 특성과 비슷하다는 것이다(Stine, 1989). 결과적으로

---

2) 강건 추정의 맥락에서 다층 부트스트랩에 대한 논의는 Hox와 van de Schoot(2013)를 참조하면 된다.

부트스트랩은 최대값과 같은 '원래의 표집과정에 존재하는 편협한 특징'에 기반하는 통계값에는 잘 작동하지 않는다(Stine, 1989, p. 286). 또다른 주요 가정은 부트스트랩에 사용된 재표집 매커니즘은 실제 표집 메커니즘을 반영해야 한다는 것이다(Carpenter & Bithell, 2000). 이 가정은 다층모형에서 매우 중요한데, 다층자료에 위계적 표집 메커니즘이 있으므로 부트스트랩 과정에서 이를 모방해야 한다.

제2장의 예시자료로 부트스트랩 추정을 수행하면 결과는 〈표 2-2〉의 근사적 FML 결과와 거의 비슷하다. 추정치의 차이는 최대 0.01이며 매우 작은 차이이다. 물론 2장의 예시자료가 모의자료이며 모든 가정이 완전히 충족되었다. 부트스트랩은 정규성을 띠지 않는 자료여서 점근적 결과를 의심할 만한 이유가 있을 때 가장 매력적이다. 제13장에서 비정규성을 다루는 강건추정방법이 기술된다.

4. 검증의 유의미성과 모형 비교

이 절은 회귀계수와 분산성분에 대한 유의성 검증과 모형 비교에 대한 것이다.

1) 회귀계수와 분산성분의 검증

최대우도추정방법은 모수를 추정하고 해당 표준오차를 산출한다. 이는 Z가 표준정규분포를 따를 때, $Z=$(추정치)/(추정치의 표준오차)로 유의성을 검증하는 데에도 이용할 수 있다. 이 검증은 Wald Test(Wald, 1943)로 알려져 있다. 표준오차는 점근적이며, 대규모 자료에서 타당하다. 추정치의 정확성을 담보하기 위해서는 표본이 얼마나 커야 하는지는 정확히 알려지지 않았다. 모의실험 결과를 보면 2수준 분산의 정확한 표준오차를 위해서는 2수준 표본 크기가 상대적으로 커야 한다. 예를 들어, van der Leeden, Busing 그리고 Meijer(1997)는 집단이 100보다 작으면 분산과 표준오차의 ML 추정치의 정확도가 떨어진다고 하였다. 일반회귀분석에서 회귀계수를 추정하고 해석하기 위해서는 보통 p개의 설명변수에 대하여 $104+p$ 이상의 관찰치가 필요하다(Green, 1991). 분산을 해석하고 설명하기 위해서는 $50+8p$ 관찰치가 필요하다. 다층회귀식에서 상위수준 회귀계수와 분산성분에 관련된 표본크기는 집단의 수이지만, 대부분의 연구에서 집단의 수는 크지 않다. Green의 법칙과 van der Leeden 등의 모의실험 결과에 따르면 집단 수준 표본크기가 적어도 100 이상이어야 한다. 또 다른 모의연구(Maas & Hox, 2005)에 따르면, 연구의 주요 초점이 모형의 고정 부분에 있다면 집단의 수가 훨씬 작아도 충분하며 특히 가장 낮은 수준에서의 회귀계수인 경우 그러하다. 정확한 추정치와 표준오차 산출을 위한 표본크기에 대한 주제는 제12장에서 보다 자세히 기술된다.

　p 값과 신뢰구간은 소프트웨어에 따라 조금 다를 수 있다. 대부분의 다층분석 프로그램은 최대우도추정방법으로 모수 추정치와 관련 점근적 표준오차를 산출한다. 일반적인 유의도 검증은 Wald 검증이며, Z값은 표준정규분포로 해석한다. Bryk과 Raudenbush(1992, p. 50)는 Fotiu(1989)의 모의연구를 인용하여, 고정효과에 대해서 이 비율은 자유도가 $J-p-1$인 t 분포를 따르는데, 이때 J는 2수준 단위의 수이고, p는 모형의 총 설명변인의 수라고 하였다. HLM 프로그램(Raudenbush et al., 2011)에서 산출된 p 값은 일반적인 Wald 검증이 아닌 이러한 가정에 기반한다. 집단의 수 J가 크다면 점근적 Wald 검증과 대안적인 Student's t-test의 차이는 매우 작다. 그러나 집단의 수가 작으면 그 차이는 중요해진다. 회귀계수에 대한 Z 검증 결과를 Student's t 분포로 거론하는 것은 보수적이지만, 이 절차가 Type I 오차에 대해 더 강건하다. 다층모형에서의 자유도 선택은 Satterthwaite 근사법(Satterthwaite, 1946)이나 Kenward-Roger 근사값(Kenward & Roger, 1997)이 바람직하다. 두 근사법 모두 잔차분산값과 가용 수준에 따른 잔차 분포를 활용하여 자유도를 추정한다. 모의연구(Manor & Zucker, 2004)에 따르면, 표본크기가 작을 때, 이들의 근사법이 Wald test보다 좋다. Satterthwaite 근사법은 SAS와 SPSS에서 사용되며, Kenward-Roger 근사법은 SAS에서 사용가능하다.

　여러 연구자(예: Raudenbush & Bryk, 2002; Berkhof & Snijders, 2001)는 Z 검증이 정

규분포를 가정하기 때문에 분산에는 적합하지 않으며, 특히 분산이 작을 경우 분산의 표집분포의 왜도가 높기 때문에 더욱 그러하다고 주장한다. 특히 집단의 표본크기가 작고 분산성분이 0에 가까우면 Wald 통계값은 정규분포를 따르지 않는다. Raudenbush과 Bryk은 잔차에 대한 카이제곱 검증을 활용하여 분산성분을 검증하는 것을 제안한다. 카이제곱은 다음과 같이 계산된다.

$$\chi^2 = \sum (\hat{\beta}_j - \beta)^2 / \hat{V}_j \tag{3.1}$$

이때 $\hat{\beta}_j$는 집단 j마다 개별적으로 계산한 회귀계수의 OLS 추정치이고, β는 전반적인 추정치이며, $\hat{V}_j$는 집단 j의 표집분산 추정치이다. 자유도는 $df = J - p - 1$이며, J는 2수준 단위의 수이고 p는 모형의 설명변인의 수이다. 사례 수가 작은 집단은 OLS 추정치가 별로 정확하지 않기 때문에 이 검증에서 제외시킨다.

분산성분에 대한 Wald 검증(van der Leeden et al., 1997)과 대안적 카이제곱 검증 (Harwell, 1997; Sanchez-Meca & Martin-Martinez, 1997)에 대한 모의연구 결과를 보면, 집단의 수가 작을 때 두 검증 모두 검증력이 매우 낮았다. 관심모수가 포함된 모형과 포함되지 않은 모형을 비교하는 카이제곱 검증은 일반적으로 양호한 편이며(Goldstein, 2011; Berkhof & Snijders, 2001), 이는 다음 장에서 소개된다. 비정규 자료를 모형화하는 일부 접근법의 경우와 같이 우도가 낮은 정확도로 결정될 때만 Wald 검증이 적합하다. Wald 검증에서 분산성분을 검증하는 경우 일방검증이 적합하다.

2) 베이지언 추정을 활용한 회귀계수와 분산성분의 검증

베이지언 추정에서는 회귀계수나 분산성분을 검증하기 위해 p 값 대신 신용구간 (credibility interval) 또는 베이지 요인(Bayes Factors: BF)을 사용한다.

첫째, 빈도주의 신뢰구간에 해당하는 베이지언의 개념은 사후확률구간이며, 신용구간 또는 상위사후밀도라고 부른다. 이 구간은 모집단에서 모수가 구간의 상한과

하한 사이에 있을 확률의 95%로 해석된다. 그러나 베이지언 구간과 고전적 신뢰구간은 그 값이 비슷하고 모두 추론을 위해 사용할 수 있지만, 수리적으로 동등하지 않고 개념적으로도 매우 다르다. 고전적 신뢰구간의 정의와는 달리, 베이지언 95% 구간은 실제 특정 모수가 두 숫자 사이에 있는 확률이기 때문에 의미가 명확하다. 베이지언 구간은 0과 같은 특정 값이 95% 구간 안이나 밖에 있는지를 결정하는 데 사용할 수 있다. 실제적 동등성의 영역은 영가설 검증을 하지 않기 때문에 점점 많은 문헌에서 사용되고 있다(Kruschke, 2011).

회귀계수나 분산분석을 검증하는 두 번째 방법은 베이지 요인을 사용하는 것이다(Kass & Raftery, 1995; Morey & Rouder, 2011). 베이지 요인은 한 가설이 다른 가설보다 타당하다는 증거의 양을 나타낸다. 예를 들어, BF가 1이면 두 가설이 자료에 동등하게 뒷받침된다는 것을 나타내며, BF가 10이면 한 가설이 다른 대안가설에 비하여 10배 큰 지지를 받는다는 것이다. 만약 BF가 1보다 작으면 대안가설이 자료에 지지를 받는 것이다. 많은 연구자들은 BF가 p 값보다 우수하다고 주장한다. 예를 들어, Sellke, Bayarri, 그리고 Berger(2001)는 가설 검증에서 p 값보다 BF가 더 바람직한데, 이는 p 값이 영가설에 대한 증거를 과대평가하기 때문이라고 하였다. 그러나 Konijn, van de Schoot, Winder & Ferguson(2015)은 베이지언 방법의 잠재적인 위험은 BF-해킹이라고 언급하였다. 이는 특히 BF가 작을 때 일어날 수 있다. BF를 적용하는 첫 번째 방법은 분산이 0보다 큰가를 검증하는 것이며(Verhagen & Fox, 2012), 이는 Mplus에서 실행할 수 있다(TECH 16, Muthen & Muthen, 1998-2015). BF를 적용하는 두 번째 방법은 회귀계수가 0보다 작거나 큰지 검증하거나 회귀계수 간의 차수 제약을 검증하는 것이다(van de Schoot et al., 2013; Johnson et al., 2015 참조).

3) 내재모형의 비교

우도함수로 모형이 자료에 얼마나 잘 맞는지를 보여 주는 이탈도 통계값을 계산할 수 있다. 이탈도는 $2 \times$ LN(우도)로 정의되는데, 이때 우도는 수렴 지점의 우도함수 값이며 LN은 자연로그이다. 보통 이탈도가 낮은 모형이 높은 모형보다 적합도가 좋다.

두 모형이 내재된 경우, 즉 일반모형에서 일부 모수를 제거하여 특정모형이 만들어 졌다면, 이 두 모형은 이탈도를 이용하여 통계적으로 비교할 수 있다. 내재된 두 모형 의 이탈도의 차이는 카이제곱 분포를 따르며 자유도는 두 모형의 모수 차이와 같다. 따라서 일반적인 모형이 간단한 모형보다 적합도가 통계적으로 유의미하게 좋은지 를 카이제곱검증으로 검증할 수 있다. 이탈도 차이검증은 로그의 차이로 두 우도의 비율을 비교하기 때문에 우도비검증이라고도 한다.

이탈도의 카이제곱검증은 무선효과의 중요성을 탐색하기 위해서도 사용할 수 있 는데, 무선효과가 있는 모형과 없는 모형을 비교함으로써 실행가능하다.

〈표 3-1〉은 2장의 학생의 인기도 자료의 두 모형을 나타낸다. 모형 1은 절편만 포 함한다. 모형 2는 학생수준 변인 2개와 교사 수준 변인 1개를 포함하며, 학생수준 변 인인 외향성은 학급수준에서 무선기울기를 가진다. 이탈도 차이검증으로 2수준 분 산성분 σ_{u0}^2를 검증하기 위하여 M_0에서 이를 제거한다. 〈표 3-1〉에 제시하지는 않 았지만, 이 모형의 이탈도는 6970.4이고, 이탈도 차이는 642.9이다. 수정모형이 모 수 1개를 덜 추정하므로 자유도 1인 카이제곱 분포라고 할 수 있다. 결과는 명확하게 유의미하다.

학생성별 회귀계수의 분산은 0으로 추정되기 때문에 모형에서 제거되며, 이때 공 식적인 검증은 필요하지 않다. 〈표 3-1〉의 모형 M_1에서 이 변인은 고정으로 취급되 고 분산성분은 추정되지 않는다. 외향성 기울기 분산의 유의성을 검증하기 위해서는 분산모수를 모형에서 이를 제거할 필요가 있다. 그런데 외향성 기울기와 관련된 공 분산 모수 σ_{u02}도 있기 때문에 문제가 발생한다. 만약 분산과 공분산 모수 모두 모형 에서 제거하면 자유도가 2인 복합가설을 검증하게 된다. 이 두 가설은 분리하는 것이 좋다. MLwinN과 같은 일부 소프트웨어는 모형에서 기울기 분산은 제거하지만 공분 산모수는 남겨 둔다. 이는 이상한 모형이지만 검증의 목적에서 분산 모수만을 분리 하여 검증할 수 있다. MLwinN, SPSS, SAS 등과 같은 다른 소프트웨어에서는 모형에 분산은 그대로 둔 채 공분산을 제거하는 것이 가능하다. 이 방식으로 M_1을 수정하면 이탈도는 4851.9로 증가한다. 차이는 39.1이며, 자유도 1의 카이제곱 변화이고 매우 유의미하다. 모형을 더 수정하여 기울기 분산을 제거하면 이탈도는 4862.3으로 다시 증가한다. 이전 모형과의 차이는 10.4이고 자유도는 1이기 때문에 매우 유의미하다.

〈표 3-1〉 무선절편모형과 예측변인모형

모형	M_0: 무선절편모형	M_1: 예측변인모형
고정부분	회귀계수(s.e.)	회귀계수(s.e.)
절편	5.08(.09)	0.74(.20)
학생성별		1.25(.04)
학생 외향성		0.45(.02)
교직 경력		0.09(.01)
무선부분		
σ_e^2	1.22(.04)	0.55(.02)
σ_{u0}^2	0.69(.11)	1.28(.28)
σ_{u02}		$-0.18(.05)$
σ_{u2}^2		0.03(.008)
이탈도	6327.5	4812.8

Wald 검증과 카이제곱 차이검증은 근사적으로 동등하다. 실제로 Wald 검증과 차이제곱 차이검증은 항상 같은 결론을 유도하지는 않는다. 분산성분을 검증할 때 카이제곱 차이검증이 확실히 더 낫다. 다만 제6장에서 논의되는 로지스틱 모형에서 우도함수가 근사법(approximation)으로 추정될 때는 예외이다.

카이제곱 검증으로 분산성분을 검증할 때 표준접근법으로는 p 값이 매우 크게 나온다는 것에 유의해야 한다. 이는 분산이 0이라는 영가설이 음수가 될 수 없기 때문에 모수 공간(모든 가능한 모수 값)의 경계선에 있기 때문이다. 영가설이 참이라면 50% 확률로 양의 분산이 있고, 50% 확률로 음의 분산이 있다. 음의 분산은 받아들여지지 않기 때문에 보통 음의 추정치를 0으로 바꾼다. 따라서 영가설 하에서 카이제곱 통계치는 50%의 영분포와 50%의 자유도 1인 카이제곱 분포가 혼합된 것이다. 따라서 분산성분 검증시 카이제곱 차이 검증의 p 값은 두 부분으로 나뉘어야 한다

(Berkhof & Snijders, 2001). 기울기분산을 검증할 때 기울기분산과 공분산을 모형에서 모두 제거하면 그 혼합은 더욱 복잡해진다. 이는 50%의 '자유도 1인 비제약 절편-기울기 공분산'과 50%의 '자유도 2의 공분산과 영이 아닌 제약된 분산의 카이제곱'으로 구분되기 때문이다(Verbeke & Molenberghs, 2000). 이러한 혼합 p 값은 $p = 0.5P(\chi_1^2 > C^2) + 0.5P(\chi_2^2 > C^2)$으로 계산되며, 이때 C^2는 기울기분산과 절편-기울기 공분산이 있는 모형과 없는 모형의 이탈도의 차이이다. Stoel, Galindo, Dolan & van den Wittenboer(2006)는 이러한 검증을 일반적으로 어떻게 수행할지를 논의하였다. 절편-기울기공분산을 모형에서 제거할 수 있으면 자유도 1의 검증으로 기울기 분산에 대한 유의성을 검증할 수 있으며, p 값을 다시 반분하면 된다. 일반적으로 회귀계수에 대해서는 FML 추정법으로 카이제곱 검증을 하는 것이 바람직하다. 이는 Wald 검증이 모형의 모수화와 특정한 제한에 대해 어느 정도 민감하기 때문이다(Davidson & MacKinnon, 1993, 13.5~13.6장). 카이제곱 검증은 모형의 상이한 모수화에 불변한다. Wald 검증이 훨씬 편하기 때문에 실제적으로 가장 많이 쓰이며 특히 고정효과를 검증할 때 그렇다. 그러나 카이제곱 차이검증과 Wald 검증 결과 다를 때, 일반적으로 카이제곱 차이검증 결과를 사용한다.

LaHuis와 Ferguson(2009)은 다른 카이제곱 이탈도 검증과 위에서 논의된 차이제곱 잔차 검증을 비교하였다. 모의연구 결과, 모든 검증은 Type I 오차를 잘 통제하였고 이탈도 차이 검증(p 값을 2로 나눈 것)이 검증력의 차원에서 잘 작동하였다.

4) 비내재 모형의 비교

내재되지 않은 모형을 비교할 때의 원칙은 모형이 가능하면 간단해야 한다는 것이다. 즉, 이론과 모형을 간단하게 유지해야 한다는 것이다. 통계모형의 적합도를 비교하는 일반적인 적합도지수는 Akaike의 정보기준(AIC, Akaike, 1987)이며, 추정모수의 수를 조정하여 비내재적 모형을 비교하기 위해 개발되었다. 다층회귀모형의 AIC는 이탈도 d와 추정되는 모수의 수 q로 계산되는데 그 공식은 다음과 같다.

$$AIC = d + 2q \qquad\qquad (3.2)$$

AIC는 매우 일반적인 적합도지수로서, 동일한 추정방법으로 동일한 자료를 적합하는 모형을 비교한다고 가정한다.

AIC와 비슷한 적합도 지수는 Schwarz의 베이지언 정보 기준(BIC, Schwarz, 1978)이며 다음과 같다.

$$BIC = d + qLN(N) \qquad\qquad (3.3)$$

다층모형에서 공식 3.3의 BIC는 불명확한데, N이 어느 수준의 표본크기인지 알 수 없기 때문이다. 공식 3.3의 N은 소프트웨어마다 다르게 선택된다. 대부분의 소프트웨어는 N을 가장 상위수준 단위수로 사용한다. 다층모형이 종단자료에 사용되는 경우 가장 상위수준이 피험자 수준이기 때문에 이 방법이 합리적이다. 다층모형이 맥락에 강한 관심이 있다는 점을 고려하면 가장 높은 수준의 표본크기로 보는 것이 합리적이다.

이탈도가 작아지면 모형이 더 잘 적합하다는 것이며, AIC와 BIC 모두 작아진다. 그러나 AIC와 BIC는 추정모수 q의 수에 기반한 벌점함수를 포함하기 때문에, 추정모수의 수가 증가할수록 AIC와 BIC도 증가한다. 대부분의 표본크기에서 BIC는 복잡한 모형에 벌점을 크게 주기 때문에 작은 모형에 선호도를 나타낸다. 다층자료는 각 수준의 표본크기가 다르므로 BIC보다 직접적인 AIC를 사용하는 것이 좋다. AIC와 BIC는 보통 경쟁모형을 비교하기 위해서 사용되며, 두 지수가 가장 작은 모형이 최선의 모형으로 간주된다. AIC와 BIC 모두 좋지만, BIC의 장점이 더 많다(Haughton et al., 1997l Kieseppa, 2003). AIC와 BIC는 모두 우도함수에 기반한다. AIC와 BIC는 FML 추정법으로 고정부분 또는 무선부분에서 차이나는 모형들을 비교하는 데 쓰일 수 있다. RML 추정법이 적용되면 무선부분에 차이가 나는 모형만 비교가 가능하다. RML은 무선부분을 추정하기 이전에 고정부분을 효과적으로 제외시키기 때문에 고정부분이 바뀔 때 RML 우도도 바뀐다. 따라서 우도기반방법으로 모형을 비교할 때 RML 추정법을 사용하기 위해서는 모형의 고정부분을 일정하게 유지해야 한다. 모든 소프트웨어에서 AIC와 BIC가 보고되지는 않지만, 위에서 제시된 공식으로 계산할 수 있다. McCoach와 Black(2008)에 AIC와 BIC의 배경이 간단히 소개되어 있다.

베이지언의 틀에서 이탈도정보기준(DIC, Spiegelhalter et al., 2002)은 AIC 및 BIC와 비슷하게 쓰일 수 있다. Spiegelhalter와 동료들(2002)은 사후예측손실을 최소화하는 베이지언 기준으로 사후 DIC를 제안하였다. 이는 관찰자료세트 y에 기반한 통계모형이 미래 자료 세트 x에 적용될 때 예측되는 오차라고 할 수 있다. $f(\ )$를 우도라고 표기하면 예측손실은 다음과 같이 나타낼 수 있다.

$$E_{f(x|\theta*)}\left[-2\log f(x|\theta*)\right]$$

이때 $-2\log f()$는 관찰자료에 기반한 모형모수의 기대사후추정치가 주어졌을 때의 미래자료세트 X의 손실함수이다. 만약 모수의 진점수를 알고 있다면 예측손실과 비교해볼 수 있다. 그러나 모수의 진점수는 알 수 없기 때문에 사후 DIC가 DIC의 기댓값의 역할을 한다.

$$DIC = d + pD$$

이때 첫 항은 대략 AIC와 BIC의 d와 같다. 두 번째 항은 '모수의 효과 수'라고 해석되는데, 공식적으로는 이탈도의 사후평균에서 사후평균의 이탈도를 뺀 값이다. AIC 및 BIC와 마찬가지로 낮은 DIC 값이 선호되며, 현재 관찰되는 구조와 동일한 구조를 가지는 복제 자료 세트를 가장 잘 예측한다고 간주된다. AIC와 BIC, DIC 등 세 가지 모형 선택기준에 대한 보다 자세한 설명은 Hamaker 등(2011)을 참조하면 된다.

5. 소프트웨어

　대부분의 다층모형 소프트웨어는 최대우도추정법을 사용하고 완전최대우도와 제한최대우도 추정법 중 선택할 수 있다. 베이지언 추정법이 점점 더 활용되고 있는데 사용자가 이용하기 편한 소프트웨어는 현재 MLwiN과 Mplus 뿐이다. 대부분 소프트웨어에서 최대우도추정법이 사용되며 회귀계수와 분산성분이 Wald 검증을 통해 검증된다. HLM은 잔차에 기반한 카이제곱검증을 활용한다. 이탈도 차이 검증은 두 이탈도의 차이를 직접 계산하여 적용할 수 있다. 베이지언 추정 방법은 일반적으로 95% 신용구간을 계산함으로써 회귀계수 추정치와 분산의 정확도를 분석한다. 이는 ML 기반 95% 신뢰구간과 비슷하지만, 해석이 단순하고 반드시 대칭일 필요는 없으며 분산성분에 중요하다.

제**4**장
방법론 및 통계적 문제

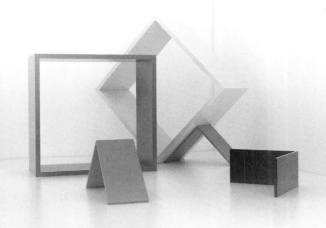

요약

이 장은 다층자료 모형화에서 자주 발생하는 여러 문제를 다룬다. 다층회귀모형은 일반 단일수준 중다회귀모형보다 복잡하다. 모수의 수도 다층모형에서 더 많다. 모수가 많으면 모형을 적합하기도 어렵고 탐색하기도 어렵다. 이 장은 예측변인이 없는 간단한 모형에서 복잡한 모형까지 진행하는 분석전략을 간략하게 설명한다. 다층모형의 또다른 특징은 수준 간 상호작용이 있다는 것이다. 상호작용효과는 복잡하므로 신중하게 분석해야 한다. 상호 작용은 보통 전체평균으로 중심화된 예측변인으로 추정된다. 이 외에 다층자료에는 예측변 인을 집단평균으로 중심화하는 방법도 있다. 이러한 선택의 의미를 여기에서 다룬다.

여러 수준이 있고 각 수준마다 잔차 분산이 있으므로 각 수준별 분산이 얼마나 설명되는 지도 중요한 문제이다. 이 장은 Bryk와 Raudenbush(1992)의 간단한 방법과 Snijders와 Bosker(1994)의 좀 더 복잡한 방법을 소개한다.

여러 수준이 존재한다는 것은 또한 매개모형에서의 매개가 여러 수준에서 존재할 수 있 다는 것을 의미한다. 관련된 문제는 가장 하위수준이 아닌 상위수준에 종속변인이 있는 다 층모형이다. 단순히 종속변인 수준으로 자료를 통합하는 것은 이러한 문제를 해결하는 최 선의 방법이 아니다. 이 장에서는 다층경로모형에 대한 제15장을 참조하여 관련문제를 설 명한다.

실제 자료에 결측치가 있는 경우가 많은데, 다층모형의 상위수준에 결측치가 있으면 문 제가 매우 심각하다. 모든 개인변인이 완벽하게 관찰된 경우라도 교사 연령 등과 같은 집단 변인이 하나라도 결측이면 전체 학급 집단을 제외시켜야 하기 때문이다. 이는 자료의 낭비 이기도 하지만 통계적으로도 문제가 되는데, 불완전한 자료의 목록삭제는 강한 가정이 충족되어야 하기 때문이다. 이 장에서는 불완전자료를 포함하는 추정방법과 다층다중대체의 두 가지 해결방안을 설명한다. 두 방법 모두 목록삭제보다 약한 가정에도 적용할 수 있다.

1. 분석 전략

다층회귀모형에서 모수의 수는 금방 증가한다. 1수준에 설명변인이 p개, 2수준에 설명변인이 q개 있는 2수준 다층회귀모형의 공식은 다음과 같다.

$$Y_{ij} = \gamma_{00} + \gamma_{p0}X_{p\,ij} + \gamma_{0q}Z_{qj} + \gamma_{pq}Z_{qj}X_{p\,ij} + u_{pj}X_{p\,ij} + u_{0j} + e_{ij} \tag{4.1}$$

공식 4.1의 모형에서 추정되는 모수의 수는 다음과 같다.

모수	수
절편	1
1수준 오차분산	1
1수준 예측변인의 고정 기울기	p
2수준 오차분산	1
기울기의 2수준 오차분산	p
절편과 모든 기울기의 2수준 공분산 '	p
기울기간의 2수준 공분산	$p(p-1)/29$
2수준 예측변인의 고정 기울기	q
수준간 상호작용의 고정 기울기	$p \times q$

일반 단일수준 회귀모형은 동일 자료로 절편과 오차분산 1개, $p+q$개의 회귀계수를 추정한다. 자료의 군집성을 생각해 보면, 다층회귀모형의 장점은 분명히 존재한다. 일반 다중회귀분석에서는 집단 100개에 대하여 99개의 더미변인이 필요하며, 기

울기 변동을 반영하기 위해서는 99개의 더미와 p개의 개인수준변인의 상호작용항이 필요하다. 이는 고정효과모형으로(Allison, 2009 참조), 많은 모수를 추정하는 대신, 분포에 대한 가정 없이 모든 집단 효과를 통합한다. 또한 집단의 모집단에 대한 일반화를 생각하지 않고 가용한 집단에 대해 기술한다. 무선효과모형인 다층모형은 집단 간 평균절편과 정규분포가 가정된 잔차 분산을 추정하여 참조집단의 절편과 집단의 효과에 대한 99개 더미변인의 추정을 대신한다. 따라서 다층회귀분석은 100개의 개별 회귀계수를 추정하는 대신, 절편의 평균과 분산의 두 개 모수를 추정하는 것과 정규성 가정으로 대체한다. 동일한 방식으로 회귀기울기도 간단하게 추정한다. 설명변인인 외향성에 대해 100개의 기울기를 추정하는 대신, 평균 기울기와 집단 간 분산을 추정하고 기울기가 정상분포한다고 가정한다. 그러나 설명변인의 수가 많으면 다층회귀분석은 매우 복잡한 모형이 된다.

　이론이 탄탄하지 않으면 탐색절차를 통해 모형을 선택할 수 있다. 모형설계전략에는 탑다운(top-down) 방식과 바텀업(bottom-up) 방식이 있다. 탑다운 방식은 모형에 고정효과 및 무선효과를 최대한 포함시키고 시작한다. 이는 보통 두 단계로 시행된다. 먼저 고정효과와 가능한 상호작용을 모형에 넣고, 유의미하지 않은 효과를 제거하는 것이다. 두 번째 단계는 모형에 무선구조를 충분히 반영하고, 유의미하지 않은 효과를 제거하는 것이다. 이러한 절차는 West, Welch 그리고 Gatecki(2007)에 기술되어 있다. 다층모형에서 탑다운 방식은 크고 복합한 모형에서 시작하기 때문에 계산시간도 오래 걸리고 수렴의 문제가 발생할 수도 있다는 단점이 있다. 이 책에서 반대의 전략, 즉 바텀업 방식이 주로 사용되는데, 이는 간단한 모형에서 시작하여 모수를 모형에 투입하고 그 모수가 유의미한지를 검증하는 방식이다. 보통 고정부분을 구성하는 과정으로 시작하고 이후 무선부분을 구성한다. 상향식 방법의 장점은 모형을 간단하게 유지하는 경향이 있다는 것이다.

　가능한 한 간단한 모형, 즉 무선절편모형으로 시작하고 다른 모수를 단계적으로 투입하는 것이 바람직하다. 각 단계에서 추정치와 표준오차를 분석하여 각 모수가 유의미한지, 그리고 잔차가 각 단계에 얼마나 남았는지를 분석한다. 하위수준의 표본크기가 크기 때문에 거기에서 모형을 구성하는 것이 논리적이다. 또한 고정모수가 무선모수보다 높은 정확도로 추정되기 때문에 모형 회귀계수로 시작하고 이후 단계에서 분산성분을 추가한다. 선택과정의 각 단계는 다음과 같다.

1단계

설명변인 없이 모형을 분석한다. 공식 2.8의 무선절편모형을 다시 제시하면 다음과 같다.

$$Y_{ij} = \gamma_{00} + u_{0j} + e_{ij} \tag{4.2}$$

공식 4.2에서 γ_{00}는 회귀 절편, 즉 표본에서 Y의 평균이며 u_{0j}와 e_{ij}는 각각 집단과 개인 수준에서의 잔차이다. 기울기 모형은 급간상관 추정치를 추정하는 데 활용된다.

$$\rho = \frac{\sigma_{u0}^2}{\sigma_{u0}^2 + \sigma_e^2} \tag{4.3}$$

이때 σ_{u0}^2은 집단 수준 잔차 u_{0j}의 분산이고, σ_e^2은 개인수준 잔차인 e_{ij}의 분산이다. 절편모형은 또한 이탈도의 시작점(benchmark)인데, 모형의 적합도가 떨어지는 정도이며, 3장에서 기술된 것처럼 모형의 비교에 사용된다.

2단계

1수준 설명변인이 고정인 모형을 분석한다. 이는 각 기울기에 대응하는 분산성분이 0으로 고정되었다는 것을 의미하며, 공식으로 나타내면 다음과 같다.

$$Y_{ij} = \gamma_{00} + \gamma_{p0} X_{p\,ij} + u_{0j} + e_{ij} \tag{4.4}$$

이때 X_{pij} 는 p개의 개인수준 설명변인이다. 이 단계에서 각 개인수준 설명변인의 설명량을 측정한다. 각 예측변인의 유의도를 검증할 수 있고, 1수준과 2수준 분산에 어떤 변화가 있는지도 측정할 수 있다. 모형 4.2가 모형 4.4.에 내재되므로 FML 추정 방법을 사용하고 이 모형과 이전 모형(절편모형)의 차이를 계산하여 이 단계의 최종 모형이 향상된 정도를 검증할 수 있다. 두 모형의 차이는 카이제곱 분포를 따르며, 이때 자유도는 두 모형의 모수의 수의 차이이다(제3장 1.의 1) 참조). 이 경우 자유도는 2단계에 투입된 설명변인의 수이다. 제3장에서 논의된 것처럼, 공식적인 유의도 검증 외에 정보기준 AIC, BIC, 또는 베이지언 추정 DIC를 활용할 수 있다.

3단계
상위 수준의 설명변인을 투입한다.

$$Y_{ij} = \gamma_{00} + \gamma_{p0}X_{p\,ij} + \gamma_{0q}Z_{qj} + u_{0j} + e_{ij} \tag{4.5}$$

이때 Z_{qj} 는 q개의 집단수준 설명변인이다. 이 모형은 집단수준 설명변인이 종속변인의 집단 간 변동을 설명하는지를 검증할 수 있다. 그리고 FML 추정법을 사용하면 전체 카이제곱 검증을 통해 모형 적합도의 개선 정도를 검증할 수 있다. 수준이 2개 이상이라면 이러한 단계는 수준별로 반복할 수 있다.

2단계와 3단계의 모형을 분산성분모형이라고 하는데, 이는 절편의 분산을 각 수준의 분산성분으로 분해하기 때문이다. 분산성분모형에서 회귀절편은 집단에 따라 다르다고 가정되지만 회귀기울기는 고정적이라고 가정한다. 상위수준 설명변인이 없다면 이 모형은 공분산의 무선효과 분석(ANCOVA)과 동등하다. 이때 집단변인은 일반 ANCOVA 요인이고, 1수준 설명변인은 공분산이다(cf. Kreft & de Leeuw, 1998, p. 30; Raudenbush & Bryk, 2002, p. 25). 차이점은 추정방법이다. ANCOVA는 OLS 방법을 사용하고 다층 회귀모형은 보통 ML 추정법을 사용한다. 그러나 두 모형은 매우 비슷하며 집단크기가 같다면 다층모형은 실제로 공분산분석(ANCOVA)과 동등하다. 다층모형 컴퓨터 분석결과로 ANCOVA 통계치를 계산할 수도 있다(Raudenbush, 1993a).

고정회귀계수만 포함된 모형으로 시작하는 이유는 이 계수에 정보가 더 많으며, 분산성분보다 정확하게 추정할 수 있기 때문이다. 고정부분에 대한 모형이 잘 적합되면 무선부분을 모형화한다.

4단계

개인수준 설명변인의 기울기가 집단 간 유의미한 분산성분을 갖는지를 평가한다. 이는 무선계수모형이며 공식은 다음과 같다.

$$Y_{ij} = \gamma_{00} + \gamma_{p0}X_{p\,ij} + \gamma_{0q}Z_{qj} + u_{pj}X_{p\,ij} + u_{0j} + e_{ij}$$

이때 u_{pj}는 개인수준 설명변인 $X_{p\,ij}$의 기울기의 집단수준 잔차이다.

무선기울기 변동은 변인별로 검증한다. 모든 가능한 분산을 모형에 한번에 투입하면 공분산도 함께 투입되므로 모형이 너무 복잡해져서 수렴이 안 되거나 계산이 늦어지는 등 추정과정에 심각한 문제가 발생할 수 있다. 2단계에서 생략한 변인들을 이 단계에서 분석할 수 있다. 어떤 설명변인이 평균 회귀기울기가 유의미하지 않더라도 이 기울기에 유의미한 분산성분이 존재할 수 있기 때문이다.

어떤 기울기가 집단 간 유의미한 분산이 있는지를 결정한 이후, 이 분산성분을 최종모형에 동시에 투입하고, 3단계와 4단계 중 어떤 모형이 더 적합한지를 판단하기 위해 이탈도 기반 카이제곱 검증을 활용한다. 모형의 무선부분에 변화가 있으므로 카이제곱 검증은 RML 추정법을 사용할 수 있다(제3장 1절 1항 참조). 추가된 모수의 수를 계산할 때, 4단계에서 기울기분산을 추가하는 것은 기울기간의 공분산도 함께 추가하는 것이라는 것을 기억해야 한다. 공식적인 카이제곱 유의도 검증 외에 정보기준 AIC, BIC, 또는 DIC도 활용할 수 있다.

모형에 2수준 이상이 존재한다면 수준 단위로 이 단계를 반복하면 된다.

5단계

4단계에서 유의미하였던 집단수준 설명변인과 개인수준 설명변인간의 수준간 상호작용을 포함시킨다. 이를 포함한 전체 모형은 다음과 같다.

$$Y_{ij} = \gamma_{00} + \gamma_{10}X_{ij} + \gamma_{01}Z_j + \gamma_{11}X_{ij}Z_j + u_{1j}X_{1ij} + u_{0j} + e_{ij} \tag{4.7}$$

FML 추정법을 사용하면 전체 카이제곱 검증으로 모형적합도의 향상을 검증할 수 있다.

탐색적인 절차로 '좋은' 모형을 찾으면 우연히 모형을 선정할 가능성이 있다. 모집단의 특성이 아닌, 특정 표본의 특수한 성격에 따라 모형을 적합할 수 있다. 표본이 충분히 크다면 표본을 무선적으로 두 부분으로 나누어 절반으로 모형을 탐색하고 나머지 절반으로 최종모형을 타당화하는 것도 좋은 전략이다. Camstra와 Boomsma의 연구(1992)에 교차타당화를 위한 여러 전략이 제시되어 있다. 탐색과 타당화 부분으로 나눌 만큼 표본이 크지 않다면 고정부분의 개별 검증에 Bonferroni 교정을 적용할 수 있다. Bonferroni 교정은 각 p 값에 수행된 검증의 수를 곱하고 보통의 수준에서 유의미한지 결정하는 데 확장된 p 값을 사용한다.[1]

각 단계에서 유의성 검증과 이탈도의 변화, 분산성분의 변화를 기초로 특정 회귀계수나 (공)분산을 계속 모형에 포함시킬지 여부를 결정한다. 특히 2단계에서 설명변인을 투입하면 1수준 분산 σ_e^2이 작아질 것으로 기대한다. 설명변인에 대하여 집단구성이 모든 집단에서 완전히 동일하지 않다면 2수준 분산 σ_{u0}^2 역시 작아질 것으로 기대한다. 따라서 개인수준 설명변인은 개인 및 집단 분산의 일부를 설명한다. 3단계에서 추가되는 상위수준 설명변인은 집단수준 분산만 일부 설명한다. 각 수준에서 분산이 실제로 얼마나 설명되는지를 나타내기 위해서 중다상관계수와 비슷한 것을

---

1) Bonferroni 교정은 보통 p 값을 유지하고 공식적인 α 수준을 검증의 수로 나눈다. 그러나 다양한 단계로 검증이 많다면 상이한 유의도 기준이 매우 많게 된다. p 값을 적절히 팽창시켜 수정하고 모든 분석 단계에서 단일한 알파 기준을 이용하는 것이 더 간단하다. 두 방법이 모두 동등하나, p 값을 증가시키면 결과를 더 간단하게 제시할 수 있다. Holm(1979)는 Bonferroni 방법보다 강력한 변동을 제시한다. k개의 검증이 시행되면 Holm 교정법은 가장 작은 p 값에 k를 곱하고 다음으로 작은 p 값에 $k-1$을 곱하는 방법이다. Benjamini-Hochberg 교정법(Benjamini & Hochberg, 1995)은 더 강력하지만 더 복잡하다.

계산하고 싶을 것이다(Raudenbush & Bryk, 2002 참조). 그러나 '중다상관'은 근사치만 가능하며, 설명변인을 추가하면 매우 작아지므로 실제적으로 중다상관이라고 하기 어렵다. 이 주제는 제4장 5절에서 설명한다.

2. 설명변인의 중심화와 표준화

일반 다중회귀분석에서 설명변인의 선형변환은 회귀 추정치의 본질을 바꾸지 않는다. 설명변인을 2로 나누면, 새로운 회귀 기울기는 이전의 기울기에 2를 곱한 값이고, 표준오차 역시 2로 곱한 값이며, 회귀 기울기에 대한 유의성 검증 결과는 이전과 같다. 또한 설명되지 않은 잔차 분산의 비율과 중다상관은 변하지 않는다. 요약하면, 다중회귀모형은 선형변환에 따라 변하지 않는다. 변인을 변환하면 추정된 모수는 비슷한 방식으로 변화하며 변환되기 이전의 추정치를 다시 계산하는 것도 가능하다.

다층회귀모형은 무선회귀계수가 없을 때, 즉 기울기가 집단 간 변하지 않을 때에만 선형변환에 불변한다. 이해를 돕기 위해 설명변인이 하나이고 집단이 세 개인 간단한 자료를 생각해 보자. [그림 4-1]은 집단 간 기울기 분산이 없는 경우이며, 이때 기울기는 평행선을 그린다. 절편의 분산은 기울기가 Y축을 지나는 지점에서의 기울기의 분산이며, 이 지점은 설명변인 X가 0인 지점이다. [그림 4-1]에서 X에 상수를 더하거나 빼서 X^*으로 옮겨도 절편의 변산이 바뀌지 않고 단순히 Y축의 위치가 이동한다. X에 상수를 더하거나 빼서 X축을 변화시켜도 기울기의 분산이 변하지 않는다.

회귀 기울기가 집단에 따라 다르면, 즉 집단수준 기울기 분산이 존재하면, 회귀기울기의 분산은 선형변환에 따라 달라진다. [그림 4-2]는 3개의 기울기 계수가 다른 경우인데, 설명변인의 척도가 바뀌면 절편의 분산이 바뀐다. 절편 분산은 설명변인 X가 0일 때의 지점에서 절편의 분산이다.

[그림 4-2]에서 상수를 더하거나 빼서 X에서 X^*, 또는 X^{**}로 척도가 바뀌면, 절편의 분산도 바뀐다. X축을 X^*로 바꾸면 절편의 분산은 상당히 커진다. 만약 X축을 X^{**}로 바꾸고 회귀선을 연장해 보면 절편의 분산은 매우 작으며 통계적으로 유의미하지 않을 수도 있다.

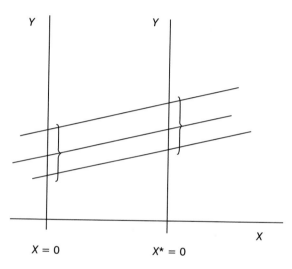

[그림 4-1] 기울기가 평행한 회귀선

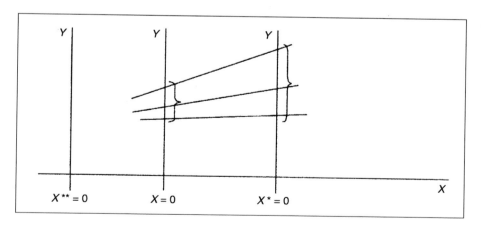

[그림 4-2] 기울기가 다른 회귀선

다중회귀분석에서의 절편은 설명변인이 모두 0일 때 결과변인의 기댓값이다. 그러나 설명변인이 실제로 '0'이 될 수 없는 경우가 많다. 예를 들어, 설명변인 '성별'을 남성은 1로, 여성은 2로 코딩하였을 때, 0은 가능한 범위의 값이 아니기 때문에 절편의 값은 의미가 없다. 이 문제를 해결하기 위해서 '0'의 값이 타당하고 관찰가능한 값이 되도록 X 변인을 변환시키는 것이 좋다.

선형변환은 설명변인을 중심화하는 데 사용된다. 보통 모든 변인의 값에서 전체평균을 빼는데, 이를 전체평균 중심화라고 한다. 전체평균 중심화를 적용하면 회귀선의 절편은 모든 설명변인이 평균값을 가질 때의 종속변인 기댓값으로 해석할 수 있다. 전체평균 중심화가 가장 자주 사용되지만, 중앙값이나 이론적으로 흥미가 있는 다른 값에 중심화하는 것도 가능하다. 예를 들어, 남성이 1로, 여성이 0으로 코딩된 설명변인 성별의 평균값이 1.6일 수 있는데, 이는 60% 여성이고 40%가 남성이라는 것을 나타낸다. 표본평균 1.6에 중심화를 할 수도 있지만, 50%가 남성이고 50%가 여성인 이론적인 모집단 평균에 중심화하는 것이 더 좋을 수 있다. 즉, 모집단 평균인 1.5에 중심화하기 위해 남성은 −0.5로 여성은 +0.5로 효과코딩할 수 있으며 이 경우 절편은 성별과 관계없이 평균적인 인간의 종속변인 기댓값으로 해석할 수 있다.

다층모형에서 설명변인을 중심화하면 절편과 기울기의 분산을 좀 더 명확히 해석할 수 있는데, 모든 설명변인이 0일 때의 기대되는 분산, 즉 '평균적인' 피험자의 기대분산이다.

중심화는 상호작용이 포함된 다중회귀분석에서도 중요하다. 두 개의 설명변인과 변인간 상호작용이 포함되면 기울기는 다른 변인이 0일 때의 기울기의 기댓값으로 해석할 수 있다. 그러나 두 변인이 모두 0인 경우가 가능하지 않기 때문에 상호작용의 기울기 값을 해석할 수 없다. 다층회귀모형에 수준간 상호작용이 포함되면 해석이 매우 어렵다. 이때 상호작용하는 두 변인을 모두 전체평균에 중심화하면 문제가 사라진다. 다층회귀모형에서의 상호작용의 해석은 다음 장에서 자세히 설명한다.

2장의 학생 외향성 자료로 중심화 문제를 살펴보자. 외향성 기울기가 변하는 무선회귀계수모형에서 외향성의 원래 변인과 전체평균 중심화 변인으로 각각 추정한 두 결과를 비교한다. 다음 표는 학생 외향성 변인을 표준화했을 때의 추정치이다. 이때 표준화는 전체평균 중심화 선형변환에 표준편차를 1로 하기 위한 곱셈변환을 추가한 것이다.

〈표 4-1〉에서 외향성 변인을 전체평균으로 중심화하면 2수준 절편분산 추정치가 다르게 산출된다. 이탈도는 모두 같은데, 이는 3개 무선회귀계수 모형이 자료에 동일하게 적합된다는 것을 뜻한다. 3개 모형은 실제로 동등하기 때문에 모형 적합도가 같고 잔차도 동일하다. 모수 추정치가 모두 같지는 않지만 한 모형의 추정치는 다른 모형의 추정치로 변환될 수 있다. 따라서 전체평균 중심화와 일반적인 표준화 때문에 결과해석이 어려워지지 않는다. 오히려 전체평균 중심화와 표준화는 일부 장점이 있다. 첫째 장점은 절편이 의미 있는 값으로 된다는 것이다. 상위수준 절편 분산도 역시 의미있게 되는데, 모든 설명변인의 평균값에서의 기대분산이다. 두 번째 장점은 설명변인을 중심화하면 계산이 빨라지고 수렴의 문제가 덜 발생한다는 것이다. 특히 설명변인들의 평균과 분산이 매우 다를 때는 수렴을 위해 또는 계산을 시작하기 위해서 전체평균중심화나 표준화 작업을 미리 진행해야 한다. 전체평균 중심화는 어차피 해석하지 않는 절편에만 영향을 주기 때문에 회귀기울기와 잔차 분산의 해석에도 영향을 주는 표준화보다 선호된다.

〈표 4-1〉 학생 외향성으로 예측된 인기도: 원래 변인 및 중심화된 변인

모형	무선기울기모형		
고정부분	원래 계수(s.e.)	중심화된 계수(s.e.)	표준화된 계수(s.e.)
절편	2.46(.20)	5.03(.10)	5.03(.10)
외향성	0.49(.03)	0.49(.03)	0.62(.03)
무선부분			
σ_e^2	0.90(.03)	0.90(.03)	0.90(.03)
σ_{u0}^2	2.94(.58)	0.88(.13)	0.88(.13)
σ_{u2}^2	0.03(.009)	0.03(.009)	0.04(.01)
이탈도	5770.7	5770.7	5770.7

집단평균 중심화라는 다른 중심화 방법을 선호하는 연구자들도 있다. 집단평균 중심화는 개별점수에서 집단평균을 차감한다는 방법이다. 이 방법은 특정 가설을 설명

하기 위해 사용되기도 한다. 예를 들어, 교육연구의 '개구리연못 효과' 가설이다. 이는 큰 개구리들로 가득한 연못의 중간 크기의 개구리는 작은 개구리로 가득한 연못의 중간크기의 개구리와 다르다는 것이다. 교육용어로 설명하자면, 매우 똑똑한 학생들과 함께 있는 평균 지능의 학생은 성공하기 매우 어렵다고 생각하고 포기하게 된다. 반면 평균적인 지능을 가진 학생이 지능이 높지 않은 학생들과 함께 교실에 있으면 상대적으로 똑똑하다고 생각되고 그 결과 다른 학생보다 과제를 잘하게 된다. 개구리연못 가설은 학교성공에 대한 지능의 영향은 학급에서의 학생의 상대적인 위치에 따라 다르다는 것이다. 학생의 상대적 위치에 대한 간단한 지표는 학생개인의 지능점수에서 학급평균을 차감하여 개인별 편차점수를 계산함으로써 만들 수 있다. 집단평균 중심화는 설명변인에 대하여 개구리연못 매커니즘의 직접적인 변환이다.

집단평균 중심화는 전체 회귀모형의 의미를 완전히 바꾼다. 전체평균 중심화를 사용하면, 변인 및 상호작용의 회귀기울기와 분산성분은 다르지만 모형이 동등하며 이탈도와 잔차가 동일하다. 이는 모형의 상이한 모수화로서, 본질적으로 동일한 모형을 선형변환하여 해석을 쉽게 한다는 것이다. 쉬운 공식을 활용하여 전체평균중심화 추정치를 원점수 추정치로 되돌릴 수 있다. 반면 집단평균중심화는 모형을 단순히 재모수화하는 것이 아니라, 완전히 다른 모형으로 바꾼다. 이탈도가 다르고, 추정된 모수를 대응하는 원점수 추정치로 되돌리는 것은 불가능하다. 그 이유는 원점수에서 단일한 값이 아니라 집단별로 다른 값을 차감했기 때문이다. 원점수, 전체평균 중심화 점수, 집단평균 중심화 점수를 활용한 추정치들 간의 관계에 관한 기술적인 세부사항은 복잡하다. 자세한 사항은 Kreft, de Leeuw, 그리고 Aiken(1995)과 Enders과 Tofighi(2007)에 설명되어 있으며, 일반적인 사항은 Hofman과 Gavin(1998), 그리고 Paccagnella(2006)에 기술되어 있다.

설명변인의 집단평균 중심화는 집단 간 차이에 대한 모든 정보를 제거한다. 따라서 통합 집단평균을 집단수준 설명변인으로 추가하여 이 정보를 복원하는 것은 합리적이다. 이는 원점수에 없는 집단구조에 대한 추가정보를 제공하는데, 이를 통해 원점수모형보다 더 적합한 모형을 얻는다.

집단평균 중심화의 장점은 원점수를 집단 내 변인과 집단 간 변인, 즉 1수준과 2수준 변인으로 분해한다는 것이다. 두 변인을 예측변인으로 사용하여 순수한 개인효과와 집단효과를 분석한다. 그러한 모형에서 개인 및 집단효과에 대한 회귀계수는 매우 다를 수 있다. 단일 원점수가 예측변인으로 사용되면, 불가피하게 단일한 회귀계수만이 추정되고 모형은 개인수준과 집단 수준 효과가 동일하다고 암시적으로 가정한다.

집단평균 중심화와 집단평균을 예측변인으로 활용하는 것은 연구문제가 개인과 집단효과를 명확히 구분하고자 할 때 가장 유용하다. 개구리연못 이론이나 맥락효과에 관한 연구문제일 때 그러하다. 또한 Enders와 Tofighi (2007)는 집단평균 중심화를 군집내 중심화라고 지칭하고, 이것이 ① 연구가설이 둘 이상의 1수준 변인간의 관계에 대한 것일 때(집단 내 중심화는 집단 간 효과와의 혼입(confounding)을 제거함), ② 가설이 1수준 변인간의 상호작용을 포함하는 경우 집단평균 중심화가 가장 좋다고 제안하였다. 수준간 상호작용도 여기에 포함되는데, 연구가설이 2수준 예측변인이 1수준 (변인간) 관계의 강도를 조절하는 것이다.

〈표 4-2〉는 서로 다른 중심화의 효과를 보여 준다. 자료는 160개 학교의 7,185명 학생이 포함된 High School & Beyond 자료이며, 이를 활용한 일련의 다층모형은 Raudenbush와 Bryk(2002, 4장)에 자세히 기술되어 있다. 종속변인은 수학성취도이고, 예측변인은 SES와 학교평균 SES이다.

〈표 4-2〉의 M_1과 M_2의 추정치를 보면 전체평균 중심화와 집단평균 중심화의 결과가 서로 다르다. 전체평균 중심화에 비하여 집단평균 중심화의 학교수준 잔차분산이 더 큰데, 이는 예측변인으로부터 학교수준 변동을 제거했기 때문이다. 모형 3(M_3)에서 예측변인으로 투입된 학교평균 SES의 효과는 유의미하며, M_2에 비하여 학교수준 잔차분산이 감소하였으나 개인수준의 잔차분산은 변하지 않았다. 마지막 모형(M_4)은 학교평균이 전체평균 중심화된 SES 변인의 예측변인으로 투입되었을 때 어떻게 되는지를 보여 준다. 모형 3과 4의 잔차 분산과 이탈도, AIC가 모두 같으므로 두 모형은 동등하다. 그러나 회귀계수와 해석은 서로 다르다. 모형 3은 확실한 구분이 되는데, 학교평균 중심화 SES는 학생수준에만 분산이 있고, 학교평균은 학교수준에

서만 분산이 있다. 학교평균 중심화 SES는 학교 내 분산만 설명이 가능하고, 학교평균 SES의 회귀계수는 (학교마다 다른 학생선발에 따른) 학교구성과 SES 차원에서의 학교구성의 실제 맥락효과가 혼합된 효과를 나타낸다. 모형 4에서 전체평균 SES는 학교내와 학교간 변동이 있고, 구성에 의한 개별효과와 학교수준 효과를 모두 설명한다. 전체평균 중심화 예측변인에 조건적으로, 학교평균 SES의 회귀계수는 SES가 높거나 낮은 학생들과 같은 학교에 재학하고 있는 것에 대한 맥락효과만을 나타낸다.

요약하면, 변인에 무선기울기가 있거나 상호작용이 있는 경우 전체평균 중심화가 도움이 된다. 전체평균 중심화와 집단평균 중심화의 선택은 연구문제에 따라 다르다. 개인이 집단에 소속된 경우는 Enders와 Tofighi(2007)을 참고하면 된다. 종단자료에서 집단평균 중심화는 각 개인의 평균값에 반복된 측정치를 중심화하는 것을 의미하며, Hoffman(2015, 제9장)을 참고하면 된다.

〈표 4-2〉 학생 SES와 학교평균 SES로 수학성취도를 예측하는 모형의 비교: 중심화 방법과 집단평균 투입 여부에 따른 차이

모형 SES의 중심화	SES 기울기 고정			
	M_1: 전체 평균	M_2: 집단평균	M_3: 집단평균+ 학교평균	M_4: 전체평균+ 학교평균
고정부분	회귀계수(s.e.)	회귀계수(s.e.)	회귀계수(s.e.)	회귀계수(s.e.)
절편	12.66(.19)	12.65(.24)	12.66(.15)	12.66(.15)
SES	2.39(.11)	2.19(.11)	2.19(.11)	2.19(.11)
학교 SES	–	–	5.87(.36)	3.67(.38)
무선부분				
σ_e^2	37.02(.62)	37.01(.62)	37.01(.62)	37.01(.62)
σ_{u0}^2	4.73(.65)	8.61(1.07)	2.64(.40)	2.64(.40)
이탈도	46641.0	46720.4	46563.8	46563.8
AIC	46649.0	46728.4	46573.8	46573.8

3. 상호작용의 해석

다층회귀분석의 수준간 상호작용이든 일반 회귀식의 상호작용이든 다중회귀분석의 상호작용에는 두 가지 중요한 사실이 있다. 이는 상호작용이 유의미할 때, 상호작용 변인의 효과 외에 관련 설명변인들의 직접효과도 함께 해석해야 한다는 방법론적 원칙에서 유래한다(Jaccard et al., 1990; Aiken & West, 1991).

첫째, 상호작용이 유의미하면 직접효과가 유의미하지 않더라도 두 직접효과 모두 회귀식에 포함시켜야 한다.

둘째, 상호작용효과가 있는 모형에서 상호작용 구성변인의 회귀계수의 의미는 상호작용이 없는 모형에서 가지는 의미와 다르다. 상호작용이 있을 때 직접변인의 회귀계수는 다른 변인이 0일 때의 회귀 기울기의 기댓값이고, 반대의 경우도 마찬가지이다. 이때 0의 값은 관찰범위 밖인 경우가 있다. 예를 들어, 연령이 18세에서 55세까지일 때 0의 값은 실제 관찰되지 않으며, 남성은 1로, 여성은 2로 성별이 코딩된 경우에도 0은 존재하지 않는다. 이 경우 상호작용 구성변인의 회귀계수는 상호작용이 없는 모형에서의 회귀계수와 다른데, 이러한 차이는 아무런 의미가 없다. 한 가지 해결방법은 '0'의 값이 의미 있고 실제 자료에 존재하도록 두 설명변인을 각 전체평균에 중심화하는 것이다.[2] 중심화를 하면 '0'의 값은 중심화된 변인의 평균이며, 상호작용이 모형에 투입되었을 때 회귀계수는 거의 변하지 않는다. 상호작용 구성변인의 회귀계수도 다른 변인이 '평균'일 때의 개별 회귀계수라고 해석할 수 있다. 모든 설명변인이 중심화되면 절편은 종속변인의 전체평균과 같다.

상호작용을 해석하기 위해 다른 변인의 다양한 값에 대해 한 설명변인의 회귀식을 적어보는 것이 유용하다. 이때 다른 설명변인은 무시하거나 평균값을 사용한다. 설명변인이 모두 연속변인일 때, 특정한 값 및 높은 수준과 낮은 수준의 설명변인에 대

---

2) 설명변인을 표준화하는 것은 같은 효과가 있다. 이 경우 상호작용 변인은 표준화하지 않는 것이 좋은데, 이는 예측을 계산하거나 상호작용을 그래프로 나타내는 것이 어렵기 때문이다. 상호작용항에 대한 표준화된 회귀가중치는 공식 2.13을 활용하여 계산할 수 있다.

한 개별 회귀식을 작성한다. 평균과 평균에 1 표준편차를 더하고 뺀 수도 좋고, 중앙값과 25퍼센타일, 75퍼센타일도 좋은 선택이다. 이 세 개의 회귀선은 상호작용의 의미를 명확하게 보여 준다. 만약 설명변인 중 하나가 이분변인이라면 연속변인의 회귀식을 이분변인이 두 가지 값에 대해 작성한다.

　이 책의 예시에서 학생 외향성과 교직경력 사이에 수준간 상호작용이 존재한다. 학생 외향성은 10점 척도로 범위는 1~10까지이다. 교직경력은 연도 단위이며 2년과 25년 사이이다. 외향성이 0점인 학생도 없고 교직경력이 0인 교사가 없기 때문에, 학생 외향성과 교직경력의 수준간 상호작용이 모형에 투입되었을 때 학생 외향성의 회귀기울기가 0.84에서 1.33으로 크게 변화하였다. 상호작용이 없는 모형에서 외향성의 회귀기울기 추정값은 교직경력과 독립적이다. 따라서 이는 교직경력이 2년과 25년 사이의 평균적인 교직경력을 가진 교사와 평균적인 학급에 해당한다는 것이다. 상호작용이 있는 모형에서 학생 외향성 기울기는 이제 교직경력이 0인 교사의 학급에 해당한다. 이는 매우 극단적인 값으로 자료에 존재하지 않는다. 같은 이유로 교직경력의 기울기는 학생 외향성이 0일 때에 해당한다.

　예시자료에서 성별 변인은 남학생을 0으로, 여학생을 1로 구분한다. 이때 '0'의 값이 자료에 존재하므로 성별 관련 상호작용효과를 직접적으로 해석할 수 있다. 더미변인인 성별이 중심화되지 않았기 때문에 성별과 상호작용하는 모든 기울기는 남학생에 해당한다. 이는 해석하기 어색하므로 더미변인 성별을 전체집단에 중심화하거나 남학생은 −0.5로, 여학생은 +0.5로 코딩하는 효과코딩 방식을 사용한다. 중심화에 관련된 이슈는 연속변인과 이분변인간에 차이가 없다(Enders & Tofighi, 2007). 유목변인에서의 코딩방식(schemes)은 이 책의 부록 C를 참고하면 된다.

　〈표 4-3〉의 중심화된 설명변인들의 추정치는 중심화되지 않은 변인들의 추정치에 비하여 모형간 비교가 더 쉽다. 교직경력에서 0.09와 0.10의 사소한 차이는 근사치 때문이다. 수준간 상호작용 해석에서 교직경력의 다양한 값에 대하여 학생 외향성 효과 회귀식으로 작업하는 것은 도움이 된다. 중심화된 변인들을 사용하여 인기도에 대한 학생 외향성의 영향을 나타내는 회귀식은 다음과 같다.

$$인기도=4.368+1.241 \times 성별+0.451 \times 외향성+0.097 \times 교직경력$$
$$-0.025 \times 교직경력 \times 외향성$$

외향성 한 단위 증가에 따른 평균적인 효과는 인기도의 0.451의 증가이다. 이는 교직경력이 14.2로서 평균에 해당하는 경우이다. 교직경력이 1년 증가할수록 외향성의 효과는 0.025 줄어든다. 따라서 교직경력이 가장 많은 교사, 즉 교직경력이 25년인 경우, 외향성의 기대효과는 $0.451-0.025 \times (25-14.2)=0.18$이다. 따라서 이러한 교사에게 외향성의 효과는 매우 작을 것으로 기대된다.

상호작용을 쉽게 이해하는 다른 방법은 다른 변인의 일부 값에 대해 하나의 예측변인의 회귀 기울기의 그래프를 그리는 것이다. 학생성별의 평균은 0.51이므로 절편에 다음과 같이 포함시킬 수 있다.

$$인기도=5.001+0.451 \times 외향성+0.097 \times 교직경력-0.025 \times 교직경력 \times 외향성$$

〈표 4-3〉 수준간 상호작용이 없는 모형과 있는 모형

모형	M_1: 주효과	M_2: 상호작용	M_3: 중심화된 주효과	M_4: 중심화된 상호작용 변인
고정부분	회귀계수(s.e.)	회귀계수(s.e.)	회귀계수(s.e.)	회귀계수(s.e.)
절편	0.74(.20)	−1.21(.27)	4.39(.06)	4.37(.06)
성별	1.25(.04)	1.24(.04)	1.25(.04)	1.24(.04)
외향성	0.45(.02)	0.80(.04)	0.45(.02)	0.45(.02)
교직경력	0.09(.01)	0.23(.02)	0.09(.01)	0.10(.01)
외향성×교직경력		−0.03(.003)		−0.025(.002)
무선부분				
σ_e^2	0.55(.02)	0.55(.02)	0.55(.02)	0.55(.02)
σ_{u0}^2	1.28(.28)	0.45(.16)	0.28(.04)	0.28(.04)
σ_{u2}^2	0.03(.008)	0.005(.004)	0.03(.008)	0.005(.004)
$\sigma_{u_{02}}$	−0.18(.05)	−0.03(.02)	−0.01(.02)	−0.00(.01)
이탈도	4812.8	4747.6	4812.8	4747.6

중심화된 학생 외향성 변인은 −4.22에서 4.79까지 분포한다. 중심화된 교직경력 변인은 −12.26에서 10.74 사이이며, 표준편차는 6.552이다. 공식 2.12으로 학생 외향성이 −4.22에서 4.79까지일 때 학생 인기도를 예측할 수 있는데, 이때 교직경력을 각각 평균보다 1 표준편차 작을 때, 평균일 때, 평균보다 1 표준편차 클 때인 −6.552, 0, 6.552로 고정한다. [그림 4−3]의 세 개의 회귀선이 이 관계를 나타낸다.

학생의 외향성이 높을수록 인기도가 높으며 그 차이는 교사의 경력이 많을 때 작다. 일반적으로 교직경력이 많은 교사일수록 학생들의 평균 인기도가 높았다. 학생 외향성의 최대값에서 그 관계는 반대인데 그 차이는 유의미하지 않을 것으로 보인다. 이 회귀선에 중심화되지 않은 점수를 쓰면 학생 외향성인 X축의 단위는 변화하나 그림은 바뀌지 않는다. 설명변인을 중심화하면 표의 회귀계수로 상호작용의 의미를 해석할 때 특히 도움이 된다. [그림 4−3]처럼 설명변인 값의 범위에서 상호작용을 그리면 의미를 이해하는 데 매우 효과적이며, 이는 변인의 원점수를 사용할 때도 그러하다.

상호작용은 조절효과나 매개효과로 해석할 수 있다. [그림 4−3]에서 학생 외향성의 효과는 교직경력으로 조절된다거나 교직경력의 효과는 학생 외향성으로 조절된다고 할 수 있다. 다층분석의 맥락효과를 고려하면 학생 외향성의 효과가 교직경력에 조절된다는 상호작용이 바람직하다. 학생 외향성의 효과가 유의미한 교사의 경력의 값의 범위가 무엇인지를 통계적방법으로 검증할 수 있다. 간단하게 상호작용을 분석하는 방법은 예측변인의 특정한 수준에서 단순기울기를 검증하는 것이다. 이 접근에서는 교직경력을 각 값의 범위에 중심화하여, 시행착오 방식으로 학생 외향성 효과의 유의미를 구분하는 경계선을 찾는다. 좀 더 일반적인 방법은 Johnson-Neyman (J-N) 방법으로, 한 예측변인의 효과가 다른 변인의 값에 따라 변화하는 조건적 관계로 상호작용을 설명한다. 유의미한 상호작용효과가 있는 다른 변인에 대해 설명변인의 값의 범위를 계산하기 위해 회귀계수와 표준오차를 사용한다. Bauer와 Curran (2005)은 표준회귀분석과 다층회귀분석의 맥락에서 이 방법을 설명하였다. Curran 과 Bauer(2006)는 조절변인의 범위에 따른 단순기울기 신뢰구간을 설정함으로써 상호작용을 평가하는 분석방법을 설명하였다.[3]

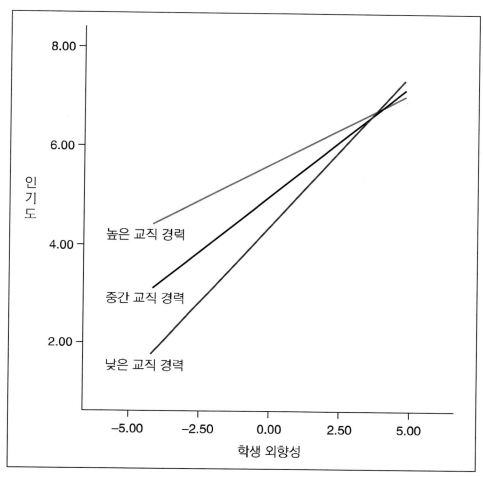

[그림 4-3] 세 수준 교직경력에서의 외향성에 따른 인기도의 회귀선

　마지막으로 참고할 것은 상호작용의 통계적 검증력은 직접효과의 검증력에 비하여 일반적으로 더 낮다는 것이다. 이는 무선기울기가 무선절편에 비하여 덜 신뢰롭게 추정되기 때문인데, 2수준 변인들의 상호작용으로 기울기를 예측하는 것이 2수준 변인들의 직접효과로 절편을 예언하는 것보다 어렵다(Raudenbush & Bryk, 2002). 또한 상호작용 구성변인들이 일정량의 측정오차와 함께 측정되었을 때, 두 변인의 곱인 상호작용은 직접 변인보다 신뢰도가 낮다(McLelland & Judd, 1993). 이러한 두 가지

---

3) www.quantpsy.org에서 가능하다.

이유로 무선기울기를 모형화하는 것이 무선절편을 모형화하는 것보다 어렵다.

4. 설명된 분산의 양

다중상관 R이나 다중상관제곱 R^2은 일반 다중회귀분석에서 중요한 통계이며, 설명변인으로 모형화된 분산의 비율이라고 해석된다. 다층회귀분석에서 설명된 분산은 복잡한 문제이다. 첫째, 여러 수준에서 설명되지 않는 분산이 존재한다. 이것만으로도 단일수준 회귀분석에서보다 설명된 분산의 비율을 해석하기가 어렵다. 둘째, 무선기울기가 있는 경우 모형은 더 복잡해지고, 설명되는 분산의 개념은 더 이상 고유한 정의가 없다. 다층모형에서 종속변인을 얼마나 잘 예언하는가를 나타내는 방법은 다양하게 존재한다.

설명된 분산비율을 분석하는 쉬운 방법은 이 장의 1절에 제시된 것처럼 일련의 모형에서 잔차분산을 점검하는 것이다. 〈표 4-4〉는 FML추정을 활용한 일련의 모형의 회귀계수와 분산성분의 모수추정치, 그리고 이탈도를 나타낸다. 첫 번째 모형은 무선절편모형이다. 이는 유용한 기저모형으로, 상수 절편항을 제외한 설명변인이 포함되지 않기 때문에 종속변인의 전체분산을 두 수준으로 분해한다. 따라서 인기도 점수의 개인수준 분산은 1.22이고, 학급수준 분산은 0.69이며, 총분산은 이들의 합인 1.91이다. 모형에 설명변인이 없기 때문에 이러한 분산을 오차분산이라고 해석하는 것은 합리적이다.

〈표 4-4〉 학생인기도 자료의 연속적인 모형

모형	무선절편모형	1수준 설명변인	2수준 설명변인	무선회귀계수	수준간 상호작용
고정부분					
절편	5.08	2.14	0.81	0.74	−1.21
외향성		0.44	0.45	0.45	0.80
성별		1.25	1.25	1.25	1.24
교직경력			0.19	0.09	0.23
외향성×교직경력					−0.02
무선부분					
σ_e^2	1.22	0.59	0.59	0.55	0.55
σ_{u0}^2	0.69	0.62	0.29	1.28	0.45
σ_{u2}^2				0.03	0.004
$\sigma_{u_{02}}$				−0.18	−0.03
이탈도	6327.5	4934.0	4862.3	4812.8	4747.6

첫 번째 '실제' 모형에, 학생수준 설명변인 학생 외향성과 성별이 투입되었다. 그 결과 1수준 잔차분산은 0.59로 감소하였고, 2수준 분산은 0.62로 감소하였다. 이 차이는 성별과 외향성이 투입되어 설명된 분산의 양이라고 해석할 수 있다. 다중 R^2과 비슷한 통계치를 계산하기 위해서는 이러한 차이를 전체 오차분산 비율이라고 표현해야 한다. 이러한 작업을 수준마다 진행하는 것이 바람직하다. 1수준에서 설명되는 분산의 비율은 다음과 같이 나타낸다(Raudenbush & Bryk, 2002 참조).

$$R_1^2 = \left(\frac{\sigma_{e|b}^2 - \sigma_{e|m}^2}{\sigma_{e|b}^2} \right) \tag{4.8}$$

이때, $\sigma_{e|b}^2$은 기저모형인 무선절편모형에서의 1수준 잔차 분산이고, $\sigma_{e|m}^2$은 비교모형에서의 1수준 잔차 분산이다. 학생 인기도 자료에서 성별과 외향성이 포함된 모형

의 학생수준 설명된 분산의 비율을 계산하면 다음과 같다.

$$R_1^2 = (\frac{1.22 - 0.59}{1.22}) = 0.52$$

2수준에서 설명되는 분산의 비율은 다음과 같다.

$$R_2^2 = (\frac{\sigma_{u0|b}^2 - \sigma_{u0|m}^2}{\sigma_{u0|b}^2}) \tag{4.9}$$

이때 $\sigma_{u0|b}^2$은 무선절편모형인 기저모형에서의 2수준 잔차 분산이고, $\sigma_{u0|m}^2$은 비교모형의 2수준 잔차 분산이다. 학생 인기도 자료로 학급 수준에서 설명되는 분산의 비율을 계산하면 다음과 같다.

$$R_2^2 = (\frac{0.69 - 0.62}{0.69}) = 0.10$$

학생수준 변인이 학급수준의 분산을 설명할 수 있다는 것이 놀라울 수 있다. 설명은 간단하다. 외향성 분포 또는 여학생 비율이 모든 학급에서 똑같지 않다면, 학급마다 두 변인의 구성이 다르고 이러한 변동은 학급 간 평균 인기도 분산의 일부를 설명할 수 있다. 이 예시에서 학생 외향성과 성별로 설명되는 학급수준의 분산이 작으며, 이는 외향성과 성별이 모든 학급에서 거의 비슷하게 분포한다는 사실을 반영한다. 반면 설명변인이 집단 간에 매우 다르게 분포하면 집단 간 분산의 상당한 부분을 설명하기도 한다. 이는 일반적으로 실제 맥락효과를 반영하지 않으며 오히려 비균등한 집단구성을 보여 주기도 한다. 이러한 문제는 2절에서 다룬다.

동일한 논리로 학급수준 설명변인 교직경력을 포함시킨 모형의 효과를 측정한다. 1수준의 잔차 분산은 전혀 변하지 않는다. 이는 학급수준 변인이 학생수준 변동을 설명할 수 없기 때문이다. 학급수준 잔차 분산은 0.29까지 감소하며, 학급수준 R^2은 다음과 같다.

$$R_2^2 = (\frac{0.69 - 0.29}{0.69}) = 0.58$$

이는 학급수준의 분산 중 58%가 학생성별, 학생 외향성, 교직경력으로 설명된다는 것이다. 이전의 $R_2^2 = 0.10$과 비교해 보면, 대부분의 설명력은 교직경력에서 온다는 것을 알 수 있다.

다음으로 무선회귀계수모형은 학생성별의 회귀기울기가 학교마다 다르다고 가정한다. 이 모형에서 학생 외향성의 기울기 분산은 0.03으로 추정된다. 모형이 학생성별에 대한 수준 간 상호작용을 포함하지 않기 때문에 기울기 분산은 모형화되지 않으며, 학급수준의 잔차 분산으로 해석된다. 수준 간 모형은 학생 외향성과 교직경력의 상호작용을 포함하며 학생 외향성 기울기 분산을 0.004로 추정한다. 그러므로 기울기의 설명된 분산은 다음과 같다(Raudenbush & Bryk, 2002 참조).

$$R_{\beta_2}^2 = (\frac{\sigma_{u2|b}^2 - \sigma_{u2|m}^2}{\sigma_{u2|b}^2}) \tag{4.10}$$

이때, $\sigma_{u2|b}^2$은 기저모형에서의 학생 외향성의 기울기의 분산이고, $\sigma_{u2|m}^2$은 비교모형에서의 학생 외향성 기울기의 분산이다. 학생 인기도 자료에서 기저모형으로 무선기울기모형을 수준간 상호작용모형과 비교하면 다음을 얻는다. 정확성을 위해서 소수점 네 자리까지 제시하였다.

$$R_{외모}^2 = (\frac{0.034 - 0.0047}{0.034}) = 0.86$$

학교수준의 한 설명변인으로 학생 외향성 기울기 분산의 86%를 설명할 수 있다.

이는 간단해 보이지만 두 가지 큰 문제가 있다. 첫째, 이 공식으로는 어떤 설명변인이 설명된 분산에 음의 공헌을 하였다는 결론을 내릴 수 있다. 이는 음의 R^2으로 불가능한 값이며, 가장 나쁜 상황이다. 이는 집단평균 중심화 설명변인 또는 고정시점 종단모형에 측정시점의 경우처럼, 가장 낮은 수준의 변동만 존재하는 모형에 설명변인이 투입되면 항상 발생하는 사실이다(cf. Snijders & Bosker, 2012). 영모형에서 전체분산을 1수준과 2수준 분산으로 분해하는 것은 각 수준에서의 무선표집을 가정하며, 낮은 수준에만 분산이 있는 변인은 이 가정을 위배하기 때문이다.

두 번째 문제는 무선기울기모형에서 추정된 분산은 설명변인의 척도에 의존한다는 것이다. 이 부분은 이 책의 제4장 2절에서 중심화와 표준화의 효과를 논의할 때 설명을 하였다. 이는 기울기가 변화하는 설명변인의 척도를 바꾸면, 설명된 분산도 변한다는 것이다. 〈표 4-5〉는 중심화된 예측변인을 사용하면 분산 추정값이 보다 안정적으로 생성됨을 보여 준다. 상호작용모형을 제외하고는 회귀계수가 이전과 같고, 이탈도도 예측변인 원점수를 사용한 이탈도와 모두 동일하다.

〈표 4-5〉 학생 인기도 자료의 연속적 모형(중심화된 예측변인)

모형	무선절편모형	1수준 설명변인	2수준 설명변인	무선회귀계수	수준간 상호작용
고정부분					
절편	5.08	5.07	5.07	5.02	4.98
외향성		0.44	0.45	0.45	0.45
성별		1.25	1.25	1.25	1.24
교직경력			0.19	0.09	0.09
외향성×교직경력					-0.02
무선부분					
σ_e^2	1.22	0.59	0.59	0.55	0.55
σ_{u0}^2	0.69	0.62	0.29	0.28	0.28
σ_{u2}^2				0.03	0.005
$\sigma_{u_{02}}$				-0.01	-0.004
이탈도	6327.5	4934.0	4862.3	4812.8	4747.6

예측변인을 중심화하면 현실적이고 안정적인 분산 추정치를 산출하지만, 공식 4.8~4.10의 문제, 즉 설명된 분산이 음수로 산출될 수 있다는 문제가 해결되지는 않는다. 설명된 분산에 변인이 부적 영향을 주는 과정을 자세히 이해하려면 분산성분에 예측변인을 포함시키는 효과를 살펴봐야 한다. 공식 4.8에서 4.10은 각 수준에서 표본이 단순무선표집으로 얻어진다고 가정한다. 기본가정은 집단의 모집단에서 집단이 무선표집되고, 표집된 집단 안에서 개인이 무선표집된다는 것이다.

N명의 개인을 표집하여 집단크기가 n으로 동일한 J개의 집단에 무선할당한다고 하자. 평균이 μ이고 분산이 σ^2인 모든 변인에 대해서 집단평균은 대체로 정규분포하며, 평균이 μ이고 분산은 다음과 같다.

$$\sigma_\mu^2 = \sigma^2/n \tag{4.11}$$

이는 잘 알려진 통계정리로서, 분산분석에서 친숙한 F 검증의 기초이다. 분산분석에서 모집단 분산을 추정한다. 분산분석에서 통합된 집단 내 분산 s_{PW}^2을 활용하여 모집단 분산 σ^2을 추정한다. σ^2를 추정하는 두 번째 추정치는 (4.11)을 이용한 ns_m^2이며, 모집단 평균 μ에 대한 관찰평균 m을 투입한다. 이는 친숙한 F 검증, $F = ns_m^2 / s_{PW}^2$에 사용되며, 이때 영가설은 집단 간 실제 차이가 존재하지 않는다는 것이다. 실제 집단 차이가 존재한다면, 표집분산 σ_μ^2 외에 실제 집단수준 분산 σ^2이 존재하고, ns^2은 $(\sigma^2 + \sigma_\mu^2 / n)$의 추정치이다. 따라서 일반적으로 집단이 있는 자료에서, 모집단 집단 내 분산에 대한 일부 정보는 관찰된 집단 간 분산에 있으며, 표본에서 계산된 집단 간 분산은 모집단 집단 간 분산의 상향 편향된 추정치다. 이는 또한 모집단에서의 집단 간 분산이 0이어도 관찰된 집단 간 분산은 정확이 0으로 예측되지 않고 σ^2/n과 같다는 것을 의미한다.

결과적으로, 모집단에서 집단차이가 존재하지 않더라도, 다층표집절차를 통해 표집된 개인수준 변인 집단 간 변동이 있을 것이라고 기대할 수 있다. 이때 위에서 정의된 근사 R^2 공식은 합리적이다. 그러나 어느 수준에서 변동이 (거의) 없는 변인이 있을 수 있다. 이는 모든 집단 간 정보가 제거된 집단평균 중심화된 예측변인을 사용하거나, 개인 수준에서 변동이 전혀 없는 집단평균을 사용할 때 발생한다. 이는 표집의 한 수준에서 명확한 선택과정이 존재하는 자료이거나 시계열 설계 자료일 때에도 발생한다. 예를 들어, 교육연구에서 모든 학급에 남학생과 여학생을 동일하게 50%로 배정할 수 있다. 이 경우 평균적인 성별에 있어서 학급 간 변동이 없으며, 남학생과 여학생을 단순무선표집하는 경우보다 낮을 것으로 기대된다. 또한, 여러 측정시점에 측정된 반복관찰치를 가장 낮은 수준으로 하는 연구에서 피험자들이 모두 동일한 시점에 측정되면 동일 측정시점을 가진다. 즉, 피험자 간 측정시점에 있어서 변동이 존재하지 않는다. 이 경우에 앞에서 제시된 간단한 공식을 이용하면 예측변인 성별이나 측정시점은 부적인 분산을 설명하게 된다.

Snijders와 Bosker(2012)는 이 문제를 좀 더 자세히 설명한다. 첫째, 기울기에 무선효과가 없는 모형을 생각해 보자. σ_e^2 추정치를 통합 집단 내 분산으로 한다면 집단 간 분산의 σ_e^2 정보를 활용하지 않기 때문에 비효율적이다. 또한 σ_{u0}^2를 정확하게 추정하기 위해서는 관찰된 집단 간 분산을 집단 내 분산에 대하여 교정할 필요가 있다. 결과적으로, σ_e^2와 σ_{u0}^2의 최대우도추정치는 통합된 집단 내 및 집단 간 분산의 복잡한 가중함수이다.

두 분산성분, σ_e^2와 σ_{u0}^2의 기본 추정치를 산출하는 무선절편모형으로 시작한다. 첫째, 우리 자료의 학생성별과 같은 '정상분포하는' 1수준 설명변인을 투입한다. 위에서 설명한 것처럼, 이 변인의 집단 간 변동 기댓값은 0이 아니고 σ^2/n이다. 이 변인이 종속변인과 상관이 있다면 이는 집단 내 분산과 집단 간 분산을 모두 감소시킬 것이다. ML 추정치에 포함된 교정은 σ_e^2와 σ_{u0}^2을 정확한 양만큼 감소시킨다. σ_{u0}^2이 '정상분포하는' 설명변인에 대해 교정되었기 때문에, 설명변인이 추가적으로 집단수준 변동도 함께 설명하는 것이 아니라면 변화하지 않는다. 집단평균 중심화된 설명변인, 즉 모든 집단수준 정보가 제거된 변인을 투입하면 어떻게 되는지 살펴보자. 이는 집단 내 분산만이 감소하며, 집단 간 분산은 변하지 않는다. σ_{u0}^2의 ML 추정치에 포함된 교정은 더 적은 양의 집단 내 분산을 교정하며, 집단 간 분산 σ_{u0}^2의 추정치는 증가한다. 공식 4.8을 이용하면 집단수준에서 음수인 설명 분산추정치를 얻는데, 이는 의미가 없다. 일반 다중회귀분석에서 이러한 일들이 발생할 수 있다. 무선표집과정에서 산출되는 것보다 집단수준 분산이 더 큰 예측변인이 추가되면 명백한 집단 내 분산 σ_{u0}^2이 증가하고, 이 경우 낮은 수준에서 설명된 분산의 추정치가 음수인 경우가 발생하기도 한다.

이를 바탕으로 설명된 분산에 대한 공식을 다시 살펴보자. 가장 낮은 수준에서 공식은 다음과 같다.

$$R_1^2 = \left(\frac{\sigma_{e|b}^2 - \sigma_{e|m}^2}{\sigma_{e|b}^2} \right)$$

(위의 4.8)

σ_e^2가 불편파추정치라면 이 공식은 올바르다. 그러나 집단수준 변인을 모형에 투

입하면 부정확한 추정치를 산출하는데, 이는 추정 절차가 2개 수준의 정보를 올바로 조합하지 않기 때문이다. Snijders와 Bosker(2012)는 공식 4.8의 σ_e^2을 (수준별 분산의 합인) $\sigma_e^2 + \sigma_{u0}^2$로 대체함으로써 해결할 수 있다고 제안한다. 이를 통해 집단 내 분산에 대한 가용한 모든 정보를 일관되게 활용할 수 있다.

2수준 설명된 분산의 공식은 다음과 같다.

$$R_2^2 = \left(\frac{\sigma_{u0|b}^2 - \sigma_{u0|m}^2}{\sigma_{u0|b}^2} \right) \tag{위의 4.9}$$

Snijders와 Bosker(1994)는 공식 4.9의 σ_{u0}^2을 $\sigma_{u0}^2 + \sigma_e^2/n$으로 바꿀 것을 제안한다. 집단의 크기가 다른 경우 가장 간단한 해결책은 공통의 집단크기 n을 평균 집단크기로 바꾸는 것이다. Snijders와 Bosker(1994)는 n을 조화집단평균 $\left\{ (1/N) \sum_j (1/n_j) \right\}^{-1}$으로 대체하는 방법을 제안하였다. Muthén(1994)이 제시한 ad hoc 추정치, $c = [N^2 - \sum n_j^2] / [N(J-1)]$가 평균 n보다 나은데, 이는 분산분석에서 비슷한 문제점을 해결하기 위해 고안되었기 때문이다. 집단크기가 매우 다를 경우를 제외하고 앞의 두 방법의 결과는 평균 집단크기 n과 매우 비슷하기 때문에 집단크기의 중간값 n_j도 충분하다.

앞의 공식들은 모형에 무선기울기가 없다고 가정한다. 무선기울기 있다면 대체공식은 매우 복잡하다. 무선기울기가 있으며 평균이 μ_z이고, 집단 간 공분산행렬이 Σ_B, 그리고 통합 집단 내 공분산 행렬이 Σ_W인 설명변인 Z가 q개 있다고 가정하자. 1수준 잔차에 대하여 공식 4.8은 σ_e^2을 다음과 같이 대체할 수 있다.

$$\mu_z' \sigma_{u0}^2 \mu_Z + trace\left(\sigma_{u0}^2 (\Sigma_B + \Sigma_W) \right) + \sigma_e^2, \tag{4.12}$$

2수준 잔차에 대하여 σ_{u0}^2을 다음과 같이 대체할 수 있다.

$$\mu_Z'\,\sigma_{u0}^2\,\mu_Z + trace\left(\sigma_{u0}^2\left(\Sigma_B + \frac{1}{n}\,\Sigma_W\right)\right) + \frac{1}{n}\,\sigma_e^2,\tag{4.13}$$

계산은 간단하지만 지루하다. Snijders와 Bosker(2012)에 이 공식과 계산상의 구체적인 사항이 기술되어 있다. Snijders와 Bosker(2012)는 모형에 무선기울기가 있더라도 고정효과만 있는 간단한 모형을 활용하여 설명분산을 추정할 수 있다고 조언한다. 설명변인이 전체평균 중심화된 경우 μ항은 0이고 공식 4.12와 4.13은 매우 간단하다. 모형에 무선기울기가 하나인 경우 공식 4.12와 4.13은 다음과 같이 간단하게 나타낼 수 있다.

$$\sigma_{u0}^2 + \sigma_{u1}^2\left(\sigma_B + \sigma_W\right) + \sigma_e^2.\tag{4.12a}$$

$$\sigma_{u0}^2 + \sigma_{u1}^2\left(\sigma_B + \frac{1}{n}\,\sigma_W\right) + \frac{1}{n}\,\sigma_e^2.\tag{4.13a}$$

〈표 4-6〉은 〈표 4-5〉의 각 모형에 공식 4.8과 4.9의 간략공식을 사용하여 계산한 설명분산과 Snijders와 Bosker(1994) 교정법을 사용한 설명분산이다.

1수준 설명분산은 접근방법에 따라 상당히 다르며 해석도 다르다. 근사 R^2은 설명분산을 1수준 분산의 비율로만 제시한다. Snijders와 Bosker R^2는 설명분산을 전체분산의 비율로 설명하는데, 이는 원칙적으로 1수준 분산이 2수준 분산을 포함한 모든 분산을 설명할 수 있기 때문이다. 모형에 무선효과가 추가되는 경우 근사 R^2이 증가하는 것처럼 보이는 것에 주목하자. 이러한 증가는 의심스러운 것인데, 이는 무선 U항을 실제로 관찰할 수 없기 때문이다. 따라서 무선효과가 포함된 모형의 R^2를 계산하는 데 근사적 접근방법을 사용할 수 있다 하더라도 결과해석에는 주의가 요구된다. Snijders와 Bosker 교정법은 이러한 의심스러운 증가 부분을 제거한다. 그러므로 근사적 접근법에서 설명된 절편분산은 기본적으로 영모형과 무선기울기가 없는 모형에 기반한다.

〈표 4-6〉 학생인기도 모형(〈표 4-5〉)의 설명분산

모형	무선절편모형	1수준 설명변인	2수준 설명변인	무선회귀계수	수준간 상호작용
R_1^2(근사값)	0.00	0.52	0.52	0.55	0.55
R_2^2(근사값)	0.00	0.10	0.58	0.59	0.59
$R_{외향성}^2$ (근사값)	–	–	–	0.00	0.83[a]
$R_1^2(S \& B)$	0.00	0.37	0.54	0.54	0.54
$R_2^2(S \& B)$	0.00	0.14	0.57	0.57	0.57

[a] 〈표 4-5〉에 제시된 소수점 자리까지 계산에 활용하였음

Snijders와 Bosker(2012)는 회귀기울기에서 설명된 분산이나 2수준 이상의 모형에서 설명된 분산을 다루지 않는다. 이러한 문제가 상위수준에서도 역시 존재하며 그 공식이 더 복잡하다는 것은 명확하다. 절편은 1의 값을 갖는 상수에 연관된 회귀기울기이기 때문에, 절편 분산 설명의 복잡함은 회귀기울기의 분산 해석에도 발생한다. 게다가 Snijders와 Bosker의 방법은 무선기울기가 있을 때 잔차분산이 설명변인의 척도에 의존한다는 문제를 해결하지 않는다. 현재에도 이에 대한 해결책이 없다.

다층표집절차가 2단계 단순무선표집과 비슷할 때, 공식 4.8부터 4.10은 합리적인 근사치를 제공한다. 분산성분의 크기에 관심이 있을 때 무선기울기가 있는 모든 설명변인을 전체평균으로 중심화하는 것이 합리적이다. 분산성분 추정치가 설명변인에 따라 다르므로 실제 존재하는 설명변인의 분산추정치를 구하고 평균 표집 단위를 반영할 수 있다. 이는 설명변인을 추정하는 근사법이나 Snijders와 Bosker 방법 모두에 해당한다.

5. 다층매개와 상위수준 결과변인

매개분석은 독립변인 IV의 효과가 매개변인 M을 통하여 종속변인에 효과를 가진다는 가설의 인과모형이다. 매개는 인기 있는 연구주제인데, 이는 X가 Y에 영향을 주는 과정에 대한 가설을 포함하기 때문이다. [그림 4-4]는 매개분석의 핵심을 나타낸다.

[그림 4-4]의 왼쪽은 Y에 대한 X의 직접효과를 나타낸다. [그림 4-4]의 오른쪽은 매개모형인데, X가 M을 통해 Y에 영향을 미친다. 매개모형에서 직접 효과 c는 c'로 변화한다. c'가 본질적으로 0이면 완전매개라고 하며, c'가 c보다 작지만 여전히 유의미하면 부분매개라고 한다. 과거에는 일련의 다중회귀분석을 통해 매개를 분석하였으며 이를 Baron과 Kenny 방법이라고 한다. 현재는 매개모형을 구조방정식모형(SEM)으로 구체화한다. 이는 모든 회귀계수가 자동추정된다는 장점이 있으며, 간접효과 $X \rightarrow M \rightarrow Y$가 회귀계수 a와 b로부터 계산되며, 잠재변인이나 중다(동형 또는 연속) 매개변인을 포함하는 모형 등과 같은 좀 더 복잡한 모형도 상세화할 수 있다.

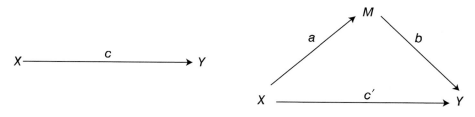

[그림 4-4] 매개분석의 기본 요소

다층분석에서 개인의 종속변인에 대한 맥락적인 예측변인의 효과를 발견한 경우, 어떤 과정이 이 두 변인 사이를 매개하는 것이므로 다층매개분석이 적당할 것이다. 반대로 집단수준 종속변인이 개인수준에서 측정된 집단적 과정에 영향을 받는 경우에도 다층 매개분석을 할 수 있으며, 최종 종속변인이 2수준이라는 것만 다르다. SEM이 다층회귀분석에 비하여 그러한 장점이 있기 때문에 다층 매개분석에서 다층

SEM을 선호한다. 일부 경로모형은 이 책의 제15장에 제시된 것 같은 매개변인을 포함하며, 자세한 사항은 MacKinnon(2012)에 제시되어 있다. 매개변인이 있는 집단수준 종속변인 다층모형 역시 다층 SEM을 적용하는 것이 가장 좋다(Croon & van Veldhoven, 2007).

6. 다층분석에서의 결측자료

불완전자료 또는 결측치는 실제자료 분석에서 자주 발생한다. 대부분의 소프트웨어는 결측자료, 즉 불완전 사례를 분석에서 제외하는 목록삭제 방법을 사용한다. 불완전 사례를 삭제하고 사용하지 않으면 정보를 낭비하고 검증력을 낮추게 된다. 특히 다층분석에서 결측값이 집단수준 변인일 경우, 목록삭제는 전체집단의 삭제를 가져온다. 더 중요한 것은 목록삭제가 가정하는 결측 메커니즘이다. 자료를 삭제한 후 나머지 사례가 원표본을 대표하게 되므로 결측이 완전히 무선적이어야 한다는 것을 의미한다(MCAR). 그러나 이는 실제 가능하지 않은 가정이다.

MCAR는 결측값이 자료의 관찰되거나 관찰되지 않는 어떠한 값과도 관계가 없다는 것을 의미한다. 결측은 관찰변인이나 관찰되지 않은 (결측)변인에 의해 예측될 수 없다. 관찰변인과 관련된 가정은 검증할 수 있는데, 로지스틱 회귀분석이나 교차표 등으로 관찰변인이 결측을 예측한다면, 결측과정이 MCAR이 아니다. 관찰되지 않은 변인과 관련된 가정은 점검할 수 없으나 중요한 가정이며, 이것이 위배되었을 때는 결과가 편향될 가능성이 높다.

MCAR이 아닌 자료 분석을 위한 여러 가지 방법이 개발되고 있다. 보통 이러한 방법들은 결측이 무선적(MAR)이라고 가정한다. 이는 관찰변인에 조건적으로, 관찰되지 않은 (결측)값과 결측이 관련되지 않는다는 것을 의미한다. MAR를 가정하는 분석방법을 사용하면 결측과 모형의 다른 변인간의 상관은 허용가능하다.

세 번째 결측 방식은 무선적이지 않은 결측(MNAR)이다. 이는 관찰변인에 조건적으로 결측이 관찰할 수 없는 값과 관련이 있다는 것이다. MNAR 분석은 복잡하고 결측자료분석과 가용한 자료에 대한 이해가 높아야 하는데, 이 책에서는 다루지 않을 것이다.

MAR은 MCAR보다 가정이 적으며, MAR 결측을 다루는 방법들이 잘 개발되어 있다. MAR 매커니즘을 가정하는 불완전자료를 다루는 두 가지 주요 방법이 있다. 첫 번째 방법은 추정과정에 불완전한 사례를 포함시키는 방법이다. 이는 ML과 베이지언 추정 모두에서 가능하며 MAR를 가정한다. 두 번째 방법은 다중대체를 사용하여 결측치를 채우는 것으로 분석에서의 대체의 불확실성을 잘 통합한다.

결측자료에 대한 일반적인 설명은 McKnight, McKnight, Sidani와 Figueredo(2007)를 참조할 수 있다. Enders(2010)는 좀 더 기술적인 설명을 하는데 앞으로 설명할 모든 방법에 대해 기술하고 있다. 다층맥락에서의 결측자료에 대한 설명은 Hox, van Buuren와 Jolani(2016)에 제시되어 있다. 다음은 불완전 다층자료를 분석하는 데 관련된 문제에 대한 간략한 설명이다.

다음은 다층분석이 결측자료에 대한 매우 간단한 해결책을 제시된 한 사례이며 이는 중도탈락이나 일부 회기의 무응답을 포함하는 종단자료의 다층분석이다. 중도탈락 이후의 측정 시기에 데이터가 누락된 피험자는 다층분석에 계속 활용할 수 있다. ML 또는 베이지언방법을 사용할 때 결측 메커니즘에 대한 가정은 MAR이다. 제5장 종단적 다층분석에서 이 문제를 다룬다. 여기에서는 불완전 다층자료에 대한 일반적인 사례를 제시한다.

1) 불완전자료의 직접추정

ML 방법으로 불완전자료를 직접추정하는 것은 불완전한 사례를 포함하여 추정할 수 있도록 표준우도함수를 다시 쓰는 것에 기반한다. 이는 완전정보우도함수(FIML)하고 하며, 가용한 모든 정보가 이용되므로 추정이 효율적이고 MAR를 가정한다. 대체로 구조방정식모형 소프트웨어에 이러한 기능이 있다. 다층구조방정식모형에는 다층회귀분석 외에도 다층요인이나 경로모형과 같은 일반적인 모형도 포함되며, 이는 제14장과 제15장에서 설명된다. 다층회귀모형을 특정한 다층구조방정식모형으로 상세화함으로써 결측자료문제를 해결할 수 있다.

이러한 방법에는 중요한 문제가 하나 있다. 우도함수는 종속변인에 대해 상세화되며, 독립변인은 여전히 목록삭제로 제외되어 있다. 이 해결책은 예측변인이 여전히 예측변인으로 남아있지만, 기술적으로는 종속변인이 되는 방식으로 회귀모형을 재상세화하는 것이다. 이는 결측값이 있는 각 예측변인에 대해, 회귀계수가 1로 제한된 관측변인을 예언하는 잠재변인으로 각각 상세화하고, 예측오차분산을 0으로 제한하여 수행된다. 잠재변인은 관찰변인과 동일하며, 관찰변인 대신 예측변인으로 사용된다. [그림 4-5]에 모형이 예시되어 있다. Mplus에서 기울기에 변동이 있는 경우 수리적 적분을 이용하는 추정방법이 필요하기 때문에 컴퓨터를 사용하게 된다. 베이지언 추정법은 결측자료를 다른 방식을 다룬다. 베이지언 모형에서 각 결측 자료 점은 추정해야 할 추가적인 모수가 된다. 이는 확실히 복잡한 모형이어서 ML 추정법은 잘 다루지 못하거나 아예 다루지 못한다. 베이지언 추정법의 장점 중 하나는 복잡한 모형을 잘 다룬다는 것이다. 제3장에서 간략하게 설명한 것처럼, 베이지언 방법은 완전히 다른 추정 프레임워크이다. 결측값이 많은 자료에 적용하면 MCC 체인의 수렴은 늦어질 수 있으므로 제13장에 설명되는 방법을 사용하여 주의 깊게 확인해야 한다. 베이지언 추정방법은 Mplus에서 가장 쉽게 수행된다. 그러나 현재 Mplus의 베이지언 추정법은 불완전한 예측변인이 무선기울기가 있을 때에는 적용할 수 없다.

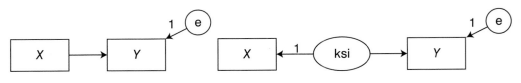

[그림 4-5] 종속변인으로 상세화된 예측변인

2) 불완전자료의 다중대체(Multiple Imputation of Incomplete Data)

불완전자료를 다루는 또 다른 방법은 그럴듯한 값으로 결측치를 대체하고 분석을 진행하는 것이다. 이는 두 가지 문제를 발생시키는데, 보통 회귀예측을 기반으로 대체된 값은 너무 정확하다는 것, 그리고 소프트웨어는 대체된 값을 실제로 관측한 값인 것처럼 취급하여 표본크기를 과대평가한다는 것이다. 두 문제는 모두 다중대체로 해결할 수 있다(Rubin, 1987). 이는 대체를 여러 번(예: 5회) 반복하고 각각 무선오차를 대체된 값에 더하면 대체된 자료 세트들이 달라진다. 다음으로 각 대체된 자료세트로 분석을 진행하고 분석결과를 단일한 최종결과로 조합한다.

보통 Rubin의 규칙이라고 하는 간단한 조합규칙(Rubin, 1987)은 소프트웨어에서 자동적으로 완성된다. 다중대체를 산출하는 것은 어려운데, 무선오차의 양이 올바르게 더해지는 것이 중요하기 때문이다. 두 번째 요구사항은 다중대체를 생성하는 데 사용된 모형이 분석모형보다 복잡해야 한다는 것이다. 다층모형에서 대체모형은 역시 다층모형이어야 한다는 것을 의미한다.

대체는 모형 또는 자료에 기반할 수 있다. 잘 알려진 자료 기반 대체방법은 예측평균매칭(Predictive Mean Matching: PMM)을 사용하는 연쇄방정식 다변량 대체이다(Multivariate Imputation by Chained Equations: MICE, van Buuren & Groothuis−Oudshoorn, 2011). MICE에서는 회귀모형을 사용하여 각 불완전한 변인을 차례로 예측한다. 예측된 값이 비슷한 피험자는 donor pool에 그룹화되고, pool에서 무선적으로 선택된 피험자의 관찰값을 불완전한 사례의 값으로 활용한다. PMM의 장점은 대체가 실제 자료에서 관찰된 값이라는 것이다. 그 결과 PMM은 일반적으로 비정규성과 다층 구조를 포함하는 관찰 자료 구조를 재생산한다(Vink et al., 2015). 다중대체는 R package MICE(van Buuren & Groothuis−Oudshoorn, 2011)이나 Mplus(Muthén & Muthén, 1998∼2015)에서 가능하다.

3) 다층불완전 사례

다층 불완전사례로서 제2장의 인기도 자료에서 MAR 방법으로 외향성과 인기도 변인에 결측치를 만들어 보자. 결측 메커니즘은 이 책에 사용된 모든 자료를 설명하는 부록 2에 제시되어 있다. 사용된 모형은 주효과 분산성분모형이며 외향성과 교직경력의 상호작용은 포함하지 않는다. 모형은 Mplus 7.4의 ML 추정법을 활용하여 추정하였다. 다중대체 추정은 대체에 대한 전체 모형의 베이지언 추정 및 모형 모수의 ML 추정을 사용하여 20개의 대체된 자료를 기반으로 한다. 결과는 〈표 4-7〉에 제시되었다.

첫 번째 열은 완전한 자료의 결과이다. Mplus가 표준다층회귀분석과 다른 다층모형의 상세화를 활용하기 때문에, 그 결과는 제2장에 제시된 결과와 다소 다르다. 목록삭제가 완전한 자료와 다른 추정치를 산출하는 것은 명확하다. 절편이 심각하게 과소추정되었고 학급수준 잔차 분산은 심각하게 과대추정되었다. 회귀계수는 대체로 양호하게 추정되었다.

〈표 4-7〉 수준간 상호작용이 없는 모형과 있는 모형

모형	완전한 자료	목록삭제	FIML	Bayes	다중입력
고정부분	회귀계수 (s.e.)	회귀계수 (s.e.)	회귀계수 (s.e.)	회귀계수 (s.e.)	회귀계수 (s.e.)
절편	0.81(.21)	0.45(.20)	0.74(.15)	0.75(.18)	0.73(.19)
성별	1.25(.04)	1.34(.05)	1.29(.04)	1.28(.04)	1.27(.04)
외향성	0.45(.03)	0.53(.02)	0.50(.02)	0.49(.02)	0.50(.02)
교직경력	0.09(.01)	0.08(.01)	0.08(.01)	0.08(.01)	0.08(.01)
Random part					
σ_e^2	0.59(.02)	0.53(.02)	0.52(.02)	0.52(.02)	0.52(.02)
σ_{u0}^2	0.29(.05)	0.45(.20)	0.28(.05)	0.30(.05)	0.28(.05)
AIC/DIC	4874.3	2687.9	8674.5	8531.3	11249.4

다른 세 가지 추정방법은 완전한 자료의 추정치와 비슷한 추정치를 산출하며, 세 방법의 결과는 매우 비슷하다. 이는 예측가능한데, 두 변인에 대한 자료값의 25%를 제거했기 때문이다. 세 가지 방법은 모두 MAR를 가정하며, 잃어버린 정보를 복원하지는 않으며, 대신에 결측메커니즘이 MAR(또는 MCAR)인 경우 가용한 정보를 활용하여 불편파추정치를 산출한다. Hox, van Buuren과 Jolani(2016)에서는 모의실험을 통해 다층결측자료에 대한 여러 방법을 비교하고 다층 FIML과 다층 다중대체가 가장 정확한 모수추정치와 표준오차를 산출하며 동일하게 작동한다고 결론지었다.

7. 소프트웨어

다층모형분석을 위한 소프트웨어에는 대부분 전체평균중심화와 집단평균중심화 예측변인을 생성하는 옵션이 포함되어 있다. 일반적인 소프트웨어에서는 이러한 중심화 변인을 수동적으로 계산해야 한다. 매개모형의 분석은 이 책의 제15장 구조방정식모형 소프트웨어의 경로모형에서 가장 적절하게 이루어진다. ML이나 베이지언 추정을 활용하여 불완전한 자료를 포함할 수 있는 추정방법을 사용한 결측자료분석은 현재 Mplus에서만 가능하다. 다층다중대체는 표준대체 소프트웨어에서 가능하지만 가장 유연한 도구는 자동 다층대체 기능이 있는 R 패키지 MICE(van Buuren & Groothuis-Oudshoorn, 2011)이다.

제5장

종단자료의 분석

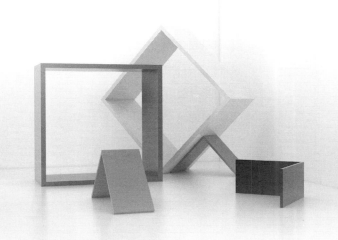

1. 개요

시간에 따른 개인의 변화를 분석하기 위해 자료를 수집하는 경우 구인은 각 시점에서 비교가능한 척도로 측정해야 한다. 이때 측정시점 간의 차이가 길지 않으면 복잡한 문제가 발생하지 않는다. 예를 들어, Tate와 Hokanson(1993)은 학생들의 Beck 우울증진단검사(Beck Depression Scale) 점수를 한 학년도에 세 번 수집한 종단연구에 대해 보고하였다. 이처럼 타당화된 측정도구를 사용한 경우 조사도구가 연구기간 내내 일정하게 유지된다고 가정할 수 있다. 반면, 5~12세 학생들의 읽기능력 발달연구에서 다양한 연령대의 읽기능력을 측정할 때 동일한 검사도구를 사용할 수 없다는 것은 명확하다. 따라서 다양한 연령대의 학생을 측정하기 위해 사용한 다른 검사 결과가 서로 교정되었는지를 확인해야 한다. 즉, 실제로 어떤 특정한 읽기검사가 사용되었는지와 관계없이 결과점수가 모든 연령 수준에서 동일한 측정학적 의미를 가지도록 해야 한다. 이러한 주제는 문화 간 비교의 주제와 같으나(cf. Vandenberg & Lance, 2000; van de Schoot et al., 2012), 실제 분석모형은 다르다(cf. Little, 2013). 또 다른 요건은 기억효과가 문제되지 않도록 측정시점 사이에 충분한 시간이 있어야 한다는 것이지만, 일부 응용분야에서는 그렇지 않을 수 있다. 예를 들어, 자료수집시기가 매우 짧은 경우, 기억효과 때문에 인접한 시기에 수집된 측정치 간에 상당한 상관관계가 있을 수 있다. 그렇다면 이러한 효과는 모형에 포함되어야 하며, 이는 오차상관이 포함된 모형이다. 이러한 상황에서 다층모형을 상세화하는 것은 매우 복잡하다. 일부 다층모형 프로그램은 오차상관을 모형에 포함시키는 기능이 있다. 이 장의 마지막 부분에서 이를 설명한다.

이 장에서는 시간흐름에 따른 개인의 반복측정 자료에 대한 모형을 다룬다. 다층모형의 틀에서 상위수준의 반복측정 자료도 분석할 수 있는데, 예를 들어 동일학교 집단을 수년 동안 추적하는 경우이며, 이 경우 각 연도에 다른 학생들이 포함된다. 이러한 자료에 대한 모형은 이 장에서 다루는 모형과 비슷하지만 반복측정이 2수준에 존재한다. 이러한 반복측정된 cross-sectional 자료는 DiPrete와 Grusky(1990)와 Raudenbush와 Chan(1993)에 논의되고 있으며 예시는 Hox와 Wijngaards-de Meij (2014)를 참조하면 된다. 종단자료에 대한 다층분석모형은 Hedeker와 Gibbons(2006)와 Singer와 Willett(2003)에 자세히 기술되어 있다. 구조방정식모형을 활용한 잠재곡선분석은 Duncan, Duncan 그리고 Strycker(2006)와 Bollen와 Curran(2006)에 설명되어 있다. 잠재곡선분석에 대한 구조방정식 방법은 이 책의 제16장에서 다룬다.

반복측정치에 대한 다층분석은 대체로 대규모 패널 설문자료에 적용된다. 또한 다양한 실험 연구에서도 유용하게 활용될 수 있다. 사전–사후검사 설계에서 보통 사용하는 분석방법은 실험집단과 통제집단이 요인이고 사전점수가 공변인인 공분산분석(ANCOVA)이다. 다층모형의 틀에서 시간의 변화에 따른 기울기를 분석하고 실험집단과 통제집단은 기울기의 차이를 예언하는 더미변인으로 활용한다. 만약 사전–사후 설계만 적용한다면 보통의 공분산분석에서 크게 개선되지 않는다. 그러나 이를 다층모형에서는 사전점수와 사후점수 사이에 더 많은 측정시점을 간단하게 추가할 수 있다. Willett(1989)와 Maxwell(1998)은 실험집단과 통제집단 사이에 몇 개 시점의 자료를 추가함으로써 차이에 대한 통계적 검증력이 크게 증가한다는 것을 보여 준다. 많은 시점을 다시 추가하는 것이 검증력을 높이지는 않는다. 이 책의 제12장에서 다층모형에서의 통계적 검증력과 표본크기에 대해 설명한다. ANCOVA에 비교할 때 두 번째로 중요한 장점은 중도탈락, 특히 완전히 무선적이지 않은 중도탈락이 발생할 때이다. 반복측정치의 다층모형은 불완전사례를 포함할 수 있으며, 이는 결측자료가 있을 때 중요한 장점이다.

2. 고정시점과 변동시점

반복측정의 측정시점이 고정적인지 아닌지를 구분하는 것은 유용하다. 고정적 측정은 모든 개인이 매년 한 번씩 일정 간격으로 같은 시기에 측정값을 갖는다. 이러한 자료는 성장연구 등에서 발생하며, 발달단계의 다른 시점에서 개인의 신체적 또는 심리적 특성이 연구된다. 고정된 시점에서 자료수집이 이루어지지만, 개인은 각 측정 시기에 다른 연령대이다. 또한 원래 설계는 고정된 측정시점이지만 계획문제로 자료수집이 의도한 시점에서 이루어지지 않을 수 있다. 다층모형에서 결과 자료가 고정시점인지 변동시점인지의 차이는 그리 중요하지 않다. 고정시점 설계에서 측정시점이 일정하게 유지되고 결측자료가 없는 경우, 다층모형의 검증력이 크긴 하지만, 반복측정 분산분석(ANOVA)도 사용할 수 있다(Fan, 2003). ANOVA 접근법과 다층 분석의 비교는 3절에서 설명된다. 이 설계의 다른 가능성은 잠재성장곡선분석이라고도 하는 잠재곡선분석이다. 이는 반복측정 다항분산분석을 모형화하는 구조방정식모형이다. 잠재성장곡선모형은 제16장에서 다룬다.

3. 고정시점 예시

다음 예시자료는 대학생 200명의 종단자료이다. 학생들의 학점평균(GPA, 이론적으로 최저 1점과 최고 4점 범위)은 6개 연속 학기로 기록되었다. 동시에 해당 학기의 직업 유무와 시간이 기록되었고, 이는 '직장' 변인(=근무시간)이다. 이 사례에서 학생수준 변인은 고등학교 GPA와 성별(남학생=0, 여학생=1)이고, 6개의 측정시점에서 동일한 값을 갖는다.

SPSS나 SAS와 같은 통계 패키지에서 이러한 자료는 보통 학생 ID와 반복측정변인들, 예를 들어 GPA₁, GPA₂, ⋯, GPA₆과 직장1, 직장2, ⋯, 직장6으로 저장된다. 예를 들어, SPSS의 자료 구조는 [그림 5-1]과 같다.

	학생	성별	고교GPA	GPA1	GPA2	GPA3	GPA4	GPA5	GPA6	직장1	직장2	직장3	직장4	직장5	직장6
1	1	1	2.8	2.3	2.1	3.0	3.0	3.0	3.3	2	2	2	2	2	2
2	2	0	2.5	2.2	2.5	2.6	2.6	3.0	2.8	2	3	2	2	2	2
3	3	1	2.5	2.4	2.9	3.0	2.8	3.3	3.4	2	2	2	3	2	2
4	4	0	3.8	2.5	2.7	2.4	2.7	2.9	2.7	3	2	2	2	2	2
5	5	0	3.1	2.8	2.8	2.8	3.0	2.9	3.1	2	2	2	2	2	2
6	6	1	2.9	2.5	2.4	2.4	2.3	2.7	2.8	2	3	3	2	3	3
7	7	0	2.3	2.4	2.4	2.8	2.6	3.0	3.0	3	2	3	2	2	2
8	8	1	3.9	2.8	2.8	3.1	3.3	3.3	3.4	2	2	2	2	2	2
9	9	0	2.0	2.8	2.7	2.7	3.1	3.1	3.5	2	2	3	2	2	2
10	10	0	2.8	2.8	2.8	3.0	2.7	3.0	3.0	2	2	2	3	2	2
11	11	1	3.9	2.6	2.9	3.2	3.6	3.6	3.8	2	3	2	2	2	2
12	12	1	2.9	2.6	3.0	2.3	2.9	3.1	3.3	3	2	2	2	2	2
13	13	0	3.7	2.8	3.1	3.5	3.6	3.9	3.9	2	2	2	2	2	2

[그림 5-1] SPSS에서의 반복측정자료 구조

다층분석 자료구조는 보통 통계 프로그램에 따라 다르다. 다층모형 소프트웨어는 가장 하위수준인 측정시점과 각 사례에 대해 반복되는 학생수준 변인으로 자료가 구성된다. [그림 5-2]에 GPA자료가 이러한 형식으로 제시되어 있는데, 자료의 각 행이 독립된 측정시점을 나타내며 6개의 반복측정은 각 학생의 6개 행을 이룬다. 이 자료 형식은 '긴'(또는 '쌓인') 자료 세트이며 [그림 5-1]의 일반형식은 '넓은'(또는 '다변량') 자료세트이다(제10장의 다변량다층모형 참조). [그림 5-1]과 [그림 5-2]에는 결측자료가 없지만, 결측치가 있으면 자료파일에서 전체 6개 이하의 측정시점을 가진 학생이 생긴다. 결과적으로 다층모형에서 결측측정치는 분석하기 쉽다(측정시점은 1, ⋯, 6이 아닌 0, ⋯, 5로 번호화한다. 이는 '0'이 가능한 값의 범위의 일부이기 때문이다). [그림 5-2]의 자료에서 절편은 첫 번째 측정시점에서의 초기값이고, 2수준 분산은 첫 번째 시점의 피험자 간 분산으로 해석할 수 있다. 측정시점은 다른 방식으로도 코딩할 수 있는데, 이는 이후에 설명할 것이다.

	학생	측정시점	GPA	직장	성별	고교GPA
1	1	0	2.3	2	1	2.8
2	1	1	2.1	2	1	2.8
3	1	2	3.0	2	1	2.8
4	1	3	3.0	2	1	2.8
5	1	4	3.0	2	1	2.8
6	1	5	3.3	2	1	2.8
7	2	0	2.2	2	0	2.5
8	2	1	2.5	3	0	2.5
9	2	2	2.6	2	0	2.5
10	2	3	2.6	2	0	2.5
11	2	4	3.0	2	0	2.5
12	2	5	2.8	2	0	2.5
13	3	0	2.4	2	1	2.5
14	3	1	2.9	2	1	2.5
15	3	2	3.0	2	1	2.5
16	3	3	2.8	3	1	2.5
17	3	4	3.3	2	1	2.5
18	3	5	3.4	2	1	2.5
19	4	0	2.5	3	0	3.8
20	4	1	2.7	2	0	3.8
21	4	2	2.4	2	0	3.8
22	4	3	2.7	2	0	3.8
23	4	4	2.9	2	0	3.8
24	4	5	2.7	2	0	3.8
25	5	0	2.8	2	0	3.1
26	5	1	2.8	2	0	3.1

[그림 5-2] 다층분석을 위한 반복측정자료 구조

종단자료에 대한 다층회귀모형은 제2장의 다층회귀모형을 그대로 적용한다. 각 수준에 대한 일련의 모형으로 구성된다. 가장 낮은 수준인 반복측정 수준의 공식은 다음과 같다.

$$Y_{ti} = \pi_{0i} + \pi_{1i}T_{ti} + \pi_{2i}X_{ti} + e_{ti},$$ (5.1)

반복측정 예시에서 1수준의 회귀계수는 보통 그리스 문자 π로 표시된다. 이는 반복측정에서 2수준인 피험자수준 회귀계수를 그리스 문자 β 등으로 표시할 수 있다는 장점이 있다. 공식 5.1에서 Y_{ti}는 측정시점 t에서 측정된 개인 i의 반응변인이고, T는 측정시점을 나타내는 시간 변인이고, X_{ti}는 시간가변적 공변인(time varying covariate)이다. 예를 들어, Y_{ti}는 측정시점 t에서의 학생의 GPA이고, T_{ti}는 GPA가 측정된 시점을 나타내며, X_{ti}는 시점 T에서의 직업 상태를 나타낸다. 성별과 같은 학생특성은 시간불변 공변인(time invariant covariate)이며 2수준 모형에 투입된다.

$$\pi_{0j} = \beta_{00} + \beta_{01}Z_i + u_{0i}$$
$$\pi_{1j} = \beta_{10} + \beta_{11}Z_i + u_{1i} \tag{5.2}$$
$$\pi_{2j} = \beta_{20} + \beta_{21}Z_i + u_{2i}$$

모형을 통합하면 다음과 같은 단일한 모형이 된다.

$$Y_{ti} = \beta_{00} + \beta_{10}T_{ti} + \beta_{20}X_{ti} + \beta_{01}Z_i + \beta_{11}T_{ti}Z_i + \beta_{21}X_{ti}Z_i$$
$$+ u_{1j}T_{ti} + u_{2j}X_{ti} + u_{0j} + e_{ti} \tag{5.3}$$

문자 대신에 변인 이름을 사용하면 GPA 예시의 공식은 다음과 같다.

$$Y_{ti} = \beta_{00} + \beta_{10}(측정시점)_{ti} + \beta_{20}(직업)_{ti} + \beta_{01}(성별)_i$$
$$+ \beta_{11}(측정시점)_{ti}(성별)_i + \beta_{21}(직업)_{ti}(성별)_i \tag{5.4}$$
$$+ u_{1j}(측정시점)_{ti} + u_{2j}(직업)_{ti} + u_{0j} + e_{ti}$$

종단연구에서는 개인을 반복적으로 측정하며, 소수의 고정된 측정시기에 함께 측정한다. 이는 반복측정과 패널연구를 포함하는 실험설계의 일반적인 경우이다. 모든 측정시점에서 평균이 동일하다는 영가설을 검증하는 경우 반복측정 분산분석을 활용할 수 있다. 반복측정 단변량 분산분석을 적용한다면(Stevens, 2009, p. 420), 구형성(sphericity)을 가정해야 한다. 구형성은 반복측정값 간의 분산과 공분산에 복잡한 제한이 있다는 것을 의미한다. 자세한 사항은 Stevens(2009)의 제9장을 참조하면 된다. 쉽게 이해할 수 있는 구형성의 특별한 형태는 균일성으로 지칭되는 복합대칭이다. 복합대칭은 반복측정값의 모집단 분산과 모집단 공분산이 모두 동일하다는 것이다. 구형성이 충족되지 않으면 분산분석의 F 비율은 양적으로 편향되고 영가설을 너무 자주 기각하게 된다. 다른 방법은 반복측정값을 다변량 관찰치로 상세화하고 다변량 분석(MANOVA)을 활용하는 것이다. 이는 구형성을 요구하지 않기 때문에 반복측정 분산분석에서 선호하는 방식이다(O'Brien & Kaiser, 1985; Stevens, 2009). 그러나 다변량 검증은 좀 더 복잡한데, 이는 반복 측정의 변환에 기초하며 실제로 검증되는 것은 반복측정간의 대조이다.

SPSS의 일반선형모형(IBM Corporation, 2012)의 MANOVA 분석은 직장상태와 같은 시간가변적 공변인을 통합하기 쉽지 않다. 그러나 MANOVA는 측정시점의 다항대조를 상세화함으로써 반복측정된 GPA의 시간의 흐름에 따른 경향성을 검증하고 성별 및 고교 GPA의 고정효과를 검증하는 데 활용할 수 있다. 성별은 이분변인으로 요인으로 투입되고 GAP는 연속변인으로 공변인으로 투입된다. 〈표 5-1〉은 전통적인 유의도 검증 결과를 나타낸다.

〈표 5-1〉 GPA 예시자료에 대한 MANOVA 유의도 검증

검증된 효과	F	df	P
측정시점	3.58	5/193	.004
측정시점(선형)	8.93	1/197	.003
측정시점×고교GPA	0.87	5/193	.505
측정시점×성별	1.42	5/193	.220
GPA	9.16	1/197	.003
성별	18.37	1/197	.000

〈표 5-2〉 여섯 시점에서의 성별 GPA 평균

측정시점	1	2	3	4	5	6	전체
남학생	2.6	2.7	2.7	2.8	2.9	3.0	2.8
여학생	2.6	2.8	2.9	3.0	3.1	3.2	2.9
모든 학생	2.6	2.7	2.8	2.9	3.0	3.1	2.9

MANOVA 결과는 GPA 측정값에 상당한 선형 경향이 있다는 것을 보여 준다. 성별과 고교 GPA는 모두 유의미한 효과가 있다. 표에 제시되지는 않았지만, 다항추세는 유의미하지 않으며, 측정시점과 고교 GPA 그리고 성별과의 상호작용도 모두 유의미하지 않다. 〈표 5-2〉는 여섯 시점에 대해 성별 GPA 평균을 소수점 첫째 자리까지 반올림하여 나타낸다.

〈표 5-2〉를 보면 연속적인 GAP 측정치 간에 0.1씩 선형증가추세가 있다. 여학생의 GAP가 남학생보다 계속 높다. 마지막으로 SPSS 결과표에는 여섯 시점에 대해 성별과 고교 GPA의 회귀계수가 포함된다. 표에 제시되지는 않았지만 이러한 회귀계수는 각 예측시기마다 다르고, 모두 대체로 긍정적이다. 이는 여학생이 각 시점에서 남학생보다 우수하고 고등학교 GPA가 높은 학생이 대학에서도 각 시점의 GPA가 상대적으로 높다는 것을 나타낸다.

다층회귀모형에서 시간에 따른 변화는 선형 또는 다항 회귀방정식으로 모형화되며, 각 개인은 상이한 회귀계수를 갖게 된다. 개인이 가지는 고유의 회귀곡선은 개인회귀계수로 상세화되며, 이는 다시 개인특성에 따라 다르다. 시간에 대한 비선형 종속성을 모형화하기 위해 이차 또는 고차함수를 활용할 수 있으며, 시간가변적 공변인과 개인수준 공변인을 모두 모형에 추가할 수 있다. 특정 측정 시점 T를 $t=0, 1, 2, 3, 4, 5$로 코딩하면, 절편을 첫 번째 시점의 종속변인 기댓값으로 해석할 수 있다. 측정시점을 $t=1, 2, 3, 4, 5, 6$으로 코딩하면 관찰된 측정시점의 범위에 0이 포함되지 않기 때문에 해석하기가 좀 더 어렵다. 설명변인이 연령 등과 같이 연속적인 측정시점이 아니라면 첫 번째 관찰치를 0으로 정하는 것은 최선의 방법이 아니다. 이 경우 연령의 평균이나 중앙값으로 중심화하거나 평균이나 중앙값에 가까운 근사값에 중심화하는 것이 보통이다.[4]

분석을 시작하기 전에 200×6=1,200 관찰치가 분해된 자료파일의 종속변인 GPA의 분포를 점검한다. 최적의 정규곡선이 표시된 히스토그램이 [그림 5-3]에 있다. 분포는 상당히 정상분포하기 때문에 분석을 진행한다.

---

[4] 전체평균 및 비슷한 값에 대한 설명변인의 중심화에 대해서는 제4장에서 설명한다.

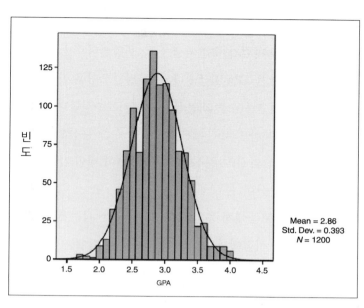

[그림 5-3] 통합된 자료파일에서의 GPA 값

〈표 5-3〉 GPA의 다층분석 결과(고정효과)

모형	M_1: 영모형	M_2: +시점	M_3: +직장상태	M_4: +고교GPA, 성별
고정부분				
예측변인	회귀계수(s.e.)	회귀계수(s.e.)	회귀계수(s.e.)	회귀계수(s.e.)
절편	2.87(.02)	2.60(.02)	2.97(.04)	2.64(.10)
측정시점		0.11(.004)	0.10(.003)	0.10(.003)
직장상태			−0.17(.02)	−0.17(.02)
고교GPA				0.08(.03)
성별				0.15(.03)
무선부분				
σ_e^2	0.098(.004)	0.058(.025)	0.055(.002)	0.055(.002)
σ_{u0}^2	0.057(.007)	0.063(.007)	0.052(.006)	0.045(.01)
이탈도	913.5	393.6	308.4	282.8
AIC	919.5	401.6	318.4	296.8
BIC	934.7	422.0	343.8	332.4

〈표 5-3〉은 본 종단자료에 대한 다층분석 결과를 나타낸다. 모형 1은 절편만 포함한 모형이므로 측정시점과 피험자 수준의 분산을 포함한다. 이 모형의 절편 2.87은 모든 개인과 측정시점에 걸친 GPA 평균이다. 무선절편모형은 반복측정치(수준 1) 분산을 0.098로, 그리고 개인수준(수준 2) 분산을 0.057로 추정한다. 전체 GPA 분산은 0.155이다. 공식 2.9를 적용하면 급간상관, 즉 개인 수준 분산의 비율은 $\rho = 0.057/0.155 = 0.37$이다. 여섯 시점의 GPA 분산의 약 3분의 1이 개인 간 분산이며, 약 4분의 2가 시간에 따른 개인내 분산이다.

모형 2에서 시간변인이 모두에게 동일한 회귀계수를 가지는 선형예측변인으로 추가되었다. 모형은 첫 번째 시점에서는 2.50이고 이후 시점에는 0.11씩 증가하는 것으로 예측하였다. MANOVA 분석에서처럼 모형에 시간에 대해 고차 다항추세를 추가하는 것은 예측을 향상시키지 않는다. 모형 3은 시간가변적 공변인 직업을 모형에 추가한다. 직업의 효과는 확실시 유의미한데, 직장에서 일하는 시간이 길수록 GPA가 낮은 편이었다. 모형 4는 개인수준 (시간불변) 예측변인 고교 GPA와 성별을 모형에 추가한다. 두 효과 모두 유의미하다. 고교 GPA는 대학에서의 GAP 평균과 관련이 있으며, 여학생이 남학생보다 성적이 높았다.

〈표 5-3〉의 모든 모형에서 Wald 검증 결과를 보면 개인수준(2수준) 분산이 유의미하다. 결과를 표에 제시하지는 않았지만, 2수준 분산이 포함된 모형과 포함되지 않은 모형의 이탈도 차이를 활용한 보다 정확한 검증은 모든 모형에 대해 이러한 결과를 확인해 주고 있다.

모형 1과 2의 분산성분을 비교해 보면, 모형에 측정시점을 포함시키면 측정수준 분산이 상당히 줄어들고 개인수준 분산이 11% 증가한다. 일반적인 공식을 사용하여 측정시점 변인에 의해 설명되는 2수준 분산을 추정하면, 설명된 분산의 값이 음수가 된다. 이상하기는 하지만 반복측정치에 대한 다층모형분석에서 일반적인 일이다. 설명된 분산에 대해 음수 추정값이 생기면 절편모형의 잔차 분산을 벤치마크로 사용하여 설명변인이 모형에 추가될 때 잔차가 얼마나 감소하는지를 설명하는 것이 불가능하다.

제4장에서 자세하게 논의된 것처럼, '특정 수준에서 설명된 분산의 양'은 다층모형에서 간단한 개념이 아니다(cf. Snijders & Bosker, 2012). 다층모형의 통계모형이 위계

적 표집모형, 즉 상위수준에서 집단이 표집되고 하위수준에서 개인이 집단 안에서 표집되기 때문에 문제가 발생한다. 이러한 표집과정은 실제 집단 간 차이가 없는 경우에도 집단 간의 모든 변인에서 어느 정도의 변동성을 발생시킨다. 시계열 설계에서 1수준은 일련의 측정시점이다. 대부분의 경우 자료수집계는 반복측정간격이 균등하고, 표본의 모든 개인에 대해서 자료가 동일한 시점에 수집되도록 설정된다. 따라서 측정시점 변인에서 개인간 변동성은 위계표집모형이 가정하는 것보다 훨씬 높다. 결과적으로 절편모형은 측정시점 수준의 분산을 과대추정하고 개인간 수준 분산을 과소추정한다. 모형 2는 종속변인 GPA에 대해 측정시점 변인을 1수준 변인으로 활용한다. 이 효과에 따라 측정시점과 개인 수준에서 추정된 분산은 훨씬 현실적이다.

이 책의 제4장에서 Snijders와 Bosker(2012)의 교정법을 설명하였다. 간단한 방법은 측정시점을 적절한 방법으로 모형에 추가한 모형을 '설명된 분산' 모형의 기본모형으로 사용하는 것이다. 측정시점이 선형인지 다항인지는 예비분석을 통해 결정한다. 이 예시에서는 측정시점에 대해 선형추세로 충분하다. 〈표 5-3〉에서 M_2를 기본으로 하여 계산해 보면, 직업은 (0.058-0.055)/0.058=0.052, 즉 분산의 5.2%이며, 이는 학기 중 캠퍼스 밖에서 일하는 시간이 많을수록 학생들은 성적이 낮은 경향이 있다는 것을 나타낸다. 시간가변적 예측변인 직업은 (0.063-0.052)/0.063=.175, 즉 학생 간 분산의 17.5%를 설명한다. 학생들이 캠퍼스 밖에서 일하는 시간이 다르기 때문에 직장상태는 시간가변적 설명변인이지만, 한 학기에서 다른 학기까지의 동일한 개인 내 분산보다는 동일한 학기의 개인 간 분산을 더 많이 설명한다. 학생수준 변인 성별과 고교 GPA는 학생 간 분산에서 추가적인 11.5%를 설명한다.

〈표 5-4〉 GPA의 다층분석 결과(시기에 따른 다른 효과)

모형	M_5: +무선측정시점	M_6: +수준간 상호작용	표준화
고정부분			
예측변인	회귀계수(s.e.)	회귀계수(s.e.)	회귀계수(s.e.)
절편	2.56(.10)	2.58(.09)	
측정시점	0.10(.006)	0.09(.01)	0.38
직장상태	−0.13(.02)	−0.13(.02)	−0.14
고교GPA	0.09(.03)	0.09(.03)	0.13
성별	0.12(.03)	0.08(.03)	0.10
측정시점*성별		0.03(.01)	0.13
무선부분			
σ_e^2	0.042(.002)	0.042(.002)	
σ_{u0}^2	0.038(.006)	0.038(.01)	
σ_{u1}^2	0.004(.001)	0.004(.001)	
σ_{u01}	−0.002(.002)	−0.002(.001)	
$\sigma_{u_{01}}$	−0.21	−0.19	
이탈도	170.2	163.0	
AIC	188.1	183.0	
BIC	233.93	233.87	

　　〈표 5-3〉의 모형은 모두 변화의 비율이 모든 개인에 동일하다는 것을 가정한다. 〈표 5-4〉의 모형에서는 측정시점변인이 개인별로 다르다는 것을 가정한다.

　　〈표 5-4〉의 모형 5에서 측정시점변인의 기울기는 개인 간에 변할 수 있다. 측정시점 기울기의 Wald test 결과는 $Z=6.02$로 유의미하다(〈표 5-4〉에 제시된 것보다 더 많은 소수점 자리까지 계산하였다). 모형 5를 개인수준 변동이 없는 동일한 모형과 비교했을 때, 이탈도차이검증 결과 카이제곱은 109.62이다. 자유도는 1인 경우 $Z=10.47$로 변환되면, 이는 이탈도차이검증이 일반적으로 Wald 검증보다 검증력이 높다는 것을 보여 준다.

시간변인의 절편과 회귀 기울기의 분산성분은 모두 유의미하다. 유의미한 절편 분산 0.038은 개인별로 다른 초기값을 가지고 있다는 것을, 유의미한 기울기 분산 0.004는 개인 간 변화율이 다르다는 것을 나타낸다. 모형 6에서 측정시점변인과 개인수준 예측변인 성별과의 상호작용이 모형이 포함되었다. 상호작용은 유의미하지만, 이를 투입함으로써 시간변인의 기울기 분산이 감소하지는 않았다(통계분석 결과를 모든 소수점자리까지 나타내면 기울기분산의 0.00022가 감소하였다).

측정시점 변인 기울기의 분산성분 0.004는 크지 않아 보인다. 그러나 다층모형은 이러한 기울기(또는 기울기 잔차, u_1)의 정상분포를 가정하며, 모형 5와 6의 표준편차는 $\sqrt{0.004} = 0.063$으로 추정된다. 모형 5의 평균 시간기울기에 대한 0.10과 비교해 보면, 이는 매우 작다. 시간 기울기 간의 상당한 변동성이 있으며, 이는 가용한 학생변인으로 모형화가 잘 되지 않는다.

모형 5와 모형 6 모두에서 초기치와 성장률 사이에 작은 음의 공분산 σ_{u01}가 존재한다. 즉 다른 학생에 비하여 상대적으로 낮은 GPA로 시작한 학생일수록 GPA가 빠르게 증가한다. 절편잔차와 기울기 잔차 사이의 상관표가 제시되면 이러한 공분산을 설명하기 쉽다. 절편과 기울기간의 상관 r_{u01}이 모형 5와 6에서 약간 다르다는 것을 유의하자. 근사치로 인해서 공분산은 동일해 보인다. 시간변인 외에 다른 설명변인이 없는 모형에서 이러한 상관은 일반적인 상관으로 해석할 수 있으나, 모형 5와 6에서는 모형의 설명변인에 조건적인 부분상관이다.

모형적합도 AIC와 BIS를 살펴보면, 모형 6이 가장 좋은 모형이다. 기울기 변동이 작지만 무시할만하지는 않고, 수준 간 상호작용이 역시 유의미하기 때문에 모형 6을 유지하기로 한다.

해석이 쉽도록 공식 2.13을 이용해 〈표 5-4〉의 마지막 모형(모형 6)의 표준화 회귀계수를 계산하였다. 표준화 회귀계수를 보면 시간에 따른 변화가 가장 큰 효과가 있다. 표준화된 결과는 또한 표준화되지 않은 분석이 나타내는 것보다 상호작용효과가 더 중요하다는 것을 시사한다.

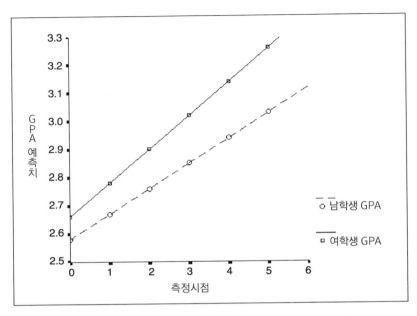

[그림 5-4] 측정시점에 따른 회귀선(남학생과 여학생의 비교)

이를 더 분석하기 위해서 남학생과 여학생으로 구분하여 시간변인의 회귀식을 구할 수 있다. 이 예시에서 성별은 남학생이 0, 여학생이 1로 코딩되었기 때문에 상호작용을 포함하는 것은 시간추세에 대한 회귀계수값을 변화시킨다. 제4장에서 설명한 것처럼, 회귀계수는 이제 성별이 0인 응답자의 기대시간효과를 나타낸다. 따라서 최종모형의 측정시점 회귀계수 0.09는 남학생을 나타낸다. 여학생의 경우 상호작용항을 합하여 회귀계수는 0.09+003=0.12이다.

[그림 5-4]는 회귀선 그래표이다. 첫 학기의 남학생과 여학생의 차이의 기댓값은 0.08이며, 두 번째 학기는 0.11로 증가한다. 6학기에는 차이는 0.23으로 증가한다.

측정시점은 첫 학기가 0으로 코딩되었기 때문에 절편과 기울기의 음의 상관은 첫 측정시기에 대한 것이다. 제4장 2절에서 설명한 것처럼, 무선부분의 분산성분의 추정은 시간변인의 척도가 변하면 바뀔 수 있다. 많은 모형에서 이것은 실제적인 문제가 아닌데, 주요 관심사가 회귀계수의 추정과 해석이기 때문이다. 반복측정 분석에서 절편과 시간변인의 기울기는 흥미로운 모수이며, 회귀계수와 함께 해석된다. 이 경우 상관은 불변하는 것이 아니라 시간변인의 척도가 변하면 변한다는 것을 기억해야 한다. 실제로 매우 다른 시간변인의 척도를 사용함으로써 절편과 기울기 사이에 원하는 값으로 상관을 구할 수 있다(Stoel & van den Wittenboer, 2001).

〈표 5-5〉측정시기의 척도에 따른 모형 5의 결과

모형	M_{5a}: 첫 측정시점=0	M_{5b}: 마지막 측정시점=0	M_{5c}: 중심화된 측정시점
고정부분			
예측변인	회귀계수(s.e.)	회귀계수(s.e.)	회귀계수(s.e.)
절편	2.56(.10)	3.07(.09)	2.82(.09)
측정시점	0.10(.006)	0.10(.006)	0.10(.006)
직장상태	−0.13(.02)	−0.13(.02)	−0.13(.02)
고교GPA	0.09(.03)	0.09(.03)	0.09(.03)
성별	0.12(.03)	0.12(.03)	0.12(.03)
무선부분			
σ_e^2	0.042(.002)	0.042(.002)	0.042(.002)
σ_{u0}^2	0.038(.006)	0.109(.014)	0.050(.006)
σ_{u1}^2	0.004(.001)	0.004(.001)	0.004(.001)
σ_{u01}	−0.002(.002)	0.017(.003)	0.007(.001)
r_{u01}	−0.21	0.82	0.51
이탈도	170.2	170.1	170.1
AIC	188.1	188.1	188.1
BIC	233.9	233.9	233.9

〈표 5-5〉는 모형 5의 변인에 대한 시간변인의 척도가 다를 때의 효과를 나타낸다. 모형 5a에서 시간 변인은 지금까지의 분석에서 사용한 것처럼 첫 측정시기를 0으로 코딩한 것이다. 모형 5a에서 시간변인은 마지막 측정시점을 0으로 코딩하고 이전의 측정시점에 −5, …, −1과 같이 음수를 사용하였다. 모형 5c에서 시간변인은 전체 평균에 중심화하였다.

절편과 시간변인의 기울기간의 상관에서 모형 5b는 마지막 시점의 GPA가 높은 학생은 평균적으로 시간에 따라 GPA가 가파르게 증가하였다는 것을 보여 준다. 중심화 모형인 모형 5c에서는 이러한 상관이 낮았으나 여전히 명확하다. 첫 측정시기를 0으로 코딩한 첫 번째 모형 5c를 살펴보면, 음의 상관이 있는데, 이는 상대적으로 초기 GPA가 낮은 학생들이 성장률이 높다는 것을 의미한다. 절편과 기울의 상관을 직접 해석할 수 없다는 것은 분명하다. 이러한 상관은 측정시기 변인이 정의된 척도와 함께 해석할 수 있다.[5]

〈표 5-5〉의 세 모형이 측정시점을 포함하지 않는 모든 모수를 동일하게 추정하고 동일한 이탈도와 모형적합도를 가지는 것에 주목하자. 세 모형은 동등하다. 시간변인을 코딩하는 다양한 접근은 모형의 재모수화를 가져온다. 세 모형은 모두 자료를 동일하게 잘 설명하고 동일하게 타당하다. 그러나 세 모형은 동일하지 않다. 이는 풍경을 다른 각도에서 보는 것과 비슷하다. 풍경은 변하지 않지만 어떤 관점은 다른 관점보다 흥미롭다. 따라서 반복측정 분석에서 시간변인의 코딩이 신중하게 이루어져야 한다. 척도를 신중하게 선택함으로써 절편과 기울기 잔차 간의 상관을 원하는 값으로 지정할 수 있다. 0이 관찰값에서 매우 벗어난 경우, 예를 들어 측정시점이 2004, 2005, 2006, 2007, 2008과 2009로 코딩하는 경우, 극단의 상관을 얻을 것이다. 초기값과 기울기간의 상관을 해석하고자 할 때, 0이 실제적 의미가 있는지를 확인해야 한다. 개별 개인의 기울기를 그래프로 그려 보면 결과를 해석하는 데 도움이 된다.[6]

---

5) t 척도에서 상관이 음에서 양으로 바뀌는 시점은 $t^* = t_0 - (u_{01}/u_{11})$이며, 이때 t_0는 현재 시간축에서 0점이다. 이는 또한 절편 분산이 가장 낮은 값이다(Mehta & West, 2000).

6) 대규모 자료에서 이렇게 제시하면 이해하기 어려우므로 개인자료를 일부 표집한 그래프를 제시하는 것이 좋다.

4. 변동 측정시점의 예시

다음 예시는 읽기능력과 반사회적 행동에 대한 아동발달연구이다. 이 자료는 초등학교 입학 후 2년 이내의 405명의 아동을 대상으로 한 표본이다. 자료는 아동의 반사회적 행동과 아동의 읽기 인지 기술에 대한 4시점의 반복측정치로 구성된다. 이 외에 첫 측정시점에 부모의 정서지원과 인지적 자극에 대한 측정치가 수집되었다. 다른 변인은 아동의 성별과 연령, 첫 측정시점에서의 어머니의 연령이다. 자료는 1986년과 1992년 사이의 2년 간격으로 아동과 어머니와의 면대면 면담으로 수집되었다. 1986년과 1992년 사이에 패널의 상당수가 중도탈락하였다. 첫 측정시점에서 405명의 아동과 어머니를 인터뷰하였는데, 이후 세 번의 측정시점에서 표본크기는 374, 297, 294명으로 감소하였다. 모든 4 시점에서 인터뷰한 사례는 221명이었다. 이 자료는 Curran(1997)이 대규모 종단연구 자료 세트에서 편집한 것이다. 이 자료의 주요 중도탈락 패턴은 패널 중도탈락으로, 피험자가 일부 측정시점에서 측정되지 않는 경우 후속 시점에서도 측정되지 않는 것이다. 그러나 일부 피험자들은 한 시점에서 측정되지 않더라도 이후 시점에서 돌아오기도 하였다.

이러한 자료는 측정시점이 다양한 자료의 좋은 예시이다. 측정시점이 모든 아동에게 동일하더라도 연령은 모두 다르다. 첫 측정시점에서의 아동의 연령은 6세에서 8세로 차이가 있다. 아동의 연령은 개월로 코딩되었고, 이 변인에는 25개의 다른 값이 있다. 각 아동이 적어도 네 번 측정되었기 때문에 이러한 24개의 값은 측정시점이 다른 시간가변적 예측변인으로 다루었다. [그림 5-5]는 자료수집 초기 연령의 빈도를 나타낸다.

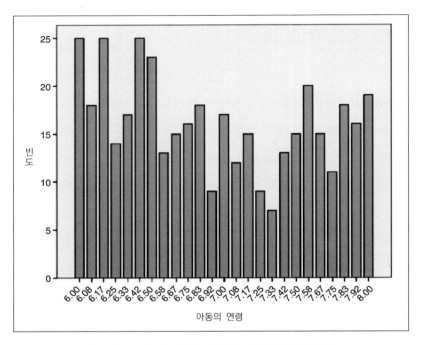

[그림 5-5] 첫 측정시점에서의 아동의 연령

　연령의 가능 점수는 25개인데 반복측정시점은 4개로, MONOVA 방식의 분석은 목록삭제방식으로 결측치를 처리하면 남는 사례 수가 없기 때문에 불가능하다. '긴' 포맷 또는 '쌓인' 포맷으로 자료를 재구조화하면 아동의 연령은 6년에서 14년 사이이며, 분석에 사용할 수 있는 읽기 능력은 1,620개의 관찰값 중 1,325개이다. [그림 5-6]은 비선형적합선(LOESS 적합함수)이 추가된 아동 연령별 읽기능력의 산점도이다. 관계는 선형적이며 연령에 따라 읽기능력이 증가하지만, 연령이 들어감에 따라 상승추세가 다소 둔화된다. 연령에 따른 읽기능력 증가의 분산은 연령의 회귀계수가 아동마다 다르다는 것을 나타낸다.

　분석 전에 시간가변적 변인인 아동의 연령은 6을 차감하여 변환하여 최저 시작 연령을 0으로 하였다. 또한 아동연령변인의 제곱으로 새로운 변인을 계산하였다. 시간에 따른 추세에 대한 좋은 모형을 얻는 것이 중요하기 때문에 Wald 유의도 검증 외에도 (회귀계수에서도 정확한) 이탈도차이검증과 모형적합도를 통해 비선형 추세를 평가하는 것이 좋다. 회귀계수 검증에 이탈도차이검증을 활용하므로 충분우도함수추정을 적용해야 한다. 산점도와 마찬가지로, 시간변동 연령과 연령의 제곱으로 읽기능력을 예측하는 다층모형인 모형 1도 타당해 보인다. 〈표 5-6〉에는 없지만, 2차 추세도 유의미하지만 매우 작다[회귀계수 0.006(s.e. -.002)]. 간명성을 위해 이 변인은 모형에 포함시키지 않았다. 아동의 연령은 어린이마다 작지만 유의미한 차이가 있지만, 연령의 제곱은 그렇지 않다. 〈표 5-6〉의 모형 2와 모형 3의 카이제곱 차이검증 결과, 추가된 분산과 공분산은 유의미하다($\chi^2 = 200.8$; $df = 2$, $p < .001$). 절편과 연령 기울기간의 상관은 0.063이다. 이는 6세에 비교적 잘 읽는 아동은 그 시점에 잘 못 읽는 아동에 비하여 읽기능력이 빨리 발달한다는 것을 나타낸다.

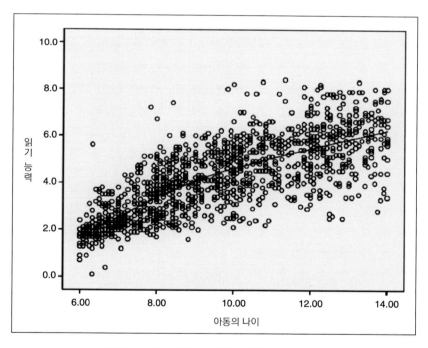

[그림 5-6] 아동 연령에 따른 읽기 능력

첫 측정시점에서 측정된 시간불변 변인인 어머니 연령과 인지적 자극, 그리고 정서지원은 고정모형에서는 유의미한 효과가 있었다. 그러나 연령의 효과가 아동마다 다르다고 가정하였을 때, 이들 중 두 개는 유의미하지 않게 되고 인지적 자극만이 유의미한 회귀계수를 가졌다. M_1과 M_2 사이의 이탈도 차이는 200.8이다. 제3장에서 설명한 것처럼, 비제약 공분산과 음이 아닌 것으로 제약된 분산을 모두 검증할 때, 알맞은 검증은 50%의 자유도 1인 카이제곱검증과 50%의 자유도 2인 카이제곱검증의 혼합이다. $\chi^2 = 200.8$이 크기 때문에 이어지는 $df = 2$인 검증은 매우 작은 p 값($p < 0.001$)을 산출한다. AIC와 BIC도 감소하기 때문에 모형 3이 더 나은 모형이다. 따라서 연령의 변동하는 효과는 모형에 포함되고, 고정모형에서 나타난 어머니 연령과 정서지원의 유의미한 효과는 허위인 것으로 해석한다.

〈표 5-6〉 읽기능력의 다층모형 결과

모형	M_1	M_2	M_3	M_4
고정부분				
예측변인	회귀계수(s.e.)	회귀계수(s.e.)	회귀계수(s.e.)	회귀계수(s.e.)
절편	1.74(.06)	0.71(.48)	0.71(.48)	1.06(.49)
아동연령	0.93(.03)	0.92(.03)	0.92(.03)	0.49(.14)
아동연령제곱	−0.05(.003)	−0.05(.003)	−0.05(.003)	−0.05(.003)
어머니연령		0.05(.02)	0.03(.02)**	0.02(.02)**
인지자극		0.05(.02)	0.04(.01)	0.04(.01)
정서지원		0.042(.02)	0.003(.02)**	−0.01(.02)**
연령*어머니연령				0.01(.005)
연령*정서지원				0.01(.004)
무선부분				
σ_e^2	0.042(.002)	0.39(.02)	0.27(.02)	0.28(.02)
σ_{u0}^2	0.038(.006)	0.60(.04)	0.21(.04)	0.21(.04)
σ_{u1}^2			0.02(.003)	0.01(.003)
σ_{u01}			0.04(.001)	0.04(.001)
r_{u01}				0.64
이탈도	3245.0	3216.2	3015.4	2995.3
AIC	3255.0	3232.2	3035.4	3019.3
BIC	3281.0	3273.7	3087.3	3081.6

아동 연령 회귀계수의 유의미한 분산을 모형화하기 위해 아동 연령과 3개의 시간 불변 변인의 수준 간 상호작용이 모형에 추가되었다. 이 모형에서 아동의 연령과 어머니의 연령의 상호작용, 아동 연령과 정서지원간의 상호작용은 유의미하였다. 따라서 어머니 연령과 정서지원 자체의 직접효과가 유의미하지 않지만, 모형에 남겨 둔다. 아동의 연령과 인지적 자극의 상호작용은 유의미하지 않아서 모형에서 제외한다. 〈표 5-6〉의 마지막 열은 최종모형의 추정치를 나타낸다. 이탈도차이검증(χ^2 = 20.1; df = 2, p < .001)과 AIC 및 BIC 감소는 모형 4가 모형 3보다 좋다는 것을 보여 준다. 그러나 연령 회귀계수의 분산은 소수점 두 자리까지 동일하다. 더 많은 소수점 자리를 사용하여 계산하면 두 상호작용의 효과는 기울기 분산의 0.9%만 설명한다.

상호작용의 회귀계수는 모두 0.01이다. 이는 어머니 연령이 많을수록 또는 정서지원이 높을수록 연령에 따른 읽기 능력의 향상이 빠르다는 것을 의미한다. 이러한 상호작용을 해석하는 데 있어서 그래프가 유용하다. [그림 5-7]은 어머니 연령대별(범위는 21에서 29) 그리고 높은 정서지원 대비 낮은 정서지원(범위는 0에서 13)에 따른 추정된 적합선을 나타낸다. [그림 5-7]은 연령이든 어머니일수록 읽기능력 증가가 가파르고 수평전환(leveling off)이 덜 가파르다는 것을 보여 준다. 높은 정서지원도 마찬가지이다. 정서지원이 높으면 읽기능력의 증가가 더 가파르고 수평전환(leveling off)이 덜 선명하다. [그림 5-7]의 곡선은 수준 간 상호작용에 포함되지 않은 다른 모든 변인을 고려하지 않고 예측된 결과이다. 실제자료의 추세가 아니라 상호작용의 이론적 효과를 보여 준다. 연령이 많을 때의 명백한 하향 추세는 2차 추세를 추정한 결과이다.

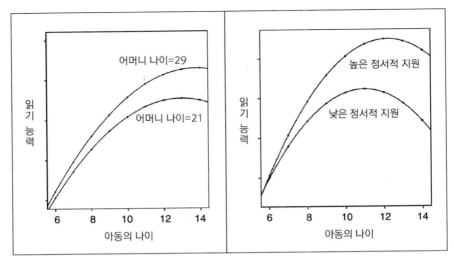

[그림 5-7] 어머니 연령별 및 정서지원 정도에 따른 읽기능력 추정선

5. 종단자료 다층분석의 장점

반복측정자료의 분석에 다층모형을 적용하는 것은 여러 가지 장점이 있다. Bryk 과 Raudenbush(1992)는 이를 다섯 가지로 설명한다. 첫째, 회귀계수의 변동을 측정수준으로 모형화함으로써 피험자마다 다른 성장곡선을 갖는다. 이는 개인의 발달에 대한 일반적인 개념화 방식과 일치한다. 둘째, 반복측정 횟수와 그 간격은 피험자마다 다를 수 있다. 다른 종단자료 분석방법은 이를 잘 다루지 못한다. 셋째, 각 수준에서 분산과 공분산에 대한 특정구조를 상세화함으로써 반복측정값의 공분산을 모형화할 수 있다. 이는 6절에서 다룬다. 넷째, 자료가 균형을 이루고 RML을 사용하면, 다층분석결과에서 F 검증 및 t 검증 기반의 일반적인 분산분석 결과를 도출할 수 있다 (cf. Raudenbush, 1993a). 이는 반복측정에 대한 분산분석이 다층회귀모형의 특별한 경우라는 것을 보여 준다. 다섯째, 다층모형에서 간단히 상위수준을 추가하여 가족이나 사회 집단이 개인의 발전에 미치는 영향을 분석할 수 있다. Bryk과 Raudenbush가 언

급하지 않은 여섯 번째 장점은 시간가변적 또는 시간불변 예측변인을 모형에 포함시키는 것이 간단하며, 이를 통해 시간에 따른 평균적인 집단적 발달과 개인의 발달을 모두 모형화할 수 있다. 마지막으로 다층모형은 반복측정 ANOVA에 비하여 통계적 검증력이 높은 경향이 있다(Fan, 2003).

6. 복잡한 공분산 구조

종단자료 분석에 다층모형을 적용하면 다른 측정시점간의 분산과 공분산이 매우 특별한 구조를 가지게 된다. 각 수준에 무선절편만 있는 2수준 모형에서 모든 측정시점에서의 분산은 $\sigma_e^2 + \sigma_{u_0}^2$ 값을 가지며 두 측정시점간의 공분산은 $\sigma_{u_0}^2$ 값을 가진다. 따라서 GPA 예시자료에서 단순선형추세모형은 다음 공식 5.1로 상세화된다.

$$GPA_{ti} = \beta_{00} + \beta_{01}(측정시점)_{ti} + u_{0i} + e_{ti} \tag{5.5}$$

이때 측정시점 수준의 잔차분산은 σ_e^2 이고 학생 수준 잔차는 $\sigma_{u_0}^2$ 이다. 이 모형 및 추가적인 무선효과가 없는 비슷한 모형에서 측정시점 간 분산 및 공분산 행렬은 다음과 같다(Goldstein, 2011; Raudenbush & Bryk, 2002).

$$\sum(Y) = \begin{pmatrix} \sigma_e^2 + \sigma_{u_0}^2 & \sigma_{u_0}^2 & \sigma_{u_0}^2 & \cdots & \sigma_{u_0}^2 \\ \sigma_{u_0}^2 & \sigma_e^2 + \sigma_{u_0}^2 & \sigma_{u_0}^2 & \cdots & \sigma_{u_0}^2 \\ \sigma_{u_0}^2 & \sigma_{u_0}^2 & \sigma_e^2 + \sigma_{u_0}^2 & \cdots & \sigma_{u_0}^2 \\ \vdots & \vdots & \vdots & \ddots & \vdots \\ \sigma_{u_0}^2 & \sigma_{u_0}^2 & \sigma_{u_0}^2 & \cdots & \sigma_e^2 + \sigma_{u_0}^2 \end{pmatrix} \tag{5.6}$$

공분산행렬(5.6)에서 모든 분산과 공분산이 동일하다. 측정시점 수준과 개인 수준에서 단일한 오차를 가지는 표준적인 다층모형은 복합대칭을 가정하는데, 이는 반복측정 다변량 분산분석과 동일한 제한적 가정이다. Stevens(2009)에 따르면, 복합대칭 가정이 위반되면 표준 ANOVA 유의도 검증이 너무 관대하여 실제보다 영가설을 더 자주 기각한다. 따라서 MANOVA를 선호하는데, 측정시점간의 모든 분산과 공분산을 제한 없이 추정하기 때문이다.

Bryk과 Raudenbush(1992, p. 132)는 짧은 시간 측정치는 잔차 간 상관이 없는 것이 적절하다고 주장한다. 그러나 다층회귀분석은 가장 낮은 수준에서 무제한공분산행렬을 포함할 수 있기 때문에 오차간 상관이 없다고 가정할 필요는 없다(Goldstein, 2011). 상관이 있는 오차를 모형화하기 위해서는 6개 연속 측정시점을 나타내는 더미변인 전체 세트를 투입하는 다변량반응모형을 적용한다. 이는 이 책의 제10장에서 자세히 설명한다. 측정시점이 p개라면 각 측정시점마다 하나씩 p개의 더미변인을 둔다. 절편은 모형에서 제외하여 가장 낮은 수준은 비어 있다. 더미변인은 모두 2수준에서 무선기울기가 허용된다. 6개의 성적 예시에서 6개의 더미변인 O_1, O_2, $\cdots$, O_6이 포함되고 추가적 설명변인이 없는 모형의 공식은 다음과 같다.

$$GPA_{ti} = \beta_{10}O_{1i} + \beta_{20}O_{2i} + \beta_{30}O_{3i} + \beta_{40}O_{4i} + \beta_{50}O_{5i} + \beta_{60}O_{6i}$$
$$+ u_{10i}O_{1i} + u_{20i}O_{2i} + u_{30i}O_{3i} + u_{40i}O_{4i} + u_{50i}O_{5i} + u_{60i}O_{6i}$$

(5.7)

2수준에서 6개의 무선기울기가 있으면 6개의 측정시점에 대한 6×6 공분산행렬이 존재한다. 이는 시간에 따른 잔차의 구조화되지 않은 모형으로 표시되며, 모든 가능한 분산과 공분산이 추정된다. 무선부분에 대한 비구조화된 모형은 또한 포화모형이다. 모든 가능한 모수가 추정되고 적합이 실패하지 않는다. 회귀계수 β_{10}에서 β_{60}는 여섯 측정시점에서의 추정된 평균이다. 공식 5.7은 MANOVA 방법과 동등한 다층모형을 정의한다. Maas와 Snijders(2003)는 공식 5.7을 자세히 논의하고, 다층모형 소프트웨어의 결과표에서 MANOVA 방법의 익숙한 F 비율을 계산하는 방법을 제시한다. 여기에서 다층모형 접근법의 장점은 결측자료의 영향을 받지 않는다는 것이다.

Delucchi와 Bostrom(1999)는 모의실험을 통해 결측치가 있는 소규모 표본을 사용하여 MANOVA와 다층모형 접근법을 비교하였는데, 다층모형 접근법이 MANOVA 접근법보다 더 정확하다는 결론을 내렸다.

공식 5.7의 모형은 MANOVA 모형과 동등하다. 측정시점간의 공분산이 제약 없이 추정되었기 때문에 복합대칭을 가정하지 않는다. 그러나 고정부분 역시 완전히 포화 상태이다. 즉, 6개의 측정시점에 6개의 평균을 추정한다. 시간에 따른 선형 추세를 모형화하기 위해 공식 5.7의 공정 부분을 공식 5.5의 선형추세의 고정부분으로 대체해야 한다. 그 결과는 다음과 같다.

$$GPA_{ti} = \beta_{00} + \beta_{10} T_{ti} + u_{10i} O_{1i} + u_{20i} O_{2i} + u_{30i} O_{3i} + u_{40i} O_{4i} + u_{50i} O_{5i} + u_{60i} O_{6i}$$

$$(5.8)$$

공식 5.8의 모형을 표준 다층모형 소프트웨어에 지정하려면 2수준 분산성분이 없는 절편과 고정 회귀계수가 없는 측정시점에 대한 6개의 더미변인을 지정해야 한다. 일부 소프트웨어는 시간에 따른 특정한 공분산 구조를 모형화하는 자체 기능이 있다. 종단 모형화 기능이 없는 경우, 공식 5.8의 모형은 측정시점 더미의 회귀계수가 0으로 제한해야 하지만 기울기는 여전히 개인마다 다를 수 있다. 동시에 절편과 선형 시간추세가 추가되는데, 이는 개인 간 변하지 않을 수 있다. 6개 측정시점의 잔차간 공분산 행렬은 제한이 없다. 모든 분산과 공분산이 동일하다는 제한을 부여하면 이는 다시 복합대칭모형이 된다. 이는 공식 5.5의 단순 선형추세모형이 모형의 무선부분에 복합대칭구조를 부여하는 한 가지 방법임을 보여 준다. 공식 5.5의 모형은 공식 5.7 모형에 내재되어 있으므로 두 모형 간 이탈도에 기반하는 전체 카이제곱 검증을 적용하여 복합대칭가정이 가능한지를 검증할 수 있다.

공식 5.6의 모형에서처럼 시간에 따른 잔차구조에 대한 모형은 매우 복잡한데, 이는 오차구조에 대한 포화모형을 가정하기 때문이다. 측정시점이 k개 있다면 측정시점의 공분산행렬의 요소의 수는 $k(k+1)/2$이다. 따라서 측정시점이 6개이면 추정해야 할 요소가 21개이다. 복합대체가정이 가능하면 이 모형(공식 5.5 참조)에 기반한 모형이 더 간단하기 때문에 바람직하다. 무선부분은 두 요소, σ_e^2과 $\sigma_{u_0}^2$만 추정한다. 장점은 작은 모형이 더 간략할 뿐 아니라 추정하기 쉽다는 것이다. 그러나 복잡대칭모형은 매우 제한적인데, 이는 측정시점 간 모든 상관이 단일값을 갖는다고 가정하기 때문이다. 오차에는 측정오차 및 측정되지 않은 변동의 원인이 포함되며 시간과 관련이 있을 수 있으므로, 이러한 가정은 보통 비현실적이다. 시간에 따른 자기상관에 대한 다른 가정은 측정시점 공분산구조에 대한 다른 가정을 유도한다. 예를 들어, 가까운 측정시점 간의 상관이 먼 시점간의 상관보다 높다고 가정하는 것이 합리적이다. 따라서 공분산행렬 Σ의 요소는 대각선에서 멀어질수록 작아져야 한다. 이러한 상관구조를 심플렉스라고 한다. 제한적인 심플렉스는 측정시점 간의 자기상관이 다음의 모형을 따르는 것을 가정한다.

$$e_t = \rho e_{t-1} + \epsilon_t \tag{5.9}$$

이때 e_t는 측정시점 t에서의 오차항이고, ρ는 자기상관이며, ϵ_t는 분산이 σ_ϵ^2인 잔차이다. 공식 5.9의 오차구조는 1차 자기상관 과정이다. 이에 따라 공분산행렬은 다음과 같다.

$$\sum(Y) = \frac{\sigma_\epsilon^2}{(1-\rho^2)} \begin{pmatrix} 1 & \rho & \rho^2 & \cdots & \rho^{k-1} \\ \rho & 1 & \rho & \cdots & \rho^{k-2} \\ \rho^2 & \rho & 1 & \cdots & \rho^{k-3} \\ \vdots & \vdots & \vdots & \ddots & \vdots \\ \rho^{k-1} & \rho^{k-2} & \rho^{k-3} & \cdots & 1 \end{pmatrix} \tag{5.10}$$

첫 번째 항 $\sigma_\epsilon^2/(1-\rho^2)$은 상수이고, 자기상관계수 ρ는 −1과 1 사이지만 대체로 양수이다. 2차 자기회귀 과정이나 시간에 따른 오차구조에 대한 다른 모형도 가능하다. 공식 5.10에서 심플렉스를 산출하는 1차 자기회귀모형은 하나의 분산과 자기상관을 추정한다. 이는 복합대칭모형만큼이나 간단하며 일정한 분산을 가정하지만 일정한 공분산을 가정하지 않는다.

시간에 따른 공분산에 대한 다른 일반적인 모형은 매 시간간격마다 자체 자기상관이 있다고 가정하는 것이다.

따라서 한 번의 측정시기로 구분된 모든 측정시기는 특별한 자기상관을 공유하고 두번의 측정시기로 구분된 모든 측정시기는 상이한 자기상관을 공유한다. 이는 토틀리츠(Toeplitz) 행렬이라고 하는 측정시기에 대한 대역공분산행렬(banded covariance matrix)로 귀결된다.

$$\sum(Y)\sigma_\epsilon^2 \begin{pmatrix} 1 & \rho & \rho^2 & \cdots & \rho^{k-1} \\ \rho & 1 & \rho & \cdots & \rho^{k-2} \\ \rho^2 & \rho & 1 & \cdots & \rho^{k-3} \\ \vdots & \vdots & \vdots & \ddots & \vdots \\ \rho^{k-1} & \rho^{k-2} & \rho^{k-3} & \cdots & 1 \end{pmatrix} \tag{5.11}$$

토플리츠 행렬은 $k-1$개의 고유한 자기상관을 설정한다. 전형적으로 지연(lag)이 크면 자기상관이 작아서 모형에서 제거할 수 있다.

시간추세변인에 무선기울기를 허용하는 것은 측정시점에 대해 덜 제한적인 공분산 행렬을 모델링하는 것이다. 결과적으로 측정시점 변인이나 다항식 중 하나에 무선기울기가 있다면, 공식 5.6과 5.8에서처럼 측정시점간 공분산에 대하여 완전포화 MANOVA 모형을 추가하는 것이 불가능하다. 사실 측정시점이 k개 있고 k개 다항식이 무선기울기가 있다면, 공식 5.6의 포화 MANOVA 모형을 상세화할 대안적인 방법을 적용할 수 있다.

이는 시간의 흐름에 따른 추세에 무선 요소를 포함시킬 때, 반복측정에 대한 간단한 다층분석에 암시된 복합대칭의 제한된 가정도 감소한다는 것을 의미한다. 예를 들어, 선형의 측정시기 변인이 무선적으로 변화하는 모형에서 측정시점 t에서의 측정시점의 분산은 다음과 같다.

$$var(Y_t) = \sigma_{u_0}^2 + \sigma_{u_{01}}(t - t_0) + \sigma_{u_1}^2(t - t_0) + \sigma_e^2, \tag{5.12}$$

그리고 측정시점 t와 s에서의 특정한 2개 측정시점의 공분산은 다음과 같다.

$$cov(Y_t, Y_s) = \sigma_{u_0}^2 + \sigma_{u_{01}}[(t - t_0) + (s - s_0)] + \sigma_{u_1}^2(t - t_0)(s - s_0), \qquad (5.13)$$

이때 t_0과 s_0은 측정시점 t와 s가 중심화된 값이다. 만약 측정시점 변인이 이미 중심화된 것이라면 t_0과 s_0는 모형에서 빼도 된다. 이러한 모형은 일반적으로 심플렉스나 다른 자기상관모형의 단순구조를 생성하지 않지만 무선부분은 발달곡선 또는 성장궤적 내의 변동이라는 측면에서 쉽게 해석될 수 있다. 반대로, 자기상관이나 토플리츠와 같은 복잡한 무선구조는 보통 근본적이지만 알려지지 않은 오차로 해석한다.

중요한 부분은, 종단자료에서 매우 제한적인 복합대칭모형과 포화 MANOVA 모형 사이에 매우 흥미로운 모형이 많다는 것이다. 보통 측정시점이 k개 있는 경우, 분산 및 공분산을 $k(k+1)/2$개 미만으로 추정하는 모형은 포화모형에 비하여 제한을 나타낸다. 따라서 이러한 모형은 카이제곱 이탈도 검증을 이용하여 포화모형에 대해 검증할 수 있다. 일반적으로 우리의 주요 관심이 고정부분의 회귀계수를 추정하는 데 있다면, 무선부분의 분산이 그다지 중요하지 않다. Verbeke와 Lesaffre(1997)의 모의실험 연구에 따르면, 무선부분이 약간 잘못 상세화되어도 고정 회귀계수 추정치는 크게 손상되지 않는다.

〈표 5-7〉은 GPA 예시자료를 활용한 세 모형의 결과를 나타낸다. 첫 번째 모형은 측정시점이 고정기울기를 가진다. 두 번째 모형은 측정시점이 무선기울기를 가지며, 세 번째 모형은 절편이나 측정시점에 무선효과가 없지만 측정시점 전체에 대해 포화 공분산행렬을 모형화한다. 간명성을 위해 표에는 여섯 측정시점에서의 분산만 제시하고 공분산은 제시하지 않았다. 모형의 고정부분은 바꾸지 않은 상태이므로 관심사는 무선부분의 수정이며 REML(제한최대우도) 추정법이 사용되었다.

이탈도의 비교에서 포화모형의 적합도가 더 좋다는 것은 명확하다. 포화모형에 대한 무선회귀계수모형의 이탈도차이검증은 유의미하고($\chi^2 = 180.1$, $df = 21$, $p < .001$), AIC와 BIC가 더 작다. 그러나 무선회귀계수모형은 무선부분의 4개 항만을 추정하고 포화모형은 21개 항을 추정한다. 무선부분을 좀 더 간명하게 추정하는 것이 낫다. 또

한 포화모형이 고정부분에서 약간 다른 추정치를 산출하더라도 실질적인 결론은 동일하다. 정밀도가 매우 중요한 경우가 아니면, 포화모형의 더 나은 적합도를 무시하고 측정시점에 대해 무선기울기를 허용하는 모형을 대신 제시할 수 있다.

〈표 5-7〉 무선부분에 따른 모형 5의 결과

모형	고정측정시점, 혼합대칭	무선측정시점, 혼합대칭	고정측정시점, 포화
고정부분			
예측변인	회귀계수(s.e.)	회귀계수(s.e.)	회귀계수(s.e.)
절편	2.64(.10)	2.56(.09)	2.50(.09)
측정시점	0.10(.004)	0.10(.006)	0.10(.004)
직장상태	−0.17(.02)	−0.13(.02)	−0.10(.01)
고교 GPA	0.08(.03)	0.09(.03)	0.08(.03)
성별	0.15(.03)	0.12(.03)	0.12(.03)
무선부분			
σ^2_e	0.05(.002)	0.042(.002)	
σ^2_{u0}	0.046(.006)	0.039(.006)	
σ^2_{u1}		0.004(.001)	
σ_{u01}		−0.003(.002)	
σ^2_{O1}			0.090(.009)
σ^2_{O2}			0.103(.010)
σ^2_{O3}			0.110(.011)
σ^2_{O4}			0.108(.011)
σ^2_{O5}			0.104(.011)
σ^2_{O6}			0.117(.012)
이탈도	314.8	201.9	21.8
AIC	318.8	209.9	63.8
BIC	329.0	230.3	170.6

7. 종단분석의 통계적 문제

1) 변화 패턴의 조사와 분석

지금까지 시간에 따른 패턴을 모형화하는 데 다항곡선을 활용하였다. 다항곡선은 발달곡선 추정에 사용되며, 표준선형모형 절차를 따르기 때문에 편리하고 유연하다. k개의 측정시점이 있을 때, $k-1$의 자유도로 다항모형에 적합할 수 있다. 보통 간명성을 위해 자유도가 낮은 다항식을 선호한다. 다항추정법의 또다른 장점은 비선형적인 함수를 잘 추정한다는 것이다. 그러나 비선형적인 함수를 직접 모형화하는 것이 바람직한데, '진정한' 발달과정을 반영할 수 있기 때문이다. Burchinal와 Appelbaum (1991)은 특별한 발달모형에 대해 로지스틱성장곡선과 지수곡선을 고려한다. 로지스틱 곡선은 성장변화가 처음에는 완만하다가 중간에 속도가 높아지고 마지막에 다시 느려지는 발달곡선을 나타낸다. Burchinal와 Appelbaum은 로지스틱 성장의 예시로 아동의 어휘력발달을 설명한다.

> 아동은 출생 후 약 1세까지 새로운 단어를 매우 천천히 습득하다가 1세 이후부터 유치원 시기까지 습득 속도가 빠르게 증가하며 유치원 이후에는 다시 그 속도가 느려진다.
>
> (Burchinal & Appelbaum, 1991, p. 29)

로지스틱 성장함수는 비선형인데, 이는 선형모형으로 모델링할 수 있는 변환이 없기 때문이다. 이는 반복추정방법으로 해를 구하기 때문에 선형함수보다 추정이 어렵다. 다층모형에서는 이러한 반복추정이 다층추정방법의 정규 반복 내에 중첩되어 수행되므로 훨씬 더 어렵다. 다항 근사치가 아닌 비선형함수 자체를 추정하는 것은 추정된 모수치를 가상의 성장 프로세스로 직접 해석하기 때문에 이론적 관점에서 흥미롭다. 실제 성장함수를 추정하는 대안적인 방법은 다항식을 이용하는 것이다. 로지스틱함수와 지수함수는 3차 다항식으로 근사화할 수 있다. 그러나 다항모형의 모수는 성장과정에 대한 직접적인 해석이 없으며, 해석은 평균적인 또는 일부 전형적인 개별성장곡선을 분석하여 이루어진다. Burchinal와 Appelbaum(1991)은 이러한 문제를 아동발달 분야의 예시로 다룬다. 가용한 다층모형 소프트웨어가 이러한 추정을 지원하지 않기 때문에 실제적으로는 다항 추정법이 일반적으로 사용된다.

다항함수의 일반적인 문제는 상관이 매우 높다는 것이다. 이에 따른 공선성 문제는 추정에 있어서 수리적 문제를 발생시킨다. 측정시점이 균등하고 결측치가 없다면 다항식을 직교다항식으로 변환하여 완벽한 해를 구할 수 있다. 직교 다항식 표는 분산분석 방법에 대한 대부분의 핸드북에 나와 있다(예: Hays, 1995). 자료의 균형이 맞지 않아도 직교다항은 보통 공선성 문제를 감소시킨다. 측정시점이 일정하지 않거나 연속적인 시간 측정값을 이용하려면 0점이 관측된 자료 범위 내에 있도록 시간 측정값을 중심화하는 것이 좋다. 이 책의 부록 D에 일정하게 측정된 측정치로 직교다항을 구성하는 방법이 설명되어 있다.

다항곡선도 좋지만, 시간에 따른 변화를 상세화하는 다른 방법이 더 바람직하다. Snijders와 Bosker(2012)는 구간별 선형함수(piecewise linear functions)와 스플라인함수(spline functions)를 설명하였는데 이 함수들은 발달 곡선을 인접한 상이한 부분으로 구분하고 각각은 고유의 발달 모형을 갖는다. Pan와 Goldstein(1998)은 스플린함수를 사용한 반복측정 다층분석의 사례를 제시하였다. Cudeck와 Klebe(2002)은 단계가 있는 발달과정을 모형화하는 방안을 논의하였다. 무선기울기를 활용하면 피험자마다 다른 전환 연령을 모형화할 수 있다.

k개의 고정 측정시점이 있고, 시간 추세에 관련한 가설이 없는 경우, $k-1$개의 다항곡선을 사용하여 측정시점 간의 차이를 완벽하게 모형화할 수 있다. 그러나 이 경우 간단한 더미변인을 사용하는 것이 훨씬 더 매력적이다. 더미변인으로 k개의 범주를 나타내는 일반적인 방법은 임의의 범주를 참조범주로 하여 $k-1$개의 더미변인을 지정하는 것이다. 고정 측정시점 자료의 경우 회귀식에서 절편을 제외하는 것이 바람직하므로, k개 더미변인이 모두 k개 측정시점을 나타내기 위해 사용될 수 있다. 더 자세한 사항은 제10장에서 설명된다.

2) 결측치와 패널 탈락

종단자료의 다층분석의 장점 중 하나는 결측치 처리능력이다(Hedeker & Gibbons, 2006; Raudenbush & Bryk, 2002; Snijders, 1996). 여기에는 측정시점이 다양한 모형을 다루는 기능도 포함된다. 고정측정시점 모형에서 일부 측정시점에서 결측치가 발생하거나(일시적 탈락, 또는 회기 무반응), 피험자가 더 이상 참여하지 않는 경우(패널소실, 또는 패널 종료) 관찰결과가 누락될 수 있다(de Leeuw, 2005). MANOVA에서 일반적으로 측정시점 결측치는 분석에서 제거하고 완전한 사례만 분석한다. 다층모형에서는 동일 수의 관측치, 즉 고정측정시점을 가정하지 않기 때문에 관측치가 누락된 피험자가 특별한 문제가 아니며 모든 사례를 분석에 포함시킨다. 이러한 점은 표본의 크기가 클수록 추정의 정확성과 통계적 검증력이 증가한다는 점에서 유리하다. 그러나 다층모형의 장점은 설명변인의 관찰치의 결측치에는 해당하지 않는다. 설명변인이 결측인 경우 보통 분석에서 해당 사례를 제거한다.

분석에 불완전 사례를 포함시킬 수 있는 점은 매우 중요한 장점이다. Little과 Rubin (1987, 1989)은 완전무선결측(MCAR)과 무선결측(MAR)을 구분한다. 두 경우 모두 특정 시점에서 자료를 관찰하지 못하면 관찰되지 않은 (결측) 값과 독립이라는 것을 가정한다. MCAR 자료의 경우 결측은 모든 다른 변인과 완전하게 독립적이어야 한다. MAR 자료의 경우 결측은 모형의 다른 변인에 따라 달라질 수 있으며 이를 통해 관찰되지 않은 값과 관련이 된다. MAR와 MCAR의 차이에 대한 논의는 McKnight, McKnight, Sidani와 Figueredo(2007)를 참조할 수 있다.

MCAR가 MAR에 비해 훨씬 제한적인 가정인 것은 분명하다. 종단연구의 주요문제는 패널소실, 즉 피험자가 1회 이상 참여 후 연구에서 탈락하는 것이다. 패널소실은 일반적으로 무선적이지 않고 일부 유형의 피험자가 다른 피험자에 비해 탈락할 확률이 높다. 패널연구에서는 이전의 측정시점에서 탈락에 대한 정보가 많다. 이 경우, 이러한 변인(이전의 측정시점의 결과점수 포함)에 조건부로 결측이 무선(MAR)이라고 가정하는 것이 합리적이다. MANOVA에서 사용되는 완전사례방법은 자료가 완전히 무선이라고 가정한다(MCAR). Little(1995)은 최대우도추정방법이 사용되는 경우 결측치가 있는 반복측정 다층모형은 자료가 무선이라고 가정함을 보여 준다. 따라서 목록삭제를 사용하는 MANOVA은 결측과정이 MAR일 때 추정치가 편향되는 반면, 다층분석은 편향되지 않은 추정치를 산출한다.

결측값은 많은 문제가 발생시킨다. 예를 들어, 실험집단과 통제집단을 대상으로 하는 실험에서 실험 이전에 사전검사를, 실험 직후에 사후검사, 그리고 실험 이후 추적검사를 실시했다고 가정하자. 일부 참여자들은 사전검사 이후에 탈락하여 사전검사 정보만 존재한다. 이러한 참가자를 모형에 포함시켜야 할까? 대답은 그렇다이다. 혹자는 하나의 측정치만으로도 불완전한 사례를 분석에 포함시키고 싶을 것이다. 이를 삭제하는 것은 MCAR을 가정하는 목록삭제방법이다. 다층분석에서 불완전자료를 모두 포함하는 것은 MAR를 가정하는 것이다. 불완전한 자료가 전체사례에 비하여 관찰변인에 대하여 다른 평균을 가지는 경우 다층모형에서는 다양한 수준의 분산-공분산 패턴을 기반으로 하는 모형화 과정이 이러한 차이를 교정하므로, 다층모형에서의 MAR의 가정이 정당화된다. 측정시점이 하나만 있는 개인은 매우 중요한 정보를 거의 제공하지 않지만 이러한 정보를 제공하는 것은 MAR 가정의 정당화에 매우 중요하다. MCAR을 가정하는 방법으로 MAR 불완전자료를 분석한 결과일 수 있는 편향의 예는 다음과 같다. GPA자료에서 피험자의 상당 부분이 패널소실 과정에 해당한다. 이러한 소실과정은 무선이 아니다. 이전 측정시점에서의 GPA가 상대적으로 낮으면 연구에서 벗어날 확률이 비교적 높다. 결과 자료에서 55%의 학생은 결과변인 GPA에 완전한 자료가 있고, 45%의 학생은 한 시점 이상에서 결측치가 있다. [그림 5-8]은 자료 파일의 구조를 나타낸다. 측정시점에서 결측치가 있는 피험자는 사용가능한 측정시점의 자료는 자료파일에 남고, 결측치가 있는 시점의 자료는 제외된다. 이후 이 자료는 일반 다층분석방법을 활용하여 분석된다.

〈표 5-8〉은 6개의 연속시점의 GPA 측정값의 평균을 나타낸다. 첫 행은 완전자료 세트의 관찰평균이다. 두 번째 행은 MANOVA를 활용하여 불완전 사례에 목록삭제를 적용한 불완전자료의 관찰평균이다. 완전자료와 비교하였을 때, 특히 마지막 측정치에서 명확한 상향 편향이 있다. 다층모형을 적용하면 무선부분에 복합대칭모형이 적용되고 덜 편향된 추정치를 산출하며, 포화모형을 무선부분에 적용하면 (소수점

두 자리까지) 완벽한 추정치를 산출한다. 두 다층모형의 결과의 차이는 패널소실이 있을 때 무선부분의 추정에 잘 맞는 모형을 쓰는 것의 중요성을 보여 준다.

	학생	성별	고교GPA	인정	시점	GPA	직장
1	1	1	2.8	1	0	2.3	2
2	2	0	2.5	0	0	2.2	2
3	3	1	2.5	1	0	2.4	2
4	3	1	2.5	1	1	2.9	2
5	3	1	2.5	1	2	3.0	2
6	3	1	2.5	1	3	2.8	3
7	3	1	2.5	1	4	3.3	2
8	3	1	2.5	1	5	3.4	2
9	4	0	3.8	0	0	2.5	3
10	4	0	3.8	0	1	2.7	2
11	4	0	3.8	0	2	2.4	2
12	5	0	3.1	1	0	2.8	2
13	5	0	3.1	1	1	2.8	2
14	5	0	3.1	1	2	2.8	2
15	5	0	3.1	1	3	3.0	2
16	5	0	3.1	1	4	2.9	2
17	5	0	3.1	1	5	3.1	2

[그림 5-8] 패널소실이 있는 자료의 예시

〈표 5-8〉 완전자료 및 불완전자료의 추정평균(6개 측정시기)

GPA1	GPA2	GPA3	GPA4	GPA5	GPA6
완전자료					
2.59	2.72	2.81	2.92	3.02	3.13
불완전자료, MANOVA(목록삭제 $n=109$)					
2.71	2.89	2.98	3.09	3.20	3.31
불완전자료, 다층모형(복합대칭)					
2.59	2.71	2.81	2.93	3.07	3.18
불완전자료, 다층모형(포화)					
2.59	2.72	2.81	2.92	3.02	3.13

Hedeker와 Gibbons(1997, 2006)은 결측치를 모형에 통합하는 매우 정교한 방법을

제시한다. 반복측정 다층분석을 적용할 때, 먼저 결측패턴에 따라 자료를 집단으로 구분한다. 이후 이러한 집단을 나타내는 변인을 다층모형에서 설명변인으로 포함시킨다. 그 결과, 패턴혼합모형은 다른 결측자료 패턴이 결과변인에 영향을 주는지를 분석하고 다른 결측패턴에 대한 전체결과를 추정할 수 있다. 이는 비무선결측(Missing Not At Random: MNAR)을 가정하는 자료에 대한 특정한 가설을 모형화하는 분석의 예시이다.

3) 가속설계

종단연구의 문제는 자료수집 과정에 시간이 많이 소요된다는 것이다. 종단자료의 다층분석은 모든 피험자가 동일 측정시점에 측정되었다고 가정하지 않기 때문에 측정과정에 속도를 높일 수 있다. 상대적으로 짧은 기간 동안 여러 연령코호트의 피험자를 추적하고 자료의 전체 연령범위에 대한 곡선을 모형화한다. 이를 코호트−순환 설계 또는 가속설계라고 한다.

[그림 5−9]에 그려진 코호트−순환 설계를 보면 연구 시작 시점 연령이 각각 6세, 7세, 8세인 3개의 연령대가 있다. 자료수집은 2년이 걸리며 동일한 아동에게 매년 자료를 수집한다. 전체표본에 6∼10세의 연령대가 있고 실제 자료수집에는 2년이 걸리지만, 5년간의 성장곡선을 그릴 수 있다. 이 장에서 소개된 다양한 시점에서 수집된 읽기 능력 자료는 가속설계의 또다른 사례이다. 자료수집 기간은 6년이지만 표본의 연령 범위는 6∼14년이다.

가속설계에서 성장곡선은 횡단정보와 종단정보의 조합으로 추정된다. 이는 상이한 코호트간 비교가 가능다는 것을 가정한다. 예를 들어, [그림 5−9]에서 코호트 1의 8세짜리는 코호트 3의 8세짜리와 비교가능하다는 것인데, 실제로 코호트 3의 8세짜리는 코호트 1의 8세짜리보다 2세가 많으며 다른 시점에서 측정되었다. 자료수집에서 충분한 수의 측정시점이 있다면 이러한 가정은 검증할 수 있는데, 예를 들어 3개의 개별 선형 성장곡선을 추정하고 3개의 코호트에서 이들이 동일한지를 검증하면 된다. Duncan, Duncan과 Strycker(2006)는 잠재곡선모형의 맥락에서 코호트−순환 설계와 분석을 설명하였고, Raudenbush와 Chan(1993)은 다층회귀분석을 사용하여 코호트-순환설계에 대해 더 심도 있게 논의하였다. Miyazaki와 Raudenbush(2000)는 가속설계에서 연령과 코호트의 상호작용을 검증하였다. Moerbeek(2011)은 가속설계의 검증력을 연구하였다.

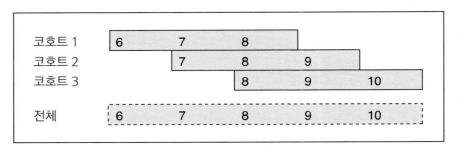

[그림 5-9] 가속설계 예시

4) 시간의 척도

2절에서 측정시점은 절편이 자료수집 시작 시점을 나타내도록 0, …, 5로 번호가 매겨졌다. 측정시점이 다르고 4개의 시점이 있는 3절에서는 0, …, 3 대신에 측정시점의 아동의 실제 연령을 사용하여 가장 어린 연령, 즉 6세가 0이 되도록 변환하였다. 이러한 차이는 더 큰 문제를 제기한다. 올바른 시간 측정법은 무엇인가? 성장곡선모형과 같은 발달에 대한 모형은 실제 시간에 발생하는 성장과정을 모형화한다. 이러한 모형의 목표는 전체 성장 패턴 및 전체 성장 패턴으로부터 개인의 개별 편차를 개인성장곡선의 형태로 추정하는 것이다. 연령 기반 모형을 사용하여 단순히 측정시점을 계산하고 색인을 만드는 것은 이러한 목적에 부합하지 않는다. 이전 장에서 가속모형에 대해 논의한 것처럼, 연령기반모형에서 자료수집 시작 시점에서의 연령의 차이는 문제가 아니다. 한편으로는 넓은 연령대를 분석할 수 있는 방법이지만 다른 한편으로는 코호트 효과가 없다고 가정해야 한다. 특히 초기의 연령 범위가 넓고, 자료수집 기간이 연령 범위에 비하여 짧은 경우 코호트 효과가 잘못된 결과를 가져올 수 있다. 코호트 효과가 있는 경우, 자료수집 시점으로 정렬된 자료를 첫 측정시점에서의 연령을 설명변인으로 하여 분석하는 것이 바람직하다. 이 경우 코호트 효과가 없다는 가정을 주의 깊게 확인하는 것이 중요하다.

첫 측정시점을 0으로 지정하거나 시간의 측정치로서 연령 측정치를 변환하여 사용하는 것이 항상 최선의 방법은 아니다. 3절의 읽기 능력 예시에서 연령은 모두 6을 차감하였다. 대부분의 아동이 그 시기에 읽기능력을 가지고 있다는 점에서 이는 합리적이다. 이때 원점수를 사용하는 것은 합리적이지 않은데, 이 행렬에서 절편은 0세일 때의 읽기능력을 나타내며 2수준 분산은 0세에서의 읽기 능력의 분산을 나타내기 때문이다. 이러한 추정치들은 전혀 의미가 없다. 비슷한 예시는 Raudenbush와 Bryk (2002)의 아동의 언어발달에 대한 다층모형이다. Raudenbush와 Bryk은 개월 수로 측정된 연령에서 12를 차감하였는데, 이는 평균적인 아동은 12개월에 단어를 사용하기 시작하기 때문이다. 시간의 측정방법을 결정하는 것은 통계적인 문제일 뿐 아니라 연구의 주제와도 밀접하게 연결되어 있다. 실질적으로 중요한 문제는 과정에 맞는 시간 측정법을 구축하는 것이다. 예를 들어, 결혼이나 이혼, 친척의 출생이나 죽음과 같은 삶의 중요한 사건의 경우 이러한 사건이 0으로 지정되는 경우가 많다. 이러한 사건이 과정이 연구과정의 시작이라는 것을 가정한다. 초기 시점이 사건인 경우 연령이 개인 수준의 변인으로 추가되는 경우가 많다. 이는 사건 이후 곡선이 연령 코호트에 따라 다를 수 있다는 것을 가정한다. 시간이 측정방법을 결정하는 것은 중요하고도 이론적인 문제로서 통계적인 방법으로만 결정해서는 안 된다. 시간의 측정방법에 대한 심도 있는 설명은 Hoffman(2015)을 참조하면 된다.

Curran의 읽기자료에 대한 세 모형의 추정치를 나타내는 〈표 5-9〉를 보면 시간 측정법의 중요성을 알 수 있다. 모형 1은 절편모형으로 기본모형이다. 모형 2는 측정 시점을 고정 예측변인으로 포함하여, 모형 3은 실제 연령(6세가 0)이 고정 예측변인이다.

〈표 5-9〉 측정시점과 실제 연령이 예측변인인 읽기능력 자료 모형 비교

모형	기본모형	측정시점 예측변인	아동 연령 예측변인
절편	4.11(.05)	2.70(.05)	2.16(.04)
측정시점		1.10(.02)	
아동 연령			0.56(.01)
σ_e^2	2.39	0.46	0.46
σ_{u0}^2	0.30	0.78	0.65
이탈도	5055.9	3487.6	3426.0
AIC	5059.9	3491.6	3430.0
BIC	5070.3	3501.9	3440.3

측정시점과 연령을 각각 예측변인으로 하는 두 모형은 내재된 관계가 아니기 때문에 이탈도 차이 검증으로 비교할 수 없다. AIC와 BIC 준거로 보면 아동의 연령을 예측변인으로 하는 모형이 더 우수하다. 연령을 예측변인으로 하는 모형의 분산이 더 크다. 두 모형 모두에서 아동 수준의 설명된 분산이 음수이다. 전체 설명되지 않은 분산을 비교해서 전체분산을 계산해보면 절편모형은 2.69(=2.39+0.30), 측정시점 모형은 1.24(=0.46+0.78), 그리고 아동 연령 모형은 1.11(=0.46+0.65)이다. 따라서 측정시점으로 설명된 전체 분산은 53.9%이고, 연령으로 설명된 분산은 58.7%이다.

5) 맥락으로서의 개인

앞의 GPA 예시에는 측정시점 수준 분산과 학생 간 분산을 설명하는 시간가변적 변인 직장상태가 포함된다. 이 예측변인에 하나의 회귀계수만 추정되므로, 이 모형은 개인 내 및 개인 간 회귀계수가 동일하다고 가정한다. 그렇지 않은 경우, 이 예측변인의 회귀계수는 두 회귀계수의 가중치 조합이 되고 실제 값을 해석하기 어렵다.

개인 내(측정시점 수준) 및 개인 간(학생 수준) 모형화를 위해서는 직업을 시간불변 개인평균점수와 이로부터의 시간변화 편차로 분해한다. 이렇게 하면 두 효과가 완전히 분리되며 두 개의 새로운 변인간의 상관은 0이다. 개인내 요소는 개인의 일반적

값에 대한 시간에 따른 변동만을 포함하고, 개인간 요소는 개인 수준 변동만을 포함한다. 이러한 요소들은 다른 수준에서 정의되므로 측정시점수준 및 학생수준 직업의 영향을 측정하기 위해 모형에 동시에 포함시킬 수 있다. 이 분해는 집단평균과 집단평균과의 편차를 계산하여 집단 내의 피험자의 맥락효과를 분석하는 것과 동일하다. 여기에서 개인은 맥락이다. 전체평균과 집단평균중심화에 대한 논의는 제4장을 참조하면 되며, 종단분석의 맥락에서의 중심화 방법에 대한 설명은 Hoffman(2015)을 참조하면 된다.

8. 소프트웨어

복잡한 공분산구조를 포함하는 모형은 무선부분과 고정부분을 제약할 수 있는 다층모형 소프트웨어가 필요하다. 일부 소프트웨어(HLM, SuperMix, PRELIS 등과 SAS, SPSS, STATA 등의 일반 프로그램)는 종단자료의 구조를 인식하고 다양한 자기상관 구조를 직접적으로 상세화할 수 있다. Hedeker와 Gibbons(2006)은 다층종단모형의 맥락에서 이러한 구조에 대해 설명한다. 측정시점이 다양하고 측정간격이 다르면 MANOVA와 관련 모형은 비실용적이다. 측정시점이 다양하더라도 자기상관 구조를 지정할 수 있지만 고정 측정시점에 비하여 해석하기가 더 어렵다. MLwiN 프로그램은 브리스톨 대학교(University of Bristol)의 다층모형 프로젝트에서 사용가능한 매크로를 사용하고 매우 일반적인 자기상관구조를 모델링할 수 있다. 이러한 분석의 예시는 Goldstein, Healy와 Rasbash(1994)와 Barbosa와 Goldstein(2000)에 제시되어 있다. 이러한 많은 프로그램은 시간구조가 자동으로 생성될 때 시작하는 시점을 1로 설정한다는 것에 주의해야 한다. 이렇게 하면 '0'은 측정시점 변인에 존재하지 않는 값이 되기 때문에 좋은 방법이 아니다. 이 경우 소프트웨어 사용자는 실제 질문에 더 맞는 선택을 해야 한다.

제**6**장

이분 자료 및 비율에 대한 다층 일반화선형모형

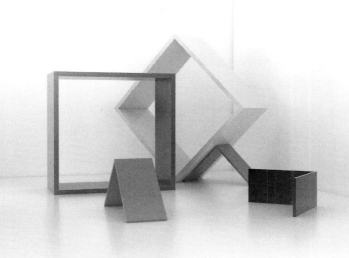

요약

지금까지 논의된 모형들은 종속변인이 연속변인라는 것과 오차가 정규분포를 이룬다는 것을 가정한다. 만약 종속변인이 다수의 질문에 대한 응답을 하나의 점수로 요약한 척도로 측정되었다면 데이터는 정규성에 근접하는 경우가 많다. 그러나 정규성 가정이 항상 위배되는 상황도 있다. 예를 들어, 종속변인이 단일 이분 변인인 경우 연속성의 가정(assumption of continuous scores)과 정규성 가정(assumption of normality) 모두 명백히 위배된다. 종속변인이 비율이라면 문제는 덜 심각하지만, 연속성과 정규성에 대한 가정은 여전히 위배된다. 또한, 두 경우 모두 오차의 등분산성 가정(assumption of homoscedastic errors)을 위배한다. 이 장에서는 이러한 종류의 자료에 대한 다층회귀모형을 다룬다.

1. 일반화선형모형

비(非)정규성과 오차의 이(異)분산성 문제에 대한 고전적 접근방식은 정규성을 달성하고 이분산성을 줄이기 위해 변인을 변환하고, 그다음에 분산분석 또는 다중회귀분석을 통한 직접적 분석을 수행하는 것이다. 변인 변환이 통계적 모형의 일부인 일반화선형모형(Generalized Linear Models)과 구별하기 위해서, 이러한 접근방식을 흔히 경험적 변환(empirical transformation)이라고 한다. 이때 특정 변환이 종종 성공하는 상황에 대해서 적합한 변환을 선택하기 위한 몇몇 일반적 가이드라인이 제시된 바 있다(예: Mosteller & Tukey, 1977). 예를 들어, 비율 p에 대해 권장되는 변환에는 아크 사인 변환 $f(p) = 2\arcsin(\sqrt{p})$과 로짓 변환 $f(p) = logit(p) = \ln(p/(1-p))$, 그 리고 프로빗 또는 역정규변환 $f(p) = \Phi^{-1}(p)$ 등이 있다. 여기서 'ln'은 자연 로그를 나타내며, 'Φ^{-1}'은 표준정규분포의 역분포를 나타낸다. 따라서 비율에 대해서는 로 짓 변환을 사용할 수 있고 변환된 변인에 대해 아래와 같은 표준적인 회귀 절차를 사 용할 수 있다:

$$logit(p) = \beta_0 + \beta_1 X_1 + \beta_2 X_2 + e.$$

종속변인이 학교 에세이에서 이루어진 오류의 수와 같이 가능성이 작은 사건의 빈 도인 경우에는 포아송 분포를 따르는 경향이 있는데, 이는 흔히 점수의 제곱근을 취 함으로써 정규화할 수 있다: $f(x) = \sqrt{x}$. 데이터가 심각한 편포를 이루고 있을 때, 예를 들어, 반응 시간이 종속변인인 경우가 일반적으로 여기에 해당되는데, 로그 변 환 $f(x) = \ln(x)$이 종종 사용되거나 또는 역수 변환 $f(x) = 1/x$이 사용된다. 반응 시간에 대한 역수 변환은 명확한 의미를 가진 변인(반응 시간)을 동등하게 분명한 해 석이 가능한 다른 변인(반응 속도)으로 변환하는 멋진 속성을 가지고 있다.

경험적 변환은 사후에 이루어진다는 단점을 가지고 있으며, 특정 상황에서는 문제 가 발생할 수 있다. 예를 들어, 크기가 1인 표본에서는 단순히 관측된 비율인 이분 자 료를 모델링하는 경우, 로지스틱 함수와 프로빗 함수 모두 두 값 0과 1에 대해서는 정 의되지 않기 때문에 이들 변환이 모두 실패하게 된다. 사실 어떤 경험적 변환도 두 가 지 값만 갖는 이분변인을 정규분포와 어느 정도 유사하게 변환시킬 수 없다.

변인의 비정규성 문제에 대한 현대적 접근 방식은 필요한 변인 변환과 적절한 오 차 분포(꼭 정규분포가 아니어도 가능함)에 대한 선택을 통계모형에 명시적으로 포함하 는 것이다. 이러한 통계 모형의 종류를 일반화선형모형(generalized linear models)이 라고 한다(Gill, 2000; McCullagh & Nelder, 1989). 일반화선형모형은 다음 세 가지 요소 로 정의된다.

1. 평균이 μ이고 분산이 σ^2인 특정 오차 분포를 갖는 종속변인 y,

2. 종속변인 y의 관찰되지 않은 (잠재) 예측변인 η를 생성하는 선형 가법 회귀 방정식(linear additive regression equation), 그리고

3. 종속변인 y의 기댓값을 η에 대한 예측값으로 연결하는 연결함수, $\eta = f(\mu)$ (McCullagh & Nelder, 1989, p. 27).

연결함수가 항등함수(identity function) $f(x) = x$이고 오차가 정규분포를 이루는 경우, 일반화선형모형은 표준적인 중다회귀분석으로 단순화된다. 이는 다음과 같이 설정함으로써 우리에게 친숙한 중다회귀모형을 일반화선형모형의 특수한 사례로 표현할 수 있다는 것을 의미한다.

1. 확률분포가 평균이 μ이고 분산이 σ^2인 정규분포 $y \sim N(\mu, \sigma^2)$를 이루고,

2. 선형 예측변인으로 η에 대한 중다회귀방정식 $\eta = \beta_0 + \beta_1 X_1 + \beta_2 X_2$이 구성되며,

3. 연결함수는 항등함수 $\eta = \mu$이다.

일반화선형모형은 오차 분포를 연결함수에서 분리하여 설정한다. 결과적으로, 일반화선형모형은 정규분포가 아닌 다른 오차 분포를 선택하고 비선형 연결함수를 사용하는 두 가지 다른 방법으로 표준적인 회귀모형을 확장할 수 있게 한다. 이는 종속변인에 대한 경험적 변환을 수행하는 것과 거의 동일하다. 그러나 종속변인을 변환한 후 표준적인 회귀분석을 수행하게 되면, 변환된 척도에서 오차는 정규분포를 따른다고 자동적으로 가정하게 된다. 그러나 오차 분포가 단순하지 않을 수 있고, 분산은 평균에 따라 달라질 수도 있어서 이분산성을 보일 수 있다. 일반화선형모형은 이러한 상황을 다룰 수 있다. 예를 들어, 이분 자료에 일반적으로 사용되는 일반화선형모형은 다음과 같이 설정된 로지스틱 회귀모형이다.

1. 확률분포가 평균이 μ인 이항분포 $y \sim binomial(\mu)$를 이루고,

2. 선형 예측변인으로 η에 대한 중다회귀방정식 $\eta = \beta_0 + \beta_1 X_1 + \beta_2 X_2$이 구성되며,

3. 연결함수는 로짓함수 $\eta = logit(\mu)$이다.

이때 오차 분포의 분산에 대한 용어가 포함되지 않는다는 점에 유의해야 한다. 이항분포에서 분산은 평균의 함수로서, 별도로 추정할 수 없다.

일반화선형모형의 추정 방법은 최대우도법으로, 종속변인을 예측하기 위해서 연결함수의 역함수를 사용한다. 이분 자료에 대해 위에서 사용한 로짓의 역함수는 $g(x) = e^x/(1 + e^x)$로 주어진 로지스틱 변환이다. 이에 대응하는 회귀모형은 일반적으로 다음과 같이 제시된다.

$$ y = \frac{e^{(\beta_0 + \beta_1 X_1 + \beta_2 X_2)}}{1 + e^{(\beta_0 + \beta_1 X_1 + \beta_2 X_2)}}. $$

이 회귀방정식은 가끔 $y = logistic(\beta_0 + \beta_1 X_1 + \beta_2 X_2)$으로 제시되기도 한다. 이것은 더 간단해 보이지만, 종속변인이 이항분포를 갖는다는 것을 보여 주지는 않는다. 일반화선형모형을 사용하여 분석 결과를 보고할 때는 일반화선형모형의 세 가지 구성요소를 명시적으로 나열하는 것이 일반적이다. 추정에 회귀방정식 $y = logistic$ $(\beta_0 + \beta_1 X_1 + \beta_2 X_2)$을 사용하면 이분 자료를 모형화하는 것이 작동하는 이유를 명확히 알 수 있다. 일반화선형모형은 불가능한 일인 관측값 0과 1에 대한 로짓 변환을 적용하려고 시도하지 않고, 대신에 가능한 일인 예측값에 대한 역 로지스틱 변환을 적용한다.

원칙적으로, 여러 가지 다양한 오차 분포는 어떤 연결함수와도 함께 사용될 수 있다. 하지만 많은 분포는 충분통계량이 존재하는 특정 연결함수를 가지고 있는데, 이를 정준연결함수(canonical link function)라고 한다. 〈표 6-1〉에는 일반적으로 사용되는 몇 가지 정준연결함수와 해당 오차 분포가 함께 제시되어 있다.

〈표 6-1〉 정준연결함수와 해당 오차 분포

종속변인	연결함수	명칭	분포
연속변인	$\eta = \mu$	항등함수	정규분포
비율	$\eta = \ln(\mu/(1-\mu))$	로짓함수	이항분포
빈도	$\eta = \ln(\mu)$	로그함수	포아송분포
양수값	$\eta = \mu^{-1}$	역함수	감마분포

McCullagh와 Nelder(1989, 제2장)는 충분통계량이 존재한다는 것을 근거로 정준연결함수 사용이 바람직하다고 이야기하고 있으나, 반드시 정준연결함수만을 사용해야 하는 강력한 이유는 없다. 어떤 상황에서는 다른 연결함수가 더 좋을 수도 있다. 예를 들어, 비율 및 이분 자료의 경우 로짓 연결함수가 적절한 정준연결함수이긴 하지만, 프로빗이나 보 로그–로그(complementary log–log) 함수와 같은 다른 함수를 설정할 수 있는 선택권이 있다. 일반적으로 연결함수를 사용할 때 점수 변환 결과값은 $-\infty$에서 $+\infty$까지 실수 전체 범위로 확장되므로 선형 회귀 방정식으로 예측되는 값에는 제약이 없어진다. 연결함수는 종종 오차 분포의 역분포이기 때문에, 로지스틱 분포에는 로짓 연결함수, 정규분포에는 프로빗 연결함수, 그리고 극단값 분포(베이불, Weibull 분포)에는 보 로그–로그 연결함수를 사용한다. 일반화선형모형의 오차 분포 및 연결함수에 대한 설명은 McCullah와 Nelder(1989)를 참조하기 바란다.

[그림 6-1]은 비율 값인 p와 로짓 또는 프로빗 변환을 사용하여 변환된 값 사이의 관계를 보여 준다. 왼쪽 그림은 비율 p에 대해서 표준 정규 변환 및 로짓 변환의 플롯인데, 로짓과 프로빗 변환이 모양은 비슷하지만 로짓 변환의 분산이 더 크다는 것을 알 수 있다. 오른쪽 그림은 분산이 1이 되도록 로짓 변환을 표준화한 플롯이다. [그림 6-1]의 오른쪽 그림을 보면 로짓과 프로빗이 극도로 유사하다는 것을 명확히 알 수 있다.

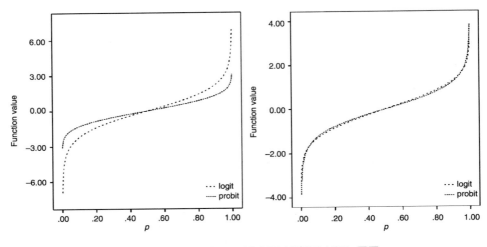

[그림 6-1] 로짓과 프로빗으로 변환된 비율 플롯

프로빗에 비해 로짓 변환은 봉이 높고 꼬리가 무거우며 0.00 또는 1.00에 가까운 비율이 더 퍼져서 변환된 척도의 범위가 다소 넓어진다. [그림 6-1]의 요점은 두 변환 간 차이가 극히 작다는 것이다. 따라서 로지스틱 회귀와 프로빗 회귀 분석은 매우 유사한 결과를 산출한다. 실제에서는 로지스틱 모형이 프로빗 모형보다 더 일반적으로 사용되는데, 그 이유는 로지스틱 계수를 자연상수 e의 지수로 변환(exponentiated)하면 오즈비(odds ratio)로 바로 해석할 수 있기 때문이다. $f(p) = -\log(-\log(p))$로 주어지는 로그-로그 변환이나 $f(p) = \log(-\log(1-p))$로 제시되는 보 로그-로그 변환과 같은 다른 변환도 때때로 사용된다. 이 함수들은 비대칭적이다. 예를 들어 로그-로그 함수는 비율이 0.5보다 클 때에는 로짓과 매우 유사한 반면 비율이 0.5보다 작을 때에는 프로빗과 더 유사하게 작동한다. 보완적 로그-로그 함수는 이와 정반대의 방식으로 작동한다. McCullah와 Nelder(1989)는 다양한 모형화 문제에 대해서 광범위한 연결함수와 오차 분포를 논의하고 있다. McCullah와 Nelder(1989, pp. 108-110)는 정준 로짓 연결함수를 다소 선호한다고 표현한 바 있으며, Agresti(1984)는 특정 연결함수 및 분포를 선호하는 실질적인 이유를 논의한 바 있다.

표준 로짓 분포는 표준편차가 $\sqrt{\pi^2/3} \approx 1.8$이고, 표준정규분포는 표준편차가 1이므로, 일반적으로 프로빗 모형의 회귀 기울기는 해당 로짓 모형의 회귀 기울기를 1.8로 나누어 준 값과 유사하다(Gelman & Hill, 2007). 표준오차는 동일한 프로빗 척도 또는 로짓 척도에 있으므로 프로빗과 로짓 회귀 기울기의 유의도 검사에 대한 p값 역시 매우 유사하다. 많은 경우에, 특정 변환에 대한 선택은 실제로 중요하지 않다. 모형화된 비율이 모두 0.1에서 0.9 사이일 때, 로짓과 프로빗 연결함수 간의 차이는 무시할 수 있는 정도이다. 이 두 모델 간 차이를 감지하려면 0이나 1에 가까운 비율의 관찰값들이 많이 필요할 것이다.

2. 다층 일반화선형모형

Goldstein(1991, 2011)과 Raudenbush와 Bryk(2002)는 일반화선형모형의 다층모형으로의 확장을 설명한다. 다층 일반화선형모형에서 다층 구조는 일반화선형모형의 선형 회귀 방정식에 나타난다. 따라서 비율에 대한 2수준 모형은 다음과 같이 제시된다(cf. 식 2.5 참조).

1. π_{ij}에 대한 확률분포가 전체 평균이 μ인 이항분포 $\pi_{ij} \sim binomial(\mu_{ij}, n_{ij})$를 이루고,
2. 선형 예측변인으로 η에 대한 다층 회귀방정식 $\eta_{ij} = \gamma_{00} + \gamma_{10}X_{ij} + \gamma_{01}Z_j + \gamma_{11}X_{ij}Z_j + u_{1j}X_{ij} + u_{0j}$이 구성되며,
3. 연결함수는 로짓함수 $\eta = logit(\mu)$이다.

이 방정식들은 종속변인이 비율 π_{ij}이고, 로짓 연결함수를 사용하며, 예측변인에 따라 π_{ij}가 기댓값 μ_{ij}와 시행 횟수 n_{ij}를 갖는 이항 오차 분포를 가지고 있다고 가정한다. 만약 시도 횟수가 단 한 번뿐이라면(모든 n_{ij}가 1이라면), 가능한 종속변인 값은 0과 1뿐이며, 결국 이분 자료를 모형화하게 된다. 이러한 이항분포의 구체적인 경우

를 베르누이(Bernoulli) 분포라고 한다. 통상적으로 다층모형의 가장 낮은 수준의 잔차 분산 e_{ij}는 오차 분포의 명세화의 일부이므로, 모형 방정식에 포함되지 않는다는 점에 유의해야 한다. 오차 분포가 이항분포를 따를 때, 분산은 시행 횟수 n_{ij}와 모집단 비율 π_{ij}의 함수($\sigma^2 = n \times \pi_{ij} \times (1 - \pi_{ij})$)이며, 이를 별도로 추정할 필요는 없다. 일부 소프트웨어는 가장 낮은 수준의 분산에 대한 척도 계수(scale factor)를 추정할 수 있다. 척도 계수를 1로 설정할 경우, 관찰된 오차가 이론적 이항 오차 분포를 정확히 따른다고 가정한다. 척도 계수가 1보다 상당히 높거나 낮을 경우, 과대산포(over-dispersion)나 과소산포(under-dispersion)를 생각해 볼 수 있다. 시행 횟수가 1회보다 클 경우에만 과대산포와 과소산포를 추정할 수 있다. 베르누이 분포를 따르는 경우 과대산포는 추정할 수 없다(McCullah & Nelder, 1989, p. 125; Skrondal & Rabe-Hesketh, 2004, p. 127). 과소산포는 크기가 큰 상호작용 효과를 누락한 경우와 같이 일반적으로 모형을 잘못 명세화할 경우에 발생할 수 있다. 과대산포는 중요한 무선효과나 다층 모형에서 한 수준 전체를 누락한 경우에 발생할 수 있다. 또는 집단 크기가 매우 작은 경우(약 3개 이하)에도 과대산포를 유발한다(Wright, 1997).

과대산포나 과소산포가 존재할 때, 표준오차를 조절해야 한다(Gelman & Hill, 2007, p. 115). 과소산포 또는 과대산포에 대한 척도 계수를 포함하면 모형적합도가 개선되고, 표준오차가 교정된다. 이 방법은 문제를 해결할 수 있지만, 모형부적합의 원인을 식별해주지 않는다. 만약, 척도 계수가 1과 매우 다르다면 문제의 원인을 파악하고, 모형을 수정함으로써 문제를 명확하게 처리하는 것이 적절하다.

1) 일반화 다층모형의 추정

일반화선형모형의 모수는 최대우도법에 의해 추정되고, 다층모형 역시 일반적으로 최대우도법에 의해 추정된다. 따라서 다층모형과 일반화선형모형의 결합으로 인해 모형과 추정 방법이 복잡해진다. 소프트웨어에 따라 자세한 실행 방법이 다를 수 있지만, 추정 방법은 준-우도(quasi-likelihood)와 수치적분(numerical integration) 방법과 같은 2개의 접근법을 따른다. 이 접근법에 대한 자세한 설명은 다음과 같다.

MLwiN, HLM, SPSS에서 사용되는 준우도 접근법은 비선형 연결함수를 거의 선형 함수에 가깝게 근사화하며, 일반화선형모형의 연결함수에 대한 다층 추정을 결합한 다. 이때, 준-우도 접근법은 우리에게 두 가지 선택지를 제시한다. 비선형 함수는 Taylor 급수 전개(Taylor series expansion)로 알려진 근사치를 이용하여 선형화되는 데, Taylor 급수 전개는 항을 무한대로 전개함으로써 비선형 함수를 근사화한다. 종 종 급수의 첫 번째 항만 사용되는데, 이는 Taylor 1차 근사라 불린다. 또는 급수의 두 번째 항도 사용되는 경우에는 Taylor 2차 근사라 불리며, 이는 일반적으로 Taylor 1차 근사보다 정확하다. 따라서 첫 번째 선택은 Taylor 1차 또는 2차 근사를 사용할지 결 정하는 것이다. 두 번째 선택 역시 Taylor 급수 전개와 관련된다. 비선형 함수의 Taylor 급수 선형화는 모수의 값에 의존하며, 이 또한 우리에게 두 가지 중 하나를 선 택하도록 한다. 즉, Talyor 급수 전개는 고정효과에 대해서만 추정된 현재 값을 사용 하여 전개될 수 있으며, 이는 주변 준-우도(Marginal Quasi-Likelihood: MQL)라 명명 된다. 또는 고정효과와 잔차의 현재 값을 사용하여 개선될 수 있으며, 이는 벌점화 준-우도(Penalized Quasi-Likelihood: PQL)라고 불린다.

다층모형에서 우도 추정 절차는 모수의 근사치에서 시작하여 반복적으로 진행된 다. 따라서 추정된 모수 값은 반복과정을 거치면서 계속 변화한다. 결과적으로, Taylor 급수 전개는 다층모형 모수의 추정된 현재 값을 사용하여 다층 추정 절차를 따라 반복해야 한다. 이때 두 가지 세트의 반복이 존재한다. 첫 번째 반복은 선형화된 종속변인에 수행되는 일반적인 반복으로, 다층모형의 모수(계수와 분산)를 추정한다. HLM에서는 이를 micro 반복(micro-iterations)이라 부른다(Raudenbush et al., 2004). 두 번째 반복에서는 micro 반복에서 현재 수렴된 추정치를 이용하여 Taylor 급수 근 사치를 개선한다. 각 단계에서 선형화된 종속변인이 업데이트된 후, micro 반복은 다 시 수행된다. 이와 같은 Taylor 급수 근사치의 연속적인 개선은 macro 반복(macro iteration)이라 불린다(Raudenbush et al., 2011). 따라서 Taylor 급수 전개에 근거한 우 도 접근은 수렴 문제를 확인하는 두 가지 세트의 반복이 존재한다.

Goldstein(2011)은 Taylor 급수 전개에 근거한 일반화 다층모형(generalized multilevel models)의 추정 절차에 관하여 논의하고, 하위 수준의 추가적인 분산을 모형화하는 절차의 내용을 다룬다. Rodriguez와 Goldman(1995)은 이분 종속변인의 모의실험 자료를 활용하여 하위 수준의 집단의 크기가 작고 무선효과가 클 때, MQL-1 방법에 근거할 경우에 고정효과와 무선효과가 모두 심각하게 과소 추정됨을 나타냈다. Goldstein과 Rasbash(1996)는 이러한 상황에서 PQL-2 방법에 근거하면 더 좋은 추정치를 얻을 수 있음을 입증하지만, 모수 추정치는 여전히 작게 나타났다. Browne (1998)는 더 많은 모의실험 조건을 고려하여 이들의 분석을 반복하였다. 〈표 6-2〉는 Browne의 연구결과를 일부 요약하고 있으며, Taylor 급수 전개에 따른 편향 정도를 보여 주고 있다.

〈표 6-2〉 모의실험 결과: MQL-1 방법과 PQL-2 방법 비교(Browne, 1998)

모수	MQL-1 방법 추정치	PQL-2 방법 추정치
$\beta_0 = 0.65$	0.47	0.61
$\beta_1 = 1.00$	0.74	0.95
$\beta_2 = 1.00$	0.75	0.96
$\beta_3 = 1.00$	0.73	0.94
$\sigma_e^2 = 1.00$	0.53	0.89
$\sigma_u^2 = 1.00$	0.03	0.57

〈표 6-2〉의 결과를 살펴보면, MQL-1 방법은 특히 2수준 분산 추정치에서도 확인할 수 있듯이 거의 가치가 없어 보인다. 하지만 Goldstein과 Rasbash(1996)는 이 모의실험에서의 데이터 구조가 매우 작은 수의 집단에서 매우 큰 분산이 존재하는 것과 같이 극단적이라는 점을 지적하였다. 보다 덜 극단적인 조건에서는 편향의 크기가 감소하고, MQL-1 방법도 수락할 만한 추정치를 도출하였다. 또한 Goldstein(1995)은 PQL-2 방법을 사용할 때 추정의 문제에 직면할 수 있음을 언급했다. Moerbeek, van Breukelen과 Berger(2003a)은 집단 수준의 무선 시행과 다지점 시행(multisite trials)에서의 처치효과를 검증하기 위해 PQL-2 방법의 사용을 권장하였다. 이는 선택의 문제를 설명한다. PQL-2 방법이 항상 더 좋은 선택이라면, 왜 PQL-2 방법을 항상

사용하지 않을까? 복잡한 모형과 작은 크기의 자료는 수렴 문제를 일으킬 수 있기 때문에, 결국 우리는 MQL-1 방법을 사용할 수밖에 없다. Goldstein과 Rasbash (1996)는 준-우도 추정치를 개선하기 위해 부트스트랩 방법을 사용할 것을 제안하였고, Browne (1998)은 부트스트랩 방법과 베이지언 방법을 탐색하였다. 이러한 접근법에 대한 설명은 13장에서 자세히 언급된다. Jang과 Lim(2009)은 분산 성분에 대한 PQL-2 방법 추정치의 편향은 회귀계수에 대한 PQL-2 방법 추정치의 편향과 체계적으로 관련되어 있음을 보였다. 또한, 무선효과가 이질적일수록 PQL-2 방법의 분산 추정치의 편향이 증가하고 있음을 나타냈다. Rodriguez와 Goldman(2001)은 MQL과 PQL을 정확한 추정법(exact estimation approach), 부트스트랩, 베이지언 방법과 비교하였다. 비교 결과, PQL-2 방법은 MQL-1 방법을 상당 부분을 개선하며, 부트스트랩과 베이지언 방법은 편향을 더 줄이는 것으로 나타났다. 하지만 부트스트랩과 베이지언 방법은 계산적으로 복잡하여 탐색적인 목적으로 PQL-2 방법의 연속된 사용을 권장하였다.

Taylor 급수를 사용하는 방법은 준-우도 방법이라는 점을 인지하는 것이 중요하다. 여기서 최대화된 우도는 정확한 우도가 아닌 근사 우도 함수이기 때문에, 모형의 이탈도(-2*로그우도)를 비교하는 검정 통계치가 아주 정확하지는 않다. 또한, AIC와 BIC 지수는 우도에 근거하기 때문에 이용해서는 안 된다. Talyor 급수 선형화가 사용될 때의 검정 모수 추정치의 경우, Wald 검정과 부트스트랩에 근거한 방법이 선호된다.

수치적분을 이용한 접근법은 우도의 근사치를 이용해 계산하는 것이 아니라 정확한 우도 함수를 이용하여 계산한다. 수치적분은 정확한 우도를 최대화한다(Schall, 1991; Wolfinger, 1993). 실제 계산 방법은 복잡한 우도 함수의 수치적분과 관련되며, 이는 무선효과의 개수가 증가할수록 더욱 복잡해진다. 또한, 수치적분에서 구적분 지점의 개수가 증가할수록 수치 근사값이 보다 개선된다. 불행히도, 구적분 개수의 증가는 때때로 계산 시간을 과도하게 증가시킨다. 대부분의 소프트웨어는 기본적으로 조정된 구적분을 이용한다. 조정된 구적분은 이용자가 설정하거나 구적분 지점의 간격이 일정하지 않고 우도함수의 모양에 맞춰 조정된 것을 의미한다.

수치적분과 함께 완전최대우도 추정법을 사용할 때, 편차에 근거한 검정 절차와 적합도 지수는 적합하다. 모의실험 연구(Diaz, 2007; Hartford & Davidian, 2000; Rodriguez & Goldman, 2001)에서는 두 접근법이 모두 사용 가능할 때, 수치적분이 더욱 정확함을 주장하였다. 또한, Agresti, Booth, Hobert 그리고 Caffo(2000)는 적분 사용이 가능한 경우 Talyor 급수보다 수치적분를 제안하였다.

그러나 PQL-2 방법과 같이 수치적분은 특정 자료에 대해 수렴의 문제가 있다(Lesaffre & Spiessens, 2001). 탐색적 변인이 근사적으로 특정 범위에 있을 때, 즉, 무선 기울기를 갖는 예측변인이 중심화되었을 때, 수렴이 개선된다. 수치적분은 사용자가 적절한 초기값을 설정할 수 있도록 돕는다. 그리고 수치적분의 사용은 알고리즘이 수렴될 때는 신중히 고려하도록 권장된다(Lesaffre & Spiessens, 2001). 이때 적합한 검토는 적분 지점의 수를 초기값(종종 낮은 값)으로부터 증가시키는 것을 말한다. 구적분 지점의 수가 증가함에 따라 추정치가 변화한다면, 구적분 지점의 수가 적은 것은 부적절하다. 구적분 지점이 충분한 것인지를 검토하기 위해 더 많은 구적분 지점으로부터 도출된 추정치가 필요하다.

3. 예시: 이분 자료 분석

HLM 프로그램(Raudenbush et al., 2000)은 이분 종속변인에 대한 예시 자료를 포함하고 있다. 예시 파일인 태국 교육 자료는 태국의 초등교육에 대한 국가 조사 자료에 해당한다(Raudenbush & Bhumirat, 1992; Raudenbush et al., 2004, p. 115 참고). 종속변인인 유급(repeat)은 학생이 초등학교를 다니는 동안 학년을 유급했는지 여부를 나타내는 이분 변인이다. 또한, 예시 자료에서는 학생의 성별(Sex, 0=여학생, 1=남학생)과 취학 전 교육(Preschool Educ, 0=아니요, 1=예) 변인을 학생 수준의 예측변인으로 사용하고, 학교 평균 SES(Mean Ses)를 학교 수준의 예측변인으로 사용한다. 앞에서 언급된 바와 같이, 일반화선형모형은 ① 오차 분포, ② 선형회귀식, ③ 연결함수와 같이 세 개의 요소를 포함한다. 이항 자료에 대한 관습적인 연결함수는 로짓 함수 ($logit(p) = \ln(p/(1-p))$)이고, 대응되는 정준 오차 분포는 이항분포를 따른다. 일반화선형모형에 대한 로직은 다음과 같다.

$$\text{Repeat}_{ij} = \pi_{ij};\ \pi \sim \text{Binomial}(\mu) \tag{6.1}$$

$$\pi_{ij} = logistic(\eta_{ij}) \tag{6.2}$$

$$\eta_{ij} = \gamma_{00} + \gamma_{10}Sex_{ij} + Preschool\ Educ_{ij} + MeanSes_j + u_{0j} \tag{6.3}$$

이를 보다 간결하게 표현하면 다음과 같다.

$$\pi_{ij} = logistic(\gamma_{00} + \gamma_{00}Sex_{ij} + Preschool\ Educ_{ij} + MeanSes_j + u_{0j})$$

$$\tag{6.4}$$

식 6.1~6.3과 식 6.4는 종속변인 유급에 대한 일반화선형모형을 나타내며, 종속변인은 평균 μ의 이항분포를 따른다고 가정한다. 모든 사례에 대하여 시도 횟수는 1회로, 종속변인은 이분변인이며 베르누이 분포를 따른다. 또한, 연결함수로 로짓 함수를 사용하며, 이는 분포의 평균 μ가 로지스틱 회귀모형을 이용하여 예측됨을 의미한다. 예시의 경우, 로지스틱 회귀모형은 학생 수준의 학생 성별 변인과 학교 수준 잔차 분산 u_{0j}을 포함한다. 이 모형의 모수는 앞에서 언급된 Taylor 급수 전개와 관련된 준-우도법 또는 우도함수 수치적분의 완전최대우도법을 따라 추정된다. 〈표 6-3〉은 두 접근법에 따른 결과를 나타낸다.

〈표 6-3〉 태국 교육 자료: 학년 유급 예측

모형	MQL 1차[a]	PQL 2차[a]	ML Laplace[b]	수치[c]
예측변인	회귀계수(s.e.)	회귀계수(s.e.)	회귀계수(s.e.)	회귀계수(s.e.)
절편	−1.75(.09)	−2.20(.10)	−2.24(.10)	−2.24(.11)
학생 성별	0.45(.07)	0.53(.08)	0.53(.07)	0.54(.08)
취학 전 교육	−0.54(.09)	−0.63(.10)	−0.63(.10)	−0.63(.10)
학교 평균 SES	−0.28(.18)	−0.29(.22)	−0.30(.20)	−0.30(.22)
σ^2_{u0}	1.16(.12)	1.58(.18)	1.28(.22)	1.69(.22)

[a]: MLwiN 이용, [b]: HLM 이용, [c]: SuperMix 이용.

〈표 6-3〉에 제시된 바와 같이, 두 가지 방법에 따른 추정치의 결과는 완벽하게 동일하지 않다. PQL-2 방법과 HLM 및 SuperMix에서의 수치적분은 회귀계수를 매우 유사하게 추정한 반면, MQL-1 방법은 유급 빈도와 학생 성별의 효과를 모두 과소 추정하였다. 학교 수준의 분산 추정치 역시 추정법에 따라 다른 결과를 나타냈다. PQL-2 방법과 수치적분에 따른 추정치는 유사한 값을 가진 반면, MQL-1 방법은 학교 수준의 분산을 과소 추정하였다. HLM에서 사용된 Laplace 방법은 여전히 분산을 Taylor 급수 전개에 근거하지만, 회귀계수 추정치는 개선되었다. 정확한 우도의 수치 적분은 학교 수준의 분산을 가장 크게 추정하였다. 준-우도 접근법이 회귀계수와 분산 성분을 과소 추정하는 경향을 고려한다면, 〈표 6-3〉의 마지막 열에서 확인할 수 있듯이, 수치적분을 사용한 완전최대우도 추정치가 가장 정확하다.

분석된 자료는 이분 자료이다. 이 자료를 학교별로 성별에 따라 통합(aggregating)할 수 있다. 이때, 통합된 종속변인은 비율을 나타낸다. 만약 동일한 분석이 비율에 대하여 수행된다면, 자료 파일의 크기가 더 작아져 분석이 보다 빠르게 진행되어 동일한 결과를 효과적으로 얻을 수 있다.

〈표 6-3〉에 제시된 회귀계수의 해석을 이분변인 유급에 대하여 해석하는 것이 아님을 이해하는 것은 중요하다. 중요한 것은, 로짓 변형 $\eta = logit(p) = \ln(p/(1-p))$으로 정의된 η에 대한 해석이다. η의 예측된 값은 $-\infty$부터 ∞까지의 범위상에 있다.

로지스틱 함수는 이러한 예측값을 0과 1 사이의 값으로 변환하며, 이는 학생 개인이 유예할 확률의 예측된 값으로 해석된다. 분석 결과를 빠르게 검토하기 위해 우리는 프로그램에서 계산된 회귀 모수를 점검할 수 있다. 우리가 모형화한 비율에 대한 회귀계수의 의미를 이해하기 위해서는 예측된 로짓값을 다시 비율 척도로 변환하는 것이 유용하다. 예를 들어, 〈표 6-3〉의 마지막 열의 결과는 남학생이 여학생보다 유급을 더 많이 하고 있음을 보여 준다. 하지만, −2.24의 절편과 0.54의 회귀 기울기는 실제적으로 무엇을 의미할까? 이는 (0으로 코딩된) 여학생의 유급점수가 −2.24이며, 남학생의 점수가 $(-2.24+0.54)=-1.70$이라는 것을 의미한다. 이는 근본적으로 연속 척도 상에 있다. 이 추정치에 로지스틱 변환 $e^x/(1+e^x)$을 적용하면, 여학생의 추정된 유급율은 9.6%, 남학생의 추정된 유급율은 15.4%이 된다. 이러한 값은 모형의 다른 변인(취학 전 교육, 학교 평균 SES)에 대한 조건부 값으로, 이와 같은 값들이 의미를 갖기 위해서는 이 변수들을 (전체 평균으로) 중심화하는 것이 중요하다.

4. 예시: 비율 분석

두 번째 예시에서는 대면조사, 전화조사, 메일 조사로 수집된 자료의 질을 나타내는 다양한 지표에 대한 메타분석 연구 자료를 사용한다(de Leeuw, 1992; 분석에 대한 보다 자세한 내용은 Hox & de Leeuw, 1994를 참고하라). 다양한 지표 중 하나는 응답률이며, 이는 인터뷰를 완료한 사람의 수를 적격한 표본의 수로 나눈 값이다. 대체로, 응답률은 자료를 수집한 방법과 연구에 따라 다르게 나타났다. 이러한 차이점을 연구의 어떤 특성이 설명하는지 분석하는 것은 흥미롭다.

이 메타분석의 자료는 다층구조를 갖는다. 하위 수준은 '조건 수준'이고, 상위 수준은 '연구 수준'이다. 조건 수준에는 3개의 변인이 있으며, 이는 특정 조건에서 인터뷰를 완료한 비율, 특정 조건에 접근할 수 있는 잠재적 응답자의 수, 자료 수집 방법을 나타내는 범주 변인으로 이루어져 있다. 자료 수집 방법에 관한 범주 변인의 세 개의 범주는 '대면' '전화' '메일' 조사로 이루어져 있다. 이 변인을 회귀 식에 사용하기 위해 '전화 더미' '메일 더미'와 같이 두 개의 더미변인으로 코딩하였다. 메일 더미변인은 메일 조사 조건에 해당하는 경우에는 1의 값을 갖고, 다른 두 조건에 해당하는 경우에는 0의 값을 갖는다. 전화 메일 더미 역시, 전화 조건에 해당하는 경우에는 1의 값을, 다른 두 조건에 해당하는 경우에는 0의 값을 갖는다. 대면 조사 조건은 준거 범주로, 전화와 메일 더미변인에서 모두 0의 값을 갖는다. 연구 수준에 3개의 변인이 있으며, 발행 연도(0=1947년, 가장 오래된 연구), 설문 주제의 중요성(0=중요하지 않음, 2=매우 중요함), 응답이 계산된 방법과 같은 변인으로 이루어져 있다. 응답을 계산할 때, 응답자 수를 전체 표본 수로 나누었다면, 이는 완료율을 나타낸다. 또는 응답자 수를 표집 틀 오차를 교정한 후의 표본 수로 나누었다면, 이는 응답률을 나타낸다. 또한, 대부분의 연구는 3개의 자료 수집 방법 중 2개의 방법만 비교하였고, 소수의 연구에서는 3개의 자료 수집 방법을 다루었다. 결측값을 갖는 연구를 제외하면, 47개의 연구가 있으며, 총 105개의 자료 수집 방법이 비교된다. 자료는 부록 E에 묘사되어 있다.

　　종속변인은 응답 비율이다. 이 변인은 인터뷰를 완료한 응답자의 수를 잠재적 응답자의 수로 나눈 값을 의미한다. 만약, 우리가 개인 응답자 수준에서 원자료를 갖고 있다면, 우리는 수치적분과 완전최대우도분석을 이용하여 원자료를 이분 자료로 분석할 수 있을 것이다. 하지만 메타분석의 연구는 통합된 결과를 보고하므로 우리는 오직 비율의 값만 갖는다. 만약 이 비율을 직접적으로 정규 회귀 방법으로 모형화하면, 우리는 두 가지의 큰 문제에 봉착한다. 첫 번째로, 비율은 정규분포를 따르지 않고, 이항분포를 따른다. 따라서 (특히 극단적인 비율을 갖거나 표본의 수가 적을 경우) 정규 회귀 방법의 가정들을 충족하지 못한다. 두 번째로, 정규 회귀 방정식은 비율에서 나타날 수 없는 1 이상의 값이나 0 이하의 값을 쉽게 예측한다. 일반화 선형 (회귀) 모형은 조사에 응답한 잠재적 응답자의 비율 p에 대하여 모형화함으로써 이러한 문제를 해결하므로 비율 자료에 대하여 적합한 모형이다.

　　예시의 응답 자료에 대한 위계적 일반화선형모형은 다음과 같이 설명할 수 있다.

j 연구의 i 조사 조건에서 많은 개인은 조사에 응답하거나 응답하지 않았다. j 연구의 i 조사 조건은 특정한 이항분포로부터의 추첨과 같다. 따라서 j 연구 내 i 조사 조건의 개인 r의 응답할 확률은 동일하고, j 연구의 i 조사 조건의 응답 비율은 π_{ij}와 같다. 이때, 응답할 확률이 개인마다 다양하고, 개인 수준의 공변인을 포함할 수 있는 모형을 설정할 수 있다. 그러면, 우리는 이를 개인 (가장 낮은) 수준에 이분 종속변인이 있는 3수준 모형을 설정할 수 있다. 하지만, 이러한 메타분석 예시의 경우, 우리는 개인 자료에 접근할 수 없기 때문에 연구에 내재되어 있는 조건(자료 수집 방법) 수준을 가장 낮은 수준으로 본다.

p_{ij}를 j 연구의 i 조건의 응답자들의 관찰된 비율이라고 하자. 1수준에 $logit(\pi_{ij})$를 예측하는 선형회귀식을 사용한다. 가장 간단한 모형으로, 다층 회귀 분석에서 절편만 포함하는 일반적인 모형은 다음과 같다.

$$\pi_{ij} = logistic(\beta_{0j}) \tag{6.5}$$

이는 종종 식 6.6과 같이 표현된다.

$$logit(\pi_{ij}) = \beta_{0j} \tag{6.6}$$

앞서 설명한 바와 같이, 식 6.6은 비율에 대한 경험적 로짓 변환을 사용하고 있음을 시사하기 때문에 약간 오해의 소지가 있다. 이는 일반화선형모형에서 피하는 것으로, 식 6.6으로 모형을 표현하는 것이 적절하다. 또한, 식 6.5에 1수준 오차 항 e_{ij}가 포함되지 않은 사실에 주목하자. 이항분포에서 관찰된 비율의 분산은 오직 모집단 비율 π_{ij}에 의존한다. 결과적으로, 식 6.5에 묘사된 모형에서 1수준 분산은 완벽하게 π_{ij}의 추정된 값에 의해 결정되어, 분리된 항으로 모형에 포함되지 않는다. 현재의 대부분 소프트웨어에서는 π의 분산을 다음과 같이 모형을 설정한다.

$$\mathrm{VAR}(\pi_{ij}) = \sigma^2 \left(\pi_{ij}(1 - \pi_{ij}) \right) - n_{ij} \tag{6.7}$$

식 6.7에서 σ^2은 분산이 아니라 과소분산 또는 과대분산을 설정하는 척도 계수다. 이항분포를 선택하면, 기본적으로 σ^2는 1.00의 값으로 고정된다. 이는 이항 모형이 정확하게 유지되는 것을 가정하고, 1로 고정된 σ^2의 값을 해석할 필요가 없다. 식 6.7에서의 분산의 명세화를 고려한다면, 척도 계수 σ^2을 추정하도록 선택할 수 있으며, 이는 과소분산 또는 과대분산을 모형화할 수 있도록 해 준다.

식 6.5의 모형은 1수준에 탐색적인 변인 X_{ij}를 포함하여 확장할 수 있다(예: 메일 또는 대면 조사와 같은 조건을 나타내는 변인).

$$\pi_{ij} = logistic(\beta_{0j} + \beta_{1j}X_{ij}) \tag{6.8}$$

회귀계수 β는 연구마다 다를 수 있다고 가정하고, 이 분산이 2수준의 Z_j변인에 의해 설명될 수 있다고 가정하면, 2수준의 회귀식은 다음과 같다.

$$\beta_{0j} = \gamma_{00} + \gamma_{01}Z_j + u_{0j} \tag{6.9}$$

$$\beta_{1j} = \gamma_{10} + \gamma_{11}Z_j + u_{1j} \tag{6.10}$$

식 6.9와 식 6.10을 식 6.8에 대입하면, 다층모형은 다음과 같이 표현된다.

$$\pi_{ij} = logistic(\gamma_{00} + \gamma_{10}X_{ij} + \gamma_{01}Z_j + \gamma_{11}X_{ij}Z_j + u_{0j} + u_{1j}X_{ij}) \tag{6.11}$$

다시, 식 6.11의 회귀 모수의 해석은 우리가 분석하길 원한 응답 비율에 관한 것이 아니라 $\log(p) = \ln(p/(1-p))$와 같은 로짓 변환에 의해 정의된 근본적인 분산에 관한 것이다. 로짓 연결함수는 (0에서 1 사이의 값으로 정의된) 비율을 $(-\infty, \infty)$ 범위의 로짓 척도 상의 값으로 변환하다. 로짓 연결은 비선형이므로, [그림 6-1]에서 설명된 바와 같이 0 또는 1과 같은 극단치 부근에서 종속변인(비율)의 변화를 감지하기가 더 어려워진다고 가정한다. 분석 결과를 빠르게 검토하기 위해, 프로그램에 의해 계산된 회귀 모수를 간단하게 검토할 수 있다. 우리가 모형화한 비율에 대한 회귀계수의 의미를 이해하기 위해서는, 예측된 로짓값은 비율 척도로 다시 변환되어야 한다.

메타분석 예시에서 가능한 경우에는 조사 응답률을 분석하고, 그렇지 않은 경우라면 완료율을 사용한다. 따라서 예시 자료의 적절한 영모형은 '오직 절편만' 포함한 모형이 아니라 응답 비율이 응답률(1)인지 또는 완료율(0)인지를 나타내는 더미변인(변수명 *resptype*)을 포함한 모형이다. 따라서 1수준 회귀모형은 다음과 같다.

$$\pi_{ij} = logistic(\beta_{0j} + \beta_{1j}\, resptype)\,, \tag{6.12}$$

무선 절편 계수 β_{0j}에 대한 식은 다음과 같다.

$$\beta_{0j} = \gamma_{00} + u_{0j} \tag{6.13}$$

변인 resptype의 기울기에 대한 식은 다음과 같다.

$$\beta_{1j} = \gamma_{10}\,, \tag{6.14}$$

이를 (식 6.12)에 대입하면 다음과 같다.

$$\pi_{ij} = logistic(\gamma_{00} + \gamma_{10}\, resptype + u_{0j}) \tag{6.15}$$

분산 항을 정확하게 추정하는 것이 메타분석의 주요한 목표이므로, 추정방법으로 PQL-2 방법의 제한된 최대우도법을 사용한다. 비교의 목적으로, 〈표 6-4〉는 식

6.15에 표현된 모형에 대한 MQL-1 방법의 모수 추정치와 선호되는 방법인 PQL-2 방법을 나타낸다(HLM에서의 수치적분 추정치는 수렴 문제를 보였다).

MQL-1 방법은 응답 비율(RR)에 대한 기댓값을 (0.45+0.68=)1.13으로 예측하고, PQL-2 방법은 (0.59+0.71=)1.30으로 예측한다. 전에 언급된 바와 같이, 이는 비율 그 자체의 값을 의미하는 것이 아니라 로짓 연결함수로 설정된 근본적인 분포에 대한 값이다. 예측된 비율을 결정하기 위하여 역변환, 즉 $g(x) = e^x/(1+e^x)$와 같은 로지스틱 함수를 이용해야 한다. 역변환을 사용하면 예측된 응답률을 PQL-2 방법 추정치에서는 0.79, MQL-1 방법 추정치에서는 0.76으로 얻을 수 있다. 이 값들은 표본 크기를 가중하여 계산한 응답률의 평균인 0.78의 값과 정확하게 일치하지 않는다. 하지만 이는 그럴 수밖에 없는데 왜냐하면 비선형 연결함수를 사용하였으며, 절편의 값은 근본적인 변량에 대한 절편을 가리키기 때문이다. 값을 비율로 변환하면 비율 그 자체의 절편을 계산한 값과 일치하지 않는다. 그럼에도 불구하고, 비율이 0과 1에 아주 가깝지 않다면 일반적으로 그 차이는 다소 작은 편이다.

〈표 6-4〉 응답 비율에 대한 영모형

	MQL-1 방법	PQL-2 방법
고정 효과	회귀계수(s.e.)	회귀계수(s.e.)
절편	0.45(.16)	0.59(1.5)
$resptype$ (응답률이면 1)	0.68(.18)	0.71(.06)
무선효과		
σ_{u0}^2	0.67(.14)	0.93(.19)

〈표 6-4〉에 제시된 영모형의 급내 상관계수(ICC, intraclass correlation)를 계산하기 위해 1의 값을 분산 추정치로 사용하고 싶을 수 있다. 하지만, 1의 값은 단지 척도 계수이다. 1의 척도 계수를 갖는 표준 로지스틱 분포의 분산은 $\pi^2/3 \approx 3.29(\pi \approx 3.14,$ 참조. Evans et al., 1993)이다. 따라서 영모형의 급내 상관계수는 $r = 0.93/(0.93+3.29) = 0.22$이다.

　　다음 모형은 전화 조건과 메일 조건을 나타내는 1수준의 더미변인을 추가한 모형이며, 이때 회귀 기울기는 고정효과로 가정한다. 1수준(조건 수준)에 대한 식은 다음과 같다.

$$\pi_{ij} = logistic(\beta_{0j} + \beta_{1j}\,resptype_{ij} + \beta_{2j}\,tel_{ij} + \beta_{3j}\,mail_{ij}) \tag{6.16}$$

2수준의 식은 다음과 같다.

$$\beta_{0j} = \gamma_{00} + u_{0j} \tag{6.17}$$

$$\beta_{1j} = \gamma_{10} \tag{6.18}$$

$$\beta_{2j} = \gamma_{20} \tag{6.19}$$

$$\beta_{3j} = \gamma_{30} \tag{6.20}$$

식 6.17~6.20을 식 6.16에 대입하면 다음과 같다.

$$\pi_{ij} = logistic(\gamma_{00} + \gamma_{10}\,resptype_{ij} + \gamma_{20}\,tel_{ij} + \gamma_{30}\,mail_{ij} + u_{0j}) \tag{6.21}$$

　　현재까지, 두 개의 더미변인을 고정효과로 취급하였다. 혹자는 더미변인은 단순히 세 개의 실험 조건을 가리키는 이분변인이기 때문에 이를 무선효과로 바라보는 것이 옳지 않다고 주장할 수 있다. 실험 조건은 조사원의 통제에 있기 때문에 실험 조건의 효과가 실험마다 다르다고 기대할 이유가 없다. 하지만 좀 더 생각해 보면, 상황이 보다 복잡하다는 결론에 이를 수 있다. 만약 우리가 일련의 실험을 실시한다고 할 때, 연구 대상자가 정확히 똑같은 모집단으로부터 추출되고, 실험 조건을 정의하는 동일한 작업이 동일한 방법으로 수행될 때, 동일한 결과를 기대할 수 있다. 이 예시의 경우에는, 두 가정이 모두 충족되는지는 의심스럽다. 사실, 어떤 연구에서는 일반 모집단으로 표본을 추출한 반면, 다른 연구에서는 대학생과 같은 일부 모집단으로부터 표본을 추출하였다. 유사하게, 대부분의 연구에서 자료 수집 방법을 구현하기 위해 사용된 절차에 대하여 간략한 설명을 제시하지만, 이는 완벽하게 동일하지 않을 가능성이 높다. 추출된 모집단과 사용된 절차에 대한 자세한 내용은 알지 못하더라도 실제로 실행된 조건 간에 많은 변동이 있을 것이라고 예상할 수 있다. 이는 모형에 포함된 회귀계수 값의 변동을 초래할 것이다. 따라서 전화 조사와 메일 조사에 관한 더미변인의 기울기 계수가 연구마다 다르다고 모형을 설정할 수 있다. 이와 관련된 식은 다음과 같다.

$$\beta_{0j} = \gamma_{00} + u_{0j}$$

$$\beta_{1j} = \gamma_{10}$$

$$\beta_{2j} = \gamma_{20} + u_{2j}$$

$$\beta_{3j} = \gamma_{30} + u_{3j}$$

이를 1수준 식에 통합하면 다음과 같다.

$$\pi_{ij} = logistic(\gamma_{00} + \gamma_{10}\, resptype_{ij} + \gamma_{20}\, tel_{ij} + \gamma_{30}\, mail_{ij} + u_{0j} + u_{2j}\, tel_{ij}$$
$$+ u_{3j}\, mail_{ij}) \tag{6.22}$$

식 6.21과 식 6.22과 같이 설정된 모형을 HLM에서 수치적분에 근거하여 추정한 결과는 〈표 6-5〉와 같다.

절편은 모든 설명변인의 값이 0인 조건을 의미한다. 전화 더미변인과 메일 더미변인이 모두 0이면, 이는 대면 조사 조건을 의미한다. 따라서 〈표 6-5〉에서 제시된 바와 같이 고정효과 모형의 절편값은 대면 조사 조건에서의 기대되는 응답률(CR) 0.9를 나타낸다. 변인 $resptype$은 응답이 완료율($resptype=0$)인지 응답률($resptype=1$)인지를 나타낸다. 무선 기울기를 가정한 모형에서 절편과 $resptype$의 기울기의 값을 합하면 1.36과 같다. 이 값들을 로짓 척도로 변환하면 기대되는 완료율은 0.76이며, 대면 조사에서 기대되는 응답률은 0.80이다. 전화 더미변인과 메일 더미변인의 기울기 계수가 음수의 값을 가지면, 이러한 조건에서 기대되는 응답이 더 낮음을 의미한다. 얼마나 더 낮은지 파악하기 위해서는 세 조건에서의 응답을 예측하는 회귀 방정식을 사용해야 하고, 이 값들을 다시 비율로 변환해야 한다. 전화 조사 조건의 경우에서는 1.16의 응답률을, 메일 조건에서는 0.79의 응답률을 구해야 한다. 이 값들을 로짓 척도로 변환하면 전화 조사의 응답률은 0.76으로, 메일 조사 조건의 응답률은 0.69의 값을 얻을 수 있다.

〈표 6-5〉 조건별 응답 비율에 대한 모형

	고정 기울기 조건	무선 기울기 조건
고정 효과	회귀계수(s.e.)	회귀계수(s.e.)
절편	0.90(.14)	1.16(.21)
응답유형(RR)	0.53(.06)	0.20(.23)
tel(전화조사면 1)	−0.16(.02)	−0.20(.09)
메일	−0.49(.03)	−0.57(.15)
무선효과		
σ^2_{u0}	0.86(.18)	0.87(.19)
$\sigma^2_{u(tel)}$		0.26(.07)
$\sigma^2_{u(mail)}$		0.57(.19)

절편과 조건의 분산이 유의하고, 이를 설명하기 위하여 연구 간의 알려진 차이를 이용할 수 있다. 예시 자료에서 게재 연도($year$)와 설문 주제의 중요성($saliency$)과 같은 두 개의 2수준의 변인이 있다. 모든 연구가 세 가지의 자료 수집 방법을 비교한 건 아니기 때문에 2수준의 변인은 조건 간의 분산을 설명할 수 있다. 예를 들어, 더 오래

된 연구가 보다 높은 응답 비율을 보이고, 최근 연구에 오직 전화 조사 방법(무엇보다 전화 조사는 비교적 새로운 방법이다)만을 포함하고 있다면, 전화 조사 방법은 낮은 응답 비율을 보이는 특징을 가질 것이다. 연구의 게재 연도를 교정한다면, 전화 조사의 응답 비율은 개선될 것이다. 2수준의 변인이 1수준의 분산을 설명할 수 있는지 살펴보기 위해 1수준의 변인을 탐색할 수 없다. 여기서 사용한 로지스틱 회귀모형의 경우, 1수준(조건 수준)의 분산항은 각 모형에서 자동적으로 $\pi^2/3 \approx 3.29$으로 제한되고, 모든 분석에서 동일하게 나타난다. 따라서 이는 표에 보고되지 않는다.

2수준의 두 개의 변인은 회귀 방정식에 유의한 영향을 미치고, 게재 연도는 두 개의 조건과 상호작용한다. 따라서 이 예시 자료에 대한 최종 모형은 다음과 같다.

먼저, 1수준(조건 수준)의 식은 다음과 같다.

$$\pi_{ij} = logistic(\beta_{0j} + \beta_{1j}restype_{ij} + \beta_{2j}tel_{ij} + \beta_{3j}mail_{ij})$$

2수준의 식은 다음과 같다.

$$\beta_{0j} = \gamma_{00} + \gamma_{01}year_j + \gamma_{02}saliency_j + u_{0j}$$

$$\beta_{1j} = \gamma_{10}$$

$$\beta_{2j} = \gamma_{20} + \gamma_{21}year_j + u_{2j}$$

$$\beta_{3j} = \gamma_{30} + \gamma_{31}year_j + u_{3j}$$

앞의 식들을 하나의 식으로 통합하면 다음과 같다.

$$\pi_{ij} = logistic(\gamma_{00} + \gamma_{10}resptype_{ij} + \gamma_{20}tel_{ij} + \gamma_{30}mail_{ij} + \gamma_{01}year_j + \gamma_{02}saliency_j$$

$$+ \gamma_{21}tel_{ij}year_j + \gamma_{31}mail_{ij}year_j + u_{0j} + u_{2j}tel_{ij} + u_{3j}mail_{ij}) \qquad (6.23)$$

식 6.23과 같이 설정된 모형의 결과는 〈표 6-6〉에 제시되어 있다. 상호작용과 관련되어 있기 때문에 예측변인 게재 연도는 전체 평균 29.74로 중심화[7]되어 있다.

이전 결과와 비교하면, 회귀계수는 상호작용항을 포함하지 않은 모형과 거의 동일하다. 상호작용항을 포함한 모형의 전화 조사와 메일 조사 변인 기울기의 분산은 상호작용항을 포함하지 않은 모형의 분산보다 더 작게 나타나고, 수준 간 상호작용항은 기울기 분산의 일부를 설명한다. 〈표 6-6〉의 회귀계수는 근본적인 로짓 척도에서 해석되어야 한다. 더욱이 로짓 변환은 한계인 1에 다가갈수록 종속변인의 증가가 어렵다는 것을 의미한다. 이것이 무엇을 의미하는지 나타내기 위해 〈표 6-7〉은 세 가지의 방법에 대한 예측된 응답을 설문 주제가 매우 중요한 경우($saliency=2$)와 중요하지 않은 경우($saliency=0$)에 대하여 로짓(괄호 안에 제시)과 비율을 나타낸다. 이 값들을 계산하기 위해 〈표 6-6〉의 마지막 열에 제시된 바와 같이 회귀 방정식을 설정한 뒤, 앞에서 주어진 역 로지스틱 변환을 이용하여 예측된 로짓을 다시 비율로 변환한다. 자료 파일에서 게재 연도 1947은 0으로 코딩되어 있는데, 연도를 중심화한 뒤에는 0은 1977을 나타낸다. 〈표 6-6〉에서 예측된 반응률이 나타내듯이, 1977년에 자료 수집 방법 간의 기대된 차이는 작은 반면, 설문 주제의 중요성의 효과는 크다. 〈표 6-7〉의 결과를 계산하기 위하여 〈표 6-6〉에 주어진 회귀계수의 반올림된 값을 이용하였다.

수년에 걸친 응답률의 변화를 보다 잘 이해하기 위하여 모형으로부터 응답률을 예측하고, 게재 연도에 따라 이러한 예측을 그래프로 표현하는 것이 유용하다. 이는 1947년부터 1998년까지(전체 평균 25로 중심화) 기간에 따라 세 가지의 조사 방법에 대한 최종 모형의 회귀 방정식에 중간값인 1로 고정된 설문 주제의 중요성을 대입함으로써 얻을 수 있다.

---

7) 역자 주: 메타분석에 포함된 연구가 1947년부터였으므로 *year*변인은 1947년을 0으로 코딩한 후의 전체 평균인 29.74는 1977년을 의미한다.

〈표 6-6〉 수준 간 상호작용효과, 무선 기울기 조건별 응답 비율에 대한 모형

	상호작용 없음	상호작용 포함
고정효과	회귀계수(s.e.)	회귀계수(s.e.)
절편	0.33(.25)	0.36(.25)
응답유형	0.32(.20)	0.28(.20)
전화	−0.17(.09)	−0.21(.09)
메일	−0.58(.14)	−0.54(.13)
게재 연도	−0.02(.01)	0.03(.01)
중요성	0.69(.17)	0.69(.16)
전화*게재 연도		0.02(.01)
메일*게재 연도		.03(.01)
무선효과		
σ^2_{u0}	0.57(.13)	0.57(.14)
σ^2_{u2}	0.25(.07)	0.22(.07)
σ^2_{u3}	0.53(.17)	0.39(.15)

〈표 6-7〉 예측된 응답 비율(로짓): 수준 간 상호작용 모형(게재 연도 1977년으로 중심화)

	면대면	전화	메일
중요하지 않음	0.65(.63)	0.61(.44)	0.53(.11)
매우 중요	0.88(2.01)	0.86(1.82)	0.82(1.49)

　[그림 6-2]는 설문 주제의 중요도가 중앙값으로 고정됐을 때, 수준 간 상호작용항을 포함한 모형에 근거하여 응답 비율의 예측을 나타낸다. 가장 오래된 연구는 1947년의 연구이고, 가장 최근 연구는 1992년의 연구이다. 수준 간 상호작용항을 포함한 모형은 1947년, 즉 연구 초기에 세 개의 조사 방법 간의 차이가 크다는 것을 보여 준다. 그 이후, 대면 조사와 전화 조사의 응답 비율은 감소하였으며, 특히 대면 조사의 응답자는 빠른 속도로 감소하였다. 반면, 메일 조사의 응답 비율은 안정적으로 유지되었다. 결과적으로, 최근에는 세 조사 방법에 대한 응답 비율은 유사해졌다. 한편, 응답

비율의 척도가 65%에서 절삭되어 추이의 차이가 과장되었다는 점에 주의해야 한다.

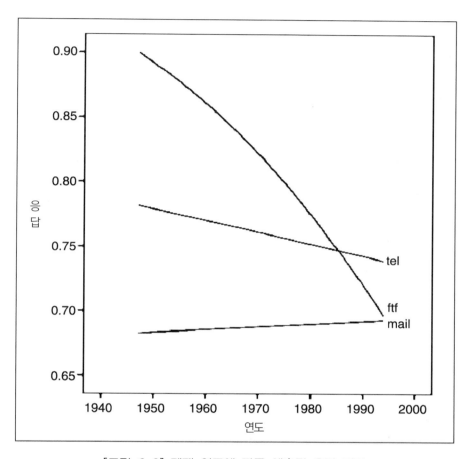

[그림 6-2] 게재 연도에 따른 예측된 응답 비율

5. 변화무쌍한 잠재 척도: 계수와 설명된 분산의 비교

예를 들어, 로지스틱 모형 또는 프로빗 모형과 같이 많은 일반화선형모형에서 관찰되지 않은 잠재변인 η의 척도는 임의적이며, 모형을 식별하기 위해서는 표준화가 필요하다. 프로빗 회귀모형은 평균이 0이고 분산이 1인 표준정규분포를 사용한다. 로지스틱 회귀모형은 평균이 0이고 분산이 $\pi^2/3 \approx 3.29$인 표준 로지스틱 분포(척도모수가 1임)를 사용한다. 근본적인 잠재변인에 대한 가정은 해석의 편의성을 위해서이나, 이는 중요하지 않다.

이러한 모형에서 중요한 문제는 근본적인 척도를 분석된 모형의 표준 분포와 동일하게 표준화하는 것이다. 만약 절편만 포함하는 모형으로부터 분석을 시작하고, 분산을 설명하기 위하여 많은 예측변인을 추가한 두 번째의 모형을 추정한다면, 보통 추정된 분산의 값이 감소할 것을 기대한다. 하지만, 로지스틱 또는 프로빗 회귀모형(또는 다양한 일반화선형모형)은 근본적인 잠재변인을 재척도화하기 때문에 1수준의 잔차분산은 다시 $\pi^2/3$(프로빗 모형의 경우에는 1)이 된다. 결과적으로, 모형의 변화로 인한 실제 변화 외에 회귀계수와 2수준의 분산의 값 역시 재척도화된다. 이러한 척도의 변화는 모형 간의 회귀계수를 비교할 수 없게 만들고, 분산 성분이 얼마나 변화했는지 탐색할 수 없게 만든다. Snijiders와 Bosker(2011)는 이 현상에 대하여 간단하게 논의하였으며, 보다 자세한 논의는 Fielding(2002, 2004)을 참고하라.

척도의 변화는 다층 일반화선형모형에서만 나타나는 현상은 아니며, 단일 수준 로지스틱 및 프로빗 모형에서도 나타난다(Long, 1997). 단일 수준 로지스틱 모형의 경우, 일부의 준-R^2 공식은 로그-우도에 근거하여 설명된 분산에 대한 정보를 제공한다. 이는 로그-우도의 좋은 추정치를 얻을 수 있다면 다층 로지스틱 및 프로빗 모형에 적용할 수 있다.

Atkinson's R은 개별 예측변인의 중요성을 나타내는 통계치로, 종속변인과 예측변인 간의 부분 상관계수다. 로지스틱 모형은 Wald 통계치와 모형의 편차(−2*로그우도)를 이용하여 부분 상관계수를 추정할 수 있다. 하나의 예측변인이 평가될 때, Wald 검증은 전통적으로 $Z_W = \beta / s.e.(\beta)$와 같이 간단하게 표현되며, 이는 추정된 모수를 표준오차로 나눔으로써 이루어진다. 이때, 부분 상관계수는 다음과 같이 추정된다.

$$R = \sqrt{\frac{Z_W^2 - 2}{\left| Deviance_{null} \right|}} \tag{6.24}$$

Menard(1995)는 회귀계수의 절댓값이 클 경우에 모수의 표준오차가 과대추정되어 Wald 검증이 보수적이고, 이 경우에 식 6.24과 같은 부분 상관계수는 과소추정될 수 있음을 경고하였다. 예측변인을 포함하거나 포함하지 않은 모형 간의 이탈도 차이 검증은 Wald 검증보다 정확하다. 만약 편차의 정확한 값을 얻을 수 있다면, 식 6.24의 Z^2는 이탈도의 차이로부터 구할 수 있는 χ^2값으로 대체할 수 있다. 예측변인의 중요성을 평가하므로 여기서는 완전최대우도 추정법을 사용해야 한다.

로지스틱 회귀에서 제곱 중다 상관계수는 다음과 같은 McFadden의 R_{MF}^2와 같다.

$$R_{MF}^2 = 1 - \frac{Deviance_{model}}{Deviance_{null}} \tag{6.25}$$

또한 다른 준-R^2는 표본 크기를 고려한다. 로지스틱 회귀에서 제곱 중다 상관계수에 대한 일반적인 접근은 Cox와 Snell의 R_{CS}^2와 Nagelkerke의 R_N^2이다. Cox와 Snell의 R_{CS}^2은 다음과 같이 계산된다.

$$R_{CS}^2 = 1 - \exp\left(\frac{Deviance_{model} - Deviance_{null}}{n} \right) \tag{6.26}$$

($\exp(x)$는 e^x를 의미)

Cox와 Snell의 R_{CS}^2의 문제점은 최대값이 1에 도달할 수 없다는 점이다. Nagelkerke는 최대값이 1에 도달할 수 있도록 다음과 같은 Nagelkerke의 R_N^2을 제안하였다.

$$R_N^2 = \frac{R_{CS}^2}{1 - \exp\left(\dfrac{-Deviance_{null}}{n}\right)} \tag{6.27}$$

Tabachnick과 Fidell(2013)은 이러한 준$-R^2$가 설명된 분산으로 해석될 수 없음을 경고하였다. 언급된 준$-R^2$은 설명된 분산과 유사하게 모형의 이탈도가 얼마나 설명되었는지 나타내고, 모형의 실질적인 가치를 측정할 수 있다. 비록 준$-R^2$는 독립적으로 해석될 수 없고, 다른 자료 간 비교도 할 수 없지만, 동일한 자료를 활용하여 동일한 종속변인을 예측하는 다양한 모형을 비교하고 평가한다는 점에서 유용하다. 일반적으로, 준$-R^2$는 실제 R^2보다 작은 값을 갖는 경향을 보이고, 0.2와 0.4의 범위의 값은 좋은 예측력을 의미한다. 하지만, 다층 로지스틱 회귀모형의 경우, McFadden 준$-R^2$는 각 수준의 R^2으로 분리되어 의미를 갖는다. 이를 간단히 표현하면 다음과 같다.

$$R_{MFw}^2 = 1 - \frac{Deviance_{within-model}}{Deviance_{null}} \tag{6.28}$$

$$R_{MFb}^2 = 1 - \frac{Deviance_{within-model}}{Deviance_{null}} \tag{6.29}$$

식 6.28과 6.29에서 편차의 감소는 각각 집단 내 부분(1수준) 또는 집단 간 부분(2수준)의 예측변인만을 이용하여 계산된다. 집단 간 부분과 집단 내 부분을 잘 분리하기 위해, 집단 평균 중심화와 집단 평균을 2수준에 예측변인으로 추가하는 것이 권장된다.

앞에서 언급된 접근법은 우도가 정확하게 추정됐을 때에만 사용이 가능하다. 이 접근법은 Taylor 급수를 사용할 경우에는 충분히 정확한 우도를 얻을 수 없다. Snijders와 Bosker(2011)는 다층 로지스틱 회귀모형에서 우도에 의존하지 않는 설명된 분산을 얻기 위한 일반적인 해결책을 제안하였다. McKelvey와 Zavoina(1975)가 제안한 다층 확장 방법은 일반화선형모형의 잠재 결과변인 η의 설명된 분산에 근거한다. η의 분산은 1수준의 잔차 분산 σ_R^2, 2수준의 절편 분산 σ_{u0}^2, 모형의 고정효과 부분 선형 예측변인의 분산 σ_F^2으로 분해된다. 이때, 잔차 분산 σ_R^2은 로지스틱 모형에서 $\pi^2/3$으로, 프로빗 모형에서 1로 고정된다. 또한, 선형 예측변인의 분산은 모형의 체계적인 분산이며, 나머지 두 개의 분산은 각 수준에서의 잔차 오차를 나타낸다. 설명된 분산의 비율은 다음과 같이 구한다.

$$R_{MZ}^2 = \frac{\sigma_F^2}{\sigma_u^2 + \sigma_{u0}^2 + \sigma_R^2} \tag{6.30}$$

선형 예측변인의 분산은 소프트웨어에서 제공되기도 하지만, 회귀 방정식의 예측을 계산함으로써 쉽게 구할 수 있다. 이러한 예측은 관찰되지 않는 잠재변인에 근거한다. McKelvey와 Zavoina의 접근법은 OLS R^2과 매우 유사하기 때문에 McKelvey와 Zavoina의 R^2을 잠재 연속변인에 대한 중다 R^2으로 해석할 수 있다. 다양한 준$-R^2$의 정확성은 모의실험 연구에서 OLS 회귀모형을 통한 연속변인과 로지스틱 회귀모형을 통해 이분화된 버전을 예측하여 평가되었다. 시뮬레이션 연구 결과, McKelvey와 Zavoina의 준$-R^2$(R_{MZ}^2)는 OLS R^2와 가장 유사하였으며, 다른 준$-R^2$는 과소 추정되는 경향을 보였다(Long, 1997; DeMaris, 2002).

잠재 종속변인에 대한 전체 분산의 계산은 그 자체로 유용하다. 전체분산 $\sigma_F^2 + \sigma_{u0}^2 + \sigma_R^2$의 제곱근은 결국에는 잠재변인의 표준편차이고, 이는 표준화 회귀계수를 계산하는 데 유용하다.

McKelvey와 Zavoina의 접근을 따라 잠재변인의 전체 분산을 $\sigma_F^2 + \sigma_{u0}^2 + \sigma_R^2$으로 계산할 수 있다. 가장 하위 수준의 분산을 설명할 때에만 재척도화가 발생하므로, 여기서는 오직 1수준의 예측변인만 사용한다. 영모형의 경우, 전체 분산 σ_0^2은 $\sigma_{u0}^2 + \sigma_R^2$와 같으며, 이때 $\sigma_R^2 \approx 3.29$이다. 1수준 예측변인을 포함하는 모형 m의 경우, 전체 분산 σ_m^2은 $\sigma_F^2 + \sigma_{u0}^2 + \sigma_R^2$이다. 따라서 모형 m을 영모형과 동일한 척도로 재척도화하기 위해 척도 교정 요인(SCF)을 계산할 수 있다. 회귀계수에 대한 SCF는 σ_0/σ_m, 분산에 대한 SCF σ_0^2/σ_m^2와 같다. 다음으로, 모형 간의 비교를 위하여 적절한 SCF를 이용하여 회귀계수와 분산 추정치 σ_{u0}^2와 σ_R^2를 재척도화한다. 척도 교정된 분산 추정치는 4장에서 언급된 절차를 따라 다른 수준에서 독립적으로 설명된 분산의 양을 평가하는 데 유용하다. 절편만 포함한 모형의 척도를 재척도화함으로써 가능해진 이러한 전망을 감안했을 때, McKelvey와 Zavoina의 방법은 가장 매력적이다.

수치적분을 필요로 하지 않고, 예측변인의 중요성을 평가하고 설명된 분산을 나타내는 마지막 방법이 있다. 회귀는 예측에 대한 것으로, 선형 예측변인을 사용하여 예측된 값을 이분 결과의 예측된 값의 집단으로 분류할 수 있다. 관찰된 자료에서 '1'의 백분율과 동일한 백분위수를 갖는 값을 분할하여 연속 선형 예측변인을 '0'과 '1'로 간단하게 재코딩할 수 있다. 이후, 관찰된 결과와 예측된 결과를 비교하는 교차분석을 실시한다. 정확한 예측 비율과 파이 상관계수는 설명된 분산을 간단하게 평가한다. 이는 여러 선형 예측변인을 비교(예: 1수준 예측변인에 근거, 모든 예측변인에 근거)하는 것으로 확장할 수 있다.

태국 교육 자료를 사용하여 이와 같은 절차를 설명하고자 한다. 표본은 357개의 학교에 내재된 8,582명의 학생으로 구성되어 있다. 〈표 6-8〉의 왼쪽 세 개의 열은 영 모형 M_0, 학생의 성별과 취학 전 교육을 포함하는 모형 M_1, 학교 평균 SES를 추가한 모형 M_2의 추정치를 나타낸다. 추정법은 완전 수치적분(20개의 적응적 구적분 지점의 SuperMix)에 근거하며, 보다 정확한 계산을 위하여 소수 셋째 자리까지 보고하였다. 명확성을 위해 실제 적용에서 〈표 6-8〉의 값에 기초하여 계산하고, 소프트웨어에서 보고한 모든 소수를 나타낸다. 〈표 6-8〉의 마지막 열은 모형 M_2의 예측변인들에 대한 부분 r을 나타낸다. 학생 성별 변인의 부분 r은 0.09로 가장 큰 값을 가며, 이는 Cohen(1988)의 기준에 따라 작은 상관계수로 분류된다. Wald Z의 제곱 대신에 이탈도 차이가 사용될 경우, 부분 상관계수는 0.10으로 추정된다. 또한, 준-R^2의 제곱근을 얻을 수 있고, 이는 중다 상관계수와 유사하다. 모형 M_2에 대하여 McFadden R은 0.13, Cox & Snell R은 0.11, Negelkerke R은 0.15의 값으로 나타난다. 이러한 추정치는 서로 유사하며, 유급에 대한 모형의 설명력이 낮다는 동일한 결론을 도출한다.

모형 M_2의 선형 예측변인의 분산 s_F^2(원 자료 파일에서 회귀 방정식의 고정효과 3개의 예측변인의 회귀계수를 사용하여 계산)은 0.201이다. 따라서 McKelvey와 Zavoina의 방법에 근거한 설명된 분산은 0.201/(0.201＋1.686＋3.290＝5.177)＝0.039이며, 대응되는 중다 상관계수는 0.20이다. 기존의 시뮬레이션 연구와 일관된 결과로, 이 값은 준-R^2 추정치 중 가장 큰 값이나, 오직 분산의 작은 부분만 설명한다고 결론을 내릴 수 있다.

자료의 14.51%가 유급하고 있음을 의미하는 85.49 백분위수를 이용하여 선형 예측변인을 이분하고, 관찰된 유급과 예측된 유급에 대한 2×2 교차 분류표를 얻을 수 있다. 유급하는 1,067명의 학생 중 230명(21.6%)의 학생은 정확하게 분류되었고, 파이 상관계수는 0.09로 나타났다. 이로부터 다시 모형의 낮은 설명력을 확인할 수 있다.

잠재변인의 표준편차를 나타내는 전체 분산의 제곱근은 2.275이다. 식 $b_s = b \times s_x/s_y$을 이용하여 〈표 6-8〉의 마지막 열에 제시된 모형 M_2의 표준화된 회귀계수를 계산하기 위해 표본에서의 예측변인의 표준편차와 함께 잠재변인의 표준편차를 이용한다. 표준화된 회귀계수는 모두 낮은 값을 가졌으며, 이는 낮은 설명력을 나타낸다.

〈표 6-8〉 태국 교육 자료: 로지스틱 회귀계수와 부분 상관계수 r

모형	M_0	M_1	M_2	M_2 부분상관계수 r	M_2 표준화 회귀계수
예측변인	계회귀계수(se.)	회귀계수(s.e.)	회귀계수(s.e.)		
절편	−2.234(.088)	−2.237(.107)	−2.242(.106)	−	−
학생 성별		0.536(.076)	0.535(.076)	0.009	0.12
취학 전 교육		−0.642(.100)	−0.627(.100)	0.007	−0.14
학교 평균 SES			−0.296(.217)	0.000	−0.05
σ_{u0}^2	1.726(.213)	1.697(.211)	1.686(.210)		
이탈도	5537.444	5443.518	5441.660		

각 수준에서 설명된 분산 추정치를 계산하기 위하여 다른 모형들을 동일한 척도에 위치시켜야 한다. 절편만 포함하는 모형의 잠재 종속변인에 대한 전체 분산은 1.726+3.290=5.016이며, 대응되는 표준편차는 2.240이다. 1수준 변수만을 포함하는 모형 M_1의 선형 예측변인의 분산은 0.171이다. 따라서 1수준 변수만을 포함하는 모형의 전체 분산은 5.016+0.171=5.187이고, 대응되는 표준편차는 2.277이다. 차이는 미세하며, 이는 종속변인에 대한 예측변인의 영향이 작다는 것을 의미한다. 척도 교정 요인은 2.240/2.277=0.984이다. 분산은 척도 요인의 제곱, 즉 0.967을 사용하여 재척도 되어야 한다. 재척도된 회귀계수는 절편만 포함하는 모형과 동일한 척도에 놓인다. 제4장에서 언급된 바와 같이 모형을 단계적으로 설정할 경우, 이 방법을 사용하여 모든 결과를 영모형의 척도로 변환하여 모형 간의 비교를 가능하게 할 수 있다. 이때, 1수준의 고정효과에서 변화가 이루어진다면, 척도 요인은 다시 계산되어야 한다. 〈표 6-9〉의 M_2와 같이 2수준에서 변화가 이루어진다면, 이 변화는 1수준의 설명된 분산을 변화시키지 않으므로 척도 요인은 동일하게 유지된다. 〈표 6-9〉는 원자료와 재척도화된 경우 모두에서 〈표 6-6〉의 모형들에 대한 추정치를 보여준다. 표에는 1수준의 분산 σ_R^2이 추가되었다. 분산 σ_R^2은 영모형에서 3.29의 값을 보였지만, 이후의 모형에서는 2수준의 분산과 마찬가지로 재척도화되었다.

〈표 6-9〉를 살펴보면, SC M_1과 SC M_2 열은 척도 교정된 회귀계수와 분산, 1수준의 잔차 분산의 값을 보여 준다. 4장에서 언급된 절차를 따라 M_1과 M_2의 설명된 분산을 추정할 수 있다. 영모형의 경우 1수준의 분산이 3.290으로 나타났고, 척도 교정된 M_1에서는 1수준의 분산이 3.184로 감소하였다. 이는 M_1의 1수준 변인으로부터 설명된 분산이 0.032임을 나타낸다. 2수준의 경우, 절편을 포함한 모형에서의 분산 1.726이 척도 교정된 모형 1에서 1.670으로 감소하였다. 이는 M_1의 2수준으로부터 설명된 분산이 0.032라는 것을 의미한다. 척도 교정된 M_2에서는 2수준 분산이 1.632로 감소함으로써 학교 수준에서 설명된 분산이 0.054로 증가한다. 설명된 분산의 경우, 유급률에 대한 학교의 분산은 학교 평균 SES의 맥락효과보다 학생 성분의 차이에 의해 보다 잘 설명된다. 〈표 6-9〉의 마지막 열에 제시된 부분 상관계수 역시

학교 평균 SES가 상대적으로 덜 중요함을 나타낸다. M_0과 척도화된 M_2의 전체 분산 간의 비율 차이를 계산함으로써 전체 설명된 분산을 계산하면 0.04이며, 이는 앞서 계산된 값과 유사하다(차이는 소수점 반올림으로 인해 발생).

〈표 6-9〉 태국 교육 자료: 로지스틱 회귀 추정치와 재척도화

모형	M_0	M_1	SC M_1	M_2	SC M_2
예측변인	회귀계수(s.e.)	회귀계수(s.e.)	회귀계수(s.e.)	회귀계수(s.e.)	회귀계수(s.e.)
절편	$-2.234(.088)$	$-2.237(.107)$	$-2.20(.11)$	$-2.242(.106)$	$2.21(.10)$
학생 성별		$0.536(.076)$	$0.53(.08)$	$0.535(.076)$	$0.53(.08)$
취학 전 교육		$-0.642(.100)$	$-0.63(.10)$	$-0.627(.100)$	$-0.62(.10)$
학교 평균 SES				$-0.296(.217)$	$0.29(.21)$
σ_R^2	3.290	n/a	3.184	n/a	3.184
σ_{u0}^2	$1.726(.213)$	$1.697(.211)$	$1.670(.20)$	$1.686(.210)$	$1.632(.20)$
이탈도	5537.444	5443.518	$-$	5441.660	$-$

McKelvey와 Zavoina의 방법이 잠재변인 η의 설명된 분산의 정보를 제공하는 점에 주의해야 한다. 비정규분포를 따르는 종속변인의 경우, 다층 구조방정식모형은 결과에 보고되는 설명된 분산 역시 관측치에 기초가 되는 잠재변인에 대한 것이다.

가장 일반적으로 사용되는 분포가 로지스틱 및 프로빗 분포이므로 이 장에서는 로지스틱 및 프로빗 회귀모형에 대한 예시를 다루었다. 하지만 확률을 $-\infty$부터 ∞까지의 실수로 변환하는 어떠한 연속 함수도 일반화선형모형으로 적용할 수 있다. 이러한 모형의 척도를 재조정하는 것이 바람직하다면, 표준 분포의 분산을 인지해야 한다. 예를 들어, 앞에서 언급된 로그-로그 또는 보 로그-로그 분포의 분산은 $\pi^2/6$이다. 또한, 분산은 고정된 예측에 의존하며, 모형에 따라 변화한다. 더 많은 분포에 대한 자세한 내용은 Evans, Hasting과 Peacock(2000)을 참고하라.

6. 해석

이전에 언급된 모형과 모수 추정치는 이른바 '단위별(unit specific)' 모형이다. 단위별 모형은 모형에 포함된 모든 무선효과의 조건부로 개인 및 집단의 결과를 예측한다. 이러한 모형의 해석은 표준 다층 회귀모형의 효과 해석과 동일하다. 모든 설명변인에 대한 회귀계수는 예측변인이 1단위 변화할 때의 결과의 예측된 변화를 나타낸다. 또한, 비선형 모형은 모집단 평균 모형을 추정할 수 있다. 이 모형은 무선효과의 조건부가 아니라 모든 무선효과의 평균에서 결과를 예측한다. 이 접근은 제13장에서 다루겠지만, 일반화 추정 방정식(GEE)으로 불리는 추정의 한 형태이다. 집단 내에서 개인 행동의 분산을 다루는 과학적 연구에서의 주요한 관심은 개인 및 집단 수준의 변인이 행동에 얼마나 영향을 주는지에 있고, 단위별 모형을 활용하는 것이 적절하다. 집단 수준의 변인이 조작될 때 모집단 전체에 기대되는 변화를 추정하는 정책 연구에서는 모집단 평균 모형이 적절하다. 단위별 모형과 모집단 평균 모형 간의 차이에 대한 기술적인 논의는 Raudenbush와 Bryk(2002)를 참고하라. 역학 연구의 관점에서의 논의는 Hu, Goldberg, Hedeker, Flay와 Pentz(1998)를 참고하라.

7. 소프트웨어

비선형 모형을 추정하기 위해 수치적분을 사용하는 소프트웨어가 증가하고 있다. 이용 가능한 정확한 선택은 소프트웨어에 따라 다르다. 이 장에서 다룬 예시 분석과 같이, PQL-2 방법과 수치적분 간의 차이는 일반적으로 작게 나타나며, 특히 고정효과의 회귀계수의 차이는 더욱 작게 나타난다. 하지만 이와 같은 경우가 항상 나타나는 것은 아니다. Rodriguez와 Goldman(1995)의 시뮬레이션 연구는 집단 크기가 작고 ICC가 높은 조합의 조건의 경우, PQL-2 방법을 사용하더라도 심각한 편향이 발생함을 나타냈다. 이와 같은 조건이 실제 연구에서 특이하지 않을 수 있다. 예를 들어, 가족과 커플을 대상으로 연구를 수행한다면, 집단 크기는 작고 ICC는 높게 나타날 수 있다. 짝(커플)자료를 분석할 때 가장 작은 집단 크기가 나타난다. 이러한 자료에서 일부 커플의 한 배우자가 응답하지 않는다면, 평균 집단 크기는 2보다 작을 수 있다. 이때, 비선형 모형을 사용하면 PQL-2 방법은 편향된 결과를 보일 수 있다. 종단 자료 역시 작은 '집단' 크기를 갖고 높은 ICC의 조건을 갖는 경향을 보인다. 만약 수치적분을 사용할 수 없다면, 추정치의 개선을 위해 부트스트랩 또는 베이지언 방법을 사용해야 한다(제13장 참조).

앞에서 언급한 바와 같이, 이분 자료에서 과대산포 모수는 추정할 수 없다. 그럼에도 불구하고, 일부 소프트웨어는 준-우도 추정 방법을 사용할 경우에 이분 자료의 과대산포 추정을 허용한다. 이분 자료에서 과대산포 모수는 불필요하며, 모형에 이를 포함하지는 않는 것이 일반적이다(Skrondal & Rabe-Hesketh, 2007).

MLwinN 프로그램은 수치적분을 사용하지 않고, 부트스트랩 또는 베이지언 방법을 이용한다. Hedeker와 Gibbons이 개발한 다층 소프트웨어는 수치적분을 사용하고, SuperMix의 패키지를 이용할 수 있다(Hedeker et al., 2008). HLM은 Laplace 근사로 불리는 접근법을 이용하여 이분 자료와 빈도 자료에 대하여 수치적분을 이용하는 옵션이 있다. 이는 하나의 적분 지점에서 수치적분을 이용하는 것과 동일하다(Rabe-Hesketh & Skrondal, 2008, p. 251). Mplus 소프트웨어(Muthén & Muthén, 1998-2015)는 수치적분에 대한 여러 개의 옵션을 갖고 있다. GLLAMM이 추가된 무료의 STATA와 같이 SAS, STATA, R의 소프트웨어 패키지는 다층 일반화선형모형에 대한 수치적분을 가능하게 한다(Rabe-Hesketh et al., 2004).

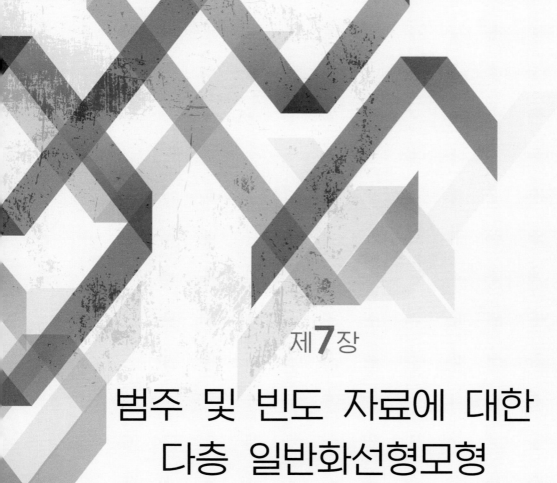

제7장

범주 및 빈도 자료에 대한
다층 일반화선형모형

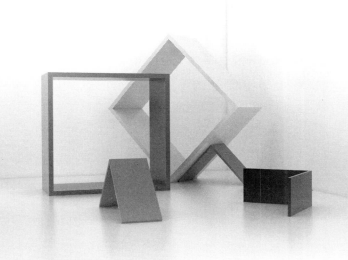

요약

종속변인이 심각하게 비정규 분포를 따를 때, 이를 해결하기 위해 비선형 변환을 이용하여 자료를 정규화하거나, 강건한 추정 방법을 사용하거나, 또는 이 두 개의 방법을 조합하여 사용할 수 있다(보다 자세한 내용은 제4장을 참조). 이때, 이분 종속변인의 경우와 같이 특정 유형의 자료는 정규성 가정을 항상 위반한다. 예를 들어, 순서(서열) 자료와 비순서(명목) 범주 자료를 생각할 수 있으며, 이러한 자료는 균일 분포를 따르거나 잘 발생하지 않는 사건의 빈도로 이루어진다. 이러한 종속변인을 때때로 변환하기도 하지만, 제6장에서 소개된 일반화 선형모형을 활용하여 보다 원칙적인 방법으로 분석하는 것이 바람직하다. 이 장에서는 다층 구조의 서열화된 범주 자료와 빈도 자료에 대한 일반화 선형 혼합 모형의 이용을 다룬다.

1. 서열화된 범주 자료

특히, 사회과학 연구에서는 전통적으로 서열화된 범주 자료를 등간 척도에서 연속적으로 측정된 자료로 간주한다. 예를 들어, 리커트 척도 자료의 경우, 응답자들의 자료는 '1＝전혀 동의하지 않음~5＝매우 동의함'과 같은 범위의 서열화된 반응 범주의 형태로 수집된다. 또 다른 예로, 의사가 환자의 상태를 '좋음' '괜찮음' '나쁨'으로 진단하는 경우도 있다.

서열화된 범주 자료를 연속적으로 취급한 결과는 분석적 작업(Olsson, 1979)이나 시뮬레이션 연구(Dolan, 1994; Muthén & Kaplan, 1985; Rhemtulla et al., 2012)를 통해 잘 알려져 있다. 이 연구들의 일반적인 결론은 자료가 최소 5개의 범주로 이루어져 있고, 대칭적인 분포를 이룬다면 범주 자료를 연속 자료로 처리할 때 발생하는 편향이 작은 편이라는 것이다(Bollen & Barb, 1981; Johnson & Creech, 1983). 범주가 7개 이상의 범주로 이루어진 경우에는 그 편향은 더욱 작게 나타난다. 하지만, 범주가 4개 이하로 이루어지거나 관측치의 분포가 심한 편포를 이룬다면, 모수 추정치와 표준오차는 모두 과소 추정된다. 이런 경우 서열 자료에 적합한 통계적 방법이 필요하다. 이러한 모형은 McCullagh와 Nelder(1989), Long(1997)에서 언급된다. 또한, Goldstein(2011), Raudenbush와 Bryk(2002), Hedeker와 Gibbsons(1994, 2006)에서 다층 확장 모형의 내용이 다루어진다. 이 장에서는 실질적으로 자주 사용되는 누적 회귀모형을 다룬다. 서열 자료에 대한 그 외의 다층모형에 대한 내용은 Hedeker(2008)를 참고하라.

1) 서열 자료에 대한 누적 회귀모형

서열화된 범주 자료에 대한 유용한 모형으로 누적 서열 로짓 모형 또는 누적 서열 프로빗 모형이 있다. 이 모형은 1, …, C 또는 0, …, $C-1$과 같은 서열화된 범주에 간단하게 연속적인 값을 부여하는 것부터 시작한다. 예를 들어, '절대 하지 않음' '가끔' '항상'과 같은 3개의 범주로 이루어진 종속변인 Y의 경우, 우리는 다음과 같이 세 개의 확률을 나타낼 수 있다.

$$\text{Prob}(Y=1)=p_1$$
$$\text{Prob}(Y=2)=p_2$$
$$\text{Prob}(Y=3)=p_3$$

이를 토대로 한 누적 확률은 다음과 같다(p_3^*: 여분의 항).

$$p^*{}_1 = p_1$$

$$p^*{}_2 = p_1 + p_2$$

$$p^*{}_3 = p_1 + p_2 + p_3 = 1$$

C개의 범주가 있을 때, 누적 확률 분포는 $C-1$개가 필요하다. p_1과 p_2는 확률이므로, 누적 확률 분포에 대한 모형을 세우기 위하여 일반화 선형 회귀모형을 이용할 수 있다. 제6장에서 언급한 바와 같이, 일반화 선형 회귀모형은 다음과 같은 세 개의 성분으로 이루어진다.

1. 평균이 μ이고 분산이 σ^2인 오차 분포를 갖는 종속변인 y
2. 종속변인 y의 예측변인 η를 생성하는 선형 가법 회귀 방정식
3. 종속변인 y의 기댓값을 η에 대한 예측값으로 연결하는 연결함수, $\eta = f(\mu)$

로지스틱 서열 회귀모형에 대한 연결함수는 로짓함수이며 이는 다음과 같다.

$$\eta_c = logit\left(p_c^*\right) = \ln\left(\frac{p_c^*}{1 - p_c^*}\right) \tag{7.1}$$

프로빗 서열 회귀모형에 대한 역 정규 연결함수는 다음과 같다($c = 1, \cdots, C-1$).

$$\eta_c = \Phi\left(p_c^*\right)^{-1} \tag{7.2}$$

누적 확률에 대한 2수준 절편만 포함하는 모형은 다음과 같다.

$$\eta_{ijc} = \theta_c + u_{0j} \tag{7.3}$$

식 7.3은 각각의 추정된 확률에 대하여 서로 다른 절편 θ_c를 갖는다. θ_c는 잠재변인 η와 관찰된 범주형 종속변인 간의 관계를 나타내므로, 임계값(thresholds)이라 한다. 잠재변인 값의 위치는 종속변인이 어떤 범주로 관찰되는지를 결정한다. 구체적으로 표현하면 다음과 같다.

$$y_i = \begin{cases} 1, \text{if } \eta_i \leq \theta_1 \\ 2, \text{if } \theta_1 < \eta_i \leq \theta_2 \\ 3, \text{if } \eta_i > \theta_2 \end{cases}$$

이때, y_i는 관찰된 범주 변인을, η_i는 잠재 연속변인을, θ_1와 θ_2는 임계값을 나타낸다. 여기서 이분 변인은 오직 하나의 임계값을 가지며, 이는 회귀 방정식의 절편이 된다는 점에 주의해라.

[그림 7-1]은 임계값 q, 관찰되지 않은 종속변인 η, 관찰된 종속변인 간의 관계를 나타낸다. McCullagh와 Nelder(1989)에서 언급된 바와 같이, 범주형 반응의 기초가 되는 연속적인 잠재 분포의 가정은 여기서 제시되는 것과 같이 일반화 선형 회귀모형을 사용할 때 엄격하게 필요한 가정은 아니지만, 해석하는 데 있어 유용하다. [그림 7-1]은 표준 로지스틱 분포의 분산($\pi^2/3 \approx 3.29$)이 표준정규분포의 분산보다 크다는 사실과 이분 자료에 대하여 앞에서 언급된 내용(제6장)을 나타낸다. 로지스틱 회귀모형의 회귀계수는 프로빗 모형의 계수보다 큰 경향을 보이지만, 이는 잠재 종속변인의 척도의 차이를 반영한다. 또한, 로지스틱 회귀모형의 표준오차는 프로빗 모형의 표준오차보다 더 크며, [그림 7-1]이 명확히 보여 주듯 임계값의 척도도 조정되었음을 보여 준다. 두 분포의 상대적인 모양은 매우 유사하기 때문에([그림 6-1] 참조), 결과가 표준화되거나 예측된 반응 확률로 표현될 때 그 결과 역시 매우 유사하다.

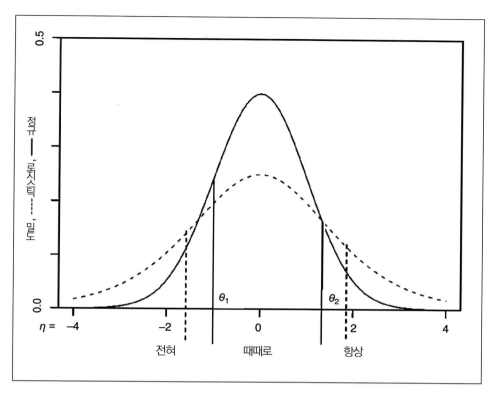

[그림 7-1] 로짓 및 프로빗 모형에 대한 임계값과 관찰된 반응

[그림 7-1]의 모형은 예측변인의 효과가 모든 임계값에 대해 동일하다고 가정한다. 이 가정은 평행 회귀선 가정(the assumption of parallel regression lines)이라 한다. 로짓 모형에서 이는 비례 승산 모형으로 해석되며, 이는 예측변인의 효과가 각 범주 c의 승산에 대해 동일하다고 가정한다. 비례 승산의 가정은 평행 회귀선 가정과 동일하다. 따라서 구조가 변화하더라도, 회귀선의 기울기는 변하지 않는다. 이 가정은 프로빗 모형에서도 동일하게 이루어진다.

2) 서열 자료에 대한 누적 다층 회귀모형

이분 자료에 대한 다층 일반화선형모형과 같이, 선형 회귀모형은 로짓 또는 프로빗 척도를 기반으로 한다. 두 모형 모두 평균을 0으로 하며, 로지스틱 분포의 분산은

$\pi^2/3$ (≈ 3.29, 표준편차는 1.81), 프로빗의 표준정규분포의 분산은 1이다. 결과적으로, 이분 자료에 대한 일반화선형모형에서와 같이 1수준의 오차항 e_{ij}을 갖지 않는다. 사실, 이분 자료는 오직 2개의 범주를 갖는 서열 자료로 볼 수 있다. 표준 로짓 분포의 표준편차가 $\sqrt{\pi^2/3} \approx 1.8$이고, 표준정규분포의 표준편차가 1이기 때문에, 프로빗 모형의 회귀 기울기는 일반적으로 대응되는 로짓 모형의 기울기를 1.6–1.8로 나눈 값과 유사하다(Gelman & Hill, 2007). 개인 i가 집단 j에 내재되어있다고 가정했을 때, 다른 누적 비율을 구분함으로써 다층 모형의 1수준에 관한 식은 다음과 같다.

$$
\begin{aligned}
\eta_{1ij} &= \theta_{1j} + \beta_{1j} X_{ij} \\
\eta_{2ij} &= \theta_{2j} + \beta_{1j} X_{ij} \\
&\vdots \quad\quad \vdots \quad\quad \vdots \\
\eta_{cij} &= \theta_{cj} + \beta_{1j} X_{ij}
\end{aligned}
\tag{7.4}
$$

임계값 $\theta_1, \cdots, \theta_c$는 종속변인의 절편에 해당한다. 식 7.4과 같은 모형은 집단에 따라 절편 또는 임계값의 집합이 서로 다를 수 있다는 점에서 문제가 된다. 이러한 집단 간 차이는 기저의 η 변인의 값을 반응 범주로 변환하는 방법이 집단에 따라 다르기 때문이라고 해석될 수 있다. 이 경우, 집단 간의 측정 동일성이 없어 의미 있는 비교가 불가능하다. 따라서 모든 임계값에서 첫 임계값을 빼 줌으로써 모형을 수정해야 한다. 그러면, 첫 번째 임계값은 0이 되어 모형에서 효과적으로 제거된다. 첫 번째 임계값은 전체 절편 β_{0j}으로 대체되고, 절편은 집단에 따라 다를 수 있다고 간주된다. 따라서 1수준의 모형은 다음과 같다.

$$
\begin{aligned}
\eta_{1ij} &= \beta_{0j} + \beta_{1j} X_{ij} \\
\eta_{2ij} &= \theta_2 + \beta_{0j} + \beta_{1j} X_{ij} \\
&\vdots \quad\quad \vdots \quad\quad \vdots \quad\quad \vdots \\
\eta_{cij} &= \theta_c + \beta_{0j} + \beta_{1j} X_{ij}
\end{aligned}
\tag{7.5}
$$

식 7.5에서 임계값 θ_c는 식 7.4의 $\theta_c - \theta_1$과 같다. 명백하게, 식 7.5의 절편 β_{0j}의 값

은 식 7.4의 $-\theta_1$과 같다. 변환된 임계값 θ_c는 집단에 대한 첨자를 포함하지 않는다. 즉, 집단 간의 측정 동일성을 유지하기 위해 고정효과로 가정한다. 간단한 표기를 위해 $\theta_2, \cdots, \theta_c$는 식 7.5 모수에서 임계값을 나타내고, 첫 번째 임계값은 모형의 절편을 허용하기 위해 0으로 고정되고, 다른 임계값은 동일한 θ_1에 의해 변환된다.

이러한 관점에서 서열 자료에 대한 다층 일반화 모형은 관습적인 절차에 따라 구현된다. 즉, 절편 β_{0j}와 기울기 β_{1j}의 모형은 다음과 같은 2수준 회귀 방정식을 통해 설정된다.

$$\begin{aligned} \beta_{0j} &= \gamma_{00} + \gamma_{01}Z_j + u_{0j} \\ \beta_{1j} &= \gamma_{10} + \gamma_{11}Z_j + u_{1j} \end{aligned} \tag{7.6}$$

이를 1수준 식에 대입하면 다음과 같다.

$$\begin{aligned} \eta_{1ij} &= \gamma_{00} + \gamma_{10}X_{ij} + \gamma_{01}Z_j + \gamma_{11}X_{ij}Z_j + u_{0j} + u_{1j}X_{ij} \\ \eta_{2ij} &= \theta_2 + \gamma_{00} + \gamma_{10}X_{ij} + \gamma_{01}Z_j + \gamma_{11}X_{ij}Z_j + u_{0j} + u_{1j}X_{ij} \\ &\vdots \quad \vdots \quad \vdots \quad \vdots \quad \vdots \quad \vdots \quad \vdots \quad \vdots \\ \eta_{cij} &= \theta_c + \gamma_{00} + \gamma_{10}X_{ij} + \gamma_{01}Z_j + \gamma_{11}X_{ij}Z_j + u_{0j} + u_{1j}X_{ij} \end{aligned} \tag{7.7}$$

식 7.7을 간단하게 표기하면 다음과 같다(이때, θ_1은 0이다).

$$\eta_{cij} = \theta_c + \gamma_{00} + \gamma_{10}X_{ij} + \gamma_{01}Z_j + \gamma_{11}X_{ij}Z_j + u_{0j} + u_{1j}X_{ij} \tag{7.8}$$

영모형은 다음과 같다.

$$\eta_{cij} = \theta_c + \gamma_{00} + u_{0j} \tag{7.9}$$

영모형으로부터 급내 상관계수(ICC)를 계산하기 위해 필요한 잔차 오차 u_0의 분산 추정치를 얻는다. 1수준 잔차 분산은 로짓 모형의 경우에 $\pi^2/33 \approx 3.29$이며, 프로빗 모형의 경우에 1이다. 급내 상관계수(ICC)는 관찰된 범주 반응 척도가 아닌 기저의 연속 척도 상에서 정의된다는 점에 주의해야 한다. 이분 자료의 경우와 같이, 기저의 연속 척도는 1수준 예측변인이 추가되면 척도가 조정되므로 다른 모형의 회귀계수와 직접적으로 비교가 불가능하다.

누적 확률 p_1, $p_1 + p_2$, $\cdots$, $p_1 + p_2 + \cdots + p_{C-1}$의 모형은 반응 범주 중 마지막 범주를 준거 범주로 본다. 그 결과, 누적 회귀모형의 회귀계수의 부호는 보통의 선형 회귀모형의 부호와 반대로 나타나 혼란을 야기한다. 따라서 대부분의 모형과 소프트웨어에서는 식 7.8의 회귀 방정식을 다음과 같이 표기함으로써 이러한 문제를 효율적으로 해결한다.

$$\eta_{cij} = -1\left(\theta_c + \gamma_{00} + \gamma_{10}X_{ij} + \gamma_{01}Z_j + \gamma_{11}X_{ij}Z_j + u_{0j} + u_{1j}X_{ij}\right) \tag{7.10}$$

앞의 식은 부호의 방향을 표준 선형 회귀 방정식과 같이 수정한 것이다. 하지만, 항상 위의 식처럼 표기되는 것은 아니므로 소프트웨어 사용자는 소프트웨어에 대한 이해가 필요하다.

이분 및 비율 종속변인에 대한 모형에서 제기되었던 추정법의 문제는 서열화된 범주 종속변인에 대한 모형에서도 다루어진다. 추정법의 하나의 접근은 주변부 준-우도(MQL) 또는 벌점 준-우도(PQL)을 이용한 Talyor 급수 선형화를 사용하는 것이다. 일반적으로 PQL이 MQL보다 정확하다고 인식되지만, 우도의 근사치(quasi-likelihood)를 사용하는 어떠한 방법도 이탈도 차이 검정을 허용할 만큼 정확하지는 않다. 다른 접근으로는 수치적분이 있다. 이는 앞의 방법들보다 정확하지만, 컴퓨터 집약적이고 실패에 보다 치명적이다. 종속변인이 이분 자료일 때와 달리 서열 자료일 경우, PQL은 수치적분만큼 정확히 추정한다(Bauer & Sterba, 2011). 수치적분을 이용한 추정은 예측변인에 얼마나 주의를 기울이는지에 따라 개선될 수 있다. 척도가 다양한 변인을 사용하거나 이상치가 있을 때에는 수렴되지 않을 위험이 증가한다. 추가적으로, 무선 기울기를 갖는 예측변인을 중심화할 때 0이 해석 가능한 값인지가 매우 중요하다. 다음 절에서는 이러한 이슈와 관련된 예시를 제시한다.

실제 상황에서 비례 승산 가정이 위배되는 경우가 많다는 점에 유의해야 한다. 평행 회귀선 가정에 대한 비공식적인 검정은 서열화된 범주 변인을 누적 확률 구조를 따르는 더미변인 집합으로 변환함으로써 실시한다. 따라서 C개의 범주를 갖는 결과변인의 경우, $C-1$개의 더미변인을 만든다. 응답이 범주1에 해당하면 첫 번째 더미변인의 값은 1이고, 그렇지 않을 경우 0이다. 두 번째 더미변인의 경우, 응답이 범주1 또는 범주2에 해당할 때 1의 값을 갖고, 그렇지 않을 경우에 0의 값을 가진다. 이러한 코딩을 반복하여 마지막 더미변인은 응답이 범주 $C-1$이하에 해당하면 1의 값을 갖고, 범주 C의 응답에 해당할 때 0의 값을 가진다. 마지막으로, 독립적인 회귀는 모든 더미변인에 대하여 수행되고, 동일한 회귀계수에 대한 영가설은 추정된 회귀계수와 표준오차를 통해 비공식적으로 검증된다. Long(1997)은 이 절차의 예시를 제시하고, 수많은 공식적인 통계적 검정에 대하여 기술하였다.

비례 승산 모형에 대한 수많은 대안이 있다. Hedeker와 Mermelstein(1998)은 임계 값을 각각 설정함으로써 비례 승산 가정을 완화한 다층모형을 언급하였다. 이 모형은 예측변인이 서로 다른 임계값에서 다양한 효과를 가질 수 있다. 다른 접근은 모형에 임계값과의 상호작용항을 추가하거나, 범주형 명목 정보만을 활용하여 서열 자료를 다항 모형으로 분석하는 것이다. 인접한 범주 또는 연속 비율 로짓은 다른 선택 사항이다. 이러한 내용은 한 수준으로만 이루어진 회귀모형과 관련된 선행연구에서는 잘 알려져 있지만, 다층모형으로 확장하여 이를 소프트웨어에서 실행하는 것은 제한적이다. 소수의 예측변인이 비례 승산 가정을 충족하지 못한 경우라면, 즉 대부분의 예측변인은 비례 승산 가정을 충족하고 소수의 예측변인만이 충족하지 못한 경우라면, 부분 비례 승산 모형(partial proportioanl odds model)을 이용할 수 있다(Hedeker & Mermelstein, 1998).

3) 서열화된 범주 자료의 예시

어떠한 도로 특성이 보행자들에게 안전하지 않은 느낌(*unsafety*)을 유발하는가를 알아보기 위한 조사를 한다고 가정하자. 100개의 도로 표본을 선택하고, 각 도로에서 10명의 사람들을 무선 표집하여 그 도로를 걷는 동안 얼마나 안전하지 않은 느낌 (*unsafety*)을 느꼈는지 질문하였다. 안전에 대한 질문은 1=전혀, 2=가끔, 3=종종의 세 개의 범주로 이루어졌다; 예측변인은 연령, 성별로 이루어져 있으며, 도로 특성은 경제적 지수(*economic index*)(표준화된 Z점수)와 도로의 혼잡도(*crowdedness*) (7점 척도) 로 이루어져 있다. 이 자료는 사람들이 도로에 내재되어 있는 다층 구조로 이루어져 있다.

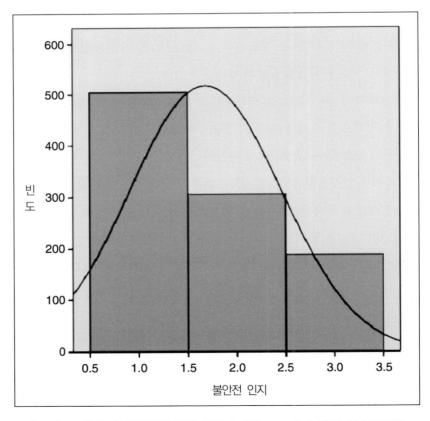

[그림 7-2] 종속변인[안전하지 않은 느낌(*unsafety*)]의 히스토그램

[그림 7-2]는 종속변인의 분포를 나타낸다. 이 변인은 오직 세 개의 범주로만 이루어져 있으며 분포는 비대칭적이다. 따라서 종속변인을 연속적인 것으로 취급하는 것은 적절하지 않다.

이 자료의 일부 특성은 불필요하게 추정의 어려움을 유발한다. 응답자의 연령 변인(age)은 연 단위로 기록되었고, 범위는 18~72세에 해당하여 다른 변인들의 범위와 매우 다르다. 또한, 연령(age)과 도로의 혼잡도($crowdedness$) 변인의 경우, 0의 값을 가질 수 없다. 이러한 문제를 해결하기 위해 연령을 10으로 나눈 값으로 변환(변수명: $age/10$)하고, (성별과 연령을 포함한) 모든 예측변인을 중심화하였다. 앞서 제4장에서 제안된 탐색 전략을 이용한 결과, 모든 예측변인은 유의하였고, 연령 변인은 도로에 따라 기울기 변산이 유의했다. 하지만, 이러한 기울기 값들의 차이는 경제적 지수($economic\ index$)와 도로의 혼잡도($crowdedness$)로 설명되지 않는다. 〈표 7-1〉은 최종 모형으로 로짓 모형과 프로빗 모형을 사용한 결과를 나타낸 것이다. 추정은 SuperMix의 수치적분을 활용하였으며, 완전최대우도가 적용되었다.

〈표 7-1〉 안전하지 않은 느낌($unsafety$) 자료에 대한 로짓 및 프로빗 모형 결과

모형	로짓	프로빗
고정효과		
예측변인	회귀계수(s.e.)	회귀계수(s.e.)
절편	−0.02(.09)	−0.02(.06)
임계값2	2.02(.11)	1.18(.06)
연령/10	0.46(.07)	0.27(.04)
성별	1.23(.15)	0.72(.09)
경제적 지수	−0.72(.09)	−0.42(.05)
도로의 혼잡도	−0.47(.05)	−0.27(.03)
무선효과		
절편	0.26(.12)	0.10(.04)
연령/10	0.20(.07)	0.07(.02)
절편/연령	−0.01(.07)	−0.00(.02)
이탈도	1718.58	1718.08

두 모형의 해석은 동일하다. 로짓 모형의 계수와 표준오차는 프로빗 모형에서보다 평균적으로 1.7배 크게 나타났다. 분산과 표준오차는 2.73배 정도 크게 나타났고, 이는 1.65의 제곱과 유사한 값이다. 프로빗 모형은 기저 척도의 표준편차가 1이기 때문에 해석하기가 간단하다. 따라서 실제 연령이 10만큼 증가했을 때 안전하지 않은 느낌(*unsafety*)은 약 1/4 표준편차 증가한다고 해석할 수 있고, 이는 상대적으로 작은 효과에 해당한다. 반면, 기저의 척도에서 성별 간의 차이가 약 0.7 표준편차로 나타났으며, 이는 큰 효과에 해당한다. 로짓 모형의 경우에는 종종 승산으로 해석한다. *age*/10 변인의 회귀계수 0.46에 대응되는 승산비는 $e^{0.46} = 1.59$이다. 따라서 실제 연령의 10 증가는 $c-1$ 이하의 범주에 비해 범주 c에 응답할 승산이 1.59배 더 높다. 즉 실제 연령이 10 증가함에 따라 '전혀' 또는 '가끔' 범주에 응답할 확률보다 '종종' 범주에 응답할 확률이 1.59배 높다. 이때, 비례 승산 가정에 따라 승산의 변화가 반응 범주 간에 독립적이라는 점에 주의해라.

〈표 7-2〉는 로짓 모형에 한하여 여러 추정 방법에 대한 결과를 보여 줌으로써 각 추정 방법의 효과에 대한 이해를 돕는다. 첫 번째 열은 Taylor 급수 선형화(HLM 사용, PQL-1 방법) 방법에 근거한 추정치이다. 두 번째 열은 SuperMix에서 수치적분에 근거한 추정치 결과를, 세 번째 열은 Mplus에서 수치적분을 사용하여 얻은 추정치를 나타내는데, 두 소프트웨어는 다른 추정 알고리즘을 사용한다.

〈표 7-2〉의 모든 추정치는 유사한 값을 보인다. HLM의 Taylor 급수 선형 방법을 이용한 추정치는 수치 적분법을 이용한 추정치보다 약간 작은 값을 보인다. 이분 자료의 경우, Taylor 급수 접근법은 작은 크기의 부적 편향을 갖는 경향이 있다(Breslow & Lin, 1995; Raudenbush et al., 2000; Rodriguez & Goldman, 1995). 〈표 7-2〉의 추정치 결과는 서열 자료를 모형화할 시, 유사한 편향이 발생함을 보여 준다. 그럼에도 불구하고 안전하지 않은 느낌(*unsafety*) 자료에서 Taylor 급수 근사를 이용한 추정치는 다른 추정치와 매우 유사한 값을 보이고, 추정치 간의 차이는 해석의 차이를 유발하지 않는다. SuperMix와 Mplus의 수치적분에 근거한 추정치는 본질적으로 동일하다. HLM은 무선효과에 대한 표준오차를 제공하지 않으나, 대신에 잔차에 대한 χ^2 검정(보다 자세한 내용은 제3장 참조)을 통해 절편과 기울기 분산의 유의함을 보여 준다.

〈표 7-2〉 추정법에 따른 안전하지 않은 느낌(*unsafety*) 자료에 대한 결과

모형	Taylor 급수(HLM)	적분(SuperMix)	적분(Mplus)
고정효과			
예측변인	회귀계수(s.e.)	회귀계수(s.e.)	회귀계수(s.e.)
절편/임계값	−0.01(.09)	−0.02(.09)	0.02(.09)
임계값2	1.96(.10)	2.02(.11)	2.04(.12)
연령/10	−0.42(.06)	0.46(.07)	0.46(.07)
성별	−1.15(.14)	1.23(.15)	1.22(.14)
경제적 지수	0.68(.09)	−0.72(.09)	−0.72(.09)
혼잡도	0.44(.05)	−0.47(.05)	−0.47(.05)
무선효과			
절편	0.21(.26)	0.12(.26)	.07
연령/10	0.16(.20)	0.07(.20)	.07
절편/연령	−0.01(−.01)	0.07(−.01)	.07
이탈도		1718.58	1718.59
AIC		1736.58	1736.59
BIC		1780.75	1780.76

또한, 〈표 7-2〉는 모형 모수화를 위한 서로 다른 추정법의 영향을 설명한다. HLM은 식 7.8과 같이 비례 승산 모형을 사용한다. 이 모형은 마지막 범주인 $c = C$에 비해 범주 c 이하에 응답할 확률에 대하여 모형을 설정한다. 따라서 회귀계수의 부호는 일반적인 회귀모형에서의 부호와 반대로 나타난다. SuperMix와 Mplus는 식 7.10과 같이 일반화 회귀모형의 선형 예측변인에 −1을 곱하여 회귀계수의 부호 문제를 해결한다. SuperMix와 Mplus 간의 사소한 차이는, SuperMix는 위에 묘사된 바와 같이 임계값을 변형하는 반면, Mplus는 그렇지 않다는 점이다. 따라서 고정효과의 첫 번째 행은 SuperMix의 경우 절편을, Mplus의 경우 임계값인 1을 나타낸다. Mplus 열에서 두 개의 임계값으로부터 0.02를 빼면, 첫 번째 임계값은 0이 되고, 두 번째 임계값은 SuperMix 열에서 임계값2에 해당하는 값과 동일하게 된다. 모든 모형의 모수는 동일

하지만 회귀계수들의 부호가 반대인 것을 통해, 소프트웨어가 실제로 어떻게 회귀계수를 계산하는지를 아는 것이 중요함을 확인할 수 있다.

2. 빈도 자료

　관심의 대상인 종속변인은 종종 사건의 빈도로 이루어져 있다. 대부분의 경우에 빈도 자료는 정규분포를 완벽하게 따르지 않는다. 빈도는 0보다 작은 값을 가질 수 없기 때문에 빈도 자료는 항상 0에서 하한값을 갖는다. 이에 더해, 빈도 자료는 이상치를 가질 수 있고, 이는 정적 편포를 야기한다. 종속변인이 자주 발생하는 사건의 빈도인 경우, 제곱근을 취하거나 더 극단적인 경우에는 로그변환을 통해 이러한 문제를 해결할 수 있다. 하지만 이러한 비선형 변환은 근본적인 척도의 해석을 변화시키기 때문에, 빈도를 직접적으로 분석하는 것이 선호된다. 빈도 자료는 일반화선형모형을 활용하여 직접적으로 분석될 수 있다. 가령, 사건이 상대적으로 드물게 발생하는 경우에는 포아송 모형을 활용하여 분석된다. 이러한 사건의 예시로는 정규 모집단에서 우울증 증상의 빈도, 특정 도로에서의 교통사고 발생 빈도, 또는 안정적인 관계에서 일어나는 갈등의 빈도가 있다. 보다 자주 발생하는 사건은 음이항 모형을 활용하여 분석된다. 다음 절에서 두 모형에 대하여 다루도록 한다.

1) 빈도 자료에 대한 포아송 모형

　포아송분포에서 사건 $y(y = 0, 1, 2, 3, \cdots)$에 대한 확률은 다음과 같다(예: 자연 로그의 역함수).

$$\Pr(y) = \frac{\exp(-\lambda)\lambda^y}{y!} \tag{7.11}$$

이항분포와 같이 포아송분포는 오직 한 개의 모수로 이루어져 있으며, 이는 사건 발생률 λ이다. 포아송분포의 평균과 분산은 모두 λ로 동일하다. 결과적으로, 사건 발생률이 증가함에 따라 높은 빈도의 사건이 더 많이 발생하고, 빈도의 분산이 함께 증가하여 이분산성이 발생한다. 포아송분포에서 중요한 가정은 사건은 독립적으로 발생하며, 평균적인 사건 발생률이 λ로 일정하다는 것이다. 예를 들어, 학생의 학교 결석일 수를 세는 것은 아마 포아송분포를 따르지 않을 것이다. 왜냐하면 학생의 결석이 질병 때문일 수 있고, 질병이 지속되어 며칠 동안 결석을 한다면, 이 빈도는 독립적이지 않기 때문이다. 한편, 책에서 무선적으로 선택된 페이지에 있는 오탈자의 수는 포아송분포를 따를 것이다.

빈도 자료에 대한 포아송 모형은 다음과 같은 세 개의 성분으로 이루어져 있는 일반화선형모형이다.

1. 평균이 μ이고 분산이 σ^2인 특정 오차 분포를 갖는 종속변인 y
2. 종속변인 y의 예측변인 η를 생성하는 선형 가법 회귀 방정식
3. 종속변인 y의 기댓값을 η에 대한 예측값으로 연결하는 연결함수, $\eta = f(\mu)$

빈도의 경우, 종속변인은 사건 발생률 λ를 갖는 포아송분포를 따른다고 종종 가정한다. 포아송 모형은 관측 기간이 미리 고정되어 있고(일정한 노출), 사건은 일정한 비율로 발생하고, 분리된 구간의 사건의 수는 통계적으로 독립적이라고 가정한다. 다층 포아송 모형은 특정한 유형의 종속성을 다룬다. 모형은 가변 노출률(varying exposure rate) m을 포함하여 확장될 수 있다. 예를 들어, 책의 페이지마다 단어의 수가 다르고, 오타의 분포가 해당 페이지 단어 수를 노출률로 갖는 포아송분포를 따를 수 있다. 일부 소프트웨어에서는 노출 변인이 명세화되어야 한다. 명세화가 불가능하다면, 노출 변인은 모형의 예측변인으로 추가되어야 한다. 이때, 잠재 종속변인

η와 동일한 척도에 놓기 위해 노출률은 로그 변환($\ln(m)$)되어야 한다. 이러한 항은 선형모형에서 상쇄항(offset)이라 불리며, 상쇄항의 계수는 일반적으로 1로 고정된다 (McCullagh & Nelder, 1989).

집단 j에 소속된 개인 i의 빈도 Y_{ij}에 대한 다층 포아송 회귀모형은 다음과 같다.

$$Y_{ij} \,|\, \lambda_{ij} = \mathrm{Poisson}(m_{ij},\ \lambda_{ij}) \tag{7.12}$$

포아송분포에 대한 표준 연결함수는 로그함수이며, 다음과 같이 표현된다.

$$\eta_{ij} = \ln(\lambda_{ij}) \tag{7.13}$$

이를 1수준 및 2수준 모형으로 표현하면 다음과 같다.

$$\eta_{ij} = \beta_{0j} + \beta_{1j} X_{ij} \tag{7.14}$$

$$\begin{aligned}
\beta_{0j} &= \gamma_{00} + \gamma_{01} Z_j + u_{0j} \\
\beta_{1j} &= \gamma_{10} + \gamma_{11} Z_j + u_{1j}
\end{aligned} \tag{7.16}$$

이를 1수준의 통합된 식으로 표현하면 다음과 같다.

$$\eta_{cij} = \gamma_{00} + \gamma_{10} X_{ij} + \gamma_{01} Z_j + \gamma_{11} X_{ij} Z_j + u_{0j} + u_{1j} X_{ij} \tag{7.16}$$

포아송분포는 단 하나의 모수만 포함하기 때문에, 분포의 분산은 평균과 동일하다. 빈도의 기댓값은 그 분포의 분산을 의미한다. 그러므로 로지스틱 회귀모형과 같이 1수준식은 1수준의 오차항을 포함하지 않는다. 실제 분석에서 분산은 종종 기댓값을 초과하며, 이는 과대산포에 해당한다. 드문 경우이긴 하지만 과소산포도 발생한다. 과소산포는 종종 모형의 명세화가 잘못된 경우를 나타내며, 이러한 예로 큰 상호작용효과를 누락한 경우를 생각할 수 있다. 과대산포는 이상치가 있거나 다층모형에서 한 수준 전체를 누락한 경우에 발생할 수 있다. 이항 모형에서 집단의 크기가 매우 작을 때(약 3 이하) 과대산포가 발생했는데(Wright, 1997), 포아송 모형에서도 이런 경우에 과대산포가 발생할 수 있다. 또 다른 문제는 예상했던 것보다 더 많은 0의 빈도가 나타났을 때이다. 이 문제는 뒤의 장에서 다루어진다. 만약 분산이 명백히 평균보다 클 경우, 음이항분포가 사용될 수 있다. 이는 별개의 분산 모수를 추정해 준다.

빈도 자료의 예시

Skrondal과 Rabe-Hesketh(2004)은 클리닉에 4회 연속 방문한 간질 발작 환자 59명에 대한 예시 자료를 다루었다. 예시 자료에는 처치가 시작되기 2주 전 간질 발작 수에 대한 기초선(baseline) 빈도가 있다. 기초선 빈도 이후, 환자들은 처치(약)와 통제(플라세보) 조건에 무선적으로 할당되었다. 하나의 추가 변인은 환자의 연령이다. 연결함수가 로그함수이므로 간질 발작 수에 대한 기초선 빈도와 연령은 로그 변환한 후 전체 평균으로 중심화하였다.

[그림 7-3]은 발작의 빈도 분포를 나타내고, 이로부터 정규분포를 따르지 않음을 알 수 있다. 발작 수의 평균은 8.3, 분산은 152.7으로 나타나, 포아송분포의 적용 가능성에 대해 심각한 의문이 제기된다. 하지만, 히스토그램은 극단적인 이상치가 일부 존재하는 것을 보여 준다. Skrondal과 Rabe-Hesketh(2004)은 이 자료를 보다 자세하게 다루며, 잔차의 검토와 관련된 절차가 모형 적합도에 대한 정보를 어떻게 제공하는지 설명한다.

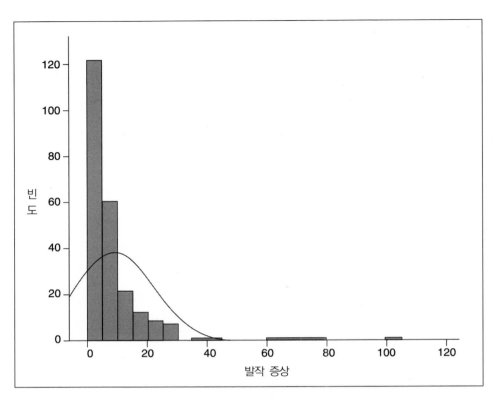

[그림 7-3] 발작 증상의 빈도 분포

〈표 7-3〉 추정법에 따른 간질 발작 자료의 분석 결과

모형	Taylor 급수(HLM)	Taylor 급수(HLM)	수치적분(HLM)
고정효과			
예측변인	회귀계수(s.e.)[r]	회귀계수(s.e.)[r]	회귀계수(s.e.)[r]
절편	1.82(.09)	1.83(.09)	1.80(.13)
로그 기초선 빈도(log baseline)	1.00(.10)	1.00(.11)	1.01(.10)
처치	−0.33(.15)	−0.30(.15)	−0.34(.16)
무선효과			
절편	0.28	0.26	0.27
과대산포		1.42	

r: 강건한 표준오차를 사용함

〈표 7-3〉은 발작 증상에 대한 다층 포아송 회귀분석에 대한 결과를 제시한다. 연령 변인은 유의하지 않게 나타나 제외하였다. 자료의 이분산성을 고려하여 강건한 표준오차를 사용 가능할 경우에, 이를 이용하였다. HLM은 무선효과에 대한 표준오차는 제공하지 않지만, 잔차 분산에 대한 χ^2 검정(보다 자세한 내용은 제3장을 참조)을 통해 절편 분산이 유의함을 확인할 수 있다. 3개의 다른 분석은 매우 유사한 추정치를 산출한다. SuperMix를 활용한 네 번째 분석은(여기서는 제시하지 않음) HLM과는 다른 유형의 수치적분법을 활용한다. 이는 세 번째 열에 제시된 HLM의 수치적분법의 추정치와 거의 동일한 추정치를 나타낸다. HLM은 과대산포를 허용하지 않음을 주의하라. SuperMix 또한 모형의 과대산포 모수를 허용하지 않으나, 음이항 모형을 활용하여 빈도 자료에 대한 모형을 추정할 수 있다. 이는 빈도에 대한 추가 분산을 허용하는 포아송 모형의 확장이다.

모든 추정 방법에서 기저 측정(baseline measurement)은 강한 효과를 보이며, 처치 효과는 .05 수준에서 유의하게 나타났다. 〈표 7-3〉의 결과의 해석을 위해 로그 척도의 추정치를 관찰된 사건으로 변환할 필요가 있다. 로그 기초선은 중심화되었고, 통제 집단은 0으로 코딩되었기 때문에 절편은 통제 집단의 사건 발생률의 기댓값을 가리킨다. 마지막 열의 추정치를 이용하여 통제 집단의 사건 발생률을 $Y = e^{1.8} = 6.05$으로 계산할 수 있다. 처치 집단의 사건 발생률은 $Y = e^{(1.8 - 0.34)} = 4.31$으로 계산된다. 평균적으로, 이 약(처치)은 플라시보를 이용했던 통제 집단에서의 사건 발생률의 28.8%$(((6.05 - 4.31) \div 6.05) \times 100)$만큼 사건 발생률을 낮춘다.

2) 빈도 자료에 대한 음이항 모형

포아송 모형에서는 종속변인의 분산이 평균과 동일하다. 관찰된 분산이 포아송 모형에서 기대된 분산보다 훨씬 클 경우에 이는 과대산포를 의미한다. 과대산포를 모형화하는 하나의 방법은 모형에 명시적인 오차항을 추가하는 것이다. 포아송 모형에서 연결함수(식 7.13을 보라, $\eta_{ij} = \ln(\lambda_{ij})$)를 설정하면, 연결함수의 역함수는 $\lambda_{ij} = \exp(\eta_{ij})$이다. 이때, η_{ij}는 선형 회귀모형에 의해 예측된 종속변인이다. 음이항분포는 다음과 같이 모형에 명시적인 오차항 ϵ을 추가한다.

$$\lambda_{ij} = \exp\left(\eta_{ij} + \epsilon_{ij}\right) = \exp\left(\eta_{ij}\right)\exp\left(\epsilon_{ij}\right) \tag{7.17}$$

포아송 모형에서의 분산과 비교했을 때, 이 모형에서는 오차항으로 인해 분산이 증가한다. 이는 포아송 모형에 분산 모수를 추가하는 것과 유사하다. 단일 수준 음이항 모형에 대한 보다 자세한 설명은 Long(1997)에 제시되어 있다. 음이항 모형을 활용하여 발작 증상 자료를 분석하면, 추정치는 〈표 7–3〉의 마지막 열의 결과와 매우 유사하게 나타난다. 분산 모수는 0.14(s.e.=0.04, p=0.001)다. 피험자 수준의 분산은 0.24로 〈표 7–3〉에 제시된 값보다 약간 작다. 〈표 7–3〉에 제시된 바와 같이 포아송 모형보다 음이항 모형에서 사건 수준의 분산이 보다 크다는 점을 고려하면, 이 결과는 타당하다. 음이항 모형이 포아송 모형에 분산항을 포함한 모형이라는 점을 고려했을 때, 음이항 모형이 포아송 모형보다 적합한지를 평가하기 위하여 이탈도 검정을 이용할 수 있다. 한편, 음이항 모형은 과대산포 모수를 갖고 있는 포아송 모형과 직접적으로 비교할 수 없는데, 이는 두 모형이 내재된 관계가 아니기 때문이다. 그러나 AIC와 BIC를 이용하면 두 모형을 비교할 수 있다. AIC와 BIC는 모두 음이항 모형에서보다 과대산포 모수를 포함한 포아송 모형에서 더 작게 나타난다.

3) 너무 많은 영(0): 영과잉 모형(The Zero-Inflated Model)

자료가 포아송분포에 의해 예상되는 수보다 더 많은 0을 포함한다면, 자료가 생성되는 두 개의 과정이 존재한다고 가정하는 경우가 있다. 0의 일부는 사건 빈도의 부분이며, 포아송 모형(또는 음이항 모형)을 따른다고 가정한다. 나머지 0은 이항 모형의 이분 과정으로, 사건이 일어나는지에 대한 여부를 나타낸다. 이러한 0은 빈도의 부분이 아니라 구조적인 0으로 사건이 절대 발생하지 않음을 나타낸다. 따라서 우리가 분석할 자료는 항상 0을 발생시키는 모집단('항상 0인 집단')과, 포아송 모형을 따라 사건이 발생하는 모집단과 같이 두 개의 모집단을 포함한다고 가정한다. 예를 들어, 약물

복용과 같은 위험한 행동에 대하여 연구를 한다고 가정하자. 한 모집단('항상 0인 집단')은 이러한 행동을 절대 보이지 않으며 모집단 행동 레퍼토리에 이러한 행동이 포함되지 않은 집단이다. 이러한 개인들은 항상 0을 보고한다. 다른 모집단은 이러한 행동이 행동 레퍼토리에 포함되어있는 개인들로 구성되어 있다. 이 모집단 개인들의 보고에는 0이 포함될 수 있는데, 그 이유는 이 모집단의 개인은 때때로 약물을 복용하지만, 조사 기간 동안에 복용하지 않을 수도 있기 때문이다. 이러한 과정을 혼합한 모형이 영과잉 포아송(zero-inflated Poisson) 또는 ZIP 모형이다. 모형의 빈도 부분에 대해서는, 예를 들어 포아송 또는 음이항분포를 가정하여 표준 회귀모형을 사용한다. '항상 0인 집단'에 속할 확률에 대해서는 표준 로지스틱 회귀모형을 사용한다. 두 개의 모형은 동시에 추정된다. 〈표 7-4〉는 발작 증상 자료(MPlus를 사용하여 추정)에 대한 다층 포아송 모형과 다층 영과잉 포아송 모형의 결과를 나타낸다.

　　포아송 모형의 모수 추정치가 약간 변하지만, AIC와 BIC는 ZIP 모형이 더 적절하다고 나타낸다. ZIP 모형에서는 과잉 부분(inflation part)의 절편으로 추가적인 모수를 포함한다. 〈표 7-4〉에 제시된 바와 같이 ZIP 모형에는 '항상 0인 집단'에 속할 확률을 예측하는 예측변인이 없다. 결과적으로, 절편은 '항상 0인 집단'에 속할 평균 확률을 나타낸다. 절편값이 크면 '항상 0인 집단'이 큰 부분을 차지함을 나타낸다. 과잉 부분의 모형은 로지스틱 모형이며, 절편값 −3.08은 모형의 기저가 되는 로짓 척도 상에 있다. 이를 (제6장에 소개된) 로짓 변환의 역함수를 이용하여 비율로 변환하면 다음과 같으며, 이 식은 발작 증상 자료에서 '항상 0인 집단'이 작은 부분을 차지함을 의미한다. 발작 증상 자료에서, 피험자의 9.7%는 발작횟수가 0이라고 보고하였다. 식 7.18을 통해 이 중의 4.4%는 증상이 완전히 억제되어 있는 상태이므로 발작횟수가 0이었으며, 5.3%는 단지 조사 기간에 발작 증상을 보이지 않았다고 추정된다.

$$\hat{P} = \frac{e^{3.08}}{1 + e^{3.08}} = 0.044 \tag{7.18}$$

〈표 7-4〉 발작 증상에 대한 결과: 포아송 모형과 영과잉 포아송 모형

모형	포아송	ZIP
고정효과		
예측변인	회귀계수 (s.e.)[r]	회귀계수 (s.e.)[r]
절편	1.80(.09)	1.87(.09)
로그　기초선　빈도(log baseline)	1.01(.11)	0.99(.11)
처치	−0.34(.15)	−0.35(.15)
과잉 절편		−3.08(.49)
무선효과		
절편	0.28(.07)	0.25(.06)
이탈도	1343.20	1320.29
AIC	1351.20	1330.29
BIC	1365.05	1347.61

r: 강건한 표준오차를 사용함

　　〈표 7-4〉에 보고된 ZIP 모형은 과잉 부분에 예측변인을 포함하지 않는다. 과잉 부분의 모형은 예측변인을 포함함으로써 제6장에서 언급된 모형과 유사한 로지스틱 모형으로 확장이 가능하다. 이 발작 증상 자료에서 이용 가능한 예측변인은 영과잉을 예측하지 않았으며, AIC와 BIC는 과잉 부분에 예측변인을 포함하지 않은 ZIP 모형이 더 나은 모형임을 나타낸다.

　　실증 자료는 종종 과대산포와 영과잉을 나타내기 때문에, 가장 적합한 분포 모형을 선택하는 것은 모델링 과정에서 매우 중요한 부분이다(Gray, 2005 참조).

　　포아송 모형처럼 음이항 모형은 영과잉 부분을 포함하여 확장될 수 있다. Lee, Wang, Scott, Yau와 McLachlan(2006)은 영과잉 자료에 대한 다층 포아송 모형에 관해 다루었고, Moghimbeigi, Esraghian, Mohammad와 McArdle(2008)은 이러한 자료에 대한 음이항 모형에 관해 다루었다. 발작 증상 예시 자료의 경우, 음이항 모형에 영과잉 부분을 추가하는 것은 적절하지 않았고, 영과잉에 대한 잠재 계층은 매우 작

게 추정되었으며, AIC와 BIC는 영과잉을 포함하지 않은 음이항 모형이 더 나은 모형임을 나타냈다.

3. 서열화된 범주 자료와 빈도 자료에 대한 설명된 분산

일반화선형모형에는 선형 회귀모형의 중다 상관계수와 실질적으로 같은 것은 없다. 제6장에서 로지스틱 모형에 관해 언급되었던 바와 같이, 수치적분을 이용할 때 이탈도에 근거한 준-R^2를 이용할 수 있다. 제6장에서 McFadden's 준-R^2이 계산하기 쉽고 서로 다른 수준을 구별하는 데 확장될 수 있기 때문에 많이 사용됨을 설명하였다. 이는 다음과 같이 쉽게 계산할 수 있다.

$$R_{MF}^2 = 1 - \frac{Deviance_{model}}{Deviance_{null}}$$

(6.25, 반복)

McKelvey와 Zavoina(1975)에 의해 제안된 방법은 우수하지만, 이 방법은 약간의 후속 분석과 계산이 필요하다. 보다 자세한 내용은 제6장에서 언급되었다. McKelvey와 Zavoina의 접근법에서 설명된 분산은 다음과 같다.

$$R_{MZ}^2 = \frac{\sigma_F^2}{\sigma_F^2 + \sigma_{u0}^2 + \sigma_R^2}$$

(6.26, 반복)

(σ_F^2: 선형 예측변인의 분산, σ_{u0}^2: 2수준의 추정된 분산, σ_R^2: 오차분포에서의 분산)

서열화된 범주 회귀모형은 로짓 분포 또는 프로빗 분포를 사용하고, 각 분포의 분산은 3.29와 1.00이다. 빈도 모형에서 포아송분포는 평균과 동일한 분산을 갖고, 이는 절편만 포함한 모형에서 추정된다. 음이항분포 역시 평균과 동일한 분산을 가지며, 1수준 분산이 추가적으로 추정된다.

제6장에서 관찰된 종속변인을 예측하기 위해 사용된 선형 예측변인을 이용하여 설명력을 평가하는 방법을 언급하였다. 안전하지 않은 느낌(*unsafety*) 자료는 서열화된 범주(3개의 범주)로 이루어져 있다. 선형 예측변인을 계산하고, 관찰된 자료의 '1', '2', '3'의 백분율에 따라 세 개의 범주로 범주화할 수 있다. 범주3(종종)의 응답자 189명 중 84(44.4%)명이 정확하게 분류되었다. 관찰된 범주와 예측된 범주 간의 (서열) Spearman 상관계수는 0.45로 나타났고, 관찰된 범주와 선형 예측변인 간의 Spearman 상관계수는 0.51로 나타났다. 최종 모형의 설명력은 꽤 높은 편으로 나타났다.

발작 증상 자료에서는 선형 예측변인을 범주화할 필요가 없다(관찰된 빈도는 연속적으로 볼 수 있다). 발작 증상 빈도와 선형 예측변인 간의 Spearman 상관계수는 0.69로 나타났다. 불행하게도, 이는 대부분 기초선 빈도로 인한 결과이다. 즉, 관찰된 빈도와 기초선 빈도 간의 상관계수는 0.67이며, 관찰된 빈도와 처치 간의 상관계수는 −0.12이다. 이는 처치와 증상 발생률 간의 관계가 약함을 의미한다. 이 장 2절의 1항의 말미에서 포아송 모형으로 얻은 추정치를 통해 통제 집단의 평균 사건 발생률이 6.05, 처치 집단의 평균 사건 발생률이 4.31로 나타나, 두 집단의 차이가 통제 집단의 평균 사건 발생률의 28% 정도임을 확인하였다. 설명된 분산의 측면에서 이 효과는 기초선 빈도에 의해 감소되지만, 두 집단 간의 차이는 임상적으로 중요하거나 환자의 건강에 큰 영향을 줄 수 있다(이 자료는 실제 자료임을 기억해라).

4. 다시, 변화무쌍한 잠재 척도

로지스틱 및 프로빗 회귀모형처럼 서열화된 범주와 빈도 모형의 경우, 잠재 종속변인의 척도는 모형이 변화할 때 함께 변화한다. 3절에서 언급된 바와 같이 각 모형에서 1수준의 잔차가 표준 분포의 분산이 되도록 조정된다. 따라서 1수준의 잔차 분산을 계산하는 데 있어 약간의 변화가 있을 때, 회귀계수의 표준화를 위해 제6장의 5절에서 언급된 모든 절차는 이 장에서 다룬 서열화된 범주 자료와 빈도 자료에도 적용된다.

5. 소프트웨어

소프트웨어 문제는 제6장(7절)에서 다루어진 이분 자료와 비율 자료에 대한 다층 로지스틱 및 프로빗 모형에서 다루어진 문제와 유사하다. 이용 가능하다면, 일반적으로 수치적분이 MQL 및 PQL 선형화 방법보다 정확하다. 특히, 집단 크기가 작고 급내 상관계수(ICC)가 높을 때 더욱 그러하다. 다층 일반화 선형 회귀 방법의 경우, 분석을 할 때 선택한 소프트웨어에서 어떤 추정 방법이 가능한지를 확인해야 한다.

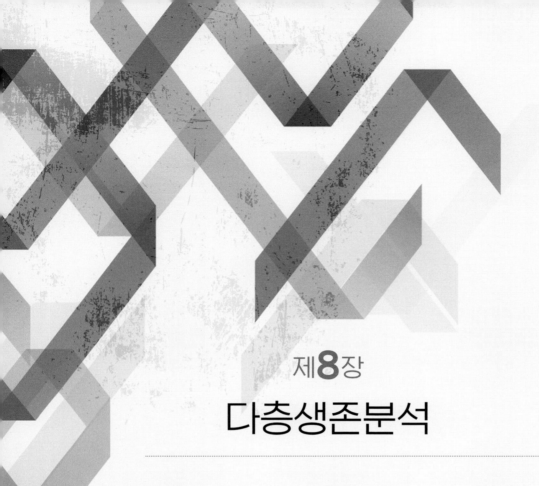

제**8**장

다층생존분석

요약

　생존분석 혹은 사건사분석(event history analysis)은 어떤 사건이 일어나기까지 걸린 시간을 모형화하는 분석 방법이다. '생존분석'이라는 용어는 병의 재발이나 사망까지 걸린 시간이 처치 변인을 포함한 독립 변인들의 함수로 모형화되는 연구들에서와 같이, 사건이 반복되지 않는 생의학적 사례들에서 가장 빈번하게 사용된다. 이와 관련된 용어로는 실패분석과 위험도 모형이 있다. 사회과학 연구에서는 일반적으로 사건사분석 혹은 기간분석이라는 좀 더 중립적인 용어가 사용된다. 이 장에서는 이 모든 방법을 통칭하여 생존분석이라는 용어를 사용할 것이다. 생존 데이터의 중요한 특징은 어떤 사례들의 경우 연구가 종료될 때까지 최종 사건이 관찰되지 않는다는 것이다. 이러한 관측치들은 절단 데이터라고 불린다. 중도절단은 연구 진행 중에 연구대상이 사건 발생 이외의 다른 이유로 이탈하였을 때도 발생할 수 있다. 이 장에서는 생존분석에 대하여 소개하고, 일반적인 생존분석이 다층모형으로 어떻게 확대될 수 있는지를 설명할 것이다. 여기에서 생존분석에 대한 논의는 비연속시간에 대한 모형으로 제한된다.

1. 생존분석

　생존분석은 일정 기간 동안의 사건(event) 발생과 사건 발생에 걸린 시간에 대한 분석이다. 사건의 예시로는 결혼, 출산, 취직, 혹은 학업 중퇴 등이 있다. 사건 발생 시점은 연속변수 혹은 비연속변수로 측정될 수 있다. 시간을 연속변수라고 가정하면 사건 발생의 시점이 정확하게 측정될 수 있거나, 또는 적어도 최소한 매우 조밀하고 정확한 시간 단위가 사용될 수 있다. 시간을 비연속변수라고 가정하면 주, 달, 연도와 같은 다수의 연속된 시간 구간을 가정하며, 각 구간의 끝을 기준으로 해당 구간 동안 대상에게 사건이 일어났는지를 기록한다. 이는 사건이 일어난 특정 구간은 알 수 있으나, 정확한 시간은 알 수 없다는 것을 암시한다. 이는 정보의 상실을 초래하므로, 시간을 연속이 아닌 비연속변수로 측정하는 것에 대한 정당한 이유가 제시되어야만 한다. 가령, 후향적 연구(retrospective studies)에서는 기억의 상실로 인하여 연구 대상이 사건 발생의 정확한 시점을 기억하지 못할 수도 있다. 또, 전향적 연구(prospective studies)에서는 측정 횟수를 지나치게 증가시키는 것이 윤리적·재정적·비용-효율적 측면에서 비현실적이다. 시간을 비연속변수라고 가정하면 종단 데이터 중 시점이 고정효과인 경우에 해당하며, 시간을 연속변수라고 가정하면 시점이 무선효과인 경우와 같다.

구간 데이터가 일정하게 고정된 시점에 수집된 것이 아니라면, 통계적 검정력에 대한 영향이 적더라도, 시간을 고정효과인 비연속변수로 취급하는 것은 좋은 방법이 아닐 수 있다(Moerbeek & Schormans, 2015). 시간을 연속변수로 가정하고 분석하는 여러 방법이 개발되었는데, 그 중 카플란-마이어(Kaplan-Meier) 모형(1958)과 콕스(Cox) 모형(1972)이 가장 널리 사용된다. 카플란-마이어 모형은 시간 구간 접근(the grouped time method)을 사용하지만, 관찰된 값마다 고유한 해당 구간을 부여함으로써 이를 확장시킨다. 비연속시간 생존분석은 이분 혹은 서열 자료를 위한 일반화선형모형을 통하여 쉽게 분석할 수 있으며, 이에 대한 자세한 방법은 Singer와 Willett(2003)에 기술되어 있다. 이 장은 비연속시간 생존분석을 주로 다룰 것이며, 생존 자료는 구간 절단되었다고 할 수 있다.

생존 혹은 사건사 데이터의 중요한 문제는 아직 일어나지 않아 관측하지 못한 사건이 존재한다는 점이다. 이는 대상이 연구 종료 전 이탈하였거나 사건 발생 전에 연구가 종료되었기 때문이다. 이와 같은 대상들의 경우 생존시간을 알 수 없으며, 관찰

구간의 끝부분에서도 아직 사건이 발생하지 않았기 때문에, 이때 자료는 우측-절단되었다고 말한다. 단순히 이 대상들을 제외하는 것은 좋은 해결 방법이 아니다. 가령, 결혼 지속 기간에 대한 종단 연구에서 데이터 수집 기간이 끝날 때까지 결혼 상태인 대상들은 모두 제외한다고 가정해 보자. 평균 결혼 지속 기간의 추정치는 명백히 과소 편향될 것이고, 표본에서 많은 부분을 버리게 될 것이다. 따라서 생존분석의 목표는 관련 예측변인들과 절단 데이터를 포함하여 결혼 지속 기간 기댓값의 불편향 추정치를 계산하는 것이다. 이는 절단 과정에 대한 정보가 없을 때, 즉, 대상의 연구 이탈이 사건 발생이 아닌 다른 이유로 이루어질 때만 가능하다. 이런 경우, 연구가 끝날 때까지 남아 있는 연구 대상들은 절단이 일어나지 않았더라면 연구에 남아 있었을 대상들을 대표한다고 볼 수 있다.

시간 구간 접근(the grouped time approach)은 시간 변인를 적은 수의 구간으로 나눈다. 이 장에서는 각 구간이 동일한 길이를 가진 것으로 가정한다. 각 구간에 대해서는 위험 확률과 생존 확률이 결정된다. 생존 표에는 이 확률들이 요약되어 있으며, 이때 전체 집단 혹은 하위 집단들에 대한 생존 확률 함수와 위험 확률 함수를 요약하기 위하여 다양한 통계치들을 사용할 수 있다. 연구 대상 i의 위험 확률 $h(t_i)$는 시간 구간 t에서 최초로 사건이 일어날 확률을 의미한다.

$$h(t_i) = P(T_i = t \mid T_i \geq t). \tag{8.1}$$

T_i는 시간의 이산확률변수로, 연구 대상 i에게 사건이 발생한 시간 구간을 의미하며, 구간 t 이전에는 사건이 일어나지 않았다는 조건 하에 정의된 조건 확률이다. 이는 초점이 되는 대상이 이혼 후 재혼이나 알코올 중독의 재발과 같이 반복되는 사건이 아닌, 하나의 사건들에 있음을 암시한다. 데이터로부터 추정된 위험 확률은 다음과 같다.

$$\hat{h}(t) = \frac{\text{구간 } t \text{의 사건 수}}{\text{구간 } t \text{의 위험 상태 수}} \tag{8.2}$$

위험 확률은 시간 구간마다 크게 다를 수 있다. 이 장에서는 시간을 통계적으로 모형화할 수 있는 여러 접근법에 대해 설명할 것이다.

생존 확률은 시간 구간 t 이후에 생존할 확률을 의미한다.

$$S(t_i) = P(T_i > t). \tag{8.3}$$

연구 초기의 생존 확률은 1이다. 이는 모든 대상들에게 사건이 발생할 수 있음을 의미한다. 즉, 이는 특정 상태(예: 흡연 경험 없음)에 있는 연구 대상들이 다른 상태(예: 흡연 경험 있음)로 전환할 가능성이 있다는 것이다. 중요한 것은 겹치지 않는 두 상태가 있다는 점이다. 세 개 이상의 상태를 가질 수 있는 사건은 고려하지 않는다. 두 상태가 경합하는 위험도의 예시로, 교육 연구에서 학생이 대학을 졸업하거나 중퇴하는 상황을 들 수 있다.

데이터에서 추정된 생존 확률은 다음과 같다.

$$S(t) = \frac{\text{연구의 위험 상태 수} - \text{구간 } t\text{의 사건 수}}{\text{연구의 위험 상태 수}}. \tag{8.4}$$

연구가 진행되는 동안 대상에게 사건이 발생한다는 것은 생존 확률 함수가 시간에 따라 감소함을 의미한다. 위험 확률이 가장 높은 시간 구간에서 생존 확률 함수가 가장 크게 감소한다. 생존 확률과 위험 확률은 다음과 같은 관계가 있다.

$$S(t) = S(t-1) \times (1 - h(t)). \tag{8.5}$$

구간 t의 마지막 지점에서의 생존 확률은 구간 $t-1$의 마지막 지점(구간 t의 시작 지점)의 생존 확률에 구간 t에서 사건이 발생하지 않을 확률을 곱한 것이다. 위험 확률 함수는 각 구간의 고유한 위험도를 평가하는 한편, 생존 확률 함수는 사건이 일어나지 않을 확률을 시간의 진행에 따라 누적시킨다.

　생존분석 모형은 위험 확률 함수의 모형으로, 위험 확률은 시간-불변적 혹은 시간-가변적 공변인 X_{ti}로 모형화한다. 위험 확률은 0과 1 사이의 값을 가지기 때문에, 선형모형은 적합하지 않으며 위험 확률을 적절하게 변환할 수 있는 연결함수를 가진 일반화선형모형을 사용한다. 연결함수 g는 다음과 같다.

$$g(h(t|X_{ti})) = \alpha_t + \beta_1 X_{ti} \tag{8.6}$$

　이 식에서 α_t는 시점-고유 절편들로 기저 위험도 확률을 나타내며, 각 구간은 고유한 절편인 α_t를 가진다. 기저 위험 확률에 대한 검토를 통해 어느 구간에 사건 발생 확률이 최대였는지, 그리고 사건 발생 확률이 시간에 따라 어떻게 변화하였는지 알 수 있다. 이는 흡연과 같은 바람직하지 않은 행위를 예방하거나 지연시키기 위한 개입의 필요성이 가장 큰 시점을 규명하는 기초가 된다.

　연결함수 g가 로짓 함수일 때 이에 대응하는 모형은 비례 승산 모형이다.

$$\ln\left(\frac{h(t|x_{ti})}{1 - h(t|x_{ti})}\right) = \alpha_t + \beta_1 X_{ti} \tag{8.7}$$

　생존 모형에서 사용되는 다른 연결함수로는 보 로그-로그(complementary log-log) 함수가 있으며, 이는 $g = -\ln(-\ln(1 - h(t)))$로 나타낸다. 보 로그-로그 연결함수는 잠재적 생존 과정이 연속적이나, 관찰은 비연속적으로 이루어진 경우에 권장된다. 한편, 로짓 연결함수는 시간이 비연속적으로 취급되고, 학기 말의 졸업 등 특정 시점에만 사건이 발생할 수 있는 연구에 적합하다(Singer & Willett, 2003).

　식 8.7의 비례적 승산 모형에서 공변인 X_{ti}가 1단위 변화할 때 위험 확률의 로짓은 β_1만큼 변화하며, 이 효과는 시간 구간과 독립이다. 즉, 시간과 공변인 X_{ti} 간의 상호작용이 없다. 이는 강한 가정이기 때문에, 공변인의 시간-가변적 효과를 포함하는 비-비례 승산 모형(non-proportional odds model)이 더 나은 모형 적합도를 가지는지 확인하는 것이 좋다. 또한, 모형은 더 많은 공변인과 그것 사이의 상호작용을 포함하도록 확장될 수 있다.

시점의 수가 증가할수록 시점–고유 절편인 α_t의 개수도 증가하며, 모형에서 추정되어야 할 모수의 수 역시 증가한다. 이런 경우 모형 간명성을 위하여 시점–고유 절편들을 고차원 다항함수와 같은 시간 변인 t의 함수로 근사할 수 있다. T 시점은 $T-1$ 차 다항함수를 사용하여 완벽하게 표현될 수 있기 때문에, $R < T-1$ 차의 다항함수 모형은 T 시점 T 고유 절편들을 가진 모형에 내재한다. 이때 이탈도에 대한 카이–제곱 검정을 사용하여 R 차의 다항함수로 충분한지 검정할 수 있다. 따라서 T 시점 고유 절편들은 다음과 같은 회귀식으로 대체된다.

$$\alpha_t = \gamma_0 + \gamma_1 t + \cdots + \gamma_{T-1} t^{T-1} \tag{8.8}$$

이에 대한 예시로 Capaldi, Crosby and Stoolmiller(1996)가 수집하고 Singer와 Willett(2003)에서 논의한 데이터를 사용하였다. 이 예시는 생존 모형이 어떻게 특수한 다층모형이 되는지와, 또 더 많은 층으로 쉽게 확장될 수 있는지 보여 준다. 데이터는 7학년(대략 12세)부터 12학년(대략 17세)까지 추적 조사한 180명의 남학생 표본이며, 1년에 한 번 측정이 이루어졌다. 관심 대상은 처음 이성 간의 성관계를 경험한 시점이다. 12학년 남학생 중 30%는 여전히 성경험이 없었으며, 이는 데이터가 절단되었음을 의미한다. 연구 종료 전에는 성경험 이외의 다른 이유로 이탈한 학생들은 없었다.

이 예시에서, 우리는 하나의 시간–불변적 예측변인을 사용하였다. 구체적으로, 7학년 전에 부모관계의 변화를 경험했는지(1로 코딩), 아니면 연구 시점까지 계속해서 양친과 동거하였는지(0으로 코딩)를 나타내는 더미변인을 사용하였다. 연구의 관심은 두 집단에서 처음 성관계를 경험하는 시점이 다르게 나타나는지에 있다.

[그림 8–1]은 하나의 행이 각 연구 대상을 가리키는 일반적인 형태의 데이터 파일을 보여 준다. 학년(*grade*) 변인은 사건이 발생하여 관찰이 중단된 학년을 나타낸다. 12학년 때까지 사건이 일어나지 않으면 학년은 12로 기록하며, 관찰이 절단되었다고

코딩한다(즉, *censor*=1로 코딩). 부모변화(*partrans*) 변인은 7학년 전에 부모관계에 변화가 발생하였는지의 여부를 나타낸다. 일반적인 로지스틱 회귀분석 소프트웨어로 이 데이터를 분석하기 위해서는 데이터가 [그림 8-2]에서처럼 '사람-시점'의 형태로 재구조화 되어야 한다. [그림 8-2]에서 데이터의 각 행은 특정한 사람과 학년의 조합에 대응하고, 사건 발생 혹은 절단까지의 시점 수만큼의 행이 존재한다. 종단 모형(제5장)에서 사용되었던 '긴(long)' 데이터 형태와 유사하게, 데이터에는 각 대상마다 여러 개의 행이 있다. 각 학년의 기저 위험 확률을 모형화하기 위하여 6개 학년을 나타내는 6개의 더미변인이 추가되었다.

person	grade	censor	partrans
1	9	0	0
2	12	1	1
3	12	1	0
5	12	0	1
6	11	0	0
7	9	0	1
9	12	1	0
10	11	0	0
11	12	1	1
12	11	0	1

[그림 8-1] 일반적인 생존 데이터

수식 8.5와 [그림 8-2]의 데이터 구조는 종단 데이터에 대한 다층모형의 필요성을 시사한다. 그러나 다수의 0과 마지막에 나오는 단 하나의 1로 이루어진 데이터의 개인 내 분산을 다층모형으로 모형화하는 것은 추정 상의 문제를 야기한다. [그림 8-1]의 데이터는 특수한 생존분석 소프트웨어를 사용하여 분석할 수 있다. 또는 일반적인 로지스틱 회귀분석 소프트웨어를 사용하여, 시점 더미변인을 모형에 투입함으로써 데이터의 의존성을 처리하는 것도 가능하다([그림 8-2]). 만약 시점의 수가 많다면 더미 변수의 수도 증가한다. 이 경우, 기저 위험 확률(시점-고유 절편)은 시간의 다항함수와 같은 시간에 대한 매끄러운 함수로 근사될 수 있다.

person	period	event	grade7	grade8	grade9	grade10	grade11	grade12	partrans
1	7	0	1	0	0	0	0	0	0
1	8	0	0	1	0	0	0	0	0
1	9	1	0	0	1	0	0	0	0
2	7	0	1	0	0	0	0	0	1
2	8	0	0	1	0	0	0	0	1
2	9	0	0	0	1	0	0	0	1
2	10	0	0	0	0	1	0	0	1
2	11	0	0	0	0	0	1	0	1
2	12	0	0	0	0	0	0	1	1
3	7	0	1	0	0	0	0	0	0
3	8	0	0	1	0	0	0	0	0
3	9	0	0	0	1	0	0	0	0
3	10	0	0	0	0	1	0	0	0
3	11	0	0	0	0	0	1	0	0
3	12	0	0	0	0	0	0	1	0
5	7	0	1	0	0	0	0	0	1
5	8	0	0	1	0	0	0	0	1
5	9	0	0	0	1	0	0	0	1
5	10	0	0	0	0	1	0	0	1
5	11	0	0	0	0	0	1	0	1

[그림 8-2] 사람-시점 형식의 생존 데이터

2. 다층생존분석

비연속시간 생존 모형은 다층모형으로 쉽게 확장된다(Barber et al., 2000; Reardon et al., 2002; Grilli, 2005). 이 장은 이러한 모형을 집중적으로 설명하고자 한다. 예시로, 이전에 Dronkers와 Hox(2006)가 분석했던 이혼 위험(divorce risk) 데이터를 사용한다. 데이터에 대한 세부내용은 참조 A에 기술되어 있다. 이는 결혼, 이혼, 출산과 같은 인생의 중요한 사건에 대한 각 피험자의 반복적인 응답으로 이루어져 있는 종단 데이터이다. 응답자들은 자신과 관련된 사건뿐 아니라, 최대 세 명까지의 형제, 자매의 정보에 대해서도 응답하였다. 여기에서 사용한 데이터는 초혼 관련 데이터만을 포함한다.

[그림 8-3]은 데이터의 일부를 보여 준다. 여기에서 응답자들이 가족에 내재되어 있음을 확인할 수 있다. 데이터 중 결혼 기간(*lengthm*)이라는 변인은 마지막 관찰이

이루어진 시점을 기록하며, 연구 대상이 이혼하였는지를 나타내는 변인(*divorce*)도 있다. 만약 이혼 여부에 대한 마지막 응답이 0이면, 해당 응답자의 데이터는 절단된 것이다. 다른 변인들에는 응답자의 직업 지위(*status*), 교육 수준(*educlev*), 성별 (*gender*, 여자=1), 부모 쪽의 가족 규모(*famsize*), 자녀 여부(*kid*), 아버지 교육 수준 (*faedyrs*)과 어머니 교육 수준(*moedyrs*), 이혼한 형제, 자매의 비율(*sibdivpr*)이 있다. 연구 문제는 한 가족에 내재된 형제, 자매들 간에 이혼 확률이 비슷한지, 부모의 특징 으로 이혼 위험도의 유사성을 설명할 수 있는지이다.

　비연속시간 생존 모형을 활용해 데이터를 분석하기 위하여, 데이터는 다층모형으 로 종단 데이터를 분석하는 데 활용되는 '긴(long)' 형태와 유사하게 재구조화되어야 한다. 그 결과, 데이터의 각 열행은 각 사람-시점 조합에 대응하게 된다. [그림 8-4] 는 [그림 8-3]의 응답자들에 대한 사람-시점 데이터의 일부이다. 두 데이터 모두는 특정 가족을 나타내는 열을 포함하고 있다.

	famid	respid	lengthm	lengthc	divorce	status	educlev	gender	birthyr	famsize	kid
1	1	2	35	4	0	50.6	10.1	1	38	5	1
2	1	3	29	4	0	100.0	12.0	0	36	5	1
3	1	4	41	4	0	50.6	10.1	1	32	5	1
4	4	5	16	3	0	18.0	8.9	1	56	3	1
5	5	9	39	4	0	14.0	0.0	1	28	5	1
6	5	10	41	4	0	14.0	8.9	1	25	5	1
7	5	11	32	4	1	37.0	8.9	0	28	5	1
8	13	13	49	4	0	50.6	3.9	0	18	10	1
9	27	21	29	4	0	60.0	10.1	1	43	3	1
10	32	29	34	4	0	18.0	8.9	0	30	2	1
11	33	33	23	3	0	37.0	8.9	0	44	3	1
12	33	34	24	4	0	50.6	8.9	0	46	3	1
13	33	35	16	3	0	50.6	12.0	1	50	3	1
14	34	37	43	4	0	14.0	12.0	1	24	5	1

[그림 8-3] 이혼 데이터(일부)

　[그림 8-4]는 재구조화된 데이터의 일부를 보여준다. 위 4개의 관찰값은 응답자 2(인터뷰 당시 35년간 결혼해 있었고, 이혼하지 않음)의 마지막 관찰값이며, 다음 6개의 관찰값은 응답자 3의 처음 관찰값이다. 따라서 각 응답자에 대한 '이혼(*divorce*)' 변인 의 마지막 값은 사건(1) 혹은 절단(0)을 가리킨다.

	famid	respid	lengthm	divorce	status	educlev	gender	birthyr	famsize	kid	fastat	moedyrs	faedyrs	sibdivpr
33	1	2	32	0	50.6	10.1	1	38	5	1	37.2	8.7	8.9	.00
34	1	2	33	0	50.6	10.1	1	38	5	1	37.2	8.7	8.9	.00
35	1	2	34	0	50.6	10.1	1	38	5	1	37.2	8.7	8.9	.00
36	1	2	35	0	50.6	10.1	1	38	5	1	37.2	8.7	8.9	.00
37	1	3	0	0	100.0	12.0	0	36	5	0	37.2	8.7	8.9	.00
38	1	3	1	0	100.0	12.0	0	36	5	0	37.2	8.7	8.9	.00
39	1	3	2	0	100.0	12.0	0	36	5	1	37.2	8.7	8.9	.00
40	1	3	3	0	100.0	12.0	0	36	5	1	37.2	8.7	8.9	.00
41	1	3	4	0	100.0	12.0	0	36	5	1	37.2	8.7	8.9	.00
42	1	3	5	0	100.0	12.0	0	36	5	1	37.2	8.7	8.9	.00

[그림 8-4] 이혼 데이터(일부)

t 시점-고유 절편들을 추정하기 위하여 모형에 시점을 나타내는 t개의 더미변인을 투입해야 한다. 결혼 기간(*lengthm*) 변인은 0에서 67까지의 값을 가진다. 시점이 많을 때 시점-고유 절편 α_t는 시간에 대한 다항함수와 같은 매끄러운 함수로 교체된다. 시간-가변적 효과는 시간 변인과 공변인들 간의 상호작용을 허용함으로써 투입될 수 있다. [그림 8-4]와 같은 구조의 데이터를 다층모형으로 분석하게 되면, 시간-가변적 공변인들을 투입하는 것은 간단한 문제이다. 게다가, 이 데이터처럼 응답자들이 집단에 내재되어 있을 때, 이 집단을 나타내는 3수준을 추가하는 것 또한 어렵지 않다. 참고로, 로지스틱 회귀분석에서는 1수준의 오차항이 존재하지 않는다(자세한 내용은 제6장을 참조하라). 이전 장의 마지막 부분에서 설명하였듯이, 이는 반복 측정 수준에서 오차항이 존재하지 않음을 의미한다.

위험 확률 함수 $h(t)$는 과거에 사건이 일어나지 않았다는 조건 하에 시간 구간 t에서 사건이 일어날 확률이다. 위험 확률은 로지스틱 회귀모형을 사용하여 분석한다. 예시의 경우 다층회귀모형은 다음과 같다.

$$logit\left(h_{ij}(t)\right) = \alpha(t) + \beta_2 x_{ij} + \beta_3 z_j \tag{8.9}$$

위의 수식에서 α_t는 시점 t(결혼한 해)의 기저 위험 확률이고, x_{ij}는 가족 j의 응답자 i의 예측변인이며, z_j는 가족 j의 예측변인이다. x_{ij}의 회귀계수는 가족 수준에서 달라진다. α_t가 모든 시점의 기저 위험 확률을 나타내기 위한 더미변인이기 때문에 이 모형에는 절편이 없다. 시점의 수가 많을 때, 기저 위험 확률을 t에 대한 매끄러운 함수로 나타냄으로써 모형을 더 간명하게 만들 수 있다. 시간에 대한 선형함수가 충분하다면, 함수는 다음과 같다.

$$logit\left(h_{ij}(t)\right) = \beta_{0ij} + \beta_1 t_{ijt} + \beta_2 x_{ij} + \beta_3 z_j \tag{8.10}$$

이 식은 다음과 같이 나타낼 수 있다.

$$logit\left(h_{ij}(t)\right) = \gamma_0 + \gamma_1 t_{ijt} + \gamma_2 x_{ij} + \gamma_3 z_j + u_{0j} + u_{2j} \tag{8.11}$$

앞의 식에서 u_{0j}는 기저 위험도의 가족 수준 무선효과를, u_{2j}는 개인 수준 예측변인 기울기의 가족 수준 분산을 의미한다. 시간 변인 t의 회귀계수는 가족에 따라 달라질 수도, 변함이 없을 수도 있다. 그러나 가족 수준에서 변화하는 기저 위험 확률은 해석이 어렵기 때문에 시간 변수의 회귀계수는 고정하는 것이 선호된다.

이혼 데이터에서 결혼 기간은 0에서 67까지의 범위를 가진다. 모형에 67개의 더미변인을 투입하는 것은 좋은 방법이 아니기 때문에, 우리는 결혼 기간에 대한 다항함수를 투입하였다. 다항함수의 근사는 항상 정확하다. 식 8.11의 선형함수와 함께 우리는 5차까지의 다항함수를 분석하였다. 모든 항이 꼭 필요한지의 여부는 Wald 검정을 활용한 유의성 검정이나, 추정방법으로 완전최대우도와 추정치에 대한 수치근사를 사용하는 이탈도 차이 검정을 통해 확인할 수 있다.

예측변인들의 척도의 차이로 인한 추정 문제를 예방하기 위하여 결혼 기간은 Z 점수로 변환하였고, 변환한 Z 점수에서 고차 항을 유도하였다. 이혼 데이터에서는 3차 항이 충분통계량으로 나타났다. 다항함수가 기저 위험 확률을 얼마나 잘 설명하는지 평가하기 위하여 우리는 각 결혼 기간마다 예측된 이혼 비율과 관찰된 이혼 비율을 그래프로 나타냈다. 이 그래프를 통해 결혼 기간 53년째의 이혼 비율이 예상보다 훨씬 높게 나타난 이상치를 발견하였다. 하지만, 결혼 생활을 이렇게 오래 유지했던 응답자의 수가 적었으므로(11명, 0.6%), 이러한 높은 이혼율은 우연일 수도 있다. 그럼에도 불구하고, 53년을 나타내는 더미변인을 기저 위험 확률 모형에 추가하는 것이 최선의 방법이다.

〈표 8-1〉은 53년을 나타내는 더미변인이 있는 모형과 없는 모형의 결과를 보여준다. 더미변인이 있는 모형에서는 3차 항이 유의하지 않아 때문에 모형에서 제외되었다. 두 모형의 차이는 크지 않았다. 이 분석은 완전최대우도와 수치적분(HLM Laplace 방법)을 사용하였기 때문에, 이탈도를 통해 모형을 비교할 수 있다. 이 모형들은 내재된 관계가 아니라면, AIC와 BIC를 사용하여 모형을 비교할 수 있다. 비교 결과, 결혼

기간 53년을 이상치로 취급한 모형이 근소하게 나은 것으로 나타나, 이후 더 복잡한 모형들의 기초가 되었다.

〈표 8-1〉에서 시간에 대한 회귀계수는 결혼 기간이 길수록 이혼 위험이 줄어드는 것을 보여 준다. t^2의 회귀계수는 음수로 나타났으며 이는 결혼 기간이 더 길수록 이혼 위험이 더 빠르게 감소함을 의미한다. 분산 0.58은 표준 로지스틱 분포의 분산 $\pi^2/3 \approx 3.29$, 즉 1수준 분산과 비교할 수 있다. 따라서 이혼 위험도의 가족 수준 분산에 대한 급내 상관계수(ICC)는 $0.58/(3.29+0.58) = .15$로, 매우 크지는 않으나 이혼에 대한 가족의 효과를 분명히 보여 준다.

〈표 8-1〉 결혼 기간에 대한 생존 모형(M_1)

예측변인	3차 항	2차 항
	회귀계수(s.e.)	회귀계수(s.e.)
절편	−5.71 (.16)	−5.70 (.16)
t	−0.44 (.16)	−0.24 (.10)
t_2	−0.46 (.13)	−0.40 (.11)
t_3	0.15 (.07)	−
53년	−	5.12 (1.34)
분산 σ_{u0}^2	0.58($\chi_{(952)}^2 = 1394.8, p < .001$)	0.58($\chi_{(952)}^2 = 1354.5, p < .001$)
이탈도	82347.6	82343.9
AIC/BIC	82357.6 / 82381.9	82353.9 / 82378.2

〈표 8-2〉 결혼 기간에 대한 생존 모형(M_2)

예측변인	2차 항	개인 수준 예측변인
	회귀계수(s.e.)	회귀계수(s.e.)
Intercept	−5.70 (.16)	−5.72 (.16)
t	−0.24 (.10)	−0.21 (.10)
t_2	−0.40 (.11)	−0.40 (.11)
53년	5.12 (1.34)	5.10 (1.34)
EducLev	−	0.11 (.03)
Gender	−	0.38 (.15)
분산 σ_{u0}^2	$0.58(\chi_{(952)}^2 = 1354.5, p < .001)$	$0.58(\chi_{(952)}^2 = 1520.7, p < .001)$
이탈도	82343.9	82320.4
AIC/BIC	82353.9 / 82378.2	82334.4 / 82368.4

〈표 8-1〉의 결과는 절편만을 포함한 영모형과 같다고 볼 수 있다. 개인-연도 추세가 잘 나타난 이후에야 다른 예측변인들이 모형에 투입될 수 있다. 이 변수들은 시간-가변적일수도, 시간-불변적일 수도 있다. 이 분석에서는 시간-가변적인 예측변수는 사용하지 않았다. 분석 결과, 가족 수준의 예측변인 중 유의한 것은 없었다.

〈표 8-2〉는 이혼 데이터에 대한 최종 모형을 나타낸다. 이 모형은 개인 수준 예측변인들만을 포함하고 있다. 이혼 위험도는 결혼 기간이 증가함에 따라 감소하고, 여성, 그리고 교육 수준이 높은 응답자들이 이혼 위험도가 더 높았다.

3. 다층생존분석 - 순서형 종속변수

Hedeker와 Gibbons(2006)는 순서형으로 코딩된 적은 수의 시간 구간이 포함된 데이터에 대한 다층생존분석모형에 대하여 설명하였다. 이 모형은 $t = 1, 2, \cdots, T$로 코딩된, 적은 수의 측정 시점을 가정한다. 1수준에서 사건이 일어날 때까지 혹은 절단이 일어날 때(마지막 시점까지 사건이 일어나지 않은 경우)까지 관찰이 진행된다. 따라서, 사건이 발생한 정확한 시점은 알 수 없으며, 어느 구간에서 사건이 발생하였는지만 알 수 있다. 모형은 식 8.10과 유사하다.

$$logit\left(h_{ij}(t)\right) = \alpha(t) + \beta_2 x_{ij} + \beta_3 z_j \tag{8.12}$$

그러나 식 8.12에서는 시점–고유 절편들의 수가 적다. 제7장에서 논의한 순서형 모형과 유사하게, 절편들은 순서형 임계값 모형으로 분석한다. Hedeker와 Gibbons(2006)는 로짓 대신 다음과 같은 보 로그–로그 함수를 선호하였다.

$$\ln\left[-\ln\left(1-(h_{ij}(t))\right]\right] = \alpha(t) + \beta_2 x_{ij} + \beta_3 z_j \tag{8.13}$$

보 로그–로그 함수를 사용할 경우, 순서형 비연속시간 모형의 회귀계수는 구간 길이에 따라 달라지지 않으며, 기저의 연속시간 비례적 위험도 모형(continuous-time proportional hazards model)의 계수와 일치한다. 로짓 함수를 사용하면 계수가 달라진다.

순서형 생존 모형의 장점은 사람–시점 형태의 '긴(long)' 데이터가 필요 없고, 각 개인에 대하여 하나의 관찰 값만으로도 충분하다. 즉, 마지막 관찰 구간과 이 구간에서 사건이 발생하였는지의 여부를 나타내는 하나의 데이터만으로 충분하다는 것이다. 사건이 발생하지 않았을 경우 마지막 관찰값은 절단된다. 순서형 생존 모형의 단점은 시간–가변적 예측변인들을 포함할 수 없다는 것이다. 만약 시간–가변적 예측변인들이 존재한다면, 앞에서 논의한 사람–시점 접근을 사용해야 한다.

앞서 제시된 [그림 8–3]은 이혼 데이터 예시에서 분석한 다층 순서형 생존 모형의 데이터 파일이다. 각 응답자는 데이터 파일에서 한 번씩만 나타난다. 이 데이터는 연수로 코딩된 연속 변인인 결혼 기간(*lengthm*)과 함께, 결혼 기간을 4개로 나눈 범주형 변수(*lengthc*, 원래 5분위였으나, 5번째 분위에서 이혼이 5건뿐이었기 때문에 4분위과 5분위를 통합함)를 포함한다. 각 가족은 최대 3명까지의 응답자들을 포함한다.

〈표 8-3〉은 영모형에 대한 모수 추정치와, 앞서 사용된 예측변인들을 포함한 모형의 모수 추정치를 보여 준다. 분석은 SuperMix를 통한 로지스틱 모형으로 이루어졌다. 영모형의 가족 수준 분산 추정치는 0.88이다. 표준 로지스틱 분포의 잔차 분산은 $\pi^2/3 \approx 3.29$이므로, 집단 내 상관계수(ICC)는 .21이 된다. 이 추정치는 연속형 비연속시간 모형(continuous grouped-time model)의 .15보다 높다. 이는 이혼 위험에 가족의 효과가 있음을 확인해 준다.

〈표 8-3〉 결혼 기간에 대한 생존 모형(M_3)

예측변인	영모형	개인 수준 예측변인
	회귀계수(s.e.)	회귀계수(s.e.)
절편	−3.12 (.17)	−4.33 (.37)
EducLev	–	0.09 (.03)
Gender	–	0.39 (.15)
분산 σ_{u0}^2	0.88 (.34)	0.82 (.33)
이탈도	1998.8	1980.4
AIC/BIC	2008.8 / 2036.4	1994.4 / 2033.1

영모형에서 임계값은 −3.12, −2.42, −2.06, 그리고 −1.84로 추정되었다. 이는 네개 구간에 대한 기저 로짓 위험 확률이며, 다음의 로짓 변환의 역변환을 취함으로써 확률로 변환할 수 있다.

$$P(y) = e^y / (1 + e^y) \tag{8.14}$$

식 8.14를 사용하여 기저 위험 확률을 계산한 결과는 0.04, 0.08, 0.11 그리고 0.14이다. 이혼을 경험할 누적 확률은 결혼 기간이 길어질수록 증가하지만, 상대적으로 낮게 유지된다. 앞선 분석에서처럼, 여성일수록, 교육 수준이 높을수록 이혼 위험도가 높은 것으로 나타났다.

4. 소프트웨어

생존분석에서, 종속변인은 관찰 기간 동안 사건의 발생 여부를 나타내는 이분 변수이다. 데이터는 다층의 사람–시점 파일의 형태를 갖는다. 결과적으로, 다층 일반화선형모형을 추정하는 모든 소프트웨어가 이 장에 설명된 과정을 따라 사람–시점 형태의 데이터에 적용될 수 있다. 추정 방법은 제6장에 소개된 다층 이분 데이터에 대한 일반화선형모형과 같다. MQL이나 PQL 선형화에 기반한 추정 방법보다, 수치적분을 이용한 추정 방법이 선호된다. 8.3에 기술된 순서형 생존 모형은 Supermix, Mplus, MLwiN 그리고 HLM으로 분석할 수 있다.

제**9**장

교차분류 다층모형

요약

모든 다층자료가 순수한 위계 구조를 가진 것은 아니다. 예를 들어, 학생들은 학교에 내재되어 있으면서 동시에 동네(neighborhoods)에도 내재되어 있다. 그러나 학교와 동네에 대한 내재 관계는 명확하지 않다. 학생들이 자신이 사는 동네에서 학교를 다니는 경향이 높지만 어떤 학생들은 다른 동네에서 학교를 다니는 것과 같은 예외도 존재한다. 특히 두 동네의 경계에 위치한 학교에는 여러 동네에 사는 학생들이 다닐 수 있다. 따라서 학생이 학교에 내재되어 있고, 학교가 이웃동네에 내재되어 있다는 분명한 위계를 정립하는 것은 불가능하다. 물론 임의적으로 위계 구조를 만들 수도 있지만, 이를 위해서는 서로 다른 동네의 학생을 받는 몇몇 학교가 여러 동네에 포함될 것이다.

이러한 문제들은 교차분류 데이터 구조를 다루고 있을 때 주로 나타난다. 앞의 예시에서 학생들은 학교에 내재되어 있는 동시에 동네에도 내재되어 있으나 학교와 동네는 서로 교차되어 있다. 만약 이 데이터를 이용해 교육의 성취도에 대해 연구하고 있다면 성취도는 동네와 학교 모두에 영향을 받을 수 있다고 가정해야 한다. 따라서 이 모형은 교육의 성취도 차이에 대한 가능한 원인으로써 학교와 동네를 모두 고려해야 하는데, 교차된 학교와 동네에 학생이 내재해 있는 방식으로 두 가지를 모두 고려해야 한다. 이 장에서는 교차분류 분석 방법을 소개하고 분석을 위한 프로그램에 어떤 것들이 필요한지를 논의하고자 한다.

1. 도입

교차분류 데이터 구조는 위계 데이터의 어느 수준에서도 발생할 수 있다. 만약 학생이 학교와 동네의 교차분류에 내재되어 있다면, 교차분류된 동네가 2수준이 되고 학생들이 1수준이 된다. 1수준에서 교차분류가 일어나는 것 역시 가능하다. 컴퓨터 수업에서 복잡한 분석 작업을 진행해야 하는 학생들의 예를 생각해 보면, 서로 다른 교사가 가르치는 여러 개의 (동일한 내용의) 수업이 있을 것이다. 모든 학생에게 공평하게 성적을 주기 위하여, 모든 컴퓨터 연습문제는 모든 교사에 의하여 채점된다. 그 결과, 학생 수준에서 각 교사가 채점한 여러 연습문제의 점수들이 나오게 된다. 이 때 '수업'을 가장 높은 수준으로, 학생들을 그다음으로 높은 수준, 교사들을 그 아래 수준, 그리고 연습문제들이 교사들 아래 수준을 이루는 구조를 생각해 볼 수 있다. 이 구조는 4수준 위계적 데이터 구조에 해당한다. 한편으로, '수업' 수준을 가장 높은 수준으로, 학생들을 그 아래 수준으로, 연습 문제를 다음 하위 수준으로, 그리고 교사들을 가장 하위 수준으로 구분할 수도 있다. 이 또한 4수준 위계적 데이터 구조를 이룬다. 즉, 두 가지 상충되는 데이터 구조를 사용하여 데이터를 모형화할 수 있다. 이런 문제가 발생한다면, 앞서 언급하였듯이 교차분류 데이터 구조를 다루고 있을 가능성이 있다. 앞의 예시에서 학생들은 수업과 교사(채점자)에 교차 분류되어있고, 연습문제 점수가 각 수업에 내재되어 있다. 이러한 교차분류 데이터의 경우 교차분류 요인을 정확하게 모형화하여 교차된 요인들을 누락하지 않는 것이 중요하다. 교차 요인을 빠트림으로 인한 결과는 Gilbert, Petscher, Compton과 Schatschneider(2016), Luo와 Kwok(2009, 2012), Luo, Cappaert와 Ning(2015), Meyers와 Beretvas(2006)의 연구에 제시되어 있다.

수업들과 학생들 간의 차이를 예상할 수 있기 때문에 연습문제와 교사의 교차분류는 1수준에서 가정되며, 수업에 내재된 학생들에 다시 내재되어 있다. 이러한 상황에서 학생들의 통합된 점수의 신뢰도는 일반화가능도 이론으로 분석할 수 있다(Cronbach, Gleser, Nanda & Rajaratnam, 1972). 일반화가능도 이론을 사용하여 연습문제와 교사들에 대한 학생들의 통합 점수의 일반화가능도를 평가하기 위해서, 우리는 점수의 분산의 총합을 수업, 학생, 연습문제, 교사 분산으로 구분해야만 한다. 교차분류 다층분석은 이러한 구분에서 요구되는 다양한 분산성분의 추정치를 계산할 수 있는 좋은 방법이다(cf. Hox & Maas, 2006).

교차분류 다층모형은 여러 상황에 적용 가능하다. 지금까지의 예시들은 교육 연구 사례들이다. 다른 예시로는, 서로 같거나 다른 조사자들이 응답자를 반복적으로하여 방문 조사하는 종단 연구에서, 무응답에 대한 모형을 생각해 볼 수 있다. Hox 외 (1991)는 조사자의 특성이 응답자의 협조에 영향을 미쳤을 수 있으며, 이를 응답자가 조사자에 내재된 다층모형으로 분석하였다. 종단 연구에서는 과거 조사자 역시 관련이 있기 때문에 현재와 과거의 조사자의 교차분류에 응답자들이 내재된 교차분류 구조를 가정할 수 있다. 패널 조사 연구 중 다층 교차분류 분석의 예시로는 Pickery와 Loosveldt(1998), O'Muircheartaigh와 Campanelli(1999) 그리고 Pickery, Loosveldt와 Carton(2001)의 연구가 있다. 교차분류 다층모형은 집단 구성원들이 다른 집단 구성원들에 대한 인기도를 평가하고, 자신의 인기도를 평가받는 사회관계측정 데이터에 적용될 수도 있다(van Duijn, van Bussbach & Snijders, 1999). 다른 예시로는 Raudenbush(1993b)와 Rasbash와 Goldstein(1994)의 연구를 참조하라.

종단 연구의 다층 분석을 고려할 때, 일반적인 접근법은 이를 측정 시점이 개인에 내재된 위계 구조로 명세화하는 것이다. 그러나, 모든 대상이 같은 시점에 측정되었을 때(예를 들어 매년 조사가 이루어지고 같은 해에 조사가 시작함), 측정 시점과 개인이 교차분류된 데이터로 분석하는 것이 적절하다. 이때 '측정 시점'과 '개인'이라는 두 요인들은 무선으로 취급한다. 이러한 명세화는 패널 이탈이나 일부 측정 시점에 대한 결측치를 허용한다.

2. 교차분류 데이터의 사례: 초등학교와 중학교에 내재된 학생들

우리의 데이터가 50개의 초등학교와 30개의 중학교에 내재된 1,000명의 학생들로 이루어져 있다고 가정하자. 이는 학교와 이웃에 내재된 학생들의 예시와 비슷한 교차분류 구조를 가진다. 학생들은 초등학교와 중학교에 내재되어 있으며, 초등학교와 중학교는 교차된다. 즉, 학생들은 초등학교와 중학교의 교차분류에 내재되어 있다. 여기에서는 Goldstein(1994, 2011)이 기술한 모형들을 제시할 것이다. 우리가 사용한 예시의 종속변인은 중학교 때 측정된 성취도이다. 학생 수준의 독립변인으로는 성별 (*pupil gender*) (0=남학생, 1=여학생)과 6점 척도의 사회경제적지위(*pupil ses*)가 있다. 학교 수준에는 학교가 공립인지 교회 소속인지를 나타내는 이분 변수가 있다(0= 공립, 1=교회). 데이터가 초등학교와 중학교를 모두 포함하고 있기 때문에 각각에 대한 학교 수준 변인이 존재한다(초등학교의 변수명은 *pdenom*이고, 중학교는 *sdenom* 이다).

학생 수준에서 무선절편 모형(intercept-only model)은 다음과 같다.

$$Y_{i(jk)} = \beta_{0(jk)} + e_{i(jk)} \tag{9.1}$$

앞의 식에서 초등학교 j와 중학교 k에 내재된 학생 i의 성취도 점수인 $Y_{i(jk)}$는 절편(전체 평균) $\beta_{0(jk)}$와 오차항 $e_{i(jk)}$로 나타난다. 첨자(jk)는 초등학교와 중학교가 개념적으로 같은 수준임을 나타내기 위해 괄호로 표시하며, 이는 초등학교와 중학교의 교차분류에서 (jk)번째 초등학교/중학교 조합을 나타낸다.

첨자(jk)는 절편 $\beta_{0(jk)}$가 초등학교와 중학교 수준에서 서로 독립적이라는 가정을 나타낸다. 따라서 절편은 2수준 수식을 사용하여 다음과 같이 나타낼 수 있다.

$$\beta_{0(jk)} = \gamma_{00} + u_{0j} + \nu_{0k} \tag{9.2}$$

식 9.2에서 초등학교에 대한 u_{0j}는 오차항을 나타내며, ν_{0k}는 중학교에 대한 오차항이다. 이는 다음과 같은 무선절편 모형으로 나타낼 수 있다.

$$Y_{i(jk)} = \gamma_{00} + u_{0j} + \nu_{0k} + e_{i(jk)} \tag{9.3}$$

이 수식에서 종속변인은 전체 절편인 γ_{00}, 초등학교 j의 오차항 u_{0j}, 중학교 k의 오차항 ν_{0k}과 초등학교 j와 중학교 k에 교차 분류된 학생 i의 오차항 $e_{i(jk)}$으로 모형화된다.

개인 수준의 변인들을 수식에 투입할 때 회귀 기울기가 초등학교 혹은 중학교에 대하여 달라지도록 허용할 수도 있다. 학교 수준 변인들 역시 투입되어 개인 수준 변인 기울기의 학교 간 분산을 설명하는 데 사용될 수 있다. 이는 순서형 다층 회귀모형과 비슷하다.

교차분류모형은 분산 성분에 동일성 제약을 가할 수 있는 모든 다층분석 프로그램으로 분석할 수 있다. Raudenbush(1993b)와 Rasbash와 Goldstein(1994)은 어떻게 교차분류모형이 위계 모형으로 만들어지고 추정될 수 있는지 보여 준다. 교차분류모형 분석의 세부 사항은 프로그램에 따라 다르다. 일부 프로그램(MLwiN)은 매크로를 사용하거나 모형을 직접 만들어야 하지만, 다른 프로그램들(HLM, SPSS, SAS, Stata)은 교차분류모형을 표준 분석 절차에 포함하고 있다. 최근 등장한 다층 프로그램은 교차분류모형의 복잡함을 사용자들에게 드러내지 않는다. 이 장의 마지막 부분에 프로그램 사용에 대한 견해를 제시하였다.

〈표 9-1〉은 ML을 사용하여 추정한 모형들의 모수 추정치를 보여 준다.

〈표 9-1〉 초등학교와 중학교의 성취도에 대한 교차분류 모형

모형	무선절편	+학생 변인	+학교 변인	+ses 무선 기울기
	회귀계수(s.e)	회귀계수(s.e)	회귀계수(s.e)	회귀계수(s.e)
고정효과				
예측변인				
절편	6.35 (.08)	5.76 (.11)	5.52 (.19)	5.52 (.14)
학생 성별		0.26 (.05)	0.26 (.05)	0.25 (.05)
학생 SES		0.11 (.02)	0.11 (.02)	0.12 (.02)
기독교학교(초등)			0.20 (.12)	0.20 (.12)
기독교학교(중등)			0.18 (.10)	0.17 (.10)
무선효과				
$\sigma^2_{int/pupil}$	0.51 (.02)	0.47 (.02)	0.47 (.02)	0.46 (.02)
$\sigma^2_{int/primary}$	0.17 (.04)	0.17 (.04)	0.16 (.04)	0.15 (.08)
$\sigma^2_{int/secondary}$	0.07 (.02)	0.06 (.02)	0.06 (.02)	0.05 (.02)
$\sigma^2_{ses/primary}$				0.008 (.004)
이탈도	2317.8	2243.5	2238.0	2224.7
AIC	2325.8	2255.5	2253.9	2244.7

교차분류 데이터에 대한 모형들의 분석 결과는 〈표 9-1〉에 일반적인 형태로 제시되어 있다. 〈표 9-1〉의 첫 열은 무선절편 모형에 대한 결과를 보여 준다. 교차분류 모형이 보통 2개 수준 이상을 포함하고 있으며, 수준들 간의 내재 관계가 분명하지 않기 때문에, 표에서는 일반적으로 분산 성분을 나타내는 시그마항(σ^2_e, σ^2_{u0} 등) 대신, 해당 변인과 수준에 대응하는 문자를 사용하였다. 따라서 $\sigma^2_{int/pupil}$은 절편의 일반적인 1수준 오차항인 σ^2_e에 대응하며, $\sigma^2_{int/primary}$는 절편의 일반적인 2수준 오차항인 σ^2_{u0}에 대응한다. $\sigma^2_{ses/primary}$는 초등학교 수준에서 SES 기울기의 분산을 의미한다. 분산 성분의 수가 많을 때는 기호 대신 적절한 이름으로 결과를 보고하면 해석이 더 쉬워진다.

초등학교와 중학교 수준이 독립이기 때문에, 우리는 무선절편 모형(〈표 9-1〉의

1열)에서 추정한 분산들을 더해서 전체 분산인 0.75를 구할 수 있다. 초등학교 수준의 급내 상관계수(ICC)는 0.17/0.75=0.23이고, 중학교 수준의 급내 상관계수(ICC)는 0.07/0.75=0.09이다. 즉, 전체 분산의 23%는 초등학교로 설명될 수 있고, 9%는 중학교로 설명될 수 있다. 이를 합치면 학교가 전체 분산의 (0.17+0.07)/0.75=0.32를 설명한다.

학생 수준의 변인인 학생 성별과 학생 SES의 효과는 유의하게 나타났다. 기독교 학교 변인의 효과는 초등학교와 중학교 모두에서 유의하지 않았다. 두 번째와 세 번째 모형의 이탈도 차이는 5.85이고, 추정 모수는 세 번째 모형에서 2개가 더 많다. 이탈도의 카이제곱 검정 역시 유의하지 않았다(χ^2=5.85, df=2, p=0.054). AIC는 세 번째 모형을 선호하는 것으로 나타났다. 결론은 두 학교 수준의 효과가 분명히 존재함에도, 기독교 학교는 학교 수준 분산을 잘 설명하지 못한다는 것이다. 〈표 9-1〉의 네 번째 열은 학생 SES 기울기의 초등학교 수준 분산을 허용한 모형의 추정치를 보여 준다. 이는 $\sigma^2_{ses/primary}$으로 표현된다. 초등학교 수준의 분산은 작지만 유의하게 나타냈다. 세 번째 모형과 네 번째 모형 간의 이탈도 차이는 13.3(df=2, p<0.01)이다. 중학교 수준의 SES 기울기 분산은 매우 작았다(표에서는 생략되었음).

3. 교차분석 데이터 사례: 소집단에서의 사회관계측정

이전 예시에서는 학생들이 초등학교와 중학교의 교차분류에 내재되어 있었다. 즉, 교차분류가 더 높은 수준에서 이루어졌다. 교차분류는 하위 수준에서도 일어날 수 있다. 이 예시로 사회관계측정 데이터에 대한 모형이 있다. 사회관계측정 데이터는 집단의 각 구성원이 다른 모든 구성원들을 평가한 결과를 수집한다. [그림 9-1]은 일반적인 통계 프로그램에서 나타나는 것과 같은, 세 개의 소집단에 대한 사회관계측정 데이터의 예시를 보여 준다.

[그림 9-1]은 7명의 학생으로 이루어진 집단, 9명의 학생으로 이루어진 집단, 세 번째 집단으로 데이터의 일부인 5명의 학생들의 사회관계측정 데이터를 보여 준다. 높은 숫자는 긍정적인 평가를 의미한다. 이러한 데이터를 수집하는 한 가지 방법은 각 학생에게 모든 학생의 이름이 적힌 목록과 설문지를 나눠 주고 이름 옆에 평가를 쓰라고 하는 것이다. 따라서 [그림 9-1]의 표의 각 행은 특정한 학생이 제시한 사회관계측정 평가로 이루어져 있다. 평가(rating)1, 평가2, …… 평가11로 분류된 열들은 학생1, 2, …… 11에 대한 평가를 의미한다. [그림 9-1]은 사회관계측정 데이터 예시와 같은 사회관계망 데이터가 대부분의 통계 프로그램에서 가정하는 직사각형의 데이터 행렬에 적합하지 않다는 것을 보여 준다. 집단들이 동일한 크기가 아니기 때문에 평가 6부터 평가11까지는 5명뿐인 세 번째 집단에 대한 값이 전부 결측치로 나와 있다. 학생들은 자신에 대하여 평가를 하지 않기 때문에 이 평가들은 데이터 행렬에 결측치로 기록한다. 데이터는 학생 특성인 연령(*age*)과 성별(*gender*), 그리고 집단 특성인 집단 크기(*group size*)를 포함한다.

사회관계망 데이터를 분석하기 위한 특수한 모형들이 제시되어 왔으며[더 자세한 내용은 Wasserman & Faust (1994)를 참조], 특수한 소프트웨어 역시 사회관계망 데이터 분석에 사용할 수 있다. Van Duijn, Busschbach와 Snijders(1999)는 사회관계망 데이터를 분석하기 위하여 다층 회귀모형을 사용할 수 있다는 것을 보였다. 사회관계측정 예시에서 종속변인은 평가점수로, 평가의 송신자(*senders*)와 수신자(*receivers*)의 교차분류에 내재되어 있다. 1수준은 특정한 송신자-수신자 조합에 속한 서로 다른 평가점수로 이루어져 있다. 이는 2수준의 송신자와 수신자의 교차분류에 내재되어 있다. 2수준 또한 다른 집단 등에 내재될 수 있다.

	group	child	age	sex	grsize	rating1	rating2	rating3	rating4	rating5	rating6	rating7	rating8	rating9
1	1	1	8	1	7	.	3	.	4	4	7	6	.	.
2	1	2	10	1	7	5	.	6	4	5	7	5	.	.
3	1	3	11	1	7	4	6	.	4	5	7	6	.	.
4	1	4	9	0	7	4	4	6	.	5	7	5	.	.
5	1	5	11	0	7	5	5	6	5	.	7	6	.	.
6	1	6	10	1	7	4	5	6	3	4	.	6	.	.
7	1	7	10	1	7	3	5	6	5	3	6	.	.	.
8	2	1	9	0	9	.	3	5	3	4	6	6	4	5
9	2	2	9	0	9	2	.	4	5	6	5	4	4	5
10	2	3	9	0	9	5	3	.	4	3	6	5	4	6
11	2	4	8	1	9	3	2	5	.	6	6	5	3	4
12	2	5	9	1	9	4	4	5	5	.	5	7	4	5
13	2	6	9	0	9	3	4	4	4	4	.	5	4	5
14	2	7	9	1	9	4	4	6	5	6	5	.	4	5
15	2	8	11	0	9	3	4	5	4	5	6	6	.	.
16	2	9	8	1	9	3	4	5	5	4	6	7	5	.
17	3	1	11	0	5	.	5	7	5	6	.	.	.	.
18	3	2	11	0	5	5	.	7	6	6	.	.	.	.
19	3	3	13	1	5	5	5	.	6	8	.	.	.	.
20	3	4	12	1	5	4	4	6	.	6	.	.	.	.

[그림 9-1] 세 개의 소집단에 대한 사회관계측정 데이터 예시

다층모형을 사용하여 사회관계측정 데이터를 분석하기 위하여, 데이터는 [그림 9-1]에 나타난 것과 다른 형태로 정렬되어야 한다. 새로운 데이터 파일에서 각 열은 서로 다른 평가를 의미하며, 특정 평가의 수신자와 송신자를 구분하기 위한 학생 식별 코드와 정보의 수신자와 송신자 특성 변수를 포함한다. 이와 같은 데이터는 [그림 9-2]에 제시된 것과 같다. 이 그림은 수신자와 송신자에 평가 점수가 어떻게 내재되어 있는지, 수신자와 송신자가 사회측정집단에 어떻게 내재되어 있는지를 분명하게 보여 준다.

[그림 9-2]에서 확인할 수 있는 것처럼, 이 데이터는 2수준에서 교차분류가 일어난다. 수신자와 송신자의 평가 점수는 교차분류되어 있으며 집단에 내재되어 있다. 1수준은 평가 점수로 이루어져 있다. 2수준에는 수신자와 송신자 평가에 대한 독립변인인 연령(*age*)과 성별(*gender*), 그리고 집단 수준에는 집단 특성인 집단 규모(*group size*)가 있다.

[그림 9-1]과 [그림 9-2]의 데이터는 20개 집단의 사회관계측정 데이터의 일부이다. 집단 규모는 서로 다르며 최소 4명에서 최대 11명이다. 1수준은 다음과 같은 무선절편 모형으로 나타낼 수 있다.

$$Y_{i(jk)l} = \beta_{0(jk)l} + e_{i(jk)l} \tag{9.4}$$

식 9.4에서 송신자 j와 수신자 k의 점수 i는 절편 $\beta_{0(jk)l}$으로 나타난다. 1수준인 점수 수준에서, 무선오차인 $e_{i(jk)l}$는 점수 간의 모든 분산이 송신자와 수신자 간의 차이로 모두 설명되지 않을 것이라는 가정을 의미한다. 이 오차들은 무선 측정 오차일 수도 있으나, 모형에 포함되지 않은 송신자와 수신자 간의 상호작용을 반영할 수도 있다. 송신자와 수신자의 교차분류는 l로 표시된 집단에 내재한다. 또한 괄호는 개념적으로 같은 수준에서 교차분류된 요인들을 나타내기 위해 사용한다. 예를 들어, 집단 l에 내재된 (jk)번째 송신자/수신자 조합이 여기에 해당한다.

	group	sender	receiver	rating	agesend	sexsend	agerec	sexrec	grsize
1	1	1	2	3	8	1	10	1	7
2	1	1	3	6	8	1	11	1	7
3	1	1	4	4	8	1	9	0	7
4	1	1	5	4	8	1	11	0	7
5	1	1	6	7	8	1	10	1	7
6	1	1	7	6	8	1	10	1	7
7	1	2	1	5	10	1	8	1	7
8	1	2	3	6	10	1	11	1	7
9	1	2	4	4	10	1	9	0	7
10	1	2	5	5	10	1	11	0	7
11	1	2	6	7	10	1	10	1	7
12	1	2	7	5	10	1	10	1	7
13	1	3	1	4	11	1	8	1	7
14	1	3	2	6	11	1	10	1	7
15	1	3	4	4	11	1	9	0	7
16	1	3	5	5	11	1	11	0	7
17	1	3	6	7	11	1	10	1	7
18	1	3	7	6	11	1	10	1	7
19	1	4	1	4	9	0	8	1	7
20	1	4	2	4	9	0	10	1	7

[그림 9-2] 다층분석을 위해 재정렬된 사회관계측정 데이터(첫 네 명의 송신자)

우리는 절편 β_0에 첨자를 사용하여 송신자와 수신자에 대하여 무선절편을 가정하였다는 점을 나타내고자 하였다. 교차분류와 관련된 모형들은 수준의 수가 많은 경향이 있다. 그런데 각 수준의 회귀계수마다 서로 다른 그리스 문자를 부여하는 관행은 혼란을 야기할 수 있다. 이 장에서 그리스 문자 β는 특정 수준에서 무선인 회귀계수를 나타낼 때 수준을 나타내는 첨자와 함께 쓰이고, 그리스 문자 γ는 고정 회귀계수를 나타내는 데 쓰인다. 따라서 회귀계수 $\beta_{0(jk)l}$의 첨자 j, k, l은 $\beta_{0(jk)l}$가 집단에 내재된 송신자와 수신자의 교차분류에 대해 무선이라는 가정을 나타낸다. 따라서 절편의 분산은 다음과 같은 2수준 수식으로 모형화할 수 있다.

$$\beta_{0(jk)l} = \beta_{0l} + u_{0j} + \nu_{0kl} \qquad (9.5)$$

회귀계수 β_{0l} 의 첨자 l은 절편 β_{0l} 이 집단에 따라 다르다는 가정을 나타낸다. 절편의 분산은 다음과 같은 3수준 수식으로 표현할 수 있다.

$$\beta_{0l} = \gamma_{00} + f_{0l} \tag{9.6}$$

이는 다음과 같이 다시 쓸 수 있다.

$$Y_{i(jk)l} = \gamma_{00} + f_{0l} + u_{0jl} + \nu_{0kl} + e_{i(jk)l} \tag{9.7}$$

앞의 수식에서 종속변인은 전체 절편인 γ_{00}와 집단 l에 대한 오차항인 f_l, 집단 l의 송신자 j의 개인수준 오차항인 u_{jl}, 집단 l의 수신자 k의 ν_{kl}, 그리고 측정 수준 오차항인 $e_{i(jk)l}$로 나타난다.

송신자와 수신자 특성인 연령, 성별과 집단 특성인 집단 규모가 독립변인으로 모형에 투입될 수 있다. 또한 집단 수준에서 학생 특성이 무선기울기를 가질 수 있다. 이 데이터의 분석 과정은 앞에 제시된 초등학교와 중학교의 교차분류의 예시와 정확하게 일치한다.

첫 번째 모형은 식 9.7의 무선절편 모형으로 기호 대신 변수 이름을 사용하였다.

$$Rating_{i(jk)l} = \gamma_{00} + f_{0l} + u_{0jl} + \nu_{0kl} + e_{i(jk)l} \tag{9.8}$$

이 수식은 전체 절편, 전체 분산인 σ_e^2, 송신자와 수신자 점수 분산인 $\sigma_{u_0}^2$와 $\sigma_{\nu_0}^2$, 집단 수준 분산인 $\sigma_{f_0}^2$을 추정한다. 모든 수준에서 집단 규모가 작기 때문에 제한최대우도(REstricted Maximum Likelihood: REML) 추정방법을 사용하였다. 추정치는 〈표 9-2〉의 첫 번째 열에 제시되어 있다.

〈표 9-2〉 집단의 사회관계 평가에 대한 교차분류 모형 결과

모형	무선절편	+고정효과	+무선효과 (송신자 성별)	+상호작용 (성별/성별)
	회귀계수(s.e.)	회귀계수(s.e.)	회귀계수(s.e.)	회귀계수(s.e.)
고정효과				
절편	5.02 (.22)	1.56 (1.17)	1.00 (1.00)	1.00 (1.00)
송신자 연령		0.23 (.03)	0.22 (.03)	0.22 (.03)
송신자 성별		−0.16 (.07)	−0.12 (.13)	−0.37 (.14)
수신자 연령		0.21 (.06)	0.21 (.06)	0.22 (.06)
수신자 성별		0.74 (.13)	0.73 (.13)	0.49 (.13)
집단 규모		−0.17 (.10)	−0.09 (.07)	−0.08 (.07)
상호작용				
성별/성별				0.51 (.09)
무선효과				
$\sigma^2_{int/ratings}$	0.42 (.02)	0.42 (.02)	0.42 (.02)	0.40 (.02)
$\sigma^2_{int/senders}$	0.15 (.03)	0.09 (.02)	0.02 (.01)	0.02 (.01)
$\sigma^2_{int/receivers}$	0.65 (.09)	0.48 (.07)	0.49 (.07)	0.48 (.07)
$\sigma^2_{int/groups}$	0.84 (.31)	0.42 (.17)	0.23 (.11)	0.23 (.11)
$\sigma^2_{send.gend/groups}$			0.28 (.11)	0.30 (.11)
$\sigma^2_{send.gend-int/groups}$			0.17 (.09)	0.18 (.09)
이탈도	2773.6	2696.2	2633.5	2603.2
AIC	2781.6	2704.2	2645.5	2615.2

가독성을 위하여 무선효과 부분의 분산 성분은 일반적인 기호 대신 변수와 수준 이름으로 표시했다. 첫째 열의 무선절편 모형에서, 1수준 분산은 전체 분산의 20%이 고, 송신자 간 분산은 전체 분산의 7%이며, 수신자 간 분산은 32%, 집단 수준 분산은 41%이다. 이를 통해 볼 때 집단 효과가 강하게 나타나는 것을 알 수 있다.

〈표 9-2〉의 두 번째 열의 모형은 모든 예측변인들을 투입한 결과이다. 단축된 변 수 이름으로 나타낸 모형은 다음과 같다.

$$Rating_{i(jk)l} = \gamma_{00} + \gamma_{10}send.age_{jl} + \gamma_{20}send.gender_{jl} + \gamma_{30}rec.age_{kl}$$

$$+ \gamma_{40}rec.gender_{kl} + \gamma_{01}groupsize_l + f_{0l} + u_{0jl} + \nu_{0kl} + e_{i(jk)l} \qquad (9.9)$$

〈표 9-2〉의 두 번째 열의 회귀계수 추정치를 통하여 송신자와 수신자의 연령이 평가에 작지만 긍정적인 영향을 미치고 있다는 결론을 내릴 수 있다. 집단 규모가 커질수록, 평가 점수는 낮아지지만 그 효과는 유의하지 않았다. 학생 성별의 효과는 더욱 복잡하다. 성별(gender)은 남학생은 0으로 여학생은 1로 코딩되었는데, 〈표 9-2〉를 통해 여학생 송신자들이 더 낮은 평가를 내렸지만 여학생 수신자들은 높은 평가를 받았음을 알 수 있다.

예측변인 중 송신자 성별(sender.gender)만이 집단 수준에서 유의한 기울기 분산을 가졌다. 모형은 다음과 같다.

$$Rating_{i(jk)l} = \gamma_{00} + \gamma_{10}send.age_{jl} + \gamma_{20}send.gender_{jl} + \gamma_{30}rec.age_{kl}$$

$$+ \gamma_{40}rec.gender_{kl} + \gamma_{01}groupsize_l + f_{1l}send.gender_{jl} + f_{0l}$$

$$+ u_{0jl} + \nu_{0kl} + e_{i(jk)l} \qquad (9.10)$$

송신자와 수신자에 대한 2수준의 두 오차항과 함께, 식 9.10은 집단 수준에서 하나의 무선기울기를 포함하고 수준 간 상호작용이 없는 순서형 다층 회귀모형을 보여 준다. 〈표 9-2〉의 세 번째 열은 이 모형의 추정치를 보여 준다. 이에 따르면 송신자 성별의 기울기 분산이 유의하게 나타났고, 이는 송신자 성별의 효과가 집단 간에 상당히 다르다는 것을 나타낸다.

송신자 성별 기울기 분산을 설명하기 위해 투입 가능한 단 하나의 집단 수준 변수는 집단 규모이다. 그러나 송신자 성별과 집단 규모의 수준 간 상호작용을 모형에 투입해 보면, 이는 유의하지 않음을 알 수 있다.

송신자와 수신자 성별의 서로 다른 효과는 성별의 효과를 자세히 살펴봐야 한다는 것을 암시한다. 〈표 9-2〉의 마지막 모형은 송신자와 수신자 성별의 상호작용을 포함한다. 이는 수준 간 상호작용이 아닌 일반적인 상호작용으로 유의하게 나타난다.

이 상호작용을 해석하기 위해서 그래프를 그려 보는 것이 유용하다. [그림 9-3]은 이 상호작용을 보여 준다. 이 그래프를 통해 송신자 성별(여학생들이 남학생들보다 평균적으로 낮은 평가를 내림)과 수신자 성별(여학생들이 남학생들보다 평균적으로 높은 평가를 받음)의 직접적인 효과뿐 아니라 상호작용 효과도 있다는 것이 분명하게 드러난다. 또한 남학생들과 여학생들은 모두 자신과 성별이 같은 학생들에게 더 높은 평가를 내렸다.

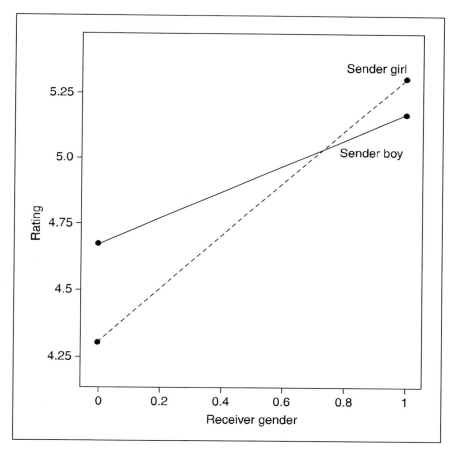

[그림 9-3] 송신자 성별과 수신자 성별의 상호작용

Snijders와 Bosker(2012, 제11장)는 사회관계측정 데이터를 위한 다층모형의 여러 가지 확장 모형을 논의하였다. 예를 들어, 송신자-수신자 쌍을 규정하는 두 번째 수준을 모형에 포함시키는 것이 도움이 된다. 각 조합에는 두 개의 평가 점수가 있다. 송신자-수신자 쌍 수준의 분산의 양은 평가의 상호성의 정도를 나타낸다. 사회관계 망 데이터에 대한 다층분석의 확장된 예시로는 Snijders와 Kenny(1999), 그리고 van Duijn, van Busschbach와 Snijders(1999)의 연구를 참조하라. 간단한 내재 구조를 가진 자기중심적 사회관계망(ego-centered network) 데이터의 분석은 Snijders, Spreen 과 Zwaagstra(1994), Spreen과 Zwaagstra(1994) 그리고 Kef, Habekothé와 Hox(2000) 의 연구에서 논의되었다. 짝 자료(dyadic data)에 대한 모형들은 Kenny, Kashy와 Cook (2006)에서 자세히 논의되었다.

4. 소프트웨어

최근의 다층분석 소프트웨어에서의 교차분류모형은 의심스러울 정도로 간단하게 보일지 몰라도, 교차분류 데이터는 보통 크고 복잡한 모형을 야기한다. 예를 들어, 50개 의 초등학교와 30개의 중학교는 50×30=1,500개의 셀로 이루어진 교차분류표를 형 성한다. 위계구조가 완벽하다면 각 중학교는 특정한 하나의 초등학교에 내재되어 있 고, 교차분류표의 대부분의 셀들은 비어 있을 것이다. 다층분석 소프트웨어는 효율 적인 추정을 위하여 이 구조를 이용한다. 교차분류모형에서 초등학교와 중학교의 각 조합이 발생할 수 있고, 추정 속도는 느려지고 더 많은 메모리를 사용하게 된다.

교차분류모형은 무선 수준을 명세화함으로써 SPSS, SAS, STATA와 같은 대부분의 통계 프로그램으로 분석할 수 있다. HLM, MLwiN, Mplus와 같은 특수한 다층분석 프 로그램에서의 분석은 더 복잡하다. SPSS와 같은 프로그램에서 교차분류모형은 명령 창을 통해 분석할 수 있다. 그러나 SPSS나 비슷한 프로그램에서 무선 명령어는 1수준 단위의 코딩에 따라 다르게 작용한다. 고유한 식별 값은 각 집단의 수를 다시 세는 것 과는 다른 효과를 가지고 있다. SPSS 사용자들은 Leyland(2004)를 참조하라. 서로 다른 모형으로의 명세화는, 추정치는 동일하더라도 계산상의 부담은 다를 수 있다. 그래서 HLM은 행과 열의 분류를 구분하며, 계산 속도를 높이기 위하여 가장 작은 수의 집단의 식별 변인을 열 변인으로 정의하도록 한다. SPSS에서 같은 모형의 다른 명세화는 동일한 추정치를 도출하지만, 계산에 걸리는 시간은 매우 다르다(Leyland, 2004).

교차분류모형과 관련된 모형으로는 다중소속모형이 있다. 각 집단에 대하여 더미변인을 사용하는 경우를 생각해 보면 일반적인 다층분석은 집단 소속을 나타내기 위해 0/1 더미변인을 사용한다. 만약 개인이 하나 이상의 집단의 구성원이라면, 혹은 일부 개인들이 소속된 집단이 알려지지 않았다면, 더미변인 값인 1.0을 서로 다른 집단들에 나누어서 부여할 수 있다. 예를 들어, 두 집단 각각에 0.5의 더미 값을 줄 수 있다. 이 모형은 다중소속이나 집단 소속 여부가 불분명할 때 유용하며 Hill과 Goldstein(1998)에서 논의되었다. 다중소속구조를 누락했을 때의 결과는 Chung과 Beretvas(2011)가 연구하였다.

다변량 다층회귀모형

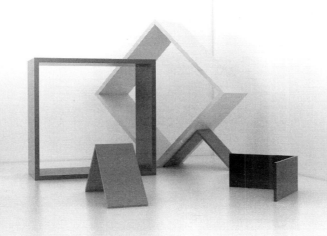

요약

다변량 다층회귀모형은 하나 이상의 종속변인을 가지는 다층회귀모형이다. 이 모형은 다수의 종속변인을 다루는 다변량분석(MANOVA) 모형과 비슷하다. 다변량 모형을 사용하는 이유는 보통 연구자들이 더 나은 구인 타당도를 확보하기 위해서 하나의 구인에 대한 다수의 측정치를 활용하기 때문이다. 전형적인 예로, 한 의학 연구에서 특정 질병이 관련된 여러 효과의 패턴을 낳는 신드롬으로 어떻게 발현되는지 조사하였다(Sammel et al., 1999). 다수의 결과변인을 동시에 사용하면서, 연구자들은 예측변인들의 변화에 의한 결과에 대해 보다 충분한 설명을 할 수 있다. Tabachnick와 Fiedell(2013)은 여러 개의 일변량 분석을 반복 실시하는 대신에 하나의 다변량 분석을 사용하는 데 따른 여러 장점을 언급하였다. 다변량 분석의 장점 중 하나는 여러 번의 일변량 통계 검정을 반복적으로 실시하는 데 따른 1종의 오류를 통제할 수 있다는 데 있다. 또 다른 장점은 종종 더 높은 검정력을 보인다는 것이다. 개별 종속변인에 의한 차이가 작고 통계적으로 유의하지 않더라도, 모든 종속변인을 다 고려하였을 때 생기는 연합효과(joint effect)는 통계적으로 유의한 효과를 가져다줄 수 있다 (Tabachnick & Fidell, 2013). 반면 다변량 분석은 모형이 복잡하고 해석이 더 모호하다는 단점이 있다.

다층분석에서 여러 개의 측정치를 결과변인 사용하는 것은 검정력을 높이는 도구로서 작용한다. 첫째, 분산분석에서와 같이, 여러 개의 종속변인을 한 번에 분석하는 것은 검정력을 높인다. 다층분석에서는 모든 개개인의 측정치가 존재하여야 한다는 가정을 하지 않기 때문에, 일부 결과변인에서 결측값이 존재할 경우 MANOVA의 대안으로서 고려해 볼 수 있다. MANOVA를 위한 일부 소프트웨어는 결과변인에 대한 결측값을 다룰 수 없는 반면, 다층분석은 이러한 문제를 보이지 않는다. 다층모형은 MANOVA보다 훨씬 더 유연하기 때문에, 다변량 다층 모델링에는 몇 가지 추가적인 장점이 있다. 예를 들면, 다변량 다층분석은 한 모형에서 다수의 결과변인을 사용하기 때문에 동일성 제약(equality constraints)을 가함으로써 회귀계수나 분산 성분의 동일성을 검정할 수 있다. 추가적으로, 이 모형은 다층모형에서 척도를 구성하기 위한 여러 개의 문항을 다변량 종속변인으로 포함함으로써 다층측정모형으로도 사용할 수도 있다.

1. 다변량 모형

　다층회귀모형은 본질적으로 일변량 분석이다. 하지만, 이 경우에도 여러 개의 결과변인들을 별도의 '변인' 수준으로 분석하기 위해서 다변량 모형을 사용할 수 있다. 다변량 다층회귀모형에서, 여러 개의 측정치는 1수준의 단위이다. 많은 적용 사례를 보면, 측정치는 1수준이고, 개개인은 2수준, 만약 집단이 있다면, 집단은 3수준이다. 그러므로 p개의 결과변인들이 있다면, Y_{hij}는 집단 j 내의 개인 i의 측정치 h를 의미한다.

　결측된 응답이 있을 수도 있다는 것을 무시하면, 가장 낮은 수준인 변인 수준에는 사실상 p개의 결과변인들에 해당하는 p개의 단위들이 있다. 이때, 각각의 단위는 하나의 응답만으로 구성되는데, 이는 개인 i가 문항 h에 한 응답이다. 여러 개의 결과변인을 나타내는 한 가지 방법은 $(p-1)$개의 더미변인을 사용하는 것이다. 이 경우, 변인 1은 모든 더미가 '0'의 값을 갖는 참조집단이 되고, 변인 2부터 마지막 변인 p까지를 나타내는 더미 $(p-1)$개를 포함하면 된다. 하지만 이러한 방식은 첫 번째 변인에 특별한 의미를 부여하게 된다. 여러 개의 종속변인을 다루는 더 나은 방법은 절편을 사용하지 않는 대신에 각 종속변인을 나타내는 p개의 더미변인들 사용하는 것이다. 따라서 $p=1, \cdots, P$일 때, p개의 더미변인 d_{phij}는 다음과 같이 정의된다.

$$d_{phij} = \begin{cases} 1 & p = h \\ 0 & p \neq h \end{cases} \tag{10.1}$$

모형에 p개의 더미변인을 포함하기 위해서는, 반드시 모형에서 절편을 제외해야 한다. 그러므로 1수준의 모형은 다음과 같다.

$$Y_{hij} = \pi_{1ij}d_{1ij} + \pi_{2ij}d_{2ij} + \cdots + \pi_{pij}d_{pij} \tag{10.2}$$

일변량 분석을 위해 고안된 소프트웨어로 다변량 모형을 설정하기 위해서는 더미변인 수준을 추가적인 수준으로 사용한다. 식 10.2에는 1수준 오차(error) 항이 없다. 가장 낮은 수준은 다변량 응답 구조를 정의하기 위해서만 사용된다. 우선은 설명변인이 없는, 즉 절편만 있는 모형(intercept-only model)을 가정한다. 이러한 경우, 개인 수준(즉, 다변량 모형에서의 2수준)에서의 모형은 다음과 같다.

$$\pi_{pij} = \beta_{pij} + u_{pij} \tag{10.3}$$

집단 수준(다변량 모형에서의 3수준)에서의 모형은 다음과 같다.

$$\beta_{pij} = \gamma_p + u_{pij} \tag{10.4}$$

식 10.3과 식 10.4를 식 10.2에 대입함으로써, 최종 모형은 다음과 같이 제시될 수 있다.

$$\begin{aligned} Y_{hij} = {} & \gamma_1 d_{1ij} + \gamma_2 d_{2ij} + \cdots + \gamma_p d_{\pi j} + u_{1ij}d_{1ij} + u_{2ij}d_{2ij} + \cdots \\ & + u_{pij}d_{pij} + u_{1j}d_{1ij} + u_{2j}d_{2ij} + \cdots + u_{pj}d_{\pi j} \end{aligned} \tag{10.5}$$

일변량 절편만 있는 모형에서는, 고정효과 모수는 전체 평균을 의미하는 절편만 포함한다. 무선효과 모수는 개인 수준과 집단 수준, 두 개의 분산을 포함한다. 일변량 절편 모형과 동일한 다변량 모형에서, 고정효과 모수는 절편 대신에 P개의 더미 변인에 해당하는 P개의 회귀계수가 포함되며, 이들 회귀계수는 각각의 결과변인에 대한 전체 평균을 의미한다. 무선효과 모수는 두 개의 공분산 행렬, Ω_{ij}와 Ω_j를 포함하고 있으며, 이들 행렬은 각각 개인 수준과 집단 수준에서의 회귀계수의 분산과 공분산을 포함한다. 식 10.5는 특히 종속변인이 많은 경우에 복잡하기 때문에, 합계 표기법을 사용하여 다음과 같이 표현할 수 있다.

$$Y_{hij} = \sum_{h=1}^{P} \gamma_h d_{hij} + \sum_{h=1}^{P} u_{hij} d_{hij} + \sum_{h=1}^{P} u_{hj} d_{hij} \tag{10.6}$$

일변량 모형에서와 같이, 개인 수준 혹은 집단 수준에서의 설명변인이 모형에 포함될 수도 있다. 일반적으로, 개인 수준 설명변인 X_{ij} 혹은 집단 수준 변인 Z_j를 p개의 모든 더미변인에 곱해서 p개의 상호작용 항을 식에 포함하는 방식으로 해당 변인이 모형에 추가될 수 있다. $p \neq h$인 경우 더미변인은 '0'이 되기 때문에, 이 항들은 모형에서 제거된다. 그러므로 각 종속변인에 해당하는 더미변인 p가 다층 회귀식에 추가된다.

집단 수준에서 개인 수준 변인의 무선효과 기울기를 설정할 수 있으며, 제2장에서 논의한 일변량 모형에서 설명변인과 교차수준 상호작용항을 추가하는 것과 유사하게 무선효과 변산을 설명하는 교차수준 상호작용을 추가할 수 있다. 각 설명변인과 모든 더미변인을 곱한다면, 각각의 설명변인에 대해서 각 회귀계수가 종속변인에 따라서 다를 수 있다는 것을 나타낸다. 효과가 모든 결과변인에 대해 동일하다는 동일성 제약(equality constraint)을 가정한다면, 모형을 상당히 단순화시킬 수 있다. 물론, 모든 결과변인이 동일한 척도와 동일한 신뢰도를 가질 때 가능한 일이다. 동일성 제약을 설정하는 방법은 두 가지가 있다. 간단히 하기 위하여, 두 개의 결과변인 Y_1과 Y_2, 하나의 설명변인 X가 있고 개인이 집단에 내재된 구조가 아니라고 가정한다. 이 경우 식 10.2는 다음과 같이 쓸 수 있으며,

$$Y_{hi} = \pi_{1i}d_{1i} + \pi_{2i}d_{2i} \tag{10.7}$$

식 10.5도 다음과 같이 단순화시킬 수 있다.

$$Y_{hi} = \gamma_1 d_{1i} + \gamma_2 d_{2i} + u_{1i}d_{1i} + u_{2i}d_{2i} \tag{10.8}$$

여기에 설명변인 X_i에 각각의 더미변인을 곱해 줌으로써 설명변인을 모형에 추가하면 식 10.9가 된다.

$$Y_{hi} = \gamma_{01}d_{1i} + \gamma_{02}d_{2i} + \gamma_{11}d_{1i}X_i + \gamma_{12}d_{2i}X_i + u_{1i}d_{1i} + u_{2i}d_{2i} \tag{10.9}$$

여기에 Y_1과 Y_2의 회귀계수가 같다는 동일성 제약 조건, 즉 $\gamma_{11} = \gamma_{12} = \gamma^*$을 설정한다면, 식 10.9는 다음과 같이 표현될 수 있으며,

$$Y_{hi} = \gamma_{01}d_{1i} + \gamma_{02}d_{2i} + \gamma^* d_{1i}X_i + \gamma^* d_{2i}X_i + u_{1i}d_{1i} + u_{2i}d_{2i} \tag{10.10}$$

이 식은 다시금 다음과 같이 제시할 수도 있다.

$$Y_{hi} = \gamma_{01}d_{1i} + \gamma_{02}d_{2i} + \gamma^* [d_{1i}X_i + d_{2i}X_i] + u_{1i}d_{1i} + u_{2i}d_{2i} \tag{10.11}$$

개별 종속변인들을 의미하는 두 더미변인들이 상호 배타적이기 때문에, 설정된 결과변인 Y_{hi}에 상응하는 오직 하나의 더미변인이 '1'이 되고, 다른 하나는 '0'이 된다. 그러므로 식 10.11은 다음과 같이 쓸 수도 있다.

$$Y_{hi} = \gamma_{01}d_{1i} + \gamma_{02}d_{2i} + \gamma^* X_i + u_{1i}d_{1i} + u_{2i}d_{2i} \tag{10.12}$$

앞의 식으로부터, 각 설명변인의 모든 회귀계수에 동일성 제약을 설정하는 것은 이 설명변인을 더미변인을 곱하지 않은 채로 추가하는 것과 같다는 것을 알 수 있다. 이는 식 10.12가 식 10.9에 내재되어 있다는 것을 의미한다. 그 결과, 이탈도(deviance)에 대한 카이제곱 검정(자유도는 $p-1$)을 이용하여, 식 10.9를 식 10.12로 단순화시키는 것이 타당한지 검정할 수 있다. 주어진 예제는 고정효과 모수의 변화를 포함하므로 완전최대우도(Full Maximum Likelihood: FML) 추정을 사용할 때만 이탈도 검정을 할 수 있다. 설명변인 X가 집단 수준에서 무선효과 기울기를 가진다면, 모형의 무선효과 성분에 대해서도 비슷한 논리를 적용할 수 있다. 하나의 설명변인 X에 무선 기울기를 추가하는 것은 하나의 분산 성분을 추정하는 것을 의미한다. 각 설명변인에 더미변인을 곱하는 방식으로 무선 기울기를 설정하는 것은 각 변인에 $p \times p$ 공분산 행렬을 모형에 추가하는 것을 의미한다. 이는 $p(p-1)/2$개의 모수 추정치를 모형에 추가하는 것이고 따라서 카이제곱 차이 검정을 위한 자유도는 $(p(p-1)/2)-1$이 된다.

2. 다변량 다층모형의 예제: 응답변인이 하나 이상인 경우

제6장에서 수년에 걸쳐 진행된 47개의 연구들을 바탕으로, 대면, 전화, 메일 설문에 대한 응답률을 분석하는 하나의 예제를 다룬 바 있다(Hox & de Leew, 1994). 이 예제에서, 설문 응답에 해당하는 2개의 지표가 있다. 첫 번째는 완료율, 즉 인터뷰를 완료한 사람 수를 연락한 총 사람 수로 나눈 수를 말한다. 두 번째는 응답률, 즉 인터뷰를 완료한 사람 수를 연락한 총 사람에서 부적격한 사람(주소 부정확, 사망)을 제외한 수로 나눈 수를 말한다. 일부 연구에서는 완료율을, 다른 연구에서는 응답률을 보고하고, 두 정보를 모두 보고한 연구들도 있다. 제6장에서의 분석은 응답률이 가능하면 응답률을, 가능하지 않은 경우는 완료율을 사용했고, 완료율을 나타내는 더미변인을

사용하였다. 일부 연구에서는 응답률과 완료율 모두를 보고했는데, 이 방법은 가능한 정보를 모두 사용하지 않는 문제가 있다. 나아가, 응답률과 완료율이 시간에 따라서 유사하게 혹은 다르게 반응하는지 조사하는 것도 흥미로운 질문이다. 다변량 모형을 사용함으로써 모든 정보를 포함시킬 수 있으며, 응답률과 완료율 사이의 유사성을 조사하는 다변량 메타 분석을 시행할 수 있다.

제6장에서의 모형은 2수준 모형이었으며, 자료 수집 조건(대면, 전화, 메일)이 1수준이고 47개의 연구는 2수준에 해당한다. 다변량 모형의 경우, 응답과 관련된 2개의 지표가 1수준, 자료 수집 조건(대면, 전화, 메일)은 2수준, 그리고 연구가 3수준이 된다. 응답변인은 비율이기 때문에 로짓(logit) 연결함수와 이항오차분포를 가정하는 일반화선형모형을 사용한다(다층일반화모형에 대한 자세한 설명은 제6장 참고). p_{hij}를 연구 j 조건 i에서의 응답률 혹은 완료율에 대한 응답자의 관찰된 비율이라고 하자. 응답변인 수준, 즉 1수준에서는 2개의 독립변인 $comp$와 $resp$가 있고, 이들은 각각 완료율과 응답률을 나타내는 더미이다. 다변량 무조건모형은 다음과 같이 제시될 수 있다.

$$P_{hij} = logistic(\pi_{1ij}comp_{ij} + \pi_{2ij}resp_{ij}) \tag{10.13}$$

이 자료를 위한 무조건모형은 다음과 같다.

$$P_{hij} = logistic\begin{pmatrix}\gamma_{01}comp_{ij} + \gamma_{02}resp_{ij} \\ + u_{1ij}comp_{ij} + u_{2ij}resp_{ij} + u_{1j}comp_{ij} + u_{2j}resp_{ij}\end{pmatrix} \tag{10.14}$$

식 10.14의 모형은 평균 완료율과 평균 응답률 추정치를 (로짓 척도로) 제공하며, 자료 수집 조건 수준과 연구 수준에서의 완료율과 응답률의 공분산 행렬을 제공한다.

벌점화 준–우도(penalized pseudo-likelihood: PQL) 추정과 Taylor 2차 선형화를 사용하여 제한적 최대우도(Restricted Maximum Likelihood: RML)를 기반(제6장 참고)한 모수 추정치가 〈표 10–1〉에 제시되어 있다. 첫 번째 열은 무조건모형에서의 모수 추정치를 보여 주고 있다. '*comprate*'와 '*resprate*'로 표시된 부분에는 각각 완료율과 응답률에 해당하는 두 개의 절편 추정치가 제시되어 있다.

이 추정치는 두 변인을 각각 하나씩만 투입해서 실시한 개별 일변량 분석 결과와 동일하지 않다는 것에 주목해야 한다. 예를 들면, 설문 응답이 만족스럽지 않을 때 보고서를 더 그럴듯하게 만들기 위해서 응답률만 보고하는 경향이 있다면 완료율의 결측치 패턴은 완전히 무작위로 발생한 것이라고 보기 어렵다. 응답률만으로 하는 일변량 분석으로는 이러한 편의를 교정할 수 없다. 이는 결측치가 완전하게 무작위로 발생하였다는 것(Missing Completely At Random: MCAR)을 가정하기 때문이다. 다변량 모형은 응답률과 완료율 사이의 공분산을 포함한다. 그러므로 다변량 모형은 응답률을 보고할 때 생기는 편의를 교정할 수 있다. 이는 결측치가 무작위로 발생하였다는(Missing At Random: MAR) 더 약한 가정을 전제로 한다. 이러한 편의 교정으로 인해, 다변량 모형에서의 절편과 다른 회귀계수들은 여러 개의 일변량 분석을 개별적으로 사용해서 얻은 결과와 다를 수 있다. 이는 다층모형에서 패널 이탈이 MAR이라고 가정하는 다층 종단 모델링의 경우와 유사하다(제5장 참조). MAR과 MCAR의 차이에 대한 논의는 McKnight, McKnight, Sidani와 Figueredo(2007)를 살펴보라. 다층 종단 모델링에서와 같이, 다변량 다층모형이 MCAR가 아닌 MAR을 가정한다는 사실은 결측치가 있는 자료를 다룰 때 매우 중요한 장점이다. MANOVA에서는 보통 MCAR를 가정한 후 완전제거법(listwise deletion)을 사용하여 결측이 없는 완전한 자료만을 분석하며, 이는 MAR보다 더 엄격한 가정을 요구한다.

〈표 10-1〉 설문 응답 자료에 대한 분석 결과

모형	M_0: comp. & resp. rate에 대한 절편	M_1: M_0 + 조사 조건에 대한 더미변인
고정효과		
예측변인	회귀계수(s.e.)	회귀계수(s.e.)
comprate	0.84 (0.13)	1.15 (0.16)
resprate	1.28 (0.15)	1.40 (0.16)
tel × *comp*		−0.34 (0.15)
tel × *resp*		−0.10 (0.11)
mail × *comp*		−0.69 (0.16)
mail × *resp*		−0.40 (0.13)
무선효과		
$\sigma^2_{comp/cond}$	0.41 (0.09)	0.31 (0.07)
$\sigma^2_{resp/cond}$	0.20 (0.05)	0.18 (0.04)
$r_{cr/cond}$	0.96	0.97
$\sigma^2_{comp/cstudy}$	0.53 (0.17)	0.61 (0.17)
$\sigma^2_{resp/study}$	0.89 (0.22)	0.83 (0.21)
$r_{cr/study}$	0.99	0.95

〈표 10-1〉에서 두 번째 열은 자료 수집 조건을 나타내는 더미변인들이 완료율과 응답률에 각각 추가된 모형에서의 모수 추정치를 보여 주고 있다. 이때 대면조사 조건이 참조 집단이며 전화조사와 메일조사 조건을 나타내는 두 개의 더미변인이 추가되었다. 또한 자료 수집 조건의 효과가 완료율과 응답률에 대해서 동일하다는 가정을 하지 않는다. 그러므로 두 조건 더미들이 완료율과 응답률을 나타내는 더미들과 상호작용 항으로 모형에 추가되었다. 따라서 이 모형은 식 10.15와 같이 제시된다.

$$P_{hij} = logistic \begin{pmatrix} \gamma_{01}comp_{ij} + \gamma_{02}resp_{ij} \\ + \gamma_{03}tel_{ij}comp_{ij} + \gamma_{04}tel_{ij}resp_{ij} + \gamma_{05}mail_{ij}comp_{ij} + \gamma_{06}mail_{ij}resp_{ij} \\ + u_{1ij}comp_{ij} + u_{2ij}resp_{ij} + u_{1j}comp_{ij} + u_{2j}resp_{ij} \end{pmatrix}$$

$$(10.15)$$

〈표 10-1〉에서 완료율과 응답률에 대한 두 개의 절편과 전화조사와 메일조사 조건이 완료율과 응답률에 미치는 영향을 나타내는 회귀 기울기가 상당히 다르다는 것을 알 수 있다. 이를 확인하기 위해 두 개의 절편과 각각의 회귀 기울기가 서로 같다는 영가설을 검증해 볼 수 있다. 먼저, 제3장에서 설명한 절차를 사용하여 $comp$와 $resp$의 절편에 대한 동일성 가정을 검정한 결과, 카이제곱 통계량은 6.82이고 자유도가 1이므로 p-value는 0.01이 된다. 대면조사 조건이 참조 집단이기 때문에 이는 대면조사 조건에서 완료율과 응답률의 동일성 검정 결과이다. 전화조사 조건의 경우, 카이제곱 통계량은 6.81이고 자유도가 1일 때 p-value는 0.01이다. 메일조사 조건의 경우, 카이제곱 통계량은 8.94이고 자유도가 1일 때 p-value는 0.00이다. 이러한 검정 결과를 토대로 자료 수집 조건이 완료율과 응답률에 다른 방식으로 영향을 미친다는 것을 분명하게 알 수 있다.

〈표 10-2〉 설문 응답 자료에 대한 분석 결과: 모형 비교

모형	year과 saliency의 상호작용을 포함	year의 직접 효과와 saliency의 직접 효과를 각각 포함
고정효과		
예측변인	회귀계수(s.e.)	회귀계수(s.e.)
comprate	0.83 (0.43)	0.83 (0.43)
resprate	1.06 (0.43)	1.06 (0.43)
tel × comp	−0.32 (0.15)	−0.32 (0.15)
tel × resp	−0.41 (0.11)	−0.41 (0.11)
mail × comp	−0.71 (0.16)	−0.71 (0.16)
mail × resp	−0.40 (0.13)	−0.40 (0.13)
year × comp[a]	−0.01 (0.01)	n/a
year × resp[a]	−0.01 (0.01)	n/a
sali × comp[a]	0.69 (0.17)	n/a
sali × resp[a]	0.69 (0.17)	n/a
year	n/a	−0.01 (0.01)
saliency	n/a	0.69 (0.17)
무선효과		
$\sigma^2_{comp/cond}$	0.31 (0.07)	0.31 (0.07)
$\sigma^2_{resp/cond}$	0.18 (0.04)	0.18 (0.04)
$r_{cr/cond}$	0.97	0.97
$\sigma^2_{comp/cstudy}$	0.45 (0.14)	0.45 (0.14)
$\sigma^2_{resp/study}$	0.52 (0.14)	0.52 (0.14)
$r_{cr/study}$	0.91	0.91

[a,b] 기울기에 대한 동일성 제약 가정

〈표 10-1〉에는 분산 성분에 대한 분석 결과도 제시되어 있다. $\sigma^2_{comp/cond}$는 자료 수집 조건 수준에서의 완료율 절편의 분산을, $\sigma^2_{comp/study}$는 연구 수준에서의 완료율 절편의 분산을, $\sigma^2_{resp/cond}$는 자료 수집 조건 수준에서의 응답률 절편의 분산을,

$\sigma^2_{resp/study}$는 자료 수집 조건 수준에서의 응답률 절편의 분산을 뜻한다. 〈표 10-1〉과 〈표 10-2〉에는 이탈도에 대한 분석 결과가 포함되어 있지 않다. 이탈도는 (MLwiN을 사용하여) 제6장에서 설명한 유사 우도 방식(quasi-likelihood)을 사용하여 추정 가능하지만, 이렇게 구한 이탈도는 근사치에 불과하다.

출간연도(*year*)와 설문 주제의 중요성(*saliency*)이라는 설명변인들을 추가한다면 대비 검정을 통해서 완료율과 응답률 모두에 유사한 효과를 보인다는 것을 확인할 수 있다. 그 결과, 이 설명변인들을 회귀식에 회귀 기울기에 대한 동일성 제약을 가한 채 완료율과 응답률 더미들과의 상호작용 항으로 추가하거나(식 10.9~10.11 참고), 설명변인들의 직접 효과로써(식 10.12 참고) 모형에 추가할 수 있다.

〈표 10-2〉는 두 가지 모형 설정에 따른 모수 추정치를 제시하고 있다. 두 모형 분석 결과에서 설명변인들, '*year*'와 '*saliency*'에 해당하는 모수 추정치와 표준오차는 같은 값을 보인다. 설명변인들을 직접 효과로 포함하는 모형은 다음과 같다.

$$P_{hij} = logistic \begin{pmatrix} \gamma_{01}comp_{ij} + \gamma_{02}resp_{ij} \\ + \gamma_{03}tel_{ij}comp_{ij} + \gamma_{04}tel_{ij}resp_{ij} + \gamma_{05}mail_{ij}comp_{ij} + \gamma_{06}mail_{ij}resp_{ij} \\ + \gamma_{07}year_j + \gamma_{08}saliency_y \\ + u_{1ij}comp_{ij} + u_{2ij}resp_{ij} + u_{1j}comp_{ij} + u_{2j}resp_{ij} \end{pmatrix}$$

(10.16)

반면 설명변인들이 동일성 제약(위첨자 a와 b로 표현)을 가한 상호작용 항으로 포함된 모형은 다음과 같다.

$$P_{hij} = logistic \begin{pmatrix} \gamma_{01}comp_{ij} + \gamma_{02}resp_{ij} \\ + \gamma_{03}tel_{ij}comp_{ij} + \gamma_{04}tel_{ij}resp_{ij} + \gamma_{05}mail_{ij}comp_{ij} + \gamma_{06}mail_{ij}resp_{ij} \\ + \gamma^a_{07}year_j \times comp_{ij} + \gamma^a_{08}year_j \times resp_{ij} \\ + \gamma^a_{09}saliency_j \times comp_{ij} + \gamma^a_{10}saliency_j \times resp_{ij} \\ + u_{1ij}comp_{ij} + u_{2ij}resp_{ij} + u_{1j}comp_{ij} + u_{2j}resp_{ij} \end{pmatrix}$$

(10.17)

〈표 10-2〉는 경험적으로 식 10.9~10.12에서 다룬 두 표현법이 동일하다는 것을 보여 준다. 설명변인인 *year*와 *saliency*를 직접 효과로 추가하는 것이 더 간단하기 때문에 이 모형이 더 선호된다.

하나의 이론적 구인과 관련된 여러 개의 결과변인이 있다면, 설명변인을 모형에 직접 효과로 투입하는 것이 모든 종속변인과의 상호작용 항으로 추가하는 것보다 높은 검정력을 보인다. 이는 전자는 자유도 1에 해당하는 검정이고 후자는 자유도 p에 해당하는 검정이기 때문이다. 설명변인을 직접 효과로 추가하는 것은 모든 상호작용이 같은 회귀 가중치를 갖는다고 보기 때문에, 결과적으로 이는 동일성 제약을 의미한다. 동일 효과 크기라는 이 가정은 강한 가정이고, 결과변인들이 다른 척도로 측정된 경우 비현실적인 가정이다. Sammel, Lin과 Ryan(1999)은 회귀계수의 평활화(smoothing) 가능성에 대해 논의했다. 그들은 결과변인들이 같은 척도를 가지도록 분석 전에 척도를 전환하는 것을 제안했는데, 연속변인의 경우 표준화 점수로의 전환이 적절하다. Raudenbush, Rowan과 Kang(1991)은 측정 신뢰도의 차이를 교정하기 위한 변환을 활용했다. 동일한 효과 크기를 보이기 위해서, 그들은 먼저 결과변인들을 상응하는 신뢰도 계수의 제곱근으로 나눈 뒤 표준화하는 것을 제안했다.

3. 다층모형 분석 예제: 집단 특성을 측정하는 경우

때때로 연구자는 개인, 집단 혹은 조직과 같은 높은 수준에서의 단위의 특성, 즉 맥락의 특성을 측정하는 것에 관심이 있다. 예를 들면, 학교 풍토에 관심이 있으며, 이를 연구하기 위해 각 학교에서 학생 표본이 응답한 설문자료를 사용한다고 하자. 이 예제에서는 학생이 관심사가 아니고, 학생은 학교 풍토를 판단하기 위한 정보원으로서 사용된다. 비슷한 경우를 다른 연구 분야에서도 발견할 수 있는데, 보건 연구에서는 환자들이 자신의 의사에 대한 만족감을, 지역사회 연구에서는 서로 다른 주거지역에서의 표본들이 각자 주거하는 지역 환경에 다양한 측면을 평가하는 경우가 이에 해당한다. 이러한 경우에 개인 특성 변인들은 발생 가능한 측정 편의를 통제하는데 사용될 수 있지만 주된 관심사는 높은 수준 단위의 측면을 측정하는 것에 있다 (Paterson, 1998; Raudenbush & Sampson, 1999; Sampson, Raudenbush & Earls, 1997를 참고). 이러한 측정법을 Raudenbush와 Sampson(1999)은 'ecometrics'라고 불렀다.

다음은 Krüger(1994)의 교육 연구 자료를 이용한 예제이다. 이 연구에서는 남녀 학교장의 여러 가지 특성을 비교하였다. 각 학교에서 표집된 학생들은 인화 중심 리더십을 나타내는 6개의 문항(7점 척도로 구성)을 사용하여 학교장을 평가하였다(자료에 대한 더 자세한 설명은 부록에 제시되어 있다). 96개의 학교에서 854명의 학생이 응답하였으며, 이 중 48개 학교의 교장이 남성이었으며, 나머지 48개는 여성 교장이었다. 6개 문항에 대한 신뢰도 계수, 크론바흐 알파(Cronbach's α)는 0.80으로, 이는 일반적으로 문항들을 하나의 척도로 보기에 충분하다고 간주되는 수준이다(Nunnally & Bernstein, 1994). 그러나 이 신뢰도 추정치는 학교 수준 분산과 학생 수준 분산이 혼재된 상태에서 계산되었기 때문에 해석하기가 어렵다. 같은 학교에서 수집된 모든 평가는 같은 학교장에 대한 점수이기 때문에, 학교 내 분산은 학교장에 대한 정보를 제공하지 못한다. 이 경우, 측정학적 관점에서 학교 내 분산은 오차 분산의 항이고, 연구 관심사는 학교 간(between school) 분산에 있다.

이러한 자료를 모형화할 수 있는 한 가지 편리한 방법은 문항, 학생, 학교 수준을 가지는 다변량 다층모형을 사용하는 것이다. 이에 6개 문항을 나타내는 6개의 더미 변인들을 만들고 모형에서 절편을 제거한다. 따라서 1수준 모형은 다음 식 10.18과 같다.

$$Y_{hij} = \pi_{1ij}d_{1ij} + \pi_{2ij}d_{2ij} + \cdots + \pi_{6ij}d_{6ij} \tag{10.18}$$

개인(학생) 수준(2수준)에서의 모형은 다음과 같으며,

$$\pi_{pij} = \beta_{pij} + u_{pij} \tag{10.19}$$

집단 수준(다변량 모형에서의 3수준)에서의 모형은 다음과 같다.

$$\beta_{pij} = \gamma_p + u_{pj} \tag{10.20}$$

식 10.19와 10.20을 식 10.18에 대입하면, 이들 모형은 다음과 같이 하나의 식으로 정리할 수 있다.

$$
\begin{aligned}
Y_{hij} = {} & \gamma_1 d_{1ij} + \gamma_2 d_{2ij} + \cdots + \gamma_6 d_{pij} \\
& + u_{1ij} d_{1ij} + u_{2ij} d_{2ij} + \cdots + u_{6ij} d_{pij} \\
& + u_{1j} d_{1ij} + u_{2j} d_{2ij} + \cdots + u_{6j} d_{pij}
\end{aligned}
\tag{10.21}
$$

합계 표기법을 사용하면 식 10.21은 다음과 같다.

$$Y_{hij} = \sum_{h=1}^{6} \gamma_h d_{hij} + \sum_{h=1}^{6} u_{hij} d_{hij} + \sum_{h=1}^{6} u_{hj} d_{hij} \tag{10.22}$$

식 10.21과 식 10.22로 표현된 모형은 6개 문항의 평균에 대한 추정치와 학생 수준과 학교 수준에서 문항들의 분산과 공분산 추정치를 제공한다. 이러한 상황에서는 주로 분산과 공분산 추정에 관심이 있기 때문에 RML 추정법이 FML 추정법보다 선호된다.

〈표 10-3〉은 학생 수준에서의 공분산과 상관계수에 대한 RML 추정치를 보여 주며, 〈표 10-4〉는 학교 수준에서의 결과를 보여 주고 있다. 이 표들을 통해서, 6개 문항 분산의 대부분은 학생 수준 분산, 즉 학교 내 학생 간 분산인 것을 알 수 있다. 같은 학교에 있는 모든 학생은 같은 학교장을 평가하기 때문에, 이 분산은 체계적 측정 분산으로 간주되어야 한다. 학생들이 6개 문항을 사용하는 방식에 있어서 체계적인 차이가 있다는 것이 명확하게 확인되었다. 〈표 10-3〉에서의 공분산 패턴은 그들이 어떻게 다른지 보여 준다. 공분산을 모형화할 수 있는지 조사하기 위해서, 학생 수준 변

인들을 모형에 추가할 수 있다. 그러나 이 경우 모형화하고자 하는 것은 학생들이 설문지(측정도구)에 응답할 때 보이는 학생 고유의 특성이다. 측정학적 관점에서 주된 관심사는 학교 수준에서 문항들이 어떻게 작용하는지 보여 주는 〈표 10-4〉에 있다고 할 수 있다. 학교 수준에서의 분산이 더 작음에도 불구하고 상관계수는 훨씬 높다. 학생 수준에서의 평균 상관계수는 0.36이고 학교 수준에서는 0.71이다. 이는 학교 수준에서 측정 도구의 일관성이 개인 수준보다 더 높다는 것을 의미하기 때문에 바람직한 결과이다.

〈표 10-3〉 학생 수준에서의 변수간 공분산 및 상관

	1	2	3	4	5	6
Item 1	1.19	0.57	0.44	0.18	0.25	*0.44*
Item 2	0.67	1.13	0.52	0.18	*0.26*	*0.38*
Item 3	0.49	0.57	1.07	*0.19*	*0.23*	*0.43*
Item 4	0.17	0.17	0.17	0.74	*0.60*	*0.30*
Item 5	0.22	0.23	0.20	0.42	0.66	*0.38*
Item 6	0.48	0.41	0.45	0.26	0.31	1.00

주: 대각선 위쪽에 이탤릭체로 제시된 수치는 상관계수를 나타냄.

〈표 10-4〉 학교 수준에서의 변수간 공분산 및 상관

	1	2	3	4	5	6
Item 1	0.24	*0.91*	*0.87*	*0.57*	*0.93*	*0.96*
Item 2	0.30	0.45	*0.98*	*0.14*	*0.58*	*0.88*
Item 3	0.24	0.36	0.31	*0.07*	*0.53*	*0.87*
Item 4	0.12	0.04	0.02	0.19	*0.89*	*0.57*
Item 5	0.15	0.13	0.10	0.13	0.11	*0.90*
Item 6	0.16	0.20	0.17	0.09	0.10	0.12

주: 대각선 위쪽에 이탤릭체로 제시된 수치는 상관계수를 나타냄.

학생 수준 혹은 학교 수준에서 문항 분석을 수행하기 위해서 〈표 10-4〉에 제시된 공분산 혹은 상관계수를 사용할 수 있다. 내적 일관성 신뢰도 계수 α를 계산하기 위해서 고전검사이론의 표준 공식을 사용할 수 있다. 예를 들면, 〈표 10-3〉과 〈표 10-4〉를 이용해서 내적 일관성을 추정하는 간편한 방법은 평균 상관계수를 사용하는 것이다(예: Nunnally & Bernstein, 1994). 검사 길이를 고려한 Spearman-Brown 공식을 이용하여 평균 상관계수로부터 척도의 내적 일관성 계수를 추정할 수 있다. p개 문항으로 이루어진 척도의 신뢰도는 다음과 같다.

$$\alpha = p\bar{r} / (1 + (p-1)\bar{r}) \tag{10.23}$$

여기서 $\bar{r}$은 문항들의 평균 상관계수를 의미하고, p는 척도의 길이를 뜻한다. 학교 수준에서의 평균 상관계수는 0.71이고 Spearman-Brown 공식을 사용하여 추정한 학교 수준 내적 일관성 계수 α는 0.94이다. 그러나 이는 문항들의 분산이 다르다는 것을 고려하지 않았기 때문에 정확한 추정치가 아닌 대략적인 수치이다. 더 정확한 추정치를 얻기 위해서는, 신뢰도 혹은 요인 분석을 위한 소프트웨어 프로그램에 〈표 10-3〉 혹은 〈표 10-4〉에서의 공분산 값을 입력 자료로 사용할 수 있다. 이렇게 한다면, 내적 일관성 계수 α는 0.92로 추정되며, 추가적인 문항 분석을 통해서 다른 문항들과 상관계수가 낮은 문항 4를 제거하는 것을 고려해야 한다는 것을 알 수 있다.

한 가지 중요한 고려사항이 있다. 학교 수준에서의 공분산 혹은 상관계수 행렬은 모집단 행렬의 최대우도 추정치이다. 이러한 행렬을 바로 투입할 수 있는 모형들과 소프트웨어를 직접적으로 사용함으로써 이 행렬을 분석할 수 있다. 학교 수준에서의 측정을 위해 공분산 혹은 상관계수 행렬을 사용하는 것은 〈표 10-4〉에서의 공분산과 상관계수를 야기한 학교 수준 오차항을 직접 확인할 수 있다는 가정을 하기 때문에 더 회의적이다. 사실, 잔차 합계나 평균은 물론이거니와 이러한 잔차들을 직접적으로 확인하는 것은 불가능하다. 확인할 수 있는 것은 특정 학교에서 학생들이 내린 평가결과의 학교 수준 평균이다. 불행히도, 이러한 학교 수준에서 관찰된 평균들은 종종 학생 수준 변산을 반영한다. 다시 말해 학교 수준에서의 변산의 일부는 학교 내 학생들 간의 차이에서 비롯된다. 이러한 사안은 다층구조방정식 모델링에 대한 장 (14장과 15장)에서 자세히 다뤄질 것이다. 다층 측정 맥락에서, 학교 수준에서 집계된 (aggregated) 관찰된 평균은 〈표 10-4〉에서 드러나지 않는 오차 변산을 포함하므로, 〈표 10-4〉의 공분산 혹은 신뢰계수를 사용하여 신뢰도를 계산하면 이는 과대 추정 될 것이다.

Raudenbush, Rowan과 Kang(1991)은 관찰된 집단 수준 평균들을 사용하여 확장 된 다층 측정과 관련된 사안들을 논의했다. 그들은 절편만 있는 모형으로 구성된 3수 준 모형에서 절편 분산을 사용하여, 직접적으로 학생 수준과 학교 수준의 내적 일관 성을 계산할 수 있는 식들을 제공한다(Raudenbush et al., 1991, pp. 309-312). 이 모형 은 다음과 같이 표현된다.

$$Y_{hij} = \gamma_{000} + u_{0hij} + u_{0ij} + u_{0j} \tag{10.24}$$

식 10.24의 모형은 3개의 수준(문항, 학생 그리고 학교 수준)으로 구성된 절편만 있는 모형이다. 본 예제에서, 분산은 분산 성분의 아래 첨자를 사용하여 〈표 10-5〉에서 제공된다.

〈표 10-5〉에서, σ^2_{item}은 문항 비일관성에 의한 변산 추정치로 해석될 수 있고, σ^2_{pupil}은 같은 학교 내 학생들 간 척도 점수(평균 문항 점수)의 변산 추정치로 볼 수 있 으며, σ^2_{school}은 학교 간 척도 점수의 변산 추정치로 해석될 수 있다. 이러한 분산들은 학생 및 학교 수준에서의 내적 일관성 신뢰도를 산출하기 위해 사용될 수 있다. 만약 한 설문 내에(척도 내에) p개 문항이 있는 경우, (문항들의 평균으로 계산된) 척도 점수 의 오차 분산은 $\sigma^2_e = \sigma^2_{item}/p = 0.845/6 = 0.141$이다.

〈표 10-5〉 학교장 자료의 절편 및 분산

	회귀계수(s.e.)
고정효과	
절편	2.57(.05)
무선효과	
σ^2_{school}	0.179(.03)
σ^2_{pupil}	0.341(.03)
σ^2_{item}	0.845(.02)

문항 수준은 문항 비일관성으로 인한 분산 추정치를 산출하기 위해서만 존재한다. 사실상 문항들의 평균으로 계산된 척도 점수를 사용한다. 학교를 위한 척도 점수의 급내 상관계수(ICC)는 $\rho_1 = \sigma^2_{school}/(\sigma^2_{school} + \sigma^2_{pupil})$이며, 본 예제에서는 0.179/(0.179+0.341)=0.344이다. 그러므로 척도 점수의 경우 분산의 약 34%는 학교 간의 차이에 의한 것이다.

학생 수준 내적 일관성은 $\alpha_{pupil} = \sigma^2_{pupil}/(\sigma^2_{pupil} + \sigma^2_{item}/p)$으로 추정된다. 본 예제에서는 α_{pupil} =0.341/(0.341+0.845/6)=0.71이다. 이는 같은 학교 내 학생들에 의한 같은 학교장에 대한 평가 점수들의 변산의 일관성을 나타낸다. 이 내적 일관성 상관계수는 학생 수준 변산이 무선적인 오차가 아니라 체계적이라는 것을 보여 준다. 이는 오직 체계적 오차일 수도 있는데 그 예로는 학생들에 의해서 판단된 후광(halo) 효과와 같은 응답 편의가 있다. 또는 같은 교장을 평가하는 학생들의 서로 다른 경험에 기반한 것일 수도 있다. 이는 모형에 학생 특성 변인들을 추가함으로써 더 탐색할 수 있다.

학교 수준 내적 일관성은(Raudenbush et al., 1991, p. 312)

$$\alpha_{school} = \alpha^2_{school}/\left[\alpha^2_{school} + \alpha^2_{pupil}/n_j + \alpha^2_{em}/(p \cdot n_j)\right]$$

(10.25)

식 10.25에서 p는 척도에서 문항들의 수이고 n_j는 학교 j에서 학생들의 수이다. 학생 수는 학교마다 다르기 때문에 학교 수준 신뢰도 또한 다르다. 많은 학생 표본이 있는 학교에서는 학생 표본이 적은 학교보다 교장의 학교 관리 유형이 더 정확하게 추정된다. 모든 학교를 아우르는 평균 신뢰도 추정치를 계산하기 위해서, Raudenbush, Rowan과 Kang(1991, p. 312)은 학교들의 내적 일관성 평균을 내적 일관성 신뢰도 측정치로 사용하는 것을 제안했다. 더 단순한 방법은 식 10.25에서 n_j 대신에 모든 학교의 평균 학생 수를 사용하는 것이다. 본 예제에서, 각 학교의 학생 수 평균은 8.9명이므로, 이 수치를 식 10.25에 대입하면 학교 수준에서의 전체 내적 일관성 계수를 다음과 같이 추정할 수 있다.

$$\alpha_{school} = 0.179/[0.179 + 0.341/8.9 + 0.845/(8.9 \times 6)] = 0.77$$

학교 수준 내적 일관성 계수 0.77은 학교장의 리더십 유형이 충분한 신뢰도를 기반으로 하여 측정되었다는 것을 의미한다.[8] 학급당 학생 수는 4~10명으로 다양하다. 이 숫자들을 식에 대입해 보면, 4명의 학생일 경우에는 신뢰도 0.60을 얻고, 10명의 학생일 경우에는 신뢰도 0.91를 얻을 수 있다. 학교 수준 내적 일관성 상관계수에서 알 수 있듯이, 이는 충분한 측정 정밀성을 확보하기 위해서는 적어도 각 학교에서 4명의 학생이 필요하다는 것을 말해 준다.

학교 수준 내적 일관성 계수는 척도의 문항 수 k, 학교 수준에서 문항들 간 평균 상관계수 $\bar{r}$, 각 학교에서 표집된 학생 수 n_j, 그리고 학교 수준에서의 급내 상관계수 ρ_I라는 네 가지 요인에 의해 영향을 받는다. 학교 수준에서의 신뢰도는 이 네 개 요인들의 함수로서 정의된다.

---

[8] 고전검사이론에서의 심리측정 방법으로 산출한 0.92와의 차이는 학교 수준 신뢰도를 산출할 때 문항 및 학생 수준의 변산을 고려했기 때문에 비롯된 것이다. 여기서 제시한 방법이 더 정확하다.

$$\alpha_{school} = \frac{kn_j\rho_I\bar{r}}{kn_j\rho_I\bar{r} + \left[(k-1)\bar{r}+1\right](1-\rho_I)} \tag{10.26}$$

이때 학교 수준에서의 문항들 간 평균 상관계수는 절편만 있는 모형에서의 분산을 토대로 간편하게 추정할 수 있다, 즉, $\bar{r} = \sigma^2_{pupil}/(\sigma^2_{pupil} + \sigma^2_{item})$이다.

식 10.26은 내적 일관성 신뢰도가 문항 수가 증가할수록, 학교 내 학생 수가 많을 수록 높아진다는 것을 보여 준다. Raudenbush, Rowan과 Kang(1991)은 학교 내 학생 수의 증가가 문항 수 증가보다 학교 수준 신뢰도에 더 큰 영향을 준다는 것을 증명 했다. 문항 간 상관계수와 급내 상관계수가 낮더라도 학생 수가 무한대로 증가하면 (현실적으로 어렵지만) 결과적으로 신뢰도 1을 산출하지만, 일반적으로 문항 수가 무 한대로 증가하더라도 신뢰도가 1이 되지는 않는다.

만약 척도가 단 하나의 문항만으로 구성되어 있다면 학생 수준의 신뢰도를 계산할 수가 없다. 학교 수준에서 집계된 집단 평균의 신뢰도는 다음과 같다.

$$\lambda_j = \frac{\sigma^2_{school}}{\sigma^2_{school} + \sigma^2_{pupil}/n} \tag{10.27}$$

여기서 σ^2_{school}은 학교 간 분산, σ^2_{pupil}은 학교 내(학생) 분산, n은 일반적인 또는 평 균적인 학교 당 학생 수를 나타낸다(Snijers & Bosker, 2012, pp. 25-26). Schunck(2016) 의 시뮬레이션은 집단의 크기가 작을 경우 이렇게 집계된 평균이 상당히 신뢰롭지 않 을 수 있다는 것을 보여 준다. Croon과 van Veldhoven(2007)은 더 낮은 수준의 지시 변인(indicators)을 기반으로 한 집단 수준의 측정의 경우 제14장에서 다루는 접근법 인 잠재변인모형(latent variable model)이 선호된다는 것을 보여 준다.

Raudenbush, Rowan과 Kang(1991)에 의한 한 분석에서, 측정 모형은 서로 다른 척도들을 갖는 문항들을 하나로 결합함으로써 확장된다. 다층모형에서 상수항은 각 문항이 어떠한 척도를 보이는지 나타내는 더미변인들로 대체된다. 이는 확인적 요인 분석과 유사한데, 이 분석은 동일 척도로 측정된 모든 문항들의 부하량(loadings)이 동일하고 하나의 공통된 오차 분산이 있다는 제한이 있다. 이는 강한 제한점이며, 종종 문항들이 동형 검사로 구성되었다는 가정으로 표현된다(Lord & Novick, 1968). 내적 일관성에 필요한 가정들은 이에 비해 상당히 약한 가정이다. 많은 수준에서의 복잡한 관계를 나타내는 다변량 분석을 하는 데 있어 다층 구조방정식 모델링은 더 검정력이 높고 덜 제한적이다. 이 모형에 대해서는 제14장에서 자세히 다룬다.

학교장의 경험이나 성별 혹은 학교 유형과 같은 학교 수준 변인들을 사용하여 평가 점수를 예측하고 싶은 경우, 이 변인들을 다층모형의 설명변인으로 단순히 포함시키면 된다. 때때로 가령 이 변인들을 다른 유형의 모형에서 설명변인으로 사용하고자 할 때 실제 평가 점수를 아는 것은 유용하다. 절편만 있는 모형에서 구한 학교 수준 잔차를 사용하여 학교장 평가 점수를 추정할 수 있다. 잔차들은 학교 평균으로 중심화(centering)되므로, 평가 점수를 위한 소위 사후 평균(posterior means)을 산출하기 위해서 학교 평균을 다시 추가해야만 한다. 사후 평균은 경험적 베이즈 잔차를 기반으로 하기 때문에, 서로 다른 학교에서 관찰된 평균 평가 점수가 아니라 전체 평균으로 축소된(shrunken) 값이다. 각 점수가 전체 평균으로 축소된 정도는 각 점수의 신뢰도에 의하여 결정되며, 이는 각 학교의 학생 수에 따라 다르게 나타난다. 결과적으로 전체 평균으로 축소된 점수는 각 학교장의 학교 수준 진 점수(true score)의 추정치로 사용한다(Lord & Novick, 1968; Nunnally & Bernstein, 1994 참고). 또한 학생 수준 설명변인들을 모형에 추가할 수 있으며, 이를 통해 학생 수준 변인을 고려한(conditional on) 평가 점수를 산출한다. 학생 수준 설명변인을 투입하는 것은 평가 점수를 교정하는 데 학교 간 학생 모집단의 구성이 다르다는 점을 고려하기 위해 사용할 수 있으며, 이는 학교에 따라 다른 유형의 학생들이 유입된다면 고려해야 할 중요한 부분이다.

측정 척도를 위해서 다층 모델링을 사용하는 것의 이점은 불완전한 자료(incomplete data)를 쉽게 사용할 수 있다는 점이다. 다층모형은 일부 학생들의 일부 문항 점수가 결측되었을 때에도 사용할 수 있다. 자료가 무선적으로 결측이라는 가정 하에서 (MAR) 모형 결과와 추정된 사후 평균들은 교정된다. MAR은 완전한 자료만으로 분석하거나 결측 문항을 관찰된 문항들의 평균으로 대체하는 방법을 사용하는 MCAR보다 더 약한 가정을 기반으로 한다.

언급된 측정 절차들은 고전검사이론을 기반으로 한 것이고, 이는 연속적 다변량정규분포의 결과변인들을 가정한다. 대부분의 검사 문항들은 범주형이다. 문항들이 이분형이면, 제6장에서 설명한 로지스틱 다층모형 절차를 사용할 수 있다. Kamata(2001)은 2수준 다층 로지스틱 모형이 라쉬(Rasch)모형과 동일하다는 것을 보였고(Andrich, 1988) 3수준 모형으로의 확장을 논의했다. Adams, Wilson과 Wu(1997)의 연구와 Rijmen, Tuerlinckx, de Boeck과 Kuppens(2003)의 연구는 이 모형들이 문항반응이론(Item Response Theory: IRT)과 일반적으로 어떻게 관련되어 있는지 보여 준다. 정확한 측정에 대해서 관심이 있는 경우, 수치적분(numerical integration)을 기반으로 한 최대우도(제6장 참고) 혹은 베이지언 추정 절차(제13장 참고)를 살펴보고, 특히 이분형 문항들에 초점을 두어 살펴보라.

위계적 자료의 일반적인 다변량 모형을 위해서는, 다층 구조방정식 모델링이 다변량 다층회귀모형보다는 더 유연하다. 이 모형은 제14장과 제15장에서 논의할 것이다.

제**11**장

메타분석에 대한 다층적 접근

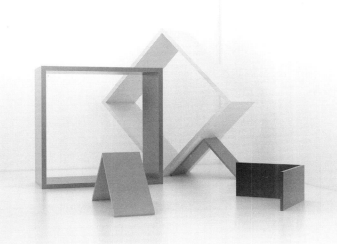

요약

메타분석은 특정 주제에 대해 독립적으로 수행된 여러 연구의 결과를 종합하여 요약하는 체계적 접근법이다. 메타분석에서는 특정 주제에 대해 이미 출판된 기존 경험적 연구의 결과들을 통계적으로 분석한다. 이 장에서는 다층회귀분석이 메타분석을 위한 매력적인 도구가 될 수 있음을 보여 줄 것이다. 단순 메타분석에도 다층회귀분석이 사용될 수 있지만, 실상 다층회귀분석의 진정한 매력은 분석의 대상이 되는 각 연구들이 복수의 결과변인을 가진 다변량 자료를 분석하는 것이 가능하다는 점에 있다.

1. 메타분석과 다층모형

메타분석은 경험적 연구들로부터 생성된 다수의 결과를 종합하기 위한 체계적 접근법이다(Glass, 1976; Lipsey & Wilson, 2001 참조). 메타분석의 목적은 특정 주제에 대해 독립적으로 수행된 여러 연구들의 결과를 요약하는 것이다. 예를 들어, '사회불안이 강한 아동을 대상으로 한 사회관계기술 훈련의 효과는 어떠한가?'라는 주제를 생각해 보자. 메타분석에서는 우선 이 주제와 관련된 다양한 실험연구 보고서를 수집한다. 다음으로 각 보고서에 보고된 결과를 코딩하고 이를 통계적으로 통합하여 하나의 '큰 결과(super outcome)'를 산출하게 된다. 어떤 경우에는 메타분석의 목적이 '큰 결과'를 얻는 데 있기보다는 좀 더 구체적인 질문, 예컨대 '사회관계기술 훈련 회기의 길이에 따라 효과에 차이가 있는가?' '서로 다른 훈련 방법에 따라 효과에 차이가 있는가?' 등에 대답하는 것에 있을 수 있다. 이러한 질문들은 연구결과의 일반화 가능성과 관련된 것이다. 이 경우, 메타분석에서는 단순히 각 연구의 결과만을 코딩하는 것이 아니라 각 연구의 특징을 함께 코딩하게 되며, 코딩된 연구의 특징이 연구결과의 차이를 설명하는 잠재적인 설명변수의 역할을 하게 된다. 메타분석은 기존 연구의 결과를 통합하기 위한 통계적 방법들만을 의미하기보다는 문헌 리뷰에 체계적이고 과학적인 전략을 적용하는 것이라 볼 수 있다. 일반적 메타분석의 간략한 소개는 Wilson(2001)과 Card(2012)를 참조하기 바란다. 다층회귀분석 방법의 활용을 포함한 좀 더 심층적이고 포괄적인 메타분석의 방법론적 · 통계적 주제들은 Cooper, Hedges와 Valentine(2009) 그리고 Sutton, Abrams, Jones, Sheldon과 Song(2000)을 참고할 수 있다.

메타분석의 핵심은 특정 주제에 대해 이미 출판된 연구의 결과들에 통계분석방법을 적용하는 것이다. 한 가지 방법은 모든 수집한 연구결과들의 p값들을 통합하여 하나의 통합 p값을 산출하는 것이 될 수 있다. 이는 단순하다는 장점은 있지만 많은 정보를 제공해 주는 접근법은 아니다. 메타분석의 일반적인 모형은 무선효과모형이다(Hedges & Olkin, 1985, p. 198). 무선효과모형에서 주된 관심은 연구결과들을 모아 전체적인 유의성을 산출하는 것이라기보다는 서로 다른 연구들에서 왜 서로 다른 효과의 크기가 산출되는지를 분석하는 것이다. 메타분석을 위한 무선효과모형은 연구에 따라 결과가 달라지는 이유가 단지 표집에 따른 무선적 차이때문만이 아니라 연구들 간에 실제로 차이가 있기 때문이라고 가정한다. 즉, 서로 다른 연구들이 서로 다른 표집방법을 사용하기 때문에 그 결과가 달라질 뿐만 아니라, 서로 다른 실험적 조작, 서로 다른 측정도구를 사용한 산출변인 측정 등이 그 이유일 수 있다. 무선효과모형에서는 연구결과들 간의 분산을 두 요소, 즉 표본분산과 연구들 간의 실제 차이를 반영하는 분산으로 분해한다. Hedges와 Olkin(1985), Lipsey와 Wilson(2001)은 연구결과들 간 차이의 전체 분산을 무선 표집분산과 체계적인 연구 간 분산으로 분할하는 절차 및 체계적인 연구 간 분산의 유의성을 검증하는 절차를 소개하고 있다. 만약 연구 간 분산이 충분히 크고 유의하다면, 연구결과들은 이질적인 것으로 간주된다. 이질적이라는 말은 각 연구들이 모두 동일한 결론에 도달한 것이 아니며, 연구의 결과들은 분포를 가지고, 수집된 연구들(즉, 연구의 표본)을 통해 결과 분포의 평균과 분산을 추정한다는 것을 의미한다. 그다음 목표는 연구들 간의 차이를 설명해 주는 연구의 특징을 밝히는 것이다. 연구결과에 영향을 주는 변인들은 실상 조절변인이라 할 수 있다. 즉, 연구 특성변인들은 독립변인과 상호작용하여 연구결과의 차이를 생성한다.

메타분석은 2수준의 각 연구에 1수준의 피험자가 내재된 다층분석의 특수한 경우로 볼 수 있다. 즉, 모든 연구의 원자료가 가용하다면 개인(1수준) 및 연구(2수준) 수준의 설명변인을 통해 산출변수를 예측하는 일반적인 (2수준) 다층분석을 적용할 수 있다. 앞서의 사회관계기술 훈련 연구를 예로 들자면, 하나의 결과변인(예컨대, 사회관계기술의 측정치)와 하나의 설명변인(예컨대, 각 피험자가 실험집단인지 통제집단인지를 나타내는 더미변수)를 사용한 연구가 가능할 것이다. 개인 수준에서 결과변인(Y)과 실험/통제 더미변인(X)을 투입한 선형 회귀모형을 설정할 수 있다. 일반적인 다층회귀모형은 각 연구가 서로 다른 회귀모형을 가지고 있음을 가정한다. 각 연구의 원자료에 접근이 가능하다면 표준적인 다층분석을 통해 실험/통제 더미변인(X)에 대한 각 연구의 회귀계수를 통합하여 회귀계수의 평균과 분산을 추정하는 것이 가능하다. 만약 해당 회귀계수의 연구 간 분산이 크고 유의하다면 각 연구의 결과들이 이질적이라고 결론 내릴 수 있다. 이 경우 각 연구들의 특성을 2수준의 설명변수로 활용하여 연구들 간의 회귀계수의 차이를 설명할 수 있을 것이다.

이러한 분석은 표준적인 다층회귀분석 모형 및 통계 프로그램을 사용하여 수행 가능하다. 그러나 메타분석 상황에서는 대부분의 경우 원자료에 대한 접근이 불가능하다. 대신 출판된 각 연구의 결과로부터 평균, 표준편차, 상관계수 및 이들의 표준오차, 신뢰구간 혹은 p값 등의 정보를 추출하는 것이 가능하다. 고전적인 메타분석에서 이러한 통계치들을 하나로 통합하고, 결과가 동질적인지 혹은 이질적인지를 검증하기 위한 다양한 기법이 개발되었다. Hedges와 Olkin(1985)는 이러한 방법들의 기초가 되는 통계모형들을 논의하고 있다. Hedges와 Olkin은 연구 특성변인들이 결과 변인에 미치는 영향을 분석하기 위한 가중회귀모형을 제시하고 있다. Lipsey와 Wilson(2001)은 가중회귀분석이 가능한 전통적인 통계 프로그램을 통해 메타분석을 수행하는 방법을 논의하고 있다.

원자료에 대한 접근이 불가능한 상황에서도 요약된 통계치들을 활용해 다층메타 분석이 가능하다. Raudenbush와 Bryk(2002)는 메타분석에 적용되는 무선효과모형 을 다층회귀분석의 특수한 경우로 보고 있다. 이 경우 메타분석은 원자료가 아닌 충 분통계치를 사용해서 수행할 수 있으며, 이를 위해 모형에 몇 가지 특별한 제약이 가 해져야 한다. 다층메타분석에서는 연구 특성변인을 설명변인으로 쉽게 투입할 수 있 는데, 결과변인에 영향을 주는 연구 특성변인에 대한 가설을 가지고 있다면 그러한 연구 특성변인을 코딩하여 우선적으로 분석에 투입할 수 있다. 대안적으로 연구들의 결과가 이질적이라는 결론을 내린 이후에 이질성을 설명하기 위해 가용한 연구 특성 변인들을 탐색하는 것도 가능하다.

고전적인 메타분석 방법에 비해 다층분석을 활용할 경우 모형의 유연성 측면에서 큰 이점이 있다(Hox & de Leeuw, 2003). 다층분석의 틀을 활용할 경우, 예를 들어 복 수의 결과변인을 반영하기 위해 모형에 추가적인 수준을 설정하는 것 등이 수월하 다. 추정은 최대우도법을 사용할 수 있으며 다양한 추정 및 검증방법을 적용할 수 있 다(제3장, 제13장 참조). 그러나 모든 다층분석 프로그램이 메타분석에 사용될 수 있는 것은 아니다. 모형의 무선부분에 제약을 가하는 것이 가능한 소프트웨어의 경우 메 타분석에 적용이 가능하다.

2. 알려진 분산 모형

전형적인 메타분석에서는 분석을 위해 수집된 연구들이 서로 다른 측정도구와 통계적 검증법을 사용하는 경우가 대부분이다. 따라서 산출변인들을 비교 가능하게 하기 위해서는 각 연구의 결과가 상관계수 혹은 표준화된 평균 차이 등과 같은 표준화된 효과크기로 변환되어야 한다. 예를 들어, 실험집단과 통제집단을 비교하는 연구들에 대한 메타분석을 실시할 경우, 적절한 효과크기 측정치는 두 평균 간의 표준화된 차이(g)가 될 것이며 이는 $g = (\overline{Y_E} - \overline{Y_C})/s$로 나타낼 수 있다. 여기서 표준편차 s는 통제집단의 표준편차 혹은 두 집단(실험집단과 통제집단)의 통합 표준편차이다. 표준화된 차이 g는 약간의 상향편향을 가지므로 g를 불편파 효과크기 지수 $d = (1 - 3/(4N-9))g$로 교정하기도 한다. 여기서 N은 연구의 전체 표본크기를 의미한다. 이러한 교정은 N이 20 이하일 경우 가장 적절하다. 표본크기가 큰 경우 이러한 편향에 대한 교정은 거의 무시할 만한 수준이다(Hedges & Olkin, 1985).

연구 수준(2수준)의 설명변인이 포함되지 않은 일반모형은 다음과 같다.

$$d_j = \delta_j + u_j + e_j \tag{11.1}$$

식 11.1에서 d_j는 연구 j의 산출변인(효과크기)이며 ($j = 1 \cdots J$), δ_j는 이에 해당하는 모집단 값이다. u_j는 j번째 연구에서의 효과크기와 전체 평균 효과크기의 차이를 의미하며 e_j는 j번째 연구에 특정된 표집오차이다. e_j는 분산이 σ_j^2인 정규분포를 따른다고 가정한다. 개별 연구들의 사례 수가 너무 작지 않다면, 예컨대 20(Hedges & Olkin, 1985, p. 175)에서 30(Raudenbush & Bryk, 2002, p. 207) 사이라면, 결과변인의 표집분포는 정규분포로 가정하는 것이 합리적이며 각 연구의 알려진 분산은 충분히 정확하게 추정될 수 있다. 정규성 가정은 다층메타분석에 국한된 특별한 가정이 아니다. 대부분의 고전적 메타분석 방법이 정규성 가정에 기반하고 있다(Hedges & Olkin, 1985 참조). 결과변인의 표집분포의 분산은 통계적 이론으로부터 알려져 있다고 가정한다.

〈표 11-1〉 몇몇 효과 측정치와 변환 및 표집분산

측정치	추정치	변환	표집분산
평균	$\bar{x}$	—	s^2/n
두 평균의 차이	$g = (\bar{y}_E - \bar{y}_C)/s$	$d = (1 - 3/(4N-9))g$	$(n_E + n_C)/(n_E n_C) + d^2/$ $(2(n_E + n_C))$
표준편차	s	$s* = \ln(s) + 1/(2df)$	$1/(2df)$
상관	r	$Z = 0.5\ln((1+r)/(1-r))$	$1/(n-3)$
비율	p	$\text{Logit} = \ln(p/1-p)$	$1/(np(1-p))$
두 비율의 차이	$d \approx Z_{p1} - Z_{p2}$	—	$\dfrac{2\pi p_1(1-p_1)e^{Z_{p1}^2}}{n_1} +$ $\dfrac{2\pi p_2(1-p_2)e^{Z_{p2}^2}}{n_2}$
두 비율의 차이	Log odds ratio $logit(p_1) - logit(p_2)$	—	$\dfrac{1}{a} + \dfrac{1}{b} + \dfrac{1}{c} + \dfrac{1}{d}$ a, b, c, d는 각 셀의 빈도
신뢰도 계수 α	Cronbach's α	$Z = 0.5\ln\left(\dfrac{1+|\alpha|}{1-|\alpha|}\right)$	$1/(n-3)$

이 책의 이전판에서는 Cronbach's α에 대해 Bonett의 변환이 사용되었으나 모의실험연구결과 Fisher의 Z가 보다 정확한 것으로 나타남(Romano et al., 2010, 2011).

정규 표집분포에 대한 적절한 근사치를 얻고, 알려진 분산을 결정하기 위해 원 연구의 효과크기 통계치를 변환할 필요가 생기기도 한다. 예를 들어, 표준편차의 표집분포는 근사적으로만 정규분포하므로 소표본에서 사용되어서는 안 된다. 표준편차 s를 $s* = \ln(s) + 1/(2df)$로 변환할 경우 정규분포로의 근사 정도가 향상된다. 상관계수 r에 대한 일반적인 변환방법은 Fisher-Z 변환이며, 비율의 경우 로짓 변환이 일반적이다. 만일 로짓 변환된 척도에 대해 메타분석을 수행할 경우라면 제6장에 제시된 절차가 일반적으로 보다 정확하다. 변환된 변수에 대한 신뢰구간이 설정된 이후에는 신뢰구간의 각 끝점을 원척도로 환원해 주는 것이 일반적이다. 〈표 11-1〉은 보편적으로 사용되는 효과크기 측정치들과, 필요할 경우 이들의 변환방법 및 변환된 효과크기의 표집분산을 보여 주고 있다.

식 11.1은 효과크기 δ_j가 연구에 따라 달라짐을 가정하고 있다. δ_j의 분산은 다음의 회귀모형에 의해 설명된다.

$$\delta_j = \gamma_0 + \gamma_1 Z_{1j} + \gamma_2 Z_{2j} + \cdots + \gamma_p Z_{pj} + u_j \tag{11.2}$$

식 11.2에서 $Z_1 \cdots Z_p$는 연구의 특성을 나타내는 변인들이다. $\gamma_1 \cdots \gamma_p$는 해당 특성변인의 회귀계수이며 u_j는 잔차로 σ_u^2의 분산을 가지는 정규분포를 따름을 가정한다. 식 11.2를 11.1에 대입하여 다음의 완성된 모형을 얻을 수 있다.

$$d_j = \gamma_0 + \gamma_1 Z_{1j} + \gamma_2 Z_{2j} + \cdots + \gamma_p Z_{pj} + u_j + e_j \tag{11.3}$$

만약 설명변인이 없다면 이 모형은 다음과 같이 단순화된다.

$$d_j = \gamma_0 + u_j + e_j \tag{11.4}$$

'무선절편'모형 혹은 '영'모형이라고 하는 식 11.4는 Hedges와 Olkin(1985)에 제시된 메타분석을 위한 무선효과모형과 동일하다.

모형 11.4에서, 절편 γ_0는 모든 연구를 통합한 평균 산출(효과크기) 추정치이다. 결과변수(효과크기)의 연구 간 분산 σ_u^2는 효과크기가 연구에 따라 얼마나 다른지를 보여 준다. 따라서 각 연구의 결과들이 동질적인지 이질적인지를 검증하는 것은 잔차 u_j의 분산, σ_u^2이 0이라는 영가설을 검증하는 것과 같다. 만약 σ_u^2에 대한 검증이 통계적으로 유의하다면 이는 연구들 간에 효과크기가 상이함을 의미한다. 전체 분산에 대한 연구 간 체계적 분산의 비율은 집단 내 상관계수 $\rho = \sigma_u^2 / (\sigma_u^2 + \sigma_e^2)$로 추정된다.

일반모형 11.3은 연구별 효과크기 차이를 설명하기 위해 연구 특성변인 Z_{pj}를 회귀식에 투입한 것이다. 모형 11.3에서 σ_u^2는 설명변인이 투입된 이후의 연구 간 잔차분산이다. 이 경우 σ_u^2에 대한 유의성 검증은 모형에 투입된 설명변인들이 연구별 효과크기 차이를 모두 설명했는지 혹은 설명변인들이 투입된 이후에도 연구들 간에 체계적인 차이가 남아 있는지를 검증하게 된다. 영모형과 Z_{pj}를 포함한 모형 간 σ_u^2의 차이는 설명변인 Z_{pj}, 즉 개별 연구의 특성들에 의해 설명된 분산의 양으로 해석할 수 있다.

식 11.3에 제시된 다층메타분석은 Hedges와 Olkin(1985)이 제시한 무선효과를 포함한 일반 가중회귀모형과 동일하다. 연구 수준(2수준) 분산이 유의하지 않을 경우 모형에서 제거하고 다음과 같이 모형을 설정할 수 있다.

$$d_j = \gamma_0 + \gamma_1 Z_{1j} + \gamma_2 Z_{2j} + \cdots + \gamma_p Z_{pj} + e_j \tag{11.5}$$

모형 11.3과 비교했을 때, 모형 11.5는 연구 수준의 잔차항 u_j가 생략되어 있다. 이 모형을 고정효과모형이라 한다. 고정효과모형은 모든 연구들이 동질적이고 동일한 효과크기 모수 δ를 추정한다고 가정한다. 따라서 Hedges와 Olkin(1985)이 제시한 고정효과모형은 무선효과 가중회귀모형 혹은 다층메타분석 모형의 특수한 경우라 볼 수 있다. 연구 수준의 잔차 u_j를 생략했다는 것은 연구 간에 효과크기의 차이가 없거나, 모형에 투입된 설명변인이 효과크기의 모든 차이를 설명했음을 의미한다. 따라서 만일 연구 간 분산이 0이라면 고정효과모형이 적절하다(Hedges & Vevea, 1998). 그러나 이 가정은 그리 현실적이지 못하다. 예를 들어, Schmidt와 Hunter(2015)는 연구 간 이질성은 부분적으로 메타분석에서 직면하게 되는 몇몇 불가피한 통계적 착시(artifacts)로 인해 발생한다고 주장한다. 이러한 착시의 예는 (일반적으로 검증불가능한) 표집오차 e_j에 대한 정규분포 가정, 원 연구의 통계적 가정이 옳다는 가정, 서로 다른 연구들이 사용한 측정도구의 신뢰도가 상이한 문제 등을 들 수 있다. 수집 가능한 연구 수준의 변인들이 이러한 문제점들을 완전히 해결할 수 있다고 보기는 어렵다. 각 연구논문에 제시된 정보만으로는 이러한 문제를 모두 해결하는 데 충분한 정보를 추출하여 연구 수준의 변인으로 코딩하는 것이 불가능하므로 이질적 결과, 즉 연구 수준 분산이 유의미하게 나타나는 것이 일반적이다(Engels et al., 2000 참조). 연구결과의 이질성이 보편적인 현상이므로 Schmidt와 Hunter(2015)는 연구 수준의 분산이 전체 분산의 적어도 25% 이상이 되어야(연구 특성변인을 투입하여) 좀 더 자세한 분석이 가능하다는 일반원칙을 제시하고 있다. 연구 수준 분산의 비율이 25% 이하인 경우는 분석에 포함된 연구들 간의 방법론적 차이로 인한 것일 가능성이 높다. 그러나 모의실험 연구에서는 이 '25% 규칙'이 매우 부정확한 것으로 보고되고 있으므로 추천하지 않기도 한다(Schulze, 2008).

연구 간 분산이 유의함에도 불구하고 고정효과모형이 사용되었다면 해당 분석에서의 신뢰구간은 편향되고, 지나치게 좁아지게 된다(Villar et al., 2001; Brockwell & Gordon, 2001). 만약 무선효과모형이 사용된다면 각 연구에서의 효과크기와 표본크기의 관계에 따라 표준오차가 더 크게 추정되고 평균 효과크기 추정치도 달라질 수 있다(Villar et al., 2001 참조). 메타분석에서는 설명되지 못한 분산이 존재하기 마련이므로 고정효과모형보다는 무선효과모형이 일반적으로 선호된다. Lipsey와 Wilson (2001)은 모형의 모수를 추정하기 위한 가중최소제곱 회귀분석 절차를 소개하고 있다. 이 절차는 가중회귀분석이 가능한 대부분의 표준 통계 소프트웨어를 통해 분석 가능하다. 다층메타분석과 마찬가지로, 이 방법도 연구 수준의 설명변인을 모형에 포함시킬 수 있다는 점에서 적절한 접근법이라 할 수 있다. 그러나 가중회귀방식의 접근에서는 연구자가 반드시 연구 간 분산을 미리 추정해서 그 추정값을 가중회귀분석에 직접 입력해 주어야 한다는 문제가 있다(Lipsey & Wilson, 2001). 다층분석 프로그램은 보통 반복적 최대우도법을 사용하여 이 분산을 추정하는데 이 방법이 보다 정확하고 효율적인 것으로 알려져 있다. 실제 연구에서 두 접근법은 매우 유사한 모수 추정치를 산출한다. 다층모형 접근법은 다변량 결과변인에 대해 3수준의 모형을 적용한 해법이 가능한 것 등 보다 유연하다는 측면에서 추가적인 이점이 있다.

3. 다층메타분석 예시 및 고전적 메타분석과의 비교

이 장에서는 David Wilson(Lipsey & Wilson, 2001, 부록 D)이 작성한 매크로를 적용한 고전적 메타분석 방법을 사용한 분석의 예시를 보여 준다. 이 매크로는 Hedges와 Olkin(1985)이 소개한 방법과 절차에 기초하고 있다. 예시는 실험집단과 통제집단을 비교한 20개의 연구로 이루어져 있다.

사회불안이 높은 청소년을 위한 사회관계기술 훈련의 예로 돌아가 보자. 메타분석 연구자는 해당 주제에 대한 연구물들을 수집한다. 실험집단과 통제집단의 평균을 비교하고자 한다면 적절한 산출변인은 두 집단 간의 표준화된 차이 점수가 될 것이다. 이는 Glass(1976)에 의해 제안되었고 이후 Hedges와 Olkin은 $g = (\overline{Y_E} - \overline{Y_C})/s$ 로 정의했다. 여기서 s는 두 집단의 통합표준편차이다. g는 모집단 효과크기 $\delta = (\mu_E - \mu_c)/\sigma$에 대한 불편파추정치가 아니기 때문에 Hedges와 Olkin은 교정된 효과크기 추정치 d를 $d = (1 - 3/4(N-9))g$라고 제안했다. 효과 추정치 d의 표집분산은 $(n_E + n_C)/(n_E n_C) + d^2/(2(n_E + n_C))$이다(Hedges & Olkin, 1985, p. 86).

〈표 11-2〉에 수집된 20개 연구의 효과크기가 요약되어 있다. 제시된 연구들은 효과크기(d, g)에 따라 오름차순으로 제시되어 있다. g와 d를 모두 제시하였고 추가적으로 몇 가지 연구 특성을 함께 제시하였다. 대부분의 연구가 표본크기 20을 넘기 때문에 g와 d의 차이는 아주 미세하다. 〈표 11-2〉에는 또한 효과크기 d의 표집분산$(var(d))$, 두 평균차에 대한 t 검증의 p값(일방검정), 실험집단과 통제집단의 사례 수(n_{exp}, n_{con})와 연구에 사용된 측정도구의 신뢰도(r_{ii})가 제시되어 있다. 또한 연구 수준의 이론적 설명변인으로 실험처치의 기간(weeks)이 포함되어 있다. 훈련 기간이 길수록 효과크기가 클 것이라고 가정하는 것이 합리적이다. 이 외에 측정도구의 신뢰도(r_{ii})와 실험 및 통제집단의 표본크기도 연구 수준의 설명변인이 될 수 있다.

〈표 11-2〉 20개의 연구에서 추출한 메타분석 예시 자료

Study	Weeks	g	d	$var(d)$	p	n_{exp}	n_{com}	r_{ii}
1	3	−.268	−.264	.086	.810	23	24	.90
2	1	−.235	−.230	.106	.756	18	20	.75
3	2	.168	.166	.055	.243	33	41	.75
4	4	.176	.173	.084	.279	26	22	.90
5	3	.228	.225	.071	.204	29	28	.75
6	6	.295	.291	.078	.155	30	23	.75
7	7	.312	.309	.051	.093	37	43	.90
8	9	.442	.435	.093	.085	35	16	.90
9	3	.448	.476	.149	.116	22	10	.75
10	6	.628	.617	.095	.030	18	28	.75
11	6	.660	.651	.110	.032	44	12	.75
12	7	.725	.718	.054	.003	41	38	.90
13	9	.751	.740	.081	.009	22	33	.75
14	5	.756	.745	.084	.009	25	26	.90
15	6	.768	.758	.087	.010	42	17	.90
16	5	.938	.922	.103	.005	17	39	.90
17	5	.955	.938	.113	.006	14	31	.75
18	7	.976	.962	.083	.002	28	26	.90
19	9	1.541	1.522	.100	.0001	50	16	.90
20	9	1.877	1.844	.141	.00005	31	14	.75

1) 고전적 메타분석

고전적 메타분석은 다양한 접근법을 포함하며, 이들은 상호 보완적이다. 예를 들어, p-값들을 통합하는 몇 가지 공식들이 제안되었는데, 가장 고전적 접근방법은 Stouffer 방법(Rosenthal, 1991)이라 불리는 방법이다. Stouffer 방법은 각각의 (일방) p값들을 이에 대응하는 표준정규분포상의 Z점수로 변환한다. 변환된 Z점수들은

$Z = (\sum Z_j)/\sqrt{k}$ 공식을 사용하여 통합된다. 여기서 Z_j는 연구 j의 Z값이고 k는 메타분석에 포함된 연구의 수이다. 예시 자료에서 Stouffer 방법으로 통합된 Z값은 7.73으로 통계적으로 유의하다($p < 0.0001$).

통합 p값은 실험처치의 효과가 실제로 존재한다는 증거를 제공한다. 그러나 효과 크기에 대한 정보를 주지는 못한다. 고전적 메타분석의 다음 단계는 각 연구의 효과 크기들을 단일한 효과크기로 통합하고 통합 효과크기의 유의도 혹은 신뢰구간을 산출하는 것이다. 효과크기가 연구마다 다를 수 있음을 고려하여 연구들을 통합하는 데 무선효과모형이 선호된다.

고전적 메타분석에서 효과크기를 통합하기 위해 고정효과모형이 우선적으로 사용된다. 사례 수가 큰 연구들이 표집오차가 작기 때문에 효과크기를 통합할 경우 더 높은 가중치를 받아야 한다는 사실은 명확하다. Hedges와 Olkin(1985)은 최적의 가중치가 표본크기가 아니라 정확도(precision), 즉 표집분산의 역수임을 증명했다. 물론 표본의 크기와 분산의 역수 가중치는 밀접한 관련이 있다. 고정효과모형은 각 연구의 효과크기에 대해 해당 효과크기 분산의 역수, 즉 $w_j = 1/var(d_j)$를 가중치로 한다. 통합 효과크기는 각 효과크기의 가중평균이라는 단순한 방법으로 계산할 수 있다. 통합 효과크기의 표준오차는 가중치 합의 역수의 제곱근이다.

$$SE_{\bar{d}} = \sqrt{\frac{1}{\sum w_j}} \tag{11.6}$$

효과크기들의 동질성을 검증하기 위한 통계치는 다음과 같다.

$$Q = \sum w_j(d_j - \bar{d}) \tag{11.7}$$

식 11.7의 동질성 통계치(Q)는 $J-1$의 자유도를 가지는 카이제곱 분포를 따른다. 만약 카이제곱이 유의하다면, 각 연구의 효과크기들이 동일하다는 영가설을 기각하게 되고 연구결과가 이질적이라는(즉, 연구 수준의 분산이 유의하다는) 결론을 내리게 된다. 고전 메타분석에서 연구 수준의 분산은 적률 추정 방법으로 다음과 같이 추정된다.

$$\sigma_u^2 = \frac{Q - (J-1)}{\sum w_j - \left(\sum w_j^2 / \sum w_j\right)} \tag{11.8}$$

무선효과모형은 동일한 절차를 밟지만 앞의 연구 수준 분산 추정치를 사용하여 가중치를 다음과 같이 재계산한다.

$$w_j^* = \frac{1}{var(d_j) + \sigma_u^2} \tag{11.9}$$

무선효과모형은 분산의 역수로 가중치를 계산할 때 알려진 분산($var(d_j)$)에 연구 간 분산(혹은 연구 수준 분산)을 더하여 역수를 구한다. 이후의 통합 효과크기 및 그 표준오차를 구하는 절차는 고정효과모형과 동일하다.

〈표 11-2〉에 제시된 효과크기들에 대해 SPSS MEANS 매크로를 이용한 무선효과모형으로 메타분석을 실시한 결과, 통합 효과크기 δ는 0.580, 표준오차는 0.106으로 계산되었다. 이 정보를 이용하여 효과크기의 유의성을 검증할 경우 $Z = d/SE(d)$ = 0.58/0.106 = 5.47($p < 0.0001$)이며 통합 효과크기에 대한 95% 신뢰구간은 0.37 < δ < 0.79가 된다. 연구 간 분산에 대한 유의성 검증은 메타분석에서 일반적으로 잔차에 대한 카이제곱 검증을 수행하며 예시자료에서 $\chi^2 = 49.59$($df = 19$, $p < 0.001$)이다. 이 검증방법은 Raudenbush와 Bryk(2002)가 제안한 잔차에 대한 카이제곱 검증 방법과 동일하며 HLM 프로그램에 탑재되어 있다. 연구 간 분산은 명확히 유의하기 때문에 각 연구결과들이 이질적이라는 결론을 내릴 수 있다. 이는 통합 효과크기인 0.58이 모집단의 고정된 값이 아니라 모집단에서 효과크기들의 분포에서의 평균값임을 의미한다. 무선효과모형에서 추정된 Z값 5.47은 Stouffer 방법을 사용하여 계산된 Z값인 7.73과 다르다. 이 차이는 방법들 간의 검증력의 차이에 기인한 것일 가

능성이 높다(Becker, 1994). 무선효과 메타분석은 신뢰구간 설정에 필요한 표준오차를 산출해 주므로 이 결과를 이하의 논의에서 사용할 것이다.

무선효과 분산 σ_u^2은 0.14로 추정되었고, 체계적 분산의 비율은 0.65(σ_u^2를 가중 관찰분산으로 나눈 값)로 추정되었다. 이는 Schmidt와 Hunter(2015)가 연구 간 차이가 있음을 인정하기 위한 최소 기준으로 제시한 0.25를 크게 넘어선다. 결론적으로 연구 간 분산은 통계적으로 유의할 뿐만 아니라 연구 특성변인을 투입하여 추가적인 분석을 진행할 수 있을 만큼 충분히 크다고 할 수 있다. 고전적 메타분석의 일반적인 다음 단계는 연구들 간의 차이를 분석하기 위해 가중회귀분석을 적용하는 것이다. 무선효과모형을 적용할 경우 앞서 설명한 분산 추정치가 가중치 계산을 위해 사용된다. 추정된 값을 대입하는 대신 반복 최소제곱법을 사용하는 것도 가능하지만 일반적으로 사용되지는 않는다(Lipsey & Wilson, 2001, p. 119 참조). 적률 추정치 방법을 사용하여 추정한 기간(week) 변수의 회귀계수는 0.14이고, 표준오차는 0.034이며 p값은 0.0000이다. 따라서 사회관계기술 훈련의 효과가 훈련기간이 길수록 크다는 가설은 지지되었다. 기간(week)변인을 통제한 조건모형에서의 효과크기 동질성 검정의 결과 $Q = 18.23(df = 18, p = 0.43)$으로 훈련기간에 의한 효과크기 차이를 고려한 이후에는 연구 간에 결과의 이질성이 존재하지 않는 것으로 나타났다. 조건모형에서의 잔차분산 σ_u^2은 0.04로 추정되었으므로 훈련기간 변수가 연구 간 효과크기 차이를 설명한 비율은 (0.14−0.04)/0.14=0.71이다. 조건모형의 잔차분산이 유의하지 않으므로 기간 변인(week)이 투입된 모형은 고정효과모형으로 설정하는 것을 고려할 수 있다. 그러나 카이제곱 검증은 2수준 사례 수, 즉 메타분석에 사용된 연구의 수가 적어도 50 이상으로 크지 않은 이상 검증력이 약하기 때문에 연구 간 분산을 계속 유지하는 것이 권장된다(Huedo-Medina et al., 2006 참조).

2) 다층메타분석

앞의 20개 연구에 대해 설명변인 없는 무선절편모형을 적용한 다층메타분석의 결과는 고전적 메타분석의 결과와 거의 동일하다. 메타분석의 핵심 질문이 연구 간 분산의 크기이므로 제한최대우도(RML) 추정법이 최적의 추정법이다.[1] RML 방식으로 추정한 절편값은 $\gamma_0 = 0.57$, 표준오차는 $0.11(Z = 5.12, p < 0.001)$로, 이는 설명변인의 투입이 없는 모형에서 추정하였으므로 통합 효과크기 추정치로 해석할 수 있다. 연구 간 분산 σ_u^2의 추정치는 0.15(s.e. $= 0.111$, $Z = 1.99$, $p = 0.02$)이다. Wald 검증은 분산의 유의성 검증으로는 정확하지 않으므로(제3장 참조), 이탈도 차이 검증을 실시한 결과 카이제곱값은 $10.61(df = 1$, 반분 $p < 0.001)$이었다. 체계적 분산의 비율은 0.71이고 이는 연구 간 차이를 점검하기 위한 하한선에 해당하는 0.25보다 훨씬 큰 수치이다 (Schmidt & Hunter, 2015). 다층메타분석과 고전적 접근법 간의 결과 차이는 크지 않은데, 이는 메타분석의 목적이 일련의 연구결과를 종합하기 위한 것일 경우 고전적 접근법도 상당히 정확하다는 점을 보여 준다.

실험처치의 기간(duration=week)을 회귀분석모형의 설명변인으로 투입하면 다음과 같은 회귀모형을 얻게 된다.

$$d_j = \gamma_0 + \gamma_1 \text{기간}(week)_{1j} + u_j + e_j \tag{11.10}$$

〈표 11-3〉에 영모형과 기간(week) 변인을 포함한 모형에 대한 결과, 그리고 고전적 무선효과 메타분석 및 다층메타분석의 결과가 제시되어 있다.

결과들은 매우 유사하다. 그러나 적률 분석방법을 사용한 카이제곱값을 얻는 것은 좀 더 복잡한 절차를 거쳐야 한다. 즉, 〈표 11-3〉의 두 번째 열에 제시된 정확한 회귀계수의 추정치와 표준오차를 얻기 위해서는 분산 추정치를 대입한 무선효과모형을 사용해야 한다. 또한 잔차분산에 대한 정확한 카이제곱값을 얻기 위해서는 고정효과모형을 사용해야만 한다. 다층메타분석은 HLM에서 제공하는 메타분석 옵션을 사용했는데, 이 경우 이와 같은 번거로운 절차 없이 프로그램이 바로 카이제곱 잔차 검증 결과를 제공한다(제11장 6절에서 보다 다양한 소프트웨어 사용법을 논의하고 있다).

---

1) 만약 RML이 사용된다면 중재변인의 효과를 이탈도 검증을 통해 검증하는 것은 불가능하다. 실제로는 FML과 RML 추정의 차이가 미미하다면, RML 대신 FML의 사용을 고려할 수도 있다. 만약 그 차이가 상당하다면, RML을 사용하기를 추천한다.

기간(week)을 설명변인으로 투입한 이후 연구 간 분산은 크게 줄어들어 더 이상 유의하지 않음을 확인할 수 있다. 기간(week) 변인의 회귀계수는 0.14(p<0.001)이며 이는 실험처치에 한 주를 추가함으로써 효과크기에서 0.14만큼의 증가를 기대할 수 있다는 의미이다. 기간(week)이 포함된 모형의 절편 추정값은 −0.23이고 표준오차는 0.21(p=0.27)이다. 절편은 통계적으로 유의하지 않은데 이는 해당 절편이 실험처치 기간이 0주인 가상의 실험에서 기대되는 효과크기를 의미하는 것이므로 논리적으로 타당하다. 기간(week) 변인을 전체평균에 대해 중심화한다면 절편값은 기간(week)을 투입하지 않은 영모형과 기간(week)을 투입한 모형에서 같은 값으로 추정될 것이며, 이는 '평균적인' 실험처치 기간을 가진 실험연구에서 기대되는 효과크기 값이 될 것이다. 마지막 모형에서 잔차분산은 0.04로 유의하지 않다. 이를 영모형의 분산 추정값 0.14와 비교해 본다면 연구 간 분산의 73%가 '기간(week)'변인에 의해 설명된 것으로 해석할 수 있다.

〈표 11−3〉에 제시된 다층메타분석은 RML 추정법을 사용한 것으로, 연구 간 잔차분산의 유의성 검증은 두 번 수행되었다. 한 번은 이탈도 차이 검증, 그리고 다른 한 번은 Raudenbush와 Bryk(2001)가 제안한 카이제곱 검증방법이다. 이탈도 차이 검증은 적률 추정방법에서는 가능하지 않다. 제3장에서 보다 자세히 설명된 바와 같이 분산에 대해 Wald 검증이 아닌 RML 추정을 사용한 데는 두 가지 이유가 있다. 첫째는 표

〈표 11-3〉 적률방법 및 다층 추정방식 무선효과 추정결과

분석	적률방법	적률방법	다층REML	다층REML
델타/절편	.58 (.11)	−.22 (.21)	.58 (.11)	−.23 (.21)
기간(week)		.14 (.03)		.14 (.04)
σ_u^2	.14	.04	.15 (.08)	.04 (.04)
이탈도 χ^2검증 및 p값	n.a.	n.a.	$\chi^2=10.6$ $p<.001$	$\chi^2=1.04$ $p=.16$
잔차 χ^2검증 및 p값	$\chi^2=49.6$ $p<0.001$	$\chi^2=26.4$ $p=.09$	$\chi^2=49.7$ $p<0.001$	$\chi^2=26.5$ $p=0.09$

준적인 다층모형에서 분산은 종종 장애모수(nuisance parameter)로 보기 때문이다. 즉, 분산을 모형에 포함시키는 것은 중요하지만 분산 자체를 해석하지는 않으므로, 그 구체적인 값이 중요한 것은 아니기 때문이다. 그러나 메타분석에서는 '모든 연구가 본질적으로 동일한 효과크기를 가지는가'라는 질문이 매우 중요하고 핵심적이다. 이 질문에 대한 답은 연구 간 분산의 크기와 이의 유의성에 대한 판단에 달려 있다. 따라서 연구 간 분산 및 그 유의성에 대한 좋은 추정치를 얻는 것은 매우 중요하다. 이러한 이유로 완전최대우도(FML) 대신 RML 추정이 사용된다. 일반적으로 FML와 RML은 매우 유사한 결과를 산출하지만, 그렇지 않을 경우 RML이 보다 나은 추정치를 제공한다(Browne, 1998). 두 번째로, 분산에 대한 점근적 Wald 검증은 분산 추정치를 해당 표준오차로 나누어 Z값을 계산하게 되는데, 이 방식은 분산의 표집분포가 정규분포임을 가정한다. 그러나 분산의 표집분포는 카이제곱 분포를 따르는 것으로 알려져 있기 때문에 이러한 정규성 가정은 정당화될 수 없다. 다른 검증방법에 비해 분산에 대한 Wald 검증은 매우 검증력이 약하며(Berkhof & Snijders, 2001), 일반적으로 (Wald 검증보다) 이탈도 차이 검증이 선호된다(Berkhof & Snijders, 2001; LaHuis & Ferguson, 2009). 집단 표본크기가 작은 경우가 아니라면 이탈도 차이 검증과 카이제곱 잔차 검증은 매우 비슷한 결과를 산출한다. 메타분석에서 분산에 대한 카이제곱 유의성 검증 결과를 보고하는 현실적인 이유는 Raudenbush와 Bryk(2001)가 제안한 카이제곱 검증방법이 고전적 메타분석에서의 카이제곱 검증과 동일한 논리를 따르고 있어서 비교가 용이하기 때문이다.

연구의 효과크기는 부분적으로 실험처치 기간에 달려 있기 때문에 20개 연구의 통합된 효과크기만 보고할 경우 많은 중요한 정보를 놓치게 된다. 다양한 실험처치 기간에 따른 기대되는 효과크기를 제시하거나 유의한 효과를 산출하기 위해 필요한 최소한의 실험처치 기간을 계산하여 보고하는 것을 고려할 수 있다. 설명변인(week)을 다양한 값에 대해 중심화하는 것으로 이러한 계산이 가능하다. 예를 들어, 기간(week) 변인을 실험처치 기간 2주에 대해 중심화한다면(즉, 'week-2'를 설명변인으로 사용한다면) 결과로 산출되는 절편은 2주의 처치기간을 가지는 실험연구에서 기대되는 효과크기가 될 것이다. 몇몇 다층분석 프로그램은 (다양한 설명변인값에 대한) 효과크기의 예측값과 오차분산을 제공하기도 하는데 이를 활용하여 다양한 실험처치 기간에 따른 기대되는 효과크기를 보고하는 것도 유용하다.

4. 통계적 착시에 대한 교정

Schmidt와 Hunter(2015)는 연구결과를 다양한 통계적 착시(artifacts)에 대해 교정할 것을 권장한다. 측정도구의 낮은 신뢰도로 인한 결과의 축소에 대한 교정은 일반적으로 행해지는 절차이다. 교정방법은 간단하다. 즉, 산출변인 측정치를 신뢰도의 제곱근으로 나누어 주는 것이다. 예를 들어, 계산된 효과크기 d를 $d^* = d/\sqrt{r_{ii}}$와 같이 교정해 준 이후 분석을 수행하는 것이다. 이는 심리측정이론에서 고전적인 상관계수 축소에 대한 교정과 같은 방식의 교정법이다(Nunnally & Bernstein, 1994 참조). Schmidt와 Hunter(2015)는 이외에도 다양한 교정방법에 대해 설명하고 있다. 이 모든 교정방법은 공통적으로 방법론적 그리고 통계적 문제점을 내포하고 있다. 첫 번째 문제점은 대부분의 교정은 항상 교정 전보다 더 큰 효과크기를 산출한다는 점이다. 예를 들어, 신뢰도가 낮은 검사도구를 사용한 연구의 경우 교정된 효과크기는 원래 효과크기보다 훨씬 커지게 된다. 만약 연구에서 보고한 신뢰도가 부정확하다면 교정 자체도 부정확해지게 된다. 교정을 통해 산출된 더 큰 효과크기는 사실 실제로 관찰된 효과크기가 아니기 때문에 관례적으로 이러한 교정을 수행하는 것은 논란의 여지가 있다. 두 번째 문제점은 언급된 모든 교정방법이 효과크기의 표준오차에 영향을 준다는 점이다. Lipsey와 Wilson(2001)은 몇 가지 교정방법에 대한 적절한 표준오차 계산방법을 제시했다. 그러나 만약 효과크기를 교정하기 위해 사용한 값 자체가 표집오차를 가지고 있다면, 효과크기의 표집분산은 더 커질 것이고 이를 정확히 알아내는 것은 불가능하다. 특히 많은 교정이 동시에 적용된 경우 이러한 교정들이 효과크기의 편향과 정확성에 어떤 누적 효과를 미치게 될지는 전혀 알 수 없게 된다.

교정을 위한 또 다른 접근법은 다층회귀분석모형에 이러한 착시의 요인들을 공변인으로 투입하는 것이다. 산출변인의 신뢰도의 경우 그러나 이러한 공변인 투입방식은 적절하지 않을 수 있다. 왜냐하면 (신뢰도에 대한 교정의 경우) 적절한 교정은 비선형 곱셈모형인 데 반해 회귀분석모형은 선형 덧셈모형이기 때문이다(Nunnally & Bernstein, 1994 참조). 그러나 신뢰도가 극단적으로 낮은 경우가 아니라면(Nunnally와 Bernstein은 좋은 측정치의 신뢰도 기준을 0.70 이상으로 제시) 선형모형은 합리적인 근사치가 될 수 있으며, 필요할 경우 회귀분석모형에 이차항 또는 삼차항을 추가하는 것도 가능하다. [그림 11-1]은 중간 정도의 효과크기인 $d = 0.5$, 신뢰도 0에서 1의 범위에서 축소에 대한 교정의 효과를 보여 주고 있다. 그림에서 명확히 확인할 수 있는 바와 같이 신뢰도가 0.5 이상인 경우 그 연관성은 거의 선형이다.

　산출변인의 신뢰도를 예측변인으로 투입하는 것은 효과크기에 미치는 비신뢰성의 영향이 사전에 교정되는 것이 아니라 가용한 자료에 기초해서 추정될 수 있다는 점에서 유용하다. 또 다른 장점은 교정이 실제로 유의한 효과가 있는지를 통계적으로 검증할 수 있다는 점이다. 마지막으로 메타분석에서 다층모형 접근의 흥미로운 점은 설명변인을 고정효과 부분에는 투입하지 않고 무선효과 부분에만 투입하는 것이 가능하다는 점이다. 따라서 만약 어떤 공변인, 예컨대 실험설계가 허술한 정도가 효과크기에 체계적으로 관련되어 있지는 않지만 효과크기의 변산에는 영향을 준다고 의심될 경우 해당 변인을 연구 간 분산과 관련된 모형의 무선효과 부분에만 투입하고 고정효과 부분에는 투입하지 않을 수도 있다.

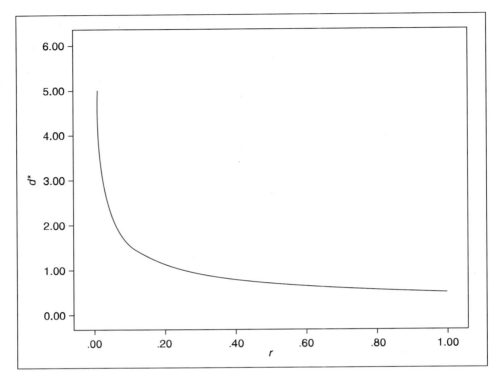

[그림 11-1] 신뢰도 수준(r)에 따른 효과크기 d=0.5의 교정값(d*)

또 다른 교정의 예로 연구 규모의 효과를 통제하는 것도 가능하다. 메타분석에서 중요한 문제의 하나는 소위 파일 서랍 효과(file drawer problem)라 불리는 출판편향이다. 메타분석에 사용되는 자료는 이전에 출판된 연구물들인데, 유의한 결과가 보고된 연구물들이 출판될 확률이 훨씬 높다. 결과적으로 출판된 연구물들의 표본은 큰 효과를 보이는 방향으로 편향되어 있을 수 있다. 고전적 메타분석에서 출판편향을 탐구하는 하나의 방법은 실패-안전 분석(fail-safe analysis; Rosenthal, 1991)을 수행하는 것이다. 이 방법은 가용한 연구들을 통합한 결과가 유의하지 않게 나타나기 위해서는 얼마나 많은 유의하지 않은 출판되지 않은 연구물들이 연구자의 파일 서랍 안에 있어야 할 것인지에 대해 답하기 위한 것이다. 만약 실패-안전 수치(즉, 현재의 결과를 유의하지 않게 바꾸기 위해 필요한 유의하지 않은 연구물의 수)가 높다면 출판편향이 메타분석 결과에 큰 영향을 주지 못한다고 볼 수 있다. 출판편향에 대한 또 다른 접근법은 깔때기 도표(funnel plot)를 그려 보는 것이다. 깔때기 도표는 전체 표본크기별로 효과크기를 표시한 것이다(Card, 2012). Macaskill, Walter와 Irwig(2001)은 표본크기 대신 표집분산의 역수를 사용할 것을 권장했는데 이는 표집분산의 역수가 연구의 변산에 대한 보다 직접적인 지표이기 때문이다. Sterne, Becker와 Egger(2005)는 표준오차를 사용하는 것을 권장하고 있다. 언급된 모든 값이 연구의 정확성에 대한 지표이고, 상호 간 상관이 매우 높다. 만약 수집된 연구물들이 적절한 표본이라면(즉, 출판편향의 문제가 없다면) 이 도표는 정확히 대칭의 깔때기 형태로 나타날 것이다. 유사한 연구들 간에도 효과크기가 달라질 수 있으나, 추정하는 모수치는 동일하다. 만약 주로 소규모 연구에서 큰 효과크기가 관찰된다면 이는 출판편향의 가능성, 즉 많은 수의 유의하지 않은 소규모 연구결과들이 연구자들의 파일 서랍 속에서 출판되지 못한 채 쌓여 있을 가능성을 시사한다. 추가적으로 연구의 표본크기가 미치는 영향은 다층메타분석에서 각 연구의 표본크기를 설명변인으로 투입하여 살펴볼 수도 있다. 이 변인은 종속변인인 효과크기와 유의한 연관성이 있어서는 안 된다. 만약 표본크기 대신 효과크기의 표준오차가 설명변인으로 투입된다면, 해당 변인에 대한 회귀계수의 유의성 검증은 깔때기 도표의 대칭성에 대한 검증으로 잘 알려진 Egger 검증과 동일한 것이 된다(Sterne & Egger, 2005).

〈표 11-2〉의 예시 자료에는 종속변인으로 사용된 검사도구의 신뢰도(r_{ii})가 제시되어 있다. 사회관계기술 훈련의 효과에 대한 이 (가상의) 자료는 두 종류의 검사도구가 전체 연구에 걸쳐 사용되었음을 가정한다. 즉, 일부 연구들이 하나의 검사도구를 사용하였고 나머지 연구들이 다른 하나의 검사도구를 사용하였다. 두 검사도구는 동일하게 아동의 사회불안을 측정하고 있지만 검사 매뉴얼에 제시된 신뢰도는 서로 다르다. 만약 고전 심리측정이론에 기반한 비신뢰성에 따른 축소교정을 실시한 이후 무선효과모형을 적용한 메타분석을 실시한다면 통합 효과크기는 이전 분석에서 추정된 0.58이 아닌 0.64로 추정되고 이에 따른 분산 또한 0.17이 아닌 0.23으로 추정된다.

만약 신뢰도와 표본크기를 회귀모형에 설명변인으로 포함시키는 방법을 선택한다면 〈표 11-4〉와 같은 결과를 얻게 된다. 절편이 '평균 효과크기'로 해석될 수 있도록 모든 설명변인은 전체평균에 대해 중심화되었다. 〈표 11-4〉의 첫 번째 모형은 앞서 설명한 영모형, 즉 예측변인 없는 '무선절편모형'이다. 두 번째 모형은 식 11.2를 적용한 모형으로 표본크기를 설명변인으로 투입하였다. 세 번째 모형은 신뢰도, 네 번째 모형은 실험처치의 기간(week)을 투입하였고 마지막 다섯 번째 모형은 모든 설명변인을 동시에 투입하였다. 설명변인을 하나씩 투입한 모형과 동시에 모두 투입한 모형 모두 처치 기간만이 효과크기에 유의미한 영향을 미치고 있는 것으로 나타났다. 측정의 신뢰도 및 연구의 규모는 처치 기간의 효과에 관한 우리의 실질적 결론을 위협하는 요인이 아니라고 볼 수 있다. 또한 연구의 규모(표본크기)와 효과크기 간에 연관성이 없으므로 출판편향(파일 서랍 효과)의 문제 또한 그 가능성이 낮다고 할 수 있다.

모든 설명변인을 동시에 투입한 마지막 모형에 대해 논의해 보자. (유의하지 않은) 신뢰도에 대한 회귀계수는 음수이다. 이는 직관적인 예상과 어긋나며, 신뢰도만 설명변인으로 투입한 모형에서의 신뢰도에 대한 회귀계수와 그 부호가 반대이다. 이러한 결과는 소위 '억제효과(repressor effect)'로 불리며 설명변인들 간의 상관(0.25에서 0.33)으로 인해 발생한다. 메타분석의 대상이 되는 수집된 연구의 숫자가 작은 경우에 흔히 발생하며 분석되는 연구의 수에 비해 지나치게 많은 연구 수준의 설명변인을

〈표 11-4〉 예시 자료에 대한 다층메타분석

모형	(무선절편모형)	$+N_{tot}$ (연구규모)	+신뢰도	+처치기간	+all (동시투입)
절편	0.58 (.11)	0.58 (.11)	0.58 (.11)	0.57 (.08)	0.58 (.08)
연구규모(N_{tot})		0.001 (.01)			−.00 (.01)
신뢰도			0.51 (1.40)		−.55 (1.20)
처치기간				0.14 (.04)	0.15 (.04)
σ_u^2	0.14	0.16	0.16	0.04	0.05
$p(\chi^2$ 이탈도)	$p < .001$	$p < .001$	$p < .001$	$p = .15$	$p = .27$
$p(\chi^2$ 잔차)	$p < .001$	$p < .001$	$p < .001$	$p = .09$	$p = .06$

분석에 포함시킬 경우 이런 현상이 일어나기 쉽다. 신뢰도만 포함된 모형에서 신뢰도의 회귀계수는 0.51이다. 이 결과는 만약 신뢰도가 0.75에서 0.90으로 상승한다면 기대되는 효과크기의 상승분은 (0.15 × 0.51 =) 0.08이 될 것임을 시사한다. 이는 대략적으로 고전적인 비신뢰성에 의한 수축에 대한 교정값 0.06과 비슷한 수치이다. 그러나 신뢰도에 대한 회귀계수의 표준오차가 상당히 큰 점을 고려할 때 이러한 교정이 필요치 않다고 볼 수 있다. 따라서 고전적 분석방법에 의한 교정의 결과는 잘못 해석될 소지가 있다.

메타분석에서는 다양한 연구 수준 변인이 도출될 수 있으며, 많은 경우 이들 연구 특성변인들은 상관을 가진다. 따라서 다중공선성이 발생할 소지가 많고, 어떤 특성변인이 중요한지를 결정하는 데 어려움이 생긴다. 〈표 11-4〉에 사용된 접근법, 즉 각 설명변인을 하나씩 투입하고 최종적으로 동시에 투입하는 방법은 이 경우 적절한 전략이라 할 수 있다. 사실 예측변인 선정의 문제는 잠재적 예측변인의 수가 많은 중다회귀분석 상황에서 일반적으로 발생하는 문제이지만, 메타분석에서는 분석 가능한 연구물의 수가 적은 경우가 흔하기 때문에 특히 중요한 문제이다.

5. 다변량 메타분석

제11장 4절에서 다룬 예시에서는 각 연구들에 하나의 효과크기만 존재한다는 것을 가정하고 2수준의 분석모형을 적용하였다. 그러나 몇몇 경우에 3수준의 모형이 필요한 상황이 있을 수 있다. 3수준 구조는 하나의 출판물에 복수의 연구가 존재하거나(혹은 동일한 연구자 집단이 복수의 연구를 수행한 경우도 포함), 하나의 연구에 복수의 효과크기가 사용된 경우에 적용될 수 있다. 이러한 상황에서는 복수의 효과크기를 종속변인으로 하는 메타분석이 필요하며 이를 중다 종착점 메타분석(multiple endpoint meta-analysis)이라고도 한다(Gleser & Olkin, 1994). 3수준의 구조는 2개 이상의 처치

집단을 통제집단과 비교하는 연구에 대한 메타분석에도 적용할 수 있다. 이 경우 각 연구에 대해 동일한 통제집단과 처치집단들을 비교하는 두 개 이상의 효과크기를 수집해야 하며 중다처치 메타분석(multiple treatment meta-analysis)이라고 부르기도 한다(Gleser & Olkin, 1994). 두 경우 모두 각 연구 내에서 (둘 이상의) 효과크기들 간에 상호의존성이 존재한다.

고전적 메타분석에서는 이러한 상황에서 각각의 효과크기를 별도로 분석함으로써 효과크기들 간의 상호의존성을 무시하거나, 모든 가능한 효과크기를 통합해서 하나의 평균 효과크기를 계산하는 방법을 사용하기도 했다. 여러 이유로 인해 이러한 접근법은 적절하지 못하며, 이러한 상호의존적 효과크기들을 다루기 위한 보다 복잡한 절차가 제안되었다(Gleser & Olkin, 1994).

다층모형에서는 다변량 종속변인 모형을 설정함으로써 두 개 이상의 상호의존적인 효과크기들을 적절히 다룰 수 있다. 이 경우 다변량 종속변인을 설정하기 위한 하나의 수준이 추가되는데, 이는 10장에서 다룬 다변량 다층모형과 동일하다. 수집된 연구들 중 일부 연구는 일부 효과크기를 보고하지 않을 수도 있다. 이는 표준적인 다변량 다층모형에서 결측자료 문제를 다루는 것과 동일한 방식으로 접근할 수 있다.

일변량 메타분석 모형은 $d_j = \gamma_0 + u_j + e_j$와 같이 표현된다(식 11.4 참조). 이에 대응하는 이변량 무선효과 메타분석 모형에 해당하는 식은 다음과 같다.

$$d_{ij} = \gamma_{0j} + u_{ij} + e_{ij} \tag{11.11}$$

식 11.11에서 j는 종속변인을 나타내는 첨자로 이변량 모형의 경우 $j=1, 2$이다. e_{i1}과 e_{i2}의 표집분산 및 공분산은 알려져 있다고 가정한다. u_{ij}의 분산과 공분산은 연구들 간의 차이를 반영하는 것으로, 추정되어야 한다. 즉, 일변량 메타분석의 분산항들은 다변량 메타분석에서(알려진) 공분산 행렬 Ω_e(2수준)와 추정되어야 하는 공분산 행렬 Ω_u(3수준)로 대체된다. 가장 하위 수준(1수준)은 10장에서 설명한 절차를 따라 다변량 구조를 반영하기 위해 사용된다. 따라서 이변량 모형의 경우 다음과 같은 분산구조를 가지게 된다.

$$\Omega_e = \begin{pmatrix} \sigma_{e11}^2 & \sigma_{e1e2} \\ \sigma_{e1e2} & \sigma_{e22}^2 \end{pmatrix} \tag{11.12}$$

그리고

$$\Omega_u = \begin{pmatrix} \sigma_{u11}^2 & \sigma_{u1u2} \\ \sigma_{u1u2} & \sigma_{u22}^2 \end{pmatrix} \tag{11.13}$$

e_1과 e_2의 공분산은 $\sigma_{e1e2} = \sigma_{e1}\sigma_{e2}\rho_W$와 같이 쓸 수도 있는데 ρ_W는 연구 내 상관이다. 일반적으로 ρ_W는 통제집단에서의 종속변인 간 상관 혹은 통제집단과 실험집단을 통합한 종속변인 간 상관으로 추정된다(Gleser & Olkin, 1994). 추정된 공분산 행렬 Ω_u로부터 연구 간 상관 ρ_B를 $\rho_B = \sigma_{u1u2}/\sigma_{u1}\sigma_{u2}$와 같이 계산할 수 있다.

〈표 11-5〉에 몇 가지 유형의 효과 측정치들에 대한 표집 공분산 계산방식이 제시되어 있다(Raudenbush & Bryk, 2002 참조). 두 상관계수 간의 공분산은 계산방식이 복잡한데 Steiger(1980)에 자세한 내용이 논의되었으며, Becker(2007)가 보다 이해하기 쉬운 방식으로 제시하였다.

현재까지 HLM이 효과크기와 표집 (공)분산 벡터를 직접 입력하여 분석할 수 있는 유일한 소프트웨어이며 다른 소프트웨어의 경우 특별한 명령어 설정을 통해 동일한 분석이 가능하다. 소프트웨어 관련 이슈들은 제11장 6절에 자세히 논의된다.

〈표 11-5〉 몇 가지 효과 측정치 및 이의 변환방법과 표집분산

측정치	추정치	변환	표집분산
평균	$\overline{x}$	–	s^2/n
두 평균의 차이	$g = (\overline{y}_E - \overline{y}_C)/s$	$d = (1-3/(4N-9))g$	$\rho_w(n_E+n_C)/(n_En_C) + \rho_w^{\ 2}d_1d_2/(2(n_E+n_C))$
표준편차	S	$s* = \mathrm{LN}(s) + 1/(2df)$	$\rho_w^{\ 2}/(2df)$
상관계수	r	–	$\sigma(r_{st}, r_{uv}) = [0.5r_{st}r_{uv}(r_{su}^{\ 2} + r_{sv}^{\ 2} + r_{tu}^{\ 2} + r_{tv}^{\ 2}) + r_{sv}r_{tv} + r_{sv}r_{tu} - (r_{st}r_{su}r_{sv} + r_{ts}r_{tu}r_{tv} + r_{us}r_{uv}r_{ut} + r_{vs}r_{vt}r_{vu})]/n,$
비율	P	$logit = \mathrm{LN}(p/1-p)$	$1/(np(1-p_1)(np(1-p_2))$

다변량 메타분석의 심각한 제한점은 복수의 결과변인들 간 상관이 출판물에 보고되지 않은 경우가 많다는 것이다. 이 경우 몇 가지 근사할 수 있는 방법이 있을 수 있다. 예컨대, 만약 표준화 검사가 사용되었다면 검사 매뉴얼에 하위검사 간 상관이 일반적으로 보고되어 있다. 만약 부속연구들이 필요한 상관계수를 보고하고 있다면 사전 단계에서 해당 상관계수들을 메타분석하여 산출변인들 간의 전체 상관 추정치를 얻을 수도 있다. Riley, Thompson과 Abrams(2008)는 연구 내 공분산을 산출변인 간 공분산과 같은 값으로 설정하도록 제안하고 있다. 대안적으로, 연구자는 민감도분석을 실시할 수도 있는데, 이는 상관계수를 알 수 없는 경우 몇 가지 가능할 법한 값을 사용해서 분석을 진행한 이후 결과의 해석에 있어 상관계수의 영향에 대해 검토하는 것을 의미한다. Cohen(1988)은 0.10(낮은 상관), 0.30(중간 상관) 및 0.5(높은 상관)를 사용하기를 제안하였다. 이 제안을 출발점으로 하여 민감도 분석에서 0.00, 0.10, 0.30, 0.50을 가능한 상관계수로 사용하는 것이 합리적이라고 생각된다.

다변량 메타분석 절차를 예시하기 위해 Nam, Mengersen, Garthwaite(2013)의 이변량 메타분석 자료를 분석하였다. 이 자료는 아동의 흡연환경 노출(ETS)과 천식 및 하부호흡기질환(LRD) 간의 관계에 대한 59개의 연구에서 추출한 것이다. 〈표 11-6〉은 이 중 10개의 연구에 대해 천식과 LRD의 로그 승산비(LOR) 및 표준오차를 보여 주

고 있다. 연구 수준의 변인은 피험자의 평균연령, 출간연도, 흡연(0: 부모, 1: 기타 가족 구성원), 공변인 통제여부(0: 비통제, 1:통제)이다.

〈표 11-6〉 천식과 LRD에 대한 승산비를 보고한 연구(일부)

ID	표본크기	연령	연구 연도	흡연	천식 로그 승산비	표준오차	LRD 로그 승산비	표준오차
3	1285	1.1	1987	0			0.39	0.27
4	470	9.0	1994	0	0.04	0.20		
6	1077	6.7	1995	0			0.35	0.15
8	550	1.7	1995	0	0.61	0.18		
10	850	9.4	1996	0			0.25	0.23
17	2216	8.6	1997	1			−0.27	0.15
24	9670	5.0	1989	0	0.05	0.09	−0.04	0.12
25	318	8.2	1995	0			0.34	0.36
26	343	9.5	1995	0	0.85	0.28		
28	11534	9.5	1996	1	0.12	0.06	−0.02	0.11

자료에는 2개의 효과크기가 제시되어 있는데 천식에 대한 승산비의 로그값 및 LRD에 대한 승산비의 로그값이 그것이다. 59개 연구 중 둘 다를 보고한 연구는 8개에 불과하다. 두 승산비의 상관(즉, 연구 내 상관)을 보고한 연구는 없다. 2개의 승산비를 모두 보고한 8개의 연구를 통해 계산한 연구 수준에서 두 변인 간 상관(즉, 연구 간 상관)은 0.80이다. 그러나 이 상관은 생태학적 상관, 즉 연구 내 효과와 연구 간 효과가 혼합된 값이다. 분석을 위한 선택지는 연구 내 공분산을 0으로 가정하고 연구 내 분산만을 모형에 반영하거나 연구 내 상관을 공통된 특정한 값으로 고정시키고 분석하는 것이다(예를 들어, 중간 정도의 효과크기인 $r=0.3$으로 설정). 첫 번째 선택지에 따라 연구 내 공분산을 0으로 고정하고 분석을 실시하였다. 분석을 위해 〈표 11-6〉의 자료의 구조를 천식과 LRD 변인을 하나의 변인으로 쌓아 조건 i가 연구 j에 내재된 긴 파일 형태(long or stacked format)로 재구조화해야 한다(제10장 참조). 앞서 언급한

바와 같이 두 변인 모두 보고한 연구는 8개에 불과하고 대부분의 연구가 하나의 변인만을 다루고 있는데, 이들 연구는 하나의 조건(i값)만을 가지게 된다. 기본 무선절편 모형은 다음과 같다.

$$\vee_{ij} = \beta_{0j}\text{천식} + \beta_{1j}LRD + e(A)_{ij} + e(L)_{ij} \tag{11.14}$$

식 11.14에서 변인 천식과 LRD는 더미변인으로, 각각 해당 종속변인값이 천식일 경우 천식=1, LRD=0, LRD일 경우 천식=0, LRD=1의 값을 가진다. 오차항 $e(A)_{ij}$와 $e(L)_{ij}$ 또한 각 종속변수에 대한 오차분산을 의미하며, 상관은 0임을 가정한다.

〈표 11-7〉 흡연 노출에 대한 이변량 메타분석, 공분산은 0으로 고정

모형	기초모형(무선절편)	동일성 모형	연령 추가(중심화)
고정부분	회귀계수(s.e.)	회귀계수(s.e.)	회귀계수(s.e.)
천식 절편	0.32 (.04)	0.29 (.04)	0.29 (.03)
LRD 절편	0.27 (.05)	0.29 (.04)	0.29 (.03)
연령			−0.03 (.006)
무선부분			
분산(천식)	0.06 (.02)	0.08 (.03)	0.06 (.02)
분산(LRD)	0.07 (.02)	0.05 (.02)	0.03 (.01)
공분산(천식, LRD)	0.06 (.02)	0.06 (.02)	0.05 (.01)
이탈도	44.2	44.7	32.4

〈표 11-7〉은 흡연 자료에 일련의 모형을 적용한 결과이다. 무선절편 기초모형은 명확한 효과를 보여 주고 있다. 즉, 흡연에 노출된 환경의 아동들이 천식 혹은 LRD에 걸릴 가능성이 더 높은 것으로 나타났다. Wald 검증결과, 분산은 유의미하다. 일변량 이탈도 차이 검증(연구 수준의 분산을 하나씩 제거) 및 다변량 이탈도 차이 검증(연구 수준의 분산을 동시에 제거) 결과도 이러한 결론을 지지한다. LRD에 대한 흡연 노출의

효과가 천식보다는 좀 더 강한 것으로 보인다. 다변량 분석에서 이 차이는 Wald 검증을 실시하거나 회귀계수를 동일하게 제약함으로써 확인할 수 있다. 동일성 제약에 대한 Wald 검증 결과는 $\chi^2 = 1.232$, $df = 1$, $p = 0.27$로 유의하지 않다. 〈표 11-7〉의 '동일성모형'은 천식과 LRD에 대해 회귀계수가 동일하다는 제약을 가한 모형의 회귀계수 추정치가 제시되어 있다. 이탈도 차이 검증은 이 분석에서 사용할 수 없다. 제한최대우도법(RML)으로 추정한 결과이기 때문이다. 〈표 11-7〉의 마지막 모형은 연구 수준에서 유일하게 유의한 변인인 '연령'을 추가한 모형의 분석 결과이다. 아동의 연령이 증가할수록 흡연 노출의 효과는 줄어들게 된다. '연령'은 이 모형에 주효과로 투입되었고, 천식이나 LRD 더미변인과의 상호작용항은 고려되지 않았다. 이는 연령의 효과가 천식과 LRD에서 동일하다는 것을 가정하는 것이다. 천식과 LRD를 분리해서 독립적으로 분석한 탐색 분석에서 실제로 두 경우 연령의 회귀계수가 매우 유사하게 추정되었고 회귀계수의 동일성에 대한 Wald 검증의 결과도 유의하지 않았다($p = 0.45$).

〈표 11-7〉에 제시된 결과는 두 종속변인 간 공통(연구 내) 상관을 0으로 고정시킨 결과이다. 이는 결과에 어느 정도 편향을 야기한다. Riley, Thompson과 Abrams(2008)는 모의실험 결과, 연구 내 상관을 0으로 고정시키는 것이 연구 수준 분산의 과대추정을 야기하고, 이는 결과적으로 고정효과에서의 편향 및 고정효과의 표준오차 과대추정을 유발함을 보여 주었다. 그들은 합리적인 상관계수값을 대입해 주거나, 연구 내 및 연구 간 공분산이 동일한 값을 가지도록 제약하여 하나의 공분산 모수만을 추정할 것을 제안했으며, 모의실험 연구를 통해 후자의 방법이 적절함을 보여 주었다. 이 책에서는 두 (연구 내) 오차 $e(A)_{ij}$와 $e(L)_{ij}$ 간 공분산에 몇 가지 값을 대입하여 결과를 비교하는 민감도 분석을 수행하였다. $e(A)_{ij}$와 $e(L)_{ij}$는 분산이 1이 되도록 표준화되었으므로 공분산은 곧 상관계수가 된다. 〈표 11-8〉에는 Cohen(1988)의 제안에 따라 공분산에 0.1, 0.3, 0.5의 상관을 지정한 결과 및 집단 내 그리고 집단 간 공분산이 동일한 값이 되도록 제약을 가한 모형의 결과가 제시되어 있다. 결과를 통해 두 가지 명확한 결론에 도달할 수 있다. 첫째, 간접흡연이 천식 및 LRD에 미치는 영향은

〈표 11-7〉에 제시된 결과와 유사하다. 둘째, 민감도 분석(〈표 11-8〉)의 모든 모형은 매우 유사한 결과를 산출하였다. 분석에 사용된 자료에서 연구들 간의 차이가 매우 적었다는 점을 주목할 필요가 있다. Riley, Thompson, Abrams(2008)은 연구 간 분산이 커질수록(민감도 분석의 모형들 간) 차이가 커진다는 모의실험결과를 보고하였다. 그러나 그들은, 그럼에도 불구하고 고정효과 추정치는 연구 간 상관을 어떻게 설정하느냐에 크게 영향을 받지 않음을 동시에 보고하고 있다.

　　다변량 메타분석은 대부분의 연구들이 종속변인들을 모두 보고하지는 않은 경우에 특히 유용하다. 각각의 종속변인에 대한 일련의 단변량 메타분석은 해당 종속변인에 대한 결측이 완전무선결측(MCAR)임을 가정하고 있다. 일변량 메타분석은 결측치들이 무선결측(MAR)이라는 보다 덜 엄격한 가정을 하고 있다. 흡연 노출에 대한 메타분석에서 천식과 LRD 두 종속변수를 모두 보고한 연구는 흡연 노출의 효과가 낮은 경향이 있었는데, 이는 결측이 MCAR이 아님을 보여 준다. 또한 흡연 노출 분석에서 제시한 바와 같이 다변량 메타분석은 효과크기의 동등성 및 회귀계수의 동등성에 대한 검증이 가능하다는 장점이 있다.

〈표 11-8〉 흡연 노출에 대한 이변량 메타분석 결과: 종속변인 간 공분산 설정에 대한 민감도 분석

공분산=	0.1	0.3	0.5	공통 공분산
고정부분	회귀계수(s.e.)	회귀계수(s.e.)	회귀계수(s.e.)	회귀계수(s.e.)
천식 절편	0.29 (.03)	0.29 (.03)	0.29 (.03)	0.29 (.03)
LRD 절편	0.29 (.03)	0.29 (.03)	0.29 (.03)	0.29 (.03)
연령	−.03 (.006)	−.03 (.006)	−.03 (.006)	−.03 (.006)
무선부분				
분산(천식)	0.03 (.01)	0.03 (.01)	0.03 (.01)	0.03 (.01)
분산(ARD)	0.06 (.02)	0.06 (.02)	0.07 (.02)	0.06 (.02)
공분산(AL)	0.05 (.01)	0.05 (.01)	0.05 (.01)	0.05 (.01)
이탈도	32.6	32.3	31.6	32.7

다변량 메타분석에 대한 보다 자세한 논의는 Kalaian과 Raudenbush(1996), Normand (1999), van Houwelingen, Arends와 Stijnen(2002) 그리고 Kalaian과 Kasim(2008)을 참조하기 바란다.

다변량 메타분석의 특수한 경우로 일부 연구에 대해 원자료가 접근 가능한 경우를 생각해 볼 수 있다. 이 경우에는 표준적인 메타분석처럼 충분통계량을 사용하는 부분과 원자료를 사용하는 부분을 결합하여 단일한 효과크기 모수를 추정하는 모형을 결합한 형태의 다층모형을 사용하게 된다. Higgins, Whitehead, Turner, Omar와 Thompson (2001)은 이러한 형태의 하이브리드 메타분석 모형을 제시하고 전통적인 분석방법 및 베이지언 분석방법을 논의하였다. 이러한 하이브리드 메타분석의 예로 Goldstein, Yang, Omar, Turner와 Thompson(2000) 그리고 Turner, Omar, Yang, Goldstein과 Thompson(2000)을 들 수 있다.

일반적으로 연구의 수가 적고 연구 간 분산의 추정이 주된 목적이라면 베이지언 추정 방법이 메타분석을 위한 매력적인 방법이라 할 수 있다.

6. 소프트웨어

다층분석 소프트웨어 HLM(Raudenbush et al., 2011)에는 메타분석을 위한 별도의 메뉴가 제공되는데, 2수준 분석만 가능하다. 3수준 분석은 메타분석 메뉴가 아닌 일반 HLM분석 메뉴에서 몇 가지 설정을 통해 가능하다. 다른 다층분석 소프트웨어들도 무선부분에 제약을 가하는 것이 가능한 경우 메타분석에 사용될 수 있다. MLwiN (Rasbash et al., 2015)와 SAS의 Proc Mixed(Littell et al., 1996)이 이러한 기능을 가지고 있으므로 몇 가지 설정을 통해 메타분석이 가능하다.

프로그램들 간에 약간의 차이가 있다. HLM은 제한최대우도법(RML)을 기본 추정 방식으로 사용하는 반면, MLwiN은 완전최대우도법[FML, MLwiN에서는 반복 일반화 최소제곱법(IGLS)이라는 명칭으로 사용됨]을 사용한다. 특히 표본이 작고 분산의 추정에 관심 있는 경우 RML이 이론적으로 보다 우수하므로 메타분석의 경우 RML 추정[MLwiN 에서는 제한반복 일반화 최소제곱법(RIGLS)]을 사용하는 것을 권장한다. 만약 RML과 FML 결과 간의 차이가 작다면 FLM방식을 선택할 수도 있다. FML 추정에서는 이탈도 차이 검증을 통해 회귀계수에 대한 검증이 가능하다는 이점이 있다. 이 장에서 보고된 모든 결과는 RML 방식으로 추정된 것이다.

HLM과 다른 다층분석 소프트웨어는 분산의 유의성 검정에 사용된 기법에서 중요한 차이가 있다. HLM은 잔차 카이제곱 검증에 기초한 분산검증통계치를 기본으로 제공한다(Raudenbush & Bryk, 2002; 이 책의 제3장 참조). MLwiN은 각 분산 추정치에 대한 표준오차를 제공하는데, 분산에 대한 Z 검증에 이를 이용할 수 있다. 메타분석에서 이 Z 검증은 몇 가지 문제가 있다. 우선, Z 검증은 정규성 가정을 기초로 하지만 분산은 카이제곱 분포를 따른다. 다음으로, Z 검증은 대표본 검정인데, 표본의 크기가 작고 분산이 작을 경우 Z 검증은 매우 부정확하다. 메타분석에서 표본크기란 분석되는 연구의 수이고, 기껏해야 20개 정도의 연구를 통해 메타분석이 수행되는 경우도 많다. 잔차분산에 대한 카이제곱 검증의 또 다른 이점은 영모형에 대한 카이제곱 검증이 고전적 메타분석의 카이제곱 분산 검증과 동일하다는 점이다(Hedges & Olkin, 1985). 이 장에서는 분산에 대해 이탈도 차이 검증과 잔차에 대한 카이제곱 검증 둘 다를 보고하고 있다. MLwiN이 이 검증을 제공하지 않지만, MLwiN 매크로 언어를 사용해서 산출하는 것은 가능하다.

회귀계수의 유의성 검증 및 신뢰구간 산출을 위해 사용되는 (회귀계수의) 표준오차 또한 점근적이라는 것을 기억해야 한다. 메타분석에서는 표본크기가 작은 것이 일반적이므로 이 경우 신뢰구간이 지나치게 좁고 p값이 낮게 나타날 수 있다(Brockwell & Gordon, 2001). 따라서 표준정규분포를 사용하지 말고 자유도 $k-p-1$의 t 분포를 사용하여 검증하는 것이 보다 현명한 방법이다. 이 경우 k는 분석에 사용된 연구의 수, p는 분석에 동원된 연구 수준 설명변인의 수이다. HLM에서는 이러한 t 검증이 기본적으로 제공된다. Berkey, Hoaglin, Antczak-Bouckoms, Mosteller와 Colditz(1998)의 모의실험 연구에서 t 분포를 적용한 검증이 올바른 p값을 산출하는 것으로 나타났다. Brockwell과 Gordon(2001)은 프로파일 우도법과 부트스트래핑을 사용할 것을 추천했다. 이 방법들은 이 책의 제13장에 소개되어 있다.

복잡한 모형의 추정을 위해서 베이지언 추정법이 점차적으로 사용되고 있다(Sutton et al., 2000 참조). 베이지언 추정법은 모수 추정 및 이의 표본분포 산출을 위해 마르코프 체인 몬테 카를로(Markov Chain Monte Carlo: MCMC)와 같은 집약적 연산방법을 사용한다. 이 방식은 메타분석에 적용하기에 특히 적절한데(DuMouchel, 1994; Smith et al., 1995), 그 이유는 작은 표본으로 작은 분산을 모형화할 때 생길 수 있는 문제들에 대해 (기존의 방법보다) 보다 덜 민감하기 때문이다. 베이지언 모형은 이 책의 제13장에서 다루고 있다. 베이지언 모형은 모수의 분포에 대한 사전지식을 반영하는 사전분포를 명세화하는 것에서 시작한다. 원칙적으로 이는 출판편향의 효과를 살펴보기 위한 매우 세련된 방법이라 할 수 있다. 분석의 예로 Biggerstaff, Tweedy와 Mengersen(1994)의 연구를 들 수 있다. MLwiN에 베이지언 분석방법이 제공되고 있지만, 현재로서는 메타분석에 적용할 수 없으며 보다 복잡한 일반 베이지언 분석 프로그램인 BUGS(Lunn et al., 2012)와 같은 분석도구를 사용해야 한다. Cheung(2008)은 구조방정식 소프트웨어인 Mplus를 메타분석에 사용하는 방법을 제시했다. Mplus에는 베이지언 추정법이 제공되므로 베이지언 메타분석에도 사용될 수 있다.

제**12**장

다층모형에서 표본의 크기와 검증력 분석

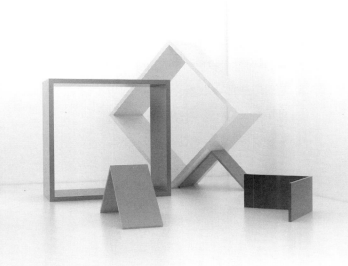

요약

표본크기에 대한 질문은 크게 두 가지로 요약된다. 특정한 통계적 추정방법을 적용하기에 충분한 표본크기는 얼마인가, 그리고 특정한 검증력을 확보하기 위해 요구되는 표본의 크기는 얼마인가이다. 다층분석에서는 표본의 크기가 두 개 이상의 수준에서 고려되어야 하고, 고정효과와 무선효과 부분이 존재하는데, 일반적으로 고정효과 부분이 무선효과보다 좀 더 정확하게 추정되므로 이 문제는 보다 복잡해진다. 이 장에서는 표본의 크기 및 검증력과 관련된 주제를 다룬다.

1. 표본의 크기와 추정치의 정확도

다층분석에서 흔히 사용되는 최대우도추정법은 점근적이다. 즉, 표본의 크기가 충분히 크다는 것을 가정한다. 따라서 표본의 크기가 상대적으로 작을 경우 다양한 추정방법의 정확성에 대한 문제가 제기될 수 있다. 대부분의 연구들은 이러한 문제에 모의실험을 통해 표본의 크기가 작을 경우 개인 혹은 집단 수준에서 고정효과와 무선효과 모수치 추정의 정확성을 살펴본다. 특정 모수의 유의성 검증을 위한 표준오차의 정확성에 대한 연구는 상대적으로 적다.

1) 모의실험 방법

모의실험은 표본의 크기가 작은 조건에서 추정방법들이 얼마나 잘 작동하는지, 그리고 표본의 크기와 검증력 간의 관계가 어떠한지를 연구하기 위해 흔히 사용되는 방법이다. 모의실험은 몬테 카를로(Monte Carlo) 방법이라고도 불리며, 컴퓨터를 사용한 고도의 연산에 의존한다. 통계모형, 모형에서의 모든 모수치 및 다층구조의 각 수준에서의 표본크기가 주어진 상황에서 컴퓨터를 통해 (주어진 조건을 따르는) 다수의 자료가 생성된다. 최신 사양의 컴퓨터는 일반적으로 1,000, 5,000 혹은 10,000개의 자료 세트까지도 매우 빠른 시간에 생성해 준다.

생성된 각각의 데이터에 대해 모수치와 그에 해당하는 표준오차가 추정되고, 추정된 값들은 다양한 기준에 의해 통합된다. 모수치 편향은 전체 자료 세트에 대한 평균 추정치와 (자료를 생성하기 위해) 미리 주어진 모수치 간의 차이를 의미한다. 표준오차 편향은 추정된 표준오차들의 평균값과 추정된 모수치들의 표준편차 간의 차이를 의미한다. 이 2개의 편향은 주로 백분율로 표시되고 5~10% 이내의 편향을 일반적으로 수용가능한 수준이라 받아들인다. 또 다른 준거는 추정된 95% 신뢰구간의 몇 %가 실제 모수치를 포함하느냐이다. 당연히 이 비율은 95%를 크게 벗어나지 않아야 한다. 어떤 모형의 경험적 검증력은 각 자료의 분석 결과 중 효과가 없다는 영가설을 기각하는 자료가 몇 %인가를 의미한다. 게다가, 전체 자료 중 얼마나 많은 자료가 설정된 최대 반복계산 범위 내에서 수렴되지 않았고, 따라서 수용 불가능한 추정치를 산출했는지(즉, 분산성분이 음수로 추정되는 등)를 점검하는 것 또한 좋은 방법이다.

Mplus 프로그램(Muthén & Muthén, 1998~2015)에는 모의실험 기능이 내장되어 있다. MLwiN(Rasbash et al., 2015)에도 사용자가 무작위 자료를 생성하여 모의실험을 수행할 수 있는 기능이 있다. 무료 프로그램인 R(R Core Team, 2014)도 모의실험을 수행할 수 있다. 모의실험 연구 수행의 가이드라인은 Arnold, Hogan, Colford와 Hubbard(2011), Boomsma(2013), Burton, Altman, Royston과 Holder(2006), Landau와 Stahl(2013), Muthén과 Muthén(2002), Paxton, Curran, Bollen, Kirby와 Chen(2001), 그리고 Skrondal(2002) 등에 소개되어 있다.

모의실험 연구에서 가장 어려운 점은 통계모형과 모든 모수치가 사전에 설정되어야 실험을 위한 자료를 생성할 수 있다는 점이다. 따라서 실험연구의 처치효과와 같은 연구의 주요 관심 모수치뿐만 아니라 상관 및 분산성분을 포함한 모든 모수치들을 설정해 주어야 한다. 이는 일종의 악순환을 만들어 낼 수 있는데, 경험적 연구는 일반적으로 모형의 모수치에 대해 알아보기 위해 진행되는 반면, 연구를 효율적으로 설계하기 위해서는 이러한 모수치들을 사전에 알고 있어야 한다는 모순적 상황이 초래되기 때문이다. 많은 경우, 다른 연구결과에 기초하여 합리적으로 추론된 값들을 미지의 모수치로 사용하는 것을 권장한다. 언뜻 이는 쉬운 작업처럼 보인다. 그러나 정확하게 동일한 모형, 동일한 변수, 동일한 측정도구를 사용한 선행연구를 찾는 것은 사실 쉽지 않은 일이다. 특히나 다층모형과 같이 매우 복잡한 모형에서는 매우 많은 모수치가 사전에 설정되어야 한다. 따라서 모의실험 연구자들은 모형의 모든 모수치에 대한 적절한 값을 찾기 위해 충분한 시간을 두고 선행연구를 검토해 볼 것을 권한다. 또한 명심해야 할 점은 표본크기 계산이 연구 프로포절의 마지막 단계에서 쉽게 해치울 수 있는 간단한 작업이라고 생각해서는 절대 안 된다는 것이다.

2) 고정 모수와 그 표준오차의 정확성

보통최소제곱(OLS), 일반화최소제곱(GLS) 및 최대우도법(ML)으로 추정한 회귀계수는 일반적으로 불편추정치이다(van der Leeden & Busing, 1994; van der Leeden et al., 1997; Maas & Hox, 2004a, 2004b; Moerbeek et al., 2003a). Baldwin과 Fellingham (2013)은 베이지언 추정법이 ML 추정법과 편향, 효율성 및 구간추정의 범위 등에서 동일한 결과를 산출한다는 결론을 내린 바 있다. 그들은 고정효과 추정에 있어서 추정방법들 간의 차이는 표본크기가 매우 작을 경우에만 두드러지게 나타나며, 표본크기가 증가함에 따라 이 차이는 사라진다고 언급했다(Hox et al., 2014; Jongerling et al., 2015 참조).

OLS 추정치는 표집분산이 큰 경우가 많기 때문에 상대적으로 효율성이 떨어진다. Kreft(1996)은 OLS 추정치가 약 90%의 효율성을 보인다고 보고하고 있다. 제2장에서 설명한 바와 같이 OLS 추정치의 표준오차는 상당 정도 하방편향(과소추정)되어 있다. 대부분의 다층모형 분석 프로그램에서 고정효과 검증에 사용하는 점근적 Wald 검증은 큰 표본크기를 가정한다. Maas와 Hox(2004a)가 수행한 대규모 모의실험 연구는 집단의 수가 50 이하일 경우 고정효과 모수치의 표준오차가 약간 하방으로 편향됨을 밝혔다. 집단의 수가 30일 경우 유의수준 5%에서 1종 오류의 비율이 6.4%였다. van der Leeden과 Busing(1994), van der Leeden, Busing과 Meijer(1997)의 연구도 정규성 및 큰 표본크기의 가정이 충족되지 않을 경우 표준오차는 약간 하방편향(과소추정)됨을 보고하고 있다. 고정 모수에 대한 GLS 추정치는 ML 추정치보다 덜 정확하다. 몇몇 경우에 OLS 추정의 표준오차가 상방편향(과대추정)되는 경우도 보고되고 있는데, 예를 들어, 복수의 병원에서 진행된 임상실험(muticenter clinical trial)에서 병원-처치 상호작용이 없는 경우가 이에 해당한다(Moerbeek et al., 2003b).

최근의 모의실험 연구는 각 수준에서 요구되는 최소 표본크기에 초점을 맞추고 있다. Bell, Morgan, Schoeneberger, Kromrey와 Ferron(2014)의 연구는 2수준 선형모형의 각 수준에 다수의 공변인 및 복수의 수준 간 상호작용을 포함시켰으며, 공변인은 이분 및 연속 척도가 모두 포함되었다. 집단의 수는 10, 20, 30으로, 집단 내 사례 수는 5~10, 10~20 혹은 20~40의 범위에서 무작위로 선택하였다. 제한최대우도법과 Kenward-Roger 교정자유도를 사용한 연구의 결과, 고정효과의 편향은 미미했고, 고정효과에 대한 1종 오류와 신뢰구간의 모수치 포함비율은 약간 보수적(즉, 표준오차가 과소추정되어 유의수준 이상의 비율로 영가설을 기각하며 신뢰구간 중 모수치를 포함하는 구간의 비율이 신뢰수준보다 낮음)인 것으로 나타났다.

개인 수준 회귀계수에 대한 Wald 검증의 검증력은 전체 표본크기에 달려있다. 상위 수준 변인의 효과 및 수준 간 상호작용효과에 대한 검증의 검증력은 전체 표본크기보다 집단의 수에 보다 크게 좌우된다. 모의실험(Mok, 1995; van der Leeden & Busing, 1994) 및 분석연구(Cohen, 1998; Moerbeek et al., 2000; Raudenbush & Liu, 2000; Snijders & Bosker, 1993) 결과는 집단의 수와 집단 내 사례 수 간의 균형(trade-off)을 제안하고 있다. 보다 높은 수준의 정확성과 검증력을 확보하기 위해서는 집단의 수를 늘리는 것이 집단 내의 사례 수를 늘리는 것보다 중요하다.

3) 무선모수와 그 표준오차의 정확성

최하위 수준의 잔차 추정은 일반적으로 매우 정확하다. 집단 수준 분산성분의 경우 과소추정되는 경우가 있다. Busing(1993) 그리고 van der Leeden과 Busing(1994)의 모의실험 결과에 따르면 GLS 분산 추정치가 ML 추정치보다 정확성이 떨어진다. 해당 모의실험 연구에서는 집단 수준 분산의 정확한 추정을 위해 많은 수의 집단(100 이상)이 필요하다고 결론 내리고 있다(Afshartous, 1995 참조). 그러나 MLn 프로그램을 사용한 Browne과 Draper(2000)의 연구는 6~12개 집단의 경우 제한최대우도(RML) 추정이 적절한 분산 추정치를 제공함을 보여 주었다. 집단의 수가 48일 경우, 완전최대우도(FML) 추정 또한 적절한 분산 추정치를 산출하였다. Maas와 Hox(2004a)는 집단의 수가 30 이상일 경우 RML을 사용한 분산 추정이 정확하며, 집단의 수가 10 정도라면 분산은 매우 과소추정된다고 결론 내렸다.

다층 구조방정식 모형(제14장 참조)은 집단 내 및 집단 간 공분산에 기초하므로 표본 크기와 관련된 문제는 본질적으로 2수준 분산 추정에서의 문제와 동일하다. 국가 간 연구에 다층구조방정식을 적용한 Meuleman과 Billiet(2009)의 연구는 정확한 추정을 위해 50~100개의 국가가 필요하다고 결론 내리고 있다. 이들의 연구는 Hox, van de Schoot와 Matthijse(2012)에 의해 베이지언 방식으로 재분석되었는데, 정확한 베이지언 분석을 위해서는 20개 국가 표본이면 충분하다는 결론을 내리고 있다. 표본의 크기가 작을 경우 베이지언 추정에서도 문제는 발생한다(Hox et al., 2014 참조). 집단의 수가 작을 경우 집단 간 수준의 분석에서 신뢰도 과대추정의 문제가 생길 수 있다(Geldhof et al., 2014). 표본의 크기가 작을수록, 특히 분산성분에 대한 사전분포를 신중히 선택할 필요가 있다(Baldwin & Fellingham, 2013).

분산성분에 대한 점근적 Wald 검증은 분산성분이 정규분포를 이룬다는 비현실적 가정에 기반하고 있다. 이러한 이유로 다른 접근방법들이 제안되었는데, sigma(즉, 분산의 제곱근)에 대한 표준오차 추정(Longford, 1993) 및 우도비(likelihood ratio) 검증 등이 이에 포함된다. Bryk와 Raudenbush(1992)는 OLS 잔차에 기반한 카이제곱 검증을 제안하였다. 이 모든 방법들에 대한 포괄적인 비교를 수행한 연구는 없다. van der Leeden, Busing과 Meijer(1997)의 모의실험 결과, 특히 집단의 수 및 집단 내 사례 수가 모두 작은 경우 Wald 검증에 사용되는 표준오차는 지나치게 과소추정되며, FML보다는 RML이 보다 정확한 것으로 나타났으며, 추정치를 중심으로 한 대칭적 신뢰구간은 항상 잘 기능하지 못하는 것으로 나타났다. Browne와 Draper(2000), Maas와 Hox(2004a) 또한 비슷한 결과를 보고했다. 집단의 수가 24~30일 경우 작동하는 α 수준(operting alpha level)은 거의 9%였고, 48~50일 경우 약 8%였다. Maas와 Hox(2004a)의 모의실험에서 집단의 수가 100일 경우 작동하는 α 수준은 6%로 명목적 수준인 5%에 근접하였다. 제13장에서 점근적 Wald 검증의 몇몇 대안들을 살펴볼 것인데, 이러한 방법들은 작은 크기의 분산성분을 검증할 경우 혹은 집단의 수가 50 이하일 경우 특히 유용할 것이다.

4) 정확도와 표본크기

각 수준에서 표본의 크기가 증가할수록 추정치 및 그 표준오차가 보다 정확해짐은 명확하다. Kreft(1996)는 '30/30 법칙'이라는 경험칙을 제시하고 있는데, 적어도 하나의 집단당 30 이상의 사례를 가진 30개 이상의 집단으로 표본을 구성해야 적절한 분석이 가능하다는 의미이다. 다양한 모의실험 결과를 살펴보면 연구의 관심이 고정모수에 있는 경우 이는 적절한 원칙으로 보인다. 그러나 이 원칙하에서 각 수준에서의 고정모수에 대해 높은 검증력을 확보할 수는 없을 것으로 보인다(Bell et al., 2104). 분석의 초점이 다를 경우 이 원칙은 수정될 필요가 있다. 특히 수준 간 상호작용에 분석의 초점이 있을 경우 필요한 집단의 수는 더 커져서 50/20(50개 집단, 집단별 20개 사례) 법칙으로 수정될 필요가 있다. 무선효과, 분산-공분산 성분 및 그 표준오차에 관심이 많은 경우라면 집단의 수는 훨씬 커져서 100/10으로 수정되어야 할 것이다.

Theall과 그의 동료들(2011)이 5명 미만 소규모 집단 크기의 효과를 연구한 결과에 따르면, 집단의 수가 459일 경우 고정효과 및 무선효과가 집단의 크기에 영향을 받지 않는 것으로 나타났다. 집단의 수가 작아지면 고정효과와 무선효과의 표준오차가 부풀려지는 것으로 나타났다. 특히, 집단수준 분산 추정치는 고정효과보다 더 부풀려

졌다. Raudenbush(2008) 또한, 소규모 집단이 많이 존재하는 경우에 대해 연구했는데 이런 상황은 연구대상이 쌍둥이, 부부, 가족인 경우 혹은 짧은 시계열 연구에서 주로 나타난다(Raudenbush, 2008, p. 215). 이런 경우에는 2수준 무선효과의 수를 최소로 제한하여 모형을 최대한 단순화할 것을 제안한다. 예외적으로 짧은 시계열 연구에서는 피험자수준(2수준)에서 추정해야 할 분산이 많아지지만, 상대적으로 추정치의 신뢰도는 높다(Raudenbush, 2008, p. 218).

집단의 수가 20 이하일 경우, 고정모수 추정치와 그 표준오차는 부정확해진다. 구조방정식에서와 같이 연구의 관심이 분산성분에 있을 경우 최소한 50개의 집단이 필요하다(Meuleman & Billiet, 2009). Hox, van de Schoot 그리고 Mattijsse(2012)는 베이지언 추정으로 20개 집단에 대한 구조방정식 분석이 가능함을 보여 주고 있다. 집단의 수가 작을 경우와 관련된 문제들에 대한 일반적 검토는 McNeish와 Stapleton(2016)을 참조할 수 있다.

이러한 경험칙은 데이터 수집에 비용이 소요된다는 점을 고려하므로 집단의 수가 증가하면 집단 내 개인의 수는 감소하는 것을 전제로 한다. 그러나 몇몇 예외적인 경우가 있을 수 있다. 예를 들어, 학교연구에서 학급을 추가표집할 경우 추가적인 비용이 발생할 수 있지만 학급의 모든 학생을 표집하는 대신 일부만 표집한다고 해서 비용이 크게 줄어들지는 않을 것이다. 따라서 제한된 예산의 범위 안에서 최적의 연구설계는 자료수집에 소요되는 다양한 비용을 고려해야 한다. Snjiders와 Bosker(1993), Cohen(1998), Raudenbush와 Liu(2000), Moerbeek, van Breukelen 그리고 Berger(2000) 등은 모두 비용을 고려한 2수준 설계의 표본크기 선택에 관해 논의하고 있다. Moerbeek, van Breukelen 그리고 Berger(2001)는 다층 로지스틱 모형에서의 최적 설계와 관련된 문제를 논의한다. 논의의 핵심은 통계적 검증력과 자료수집 비용 간 균형에 있다. 자료수집 비용은 자료수집 방법의 디테일에 달려 있다. 다층모형에서 통계적 검증력의 문제는 이 장 후반부에서 다루게 될 것이다.

5) 비율 및 이분 자료에서의 정확도와 표본크기

비율에 대한 다층분석은 주로 로짓 연결함수를 사용한 일반화 선형모형을 통해 이루어진다(제6장 참조). 모형은 다음과 같다.

$$\pi_{ij} = \text{logistic}\,(\gamma_{00} + \gamma_{10}X_{ij} + u_{0j}) \tag{12.1}$$

관찰된 비율 P_{ij}는 이항분포를 따르며 그 분산은 다음과 같다고 가정한다.

$$\text{var}(P_{ij}) = (\pi_{ij}(1 - \pi_{ij}))/n_{ij} \tag{12.2}$$

π_{ij}는 모형을 통해 추정된다. 분산항을 1로 고정시키지 않고 추정하게 되면 과대 혹은 과소 산포를 모형에 반영할 수 있다. 만약 이런 방식으로 추정된 이항분포에서의 분산이 유의하게 1보다 크거나 작다면 이는 주로 모형 명세화가 잘못되었음을 보여 주는 증거로 해석된다. 예컨대, 모형에 포함되어야 할 수준이 생략되었거나 예측변인 간 상호작용이 생략되었거나 혹은 시계열 자료에서 오차 간 자기상관(autocorrelation) 을 허용하지 않은 경우 등을 들 수 있다.

대부분의 통계 프로그램들이 모형을 선형화하기 위해 테일러 전개(Taylor expansion) 를 사용한다. MLwiN(Rasbash et al., 2015)은 1차 테일러 전개와 주변 (준-우도)우도 방식(MQL1: P_{ij}는 고정효과 부분만을 통해 예측됨)을 기본 추정법으로 사용하는데, 2차 테일러전개 및 예측 혹은 벌점 (준-유사)우도방식(PQL2: P_{ij}는 고정효과 및 무선효과 부 분을 모두 사용해서 예측됨)을 사용하는 것도 가능하다. HLM(Raudenbush et al., 2011)에 는 1차 전개 및 벌점 (준-유사)우도방식(PQL1)이 기본 추정방법으로 적용되어 있다.

Rodriguez와 Goldman(1995, 2001)의 모의실험 연구에서는 MQL1이 회귀계수 및 분산성분을 과소추정하며, 특히 집단 크기가 적을 때 과소추정 경향이 더 심한 것으 로 보고하고 있다. Rodriguez와 Goldman이 사용한 자료 중 추정결과가 가장 좋지 않은 자료는 161개 지역의 1,558명 여성으로 이루어진 3수준 자료 세트였는데, 이들

여성은 전체 2,449건의 출산을 보고하였다. 따라서 각 지역에는 평균 9.7명의 여성이 포함되고, 이들의 평균 출산횟수는 1.6회이다. Goldstein과 Rasbash(1996)는 이 자료로부터 200회의 모의실험 자료를 생성하여 MQL1과 PQL2방식을 비교하였는데 MQL1 방식은 고정효과 추정에서 약 25% 과소추정이 나타났고 무선효과 추정에서 88%까지 과소추정되었다. 또한 54%의 2수준 분산이 0으로 추정되었다. 동일한 자료에 대한 PQL2 추정의 경우 고정효과에서 최대 3%, 무선효과에서 20%의 과소추정이 나타났으며 2수준 분산이 0으로 추정된 경우는 하나도 없었다.

Browne와 Draper(2000) 또한 Rodriguez와 Goldman의 자료를 사용한 모의실험 연구를 수행하였다. 그들의 연구에서도 MQL1 방식의 추정 결과가 가장 좋지 않았다. PQL2 방식은 이에 비해 좀 더 정확한 것으로 나타났다. 회귀계수는 비슷하게 추정되었으나 95% 신뢰구간이 모수치를 포함하는 비율(커버리지)이 95%에 가깝게 나온 경우는 최하위 수준 예측변인에서뿐이었고, 2수준(여성) 및 3수준(지역 수준) 예측변인의 회귀계수의 경우 약 90% 정도였다. 분산은 여전히 정확성이 떨어지는 수준이었다. PQL2 방식의 경우 2수준 분산을 약 11% 과소추정했고, 3수준 분산은 43% 과소추정했다. 분산 추정치의 95% 신뢰구간이 모수치를 포함하는 비율은 2수준의 경우 78%, 3수준의 경우 27%에 불과했다.

이러한 결과가 나타난 이유는 이분 자료의 경우 정상분포 자료보다 더 큰 표본크기가 요구되기 때문이다. Rodriguez와 Goldman 자료의 종속변인은 이분변인이고 분산성분이 크고 최하위 수준의 사례 수가 매우 작기 때문에 극단적인 경우라 할 수 있다. 보다 덜 극단적인 경우 2차 테일러전개를 사용한 벌점화 준-유사우도 방식(PQL2)은 충분히 정확하게 회귀계수를 추정하고, 무선효과 추정치도 (많은 경우) 적절히 추정하는 것으로 보인다. 관련 연구물들을 검토한 결과, PQL 방식의 추정과 회귀계수에 대한 검증은 중간 정도 표본크기에서 정확한 것으로 나타나고 있지만(Moerbeek et al., 2003a), 분산에 대한 추정 및 검정은 그렇지 않다. 그러나 어떤 자료에 대해서는 PQL2 알고리듬이 작동하지 않는다. 이 경우 MLwiN 매뉴얼에서는 보다 단순한 MQL1 방식으로 먼저 추정하여 이를 보다 복잡한 PQL2 방식 추정의 초기값으로 사용하는 것을 권장하고 있다. 일반적으로 우도의 수치적분을 수반하는 최대우도 추정법을 통해 더 나은 추정치를 얻을 수 있다. 그러나 이것이 이분종속변인이 정상분포 자료보다 더 적은 정보를 포함하고 있다는 문제점을 보완해 주지는 못하므로 이 경우에도 정확한 추정을 위해서는 더 큰 표본크기가 필요하다. Moineddin, Matheson과 Glazier(2007)는 수치적분을 사용한 다층 로지스틱 모형의 추정에 대한 모의실험 연구를 통해(SAS NLMIXED 절차 사용) 다층 로지스틱 모형이 정상분포 모형보다 더 많은 표본을 필요로 하며, 특히 이분자료에서 (1의) 비율이 1 또는 0에 가까울수록 더 많은 표본이 필요함을 밝혔다. 그들은 집단의 사례 수가 50 정도인 집단이 적어도 50개가 필요하다고 제언하고 있다. Paccagnella(2011) 또한, SAS NLMIXED의 수치적분을 사용한 모의실험 연구를 진행했는데 고정효과의 표준오차를 정확히 추정하기 위해 50개의 집단이 필요하며, 무선효과 표준오차의 정확한 추정을 위해서는 그보다 훨씬 많은 집단이 필요한 것으로 나타났다. Bauer와 Sterba(2011)는 서열자료에 대해 PQL과 수치적분 방식의 추정을 비교했다. 그들의 결론은 이분변인과 달리 서열형 자료에서는 PQL이 수치적분만큼 잘 작동하는 경우가 많다는 것이었다. 특히 집단의 수가 50 이하일 경우 PQL 방식이 더 우월한 것으로 나타났다.

적어도 PQL이 편향된 추정치를 산출하는 것으로 알려진 경우에 있어서는 PQL 결과와 수치적분 결과를 비교해 보는 것이 바람직하다(Benedetti, Platt & Atherton, 2014). 사례 수가 작은 집단이 많이 포함되고, 집단의 수가 작은 자료의 경우, Raudenbush(2008, p. 234)는 다층 로지스틱 모형과 같은 비선형모형은 추정에 심각한 문제가 있을 수 있음을 지적하였다. 그는 수치적분 추정법을 사용할 것을 제안하는 동시에 집단의 수가 20을 넘지 않으면 무선효과는 최소한으로 설정할 것을 권장하고 있다(Raudenbush, 2008, p. 234).

비율이 1 또는 0에 근접하고 표본의 크기가 작은 것 등 문제가 있는 자료의 경우 부트스트래핑과 Gibbs 표집을 사용한 베이지언 추정을 통해 정확성을 향상시킬 수 있다. 이 방법들은 제13장에 소개된다.

2. 검증력 분석

이하에서는 영가설 검증에 대한 빈도주의적 접근법에 초점을 맞추어 논의를 진행한다. 통계적 검증은 유의수준 α를 설정함으로써 영가설(H_0)을 잘못 기각할 위험 혹은 1종 오류를 범할 위험을 통제한다. 이 유의수준은 영가설을 잘못 기각할 확률에 대한 용인할 수 있는 상한선이라 할 수 있다. 관례적으로 유의확률은 $\alpha = 0.05$ 수준에서 설정되거나 좀 더 엄격한 경우 $\alpha = 0.01$ 수준에서 설정된다. 탐색적인 분석에서는 경우에 따라 보다 관대한 기준인 $\alpha = 0.10$을 선택하는 경우도 있다.

영가설이 거짓인 경우 이는 기각되고 대립가설인 H_A가 채택되어야 한다. 보통 대립가설은 어떠한 효과가 존재한다는 진술로 이루어진다. 이 경우 영가설을 기각하지 못한다는 것은 β 또는 2종 오류라 불리는 또 다른 오류의 가능성을 함의한다. 2종 오류의 확률은 통계적 검증력, 즉 영가설이 실제로 참이 아닐 경우 이를 기각할 확률의 관점에서 논의된다. 검증력은 α를 높게 설정할수록, 표본의 크기가 클수록, 그리고 효과의 크기가 클수록 커진다. 소위 Newman-Pearson 가설검증 접근법(Barnett, 1999)에서는 대립가설 H_A에 구체적인 값을 명시하고, 1종 오류와 2종 오류를 범할 경우 각각의 상대적 비용이 균형을 맞추도록 α와 β값이 설정된다. 이러한 상대적 비용에 대한 명확한 산출이 불가능할 경우 Cohen(1988, 1992)은 검증력 0.8(즉, $\beta = 0.2$)을 높은 검증력의 기준으로 사용할 것을 권장한다. 이는 0.8이 필요한 표본의 크기를 수용 가능한 수준으로 유지하는 한도 내에서 적절한 수준의 검증력이라 할 수 있다. 0.5는 일반적으로 중간 수준의 검증력이라고 간주된다.

통계적 검증력은 유의수준, 표본크기 그리고 모집단 효과크기의 함수이다. 실제 연구를 설계하고 수행함에 있어 α수준과 효과의 크기에 대해 먼저 의사결정을 하고, 이러한 주어진 조건하에서 특정한 검증력을 확보하기 위해 충분한 표본의 크기를 결정할 필요가 있다. 이를 사전 검증력 분석(a priori power analysis)이라 한다. 여기서 가장 어려운 부분이 모집단 효과크기를 결정하는 일이다. 효과의 크기란 모집단에서 영가설이 거짓인 정도를 의미한다. 모수치는 일반적으로 알 수 없기 때문에 효과의 크기는 연구자가 주어진 확률로 탐지해 낼 수 있는 최소한의 영가설로부터의 이탈정도를 의미한다고 이해할 수 있다.

　Cohen(1988)은 광범위한 통계검증에 대해 효과의 크기 지표 및 특정 검증력을 확보하기 위해 필요한 표본의 크기를 결정하는 절차를 제시하고 있다. 연구자들은 적절한 효과의 크기에 대한 명료한 기준을 가지고 있지 않은 경우가 많기 때문에 Cohen은 '작은' '중간' 및 '큰' 효과의 크기를 정의하는 방식을 제안했다. 예를 들어, 두 독립표본의 평균차에 대한 검정에서 효과의 크기 δ는 평균차를 표준편차로 나눈 값, $\delta = (\mu_1 - \mu_2)/\sigma$이다. 이 값은 변인들의 척도에 따라 달라지지 않기 때문에 표준화된 효과의 크기라 불린다. Cohen(1988, 1992)은 0.2, 0.5, 0.8을 각각 작은, 중간 및 큰 효과크기로 볼 것을 제안하고 있다. Cohen은 '작은' 효과크기는 통계검증을 통해야 탐지해 낼 수 있는 수준, '중간'은 일상적 경험을 통해 인지할 수 있는 수준, 그리고 '큰' 효과크기는 즉각적으로 명백하게 알 수 있는 정도로 큰 크기라고 언급하고 있다.

　검증력을 추정하는 일반적 절차는 [그림 12-1]에 제시되어 있다. 표준화된 Z-검증통계치를 제공하는 하나의 통계검증을 가정해 보자. 영가설 H_0 하에서 $\alpha = 0.05$ 수준에서의 일방검정 임계값(critical value)은 $Z_{crit} = 1.65$이다. 대립가설 H_A 하에서 통계치는 (영가설하에서와 마찬가지로) 분산이 1인 Z 분포를 따른다. 그러나 분포의 평균은 δ = (효과의 크기)/(표준오차)만큼 평행이동된다. 이 분포를 비중심 Z분포라고 하며 δ는 비중심모수이다. 예시에서 비중심모수 δ는 H_A에서의 Z분포의 평균으로 단순화된다. 이 검증의 검증력은 비중심 Z분포하에서 임계값 $Z_{crit} = 1.65$ 이상을 얻을 확률이 된다.

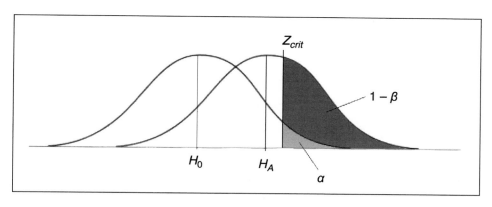

[그림 12-1] Z 검증에서 유의수준(α)과 검증력($1-\beta$)

검증력을 구하기 위한 간단한 공식은 다음과 같다(Snijders & Bosker, 2012, p. 178).

$$\frac{효과크기}{표준오차} \approx Z_{1-\alpha} + Z_{1-\beta} \tag{12.3}$$

이의 공식은 일방검증의 경우 적용된다. 양방검증의 경우 α를 $\alpha/2$로 대체하면 된다. 식 12.3은 4개의 수치로 구성되어 있다. 효과의 크기, 표본의 크기(표준오차 식의 일부분), 1종 오류 α 및 검증력 $1-\beta$가 그것이다. 이 중 세 값이 주어진다면 나머지 하나의 값을 계산할 수 있다. 예를 들어, 두 독립평균을 비교하고자 하고, (표준화된) 효과의 크기가 작으며, (즉, $\delta = (\mu_1 - \mu_2)/\sigma = 0.2$), 상응하는 표준오차는 $2/\sqrt{n}$이고, 원하는 검증력 수준이 $1-\beta = 0.8$, $\alpha = 0.05$ 수준의 일방검증이라고 가정해 보자. 이 경우 $Z_{1-\alpha} = Z_{crit} = 1.65$이고 $Z_{1-\beta} = 0.84$가 된다. 따라서 표준오차는 0.08이 되어야 할 것이므로 표본의 사례 수로 $n = 620$이 필요하다고 계산할 수 있다(즉, 두 집단에 각각 310).

이 예시에서 원하는 검증력 수준을 얻기 위해 필요한 사례 수가 얼마인지를 계산했다. 이 절차는 몇 명의 피험자가 필요한지를 결정하기 위해 연구 설계 단계에서 수행되어야 한다. 이러한 검증력 분석을 사전 검증력 분석이라 한다. 실제 연구에서는 재정적 문제 등으로 인해 동원 가능한 최대 피험자 수가 사전에 결정되어 있는 경우가 많다. 이 경우에는 (사례 수가 아닌) 검증력이 계산의 대상이 된다. 가능한 표본 수가 작을 경우 연구의 검증력이 낮아지는 문제가 생기므로 추가적인 재정지원 가능성을 탐색하거나, 그대로 연구를 진행하고 효과를 탐지할 가능성이 낮아질 위험을 감수하거나, 혹은 연구를 진행하지 않는 등의 의사결정이 필요하다. 주어진 검증력을 확보하기 위한 사례 수를 계산하든, 반대로 주어진 사례 수에서 얻을 수 있는 검증력을 계산하든, 검증력 분석을 위해서는 모집단에서의 효과의 크기에 대한 합리적인 추측값 (그것이 전문가의 지식에 기초한 것이든 선행연구에 기초한 것이든)을 확보해야 한다.

연구가 수행된 이후 검증력 분석을 실시하는 경우도 있다. 이를 사후 검증력 분석 (a post—hoc, retrospective or a posteriori power analysis)이라 하며, 주로 연구결과 효과의 크기가 통계적으로 유의하지 않을 경우 실시한다. 이때 검증력은 연구결과로부터 추정된 효과의 크기와 표준오차를 사용해서 계산한다. 만약 이렇게 계산된 사후 검증력이 낮은 수준이라면 '연구결과 산출된 효과는 실질적인 효과일 수 있지만 연구에 사용된 사례 수가 작아서 이의 유의성을 통계적으로 탐지할 수 없었다'와 같이 결론을 내리게 된다. 사후 검증력 분석을 해도 되는가에 대해서는 논란의 여지가 있다. Hoeing과 Heisey(2001) 그리고 Thomas(1997) 등이 관련된 논의를 하고 있다.

두 독립평균의 비교와 같은 단순한 상황에서의 표본크기와 검증력간 관계는 문헌 (Cohen, 1988) 및 소프트웨어(예: G*Power; Faul et al., 2007) 등이 가용하다. 다층자료에서의 검증력과 관련해서는 특히 집단들의 사례 수가 같고 종속변인이 연속 혹은 이분변수인 실험연구의 경우 단순한 공식이 존재한다. 이는 다음에서 다루어질 것이다. 보다 복잡한 설계, 특히 관찰연구의 경우 공식을 도출하는 것이 불가능하여 모의실험 연구에 의존해야 하는 경우가 많다. 이는 이 장의 4절에서 자세히 다루고 있다.

3. 무선 통제 연구에서의 검증력 분석방법

사전 검증력 분석에서 연구자는 특정 효과크기에 대해 검증력을 추정하고자 한다. 대부분의 경우, 예를 들어 0.80의 검증력을 획득하기 위해 얼마나 많은 표본을 확보해야 하는지를 알고자 한다. 다층회귀분석의 경우 두 가지 요인이 상황을 복잡하게 만든다.

첫째, 다층분석의 경우 서로 다른 수준들에서 표본크기가 존재한다. 동일한 혹은 유사한 검증력이 서로 다른 집단 수와 집단 내 사례 수의 조합에서 얻어질 수 있다. 따라서 다양한 조합 중 어느 조합을 사용할 것인지 결정하기 위해 집단 내의 사례 수를 추가하는 것과 집단의 수를 추가하는 것의 비용을 고려해야 할 것이다. 예를 들어, 학급에서의 금연 프로그램의 효과를 평가하고자 하는 경우를 생각해 보자. 많은 경우 자료수집을 위해 질문지를 사용하게 될 것이다. 이 경우 선정된 학급의 모든 학생을 조사하는 것이 합리적이다. 왜냐하면 학급에서 한 학생을 추가하는 데 소요되는 비용은 매우 작을 것이기 때문이다. 따라서 만약 학급당 평균 학생 수가 20명이라면 10개의 실험학급과 10개의 통제학급을 선정하여 400명의 자료를 수집하는 것을 고려할 수 있다. 반면, 자료수집이 컴퓨터로 이루어지고, 교사는 학생을 데려다 설문용 컴퓨터 앞에 앉혀야 한다면 (시간적 관점에서) 한 학생을 추가하는 데 소요되는 추가적 비용은 상당할 것이다. 따라서 각 학급별로 10명을 무선표집하는 대신 학급 수를 40개로 늘리는 것이 더 나은 선택일 수 있다. 사실상 프로그램은 학급 단위로 실시되므로, 각 학급 내에서 처치여부를 나타내는 변수의 분산은 발생하지 않는다. 따라서 더 많은 학급으로부터 자료를 수집하는 쪽의 검증력이 더 높아진다. 항상 비용을 고려해야 하기 때문에 최선의 표본크기와 관련된 질문은 항상 최적의 연구설계에 대한 의사결정과 관련되어 있다.

둘째, 다층자료 구조의 어느 수준에서 무선할당이 이루어질 것인지 결정해야 한다. 기술적으로, 무선할당은 어느 수준에서도 수행될 수 있다. 앞의 금연 프로그램 예에서, 무선할당이 학급 수준에서 이루어질 것인지 학생 수준에서 이루어질 것인지 결정해야 한다. 학급 내에서 무선할당이 이루어지는 것이 보다 효율적일 수 있다. 그러나 이 경우 '처치집단 오염'의 문제가 발생할 수 있다. 처치집단 오염은 처치집단으로부터 통제집단으로 (처치에 관한) 정보가 새어 나가는 상황을 의미한다. 이 경우, 특히 오염의 정도가 크다면 처치효과가 과소추정될 수 있다(Morebeek, 2005). 반면, 만약 무선할당이 학급 단위로 이루어진다면 처치변인의 무선효과를 추정할 수 없게 된다. 달리 말하자면, 학급과 처치의 상호작용효과의 추정이 불가능하다.

무선할당이 집단 수준에서 이루어지는 연구시행을 일반적으로 집단 혹은 군집 무선화 시행(group or cluster randomized trial)이라 한다. 이러한 연구는 주로 통제집단이 오염될 가능성이 있는 경우 사용된다. 예를 들어, 집단 구성원 간의 의사소통이나 동료 압력에 의존하는 처치방법의 효과를 보고자 하는 연구에서는 통제집단의 오염을 방지하기 위해 맹검법(blinding, 피험자 당사자가 통제집단인지 처치집단인지 모르게 하는 것)을 사용하는 것은 불가능하다.

다중 사이트 시행(multi-site trial)에서 무선할당은 각 사이트(혹은 집단) 내에서 피험자 수준에서 이루어진다. 신약실험과 같은 연구에서 이런 설계가 많이 사용된다. 이중맹검(double blinding)으로 인해 누가 신약처치를 받는지는 환자도, 의사도 알 수 없다. 다중 사이트 시행은 개별 병원 수준에서는 특정한 환자의 수가 충분히 많지 않은 생의학 분야 연구에서 매우 중요한 연구설계이다. 다수의 병원에서 수행된 실험의 자료를 결합함으로써 처치효과에 대한 통계 분석의 검증력을 키울 수 있다(Woodruff, 1997).

1) 집단 무선화 시행

집단 무선화 시행(group randomized trials)에서 무선할당은 집단 수준에서 이루어지며 동일 집단 내의 모든 피험자는 동일한 처치조건에 노출된다. k개의 집단이 있고 집단 내 사례 수는 n_{clus}로 동일할 때 처치효과 추정치의 분산은 다음과 같다(Raudenbush, 1997; Moerbeek, van Breukelen, & Berger, 2000 참조).

$$\frac{4\sigma^2}{kn_{clus}}\left[1+(n_{clus}-1)\rho\right] \tag{12.4}$$

여기서 $\sigma^2 = \sigma_e^2 + \sigma_{u0}^2$는 전체 분산으로 집단 간 분산($\sigma_{u0}^2$)과 집단 내 분산($\sigma_e^2$)의 합이다. 식의 첫 항은 집단 구분이 없을 경우의 분산, 즉 집단 무선화 시행을 집단 구분 없이 단순무선할당으로 간주할 경우의 분산이다. 두 번째 항은 소위 설계효과(design effect)[1]라 불리는 것으로 각 집단의 사례 수(n_{dus})가 1(즉, 각 집단이 1명의 피험자로 이루어져 있는 경우)이거나 $\rho = 0$(즉, 동일 집단 내에서 피험자들 간의 산출변인에 상관이 없는 경우)이 아닌 이상 항상 1보다 크게 된다. 집단 무선화 시행에서 이런 경우는 거의 없다.

설계효과는 설문조사에서도 사용되는 것으로 1단계 표집(단순무선표집)에 대한 2단계 표집의 효과를 지칭한다(Kish, 1965, 1987). 설계효과는 실효 표본크기 n_{eff}[2]를 결정하기 위해 사용된다.

$$n_{eff} = \frac{n}{\left[1+(n_{clus}-1)\rho\right]} \tag{12.5}$$

이 식에서 $n = kn_{clus}$는 총 사례 수이다. 각 집단별 사례 수가 $n_{clus} = 20$이고 집단 내 상관계수가 $\rho = 0.05$라면 설계효과는 1.95가 된다. 만약 총 사례 수가 $n = 620$이라면 실효 표본크기는 단지 318에 불과하다.

설계효과는 집단 무선화 시행에서 요구되는 표본크기를 계산하는 데 사용될 수 있다. 우선, 효과의 크기가 정해져야 하고, 이에 기초해서 단순무선표집 상황에서 필요한 표본크기를 먼저 계산해야 한다. 앞 장의 예에서 '작은' 효과크기가 상정되었고 단순무선표집 상황에서 검증력 0.80을 확보하기 위해 620명의 피험자가 필요한 것으

---

1) 역자 주: 해당 연구의 표집오차가 단순무선표집에서 기대되는 표집오차와 얼마나 차이나는가(몇 배인가)를 나타내는 개념(Kish & Leslie, 1965).
2) 역자 주: 만일 해당 연구가 단순무선표집이라면 동일한 표집오차를 가지기 위해 필요한 사례 수가 얼마인지를 나타내는 개념(Kish, Leslie, 1965).

로 계산되었다. 다음으로, 각 집단 내 사례 수와 선행연구를 통한 집단 내 상관계수 추정치에 기초하여 설계효과를 산출해야 한다. 각 집단의 사례 수가 $n_{clus} = 20$이고 집단 내 상관계수가 $\rho = 0.05$라면 설계효과는 1.95가 된다. 세 번째로, 단순무선표집 가정하에서 계산된 사례 수에 설계효과를 곱해서 집단 무선화 시행에서의 표본크기를 구한다. 즉, $1.95 \times 620 = 1209$명의 피험자가 필요하다. 이는 사례 수 20명인 집단 60개 혹은 처치, 통제 조건에 각각 20명으로 구성된 30집단씩이 필요하다는 의미이다. 계산된 총 사례 수는 단순무선표집의 경우보다 거의 2배가 많다! 따라서 왜 단순무선표집이 아니라 굳이 집단 무선화 시행으로 연구를 설계해야 하는지 정당화가 필요하다. 예컨대, 단순무선표집의 경우보다 집단 무선화의 경우가 피험자당 자료수집에 비용이 훨씬 적게 들 수 있다. 피험자들이 집단별로 동일한 장소에 위치하고 있으므로 여비나 시행비용 등이 훨씬 절약될 수 있기 때문이다.

집단 무선화 시행 자료의 가장 단순한 분석방법은 자료의 다층 구조를 무시하고 단순무선설계로 가정하여 단순회귀분석을 실시하는 것이다. 이 방법은 1종 오류의 비율을 증가시키고 따라서 검증력이 높아지는 것으로 수리적 증명이 되었다(Moerbeek et al., 2003b). 〈표 12-1〉에 일방검증 $\alpha = 0.05$, 작은 효과크기 $\delta = 0.2$, $\rho = 0.05$ 상황에서 단순무선시행과 집단 무선화 시행의 검증력 수준을 비교하였다. 앞 장에서 효과의 크기는 $\delta = (\mu_1 - \mu_2)/\sigma$로 정의됨을 논의하였다. 전체 분산이 1이 되도록 모형은 척도 조정되었고 효과의 크기는 표준화된 효과크기로, 이는 변인의 척도에 영향을 받지 않는다. Cohen(1988)의 경험칙에 따라 소, 중, 대의 효과크기를 각각 0.2, 0.5, 0.8로 설정하였다.

〈표 12-1〉에서 각 집단의 사례 수는 $n_{clus} = 20$, 집단의 수는 30에서 90까지로 나누어 보았다. 따라서 전체 사례 수는 600에서 1,800까지가 될 수 있다. 그러나 실효 표본크기는 이보다 훨씬 작은 308에서 923까지이다. 따라서 동일집단 내 사례들 간 산출변인에서의 상관(집단 내 상관)을 무시할 경우 전체적으로 처치의 효과에 대해 지나치게 낙관적인 결과를 산출하게 된다.

〈표 12-1〉 단순무선시행, 집단무선화시행 및 공변인을 포함하는 집단 무선화 시행에서의 검증력

k	$n = k * n_{dus}$	n_{eff}	단순무선시행	집단무선화시행	공변인을 포함하는 집단 무선화 시행
30	600	308	0.79	0.54	0.59
40	800	410	0.88	0.65	0.70
50	1000	513	0.94	0.73	0.78
60	1200	615	0.97	0.80	0.84
70	1400	718	0.98	0.85	0.89
80	1600	821	0.99	0.89	0.92
90	1800	923	1.00	0.92	0.94

주: $n_{das} = 20$

앞서 통계적 검증력은 1종 오류, 효과크기 및 표본크기에 따라 달라짐을 살펴보았다. 집단 무선화 시행을 포함한 다층자료에서는 검증력에 영향을 주는 추가적인 요소들이 존재한다. 첫째, 다층자료에서는 단일한 표본크기가 아니라 집단(k) 및 개인 수준(n_{dus})의 사례 수를 고려해야 한다. 물론 집단의 수를 늘리든 집단 내 사례 수를 늘리든 검증력은 향상되지만 집단의 수가 집단 내 사례 수보다 검증력에 더 큰 영향을 준다. 이는 식 12.4에서 집단의 수는 분모에만 관여하지만 집단 내 사례 수는 분자와 분모 모두에 관여하기 때문이다. 이 표에서 사례 수 20인 집단이 60개일 경우 검증력 0.80을 얻을 수 있다. 만약 검증력 0.90이 요구되고, 각 집단의 사례 수가 20으로 정해졌다면 84개 집단이 필요하며, 이는 집단의 수를 40% 늘려야 함을 의미한다. 만약 집단의 수가 60으로 고정된다면 각 집단 내의 사례 수는 48이 되어야 한다. 이는 집단 내 사례 수를 140% 증가시켜야 한다는 의미이다. 이 두 퍼센티지를 비교해 보면 집단 내 사례 수를 증가시키는 것보다 집단의 수를 늘리는 것이 더 효율적임을 알 수 있다.

집단 무선화 시행과 같은 많은 무선할당 실험에서 사례 수와 검증력 간의 관계는

수리적으로 간단히 나타낼 수 있다. 집단의 크기(n_{clus})는 미리 정해져 있는 경우가 많다. 예를 들어, 학급당 학생 수에는 제한이 있고, 동료압력 집단의 참여자 수는 참여자들 간의 의사소통을 원활히 하기 위해 제한될 수밖에 없다. 이처럼 집단별 사례 수가 이미 결정된 상황에서 필요한 집단의 수 k는 다음과 같이 구할 수 있다.

$$k = 4 \frac{1 + (n_{clus} - 1)\rho}{n_{clus}} \left(\frac{Z_{1-\alpha} + Z_{1-\beta}}{\delta} \right)^2 \tag{12.6}$$

집단의 수가 사전에 고정된 경우라면, 필요한 집단별 사례 수는 다음과 같이 구할 수 있다.

$$n_{clus} = 4 \frac{1 - \rho}{\left(\dfrac{\delta}{Z_{1-\alpha} + Z_{1-\beta}} \right)^2 k - 4\rho} \tag{12.7}$$

집단의 수가 제한되어 있는 경우, 이상적인 검증력 수준을 확보하기 어려울 수 있다. 이는 집단 내 사례 수가 무제한으로 늘어날 수 있는 경우에도 그러하다. 그 이유는 식 12.4에서 집단 내 사례 수 n_{clus}가 분모에만 있는 것이 아니라 분자에도 존재하기 때문이다. Hemming, Girling, Sitch, Marsh와 Lilford(2011)가 제시한 실행가능성 검토에 의하면 $k > 2n_{clus}\rho$일 경우에만 집단의 수가 충분하다고 결론지을 수 있다.

식 12.6과 식 12.7은 정규분포를 기준 분포로 사용하고 있는데, 이는 집단의 수가 충분히 클 경우(일반적으로 30 이상)에만 제대로 작동한다. 집단의 수가 더 작을 경우에는 자유도 $k-2$를 가지는 t분포가 사용되어야 하고, 이 경우 산출되는 표본의 크기는 조금 더 커진다.

집단의 수와 집단 내 사례 수가 모두 사전에 결정되어 있지 않을 경우 적정 표본크기를 결정하는 데에 예산의 제약을 고려할 수 있다. 집단을 하나 늘리는 데 필요한 비용이 c_g, 집단 내 사례 수를 하나 늘리는 데 필요한 비용이 c_s라면 표본 확보에 필요한 비용 C는 다음과 같이 계산된다.

$$C = c_s k n_{clus} + c_g k \tag{12.8}$$

따라서 목표한 검증력을 확보하면서 예산을 최소화하는 설계, 혹은 반대로 주어진 예산에서 최대의 검증력을 확보하는 설계를 구성할 수 있다. 우선, 최적의 집단 내 사례 수는 다음과 같다.

$$n_{clus} = \sqrt{\frac{c_g \sigma_e^2}{c_s \sigma_{u0}^2}} = \sqrt{\frac{c_g(1-\rho)}{c_s \rho}} \tag{12.9}$$

다음으로 최적의 집단 수는 다음과 같다.

$$k = \frac{C}{\sqrt{\frac{\sigma_e^2}{\sigma_{u0}^2} + c_g}} = \frac{C}{\sqrt{\frac{(1-\rho)}{\rho} + c_g}} \tag{12.10}$$

식 12.9로부터 집단을 추가하는 데 드는 비용이 증가할수록 최적의 집단 크기(집단 내 사례 수)는 증가함을 알 수 있다. 또한 집단 내 분산이 증가할수록 필요한 집단의 크기는 증가함을 알 수 있다. 식 12.8의 비용함수는 집단의 크기가 커질수록 필요한 집단의 수는 감소하고, 반대로 집단의 크기가 작아질수록 필요한 집단의 수는 증가함을 보여 준다. 식 12.10은 총 비용 C가 클수록 적정 집단의 수도 커지는 것을 보여 준다. 그러나 식 12.9에서 볼 수 있는 것과 같이 집단 내 사례 수는 총 비용과 무관하다.

식 12.8에서 12.10은 통제집단과 처치집단의 수가 같다는 가정에 기초한다. 따라서 처치집단을 추가하는 비용과 통제집단을 추가하는 비용이 다를 경우 평균비용을 사용하면 된다. 또한 모든 집단의 사례 수가 동일하다는 가정에 기초한다. 만약 집단 별로 사례 수가 다르다면 집단을 11% 더 추가표집하는 방법을 사용할 수 있다(van Breukelen et al., 2007).

이상에서 논의한 표본크기 관련 공식들은 종속변인이 연속형인 집단 무선화 시행에 적용된다. 이분종속변인의 경우 공식은 매우 유사하며 Moerbeek, van Breukelen과 Berger(2001)에 자세히 소개되어 있다. Jahn-Eimermacher, Ingel과 Scheider(2013) 및 Moerbeek(2012)은 생존분석 상황에서 집단 무선화 시행의 표본크기에 대해 논의하고 있다.

집단 무선화 시행은 단순 무선화 시행에 비해 효율적이지 못하다. 집단 무선화 시행의 검증력을 높이기 위한 다양한 방법이 제시되었다. 그중 하나는 예측 공변인을 투입하는 것이다. 종속변인과 강한 연관성을 예측변수가 투입될수록 검증력이 높아지는 것은 자명하다. 또한 이 연관성은 개인 수준보다 집단 수준에서 더 강하게 나타나는 경향이 있다(Bloom, 2005; Raudenbush et al., 2007). 집단 수준 예측변인의 예로는 학급규모나 학교유형 등을 들 수 있다. 학교의 평균 사회경제적 지위 혹은 학급의 남학생 비율 등과 같이 개인 수준의 변인을 집단 수준으로 통합한 집합변인 또한 집단 수준 예측변인이 될 수 있다. 종속변인과 집단 수준 예측변인의 집단 간 상관을 ρ_B라 하면 예측변인을 투입할 경우 집단 간 분산 σ_{u0}^2는 $(1-\rho_B^2)\sigma_{u0}^2$로 감소한다. 예를 들어, 집단 수준 예측변인과 종속변인의 상관이 $\rho_B = 0.5$라면 이를 포함시킬 경우 집단 수준 분산은 25% 감소하게 된다. 〈표 12-1〉의 마지막 열은 $\rho_B = 0.5$ 수준의 연관성을 가진 공변인을 투입할 경우 5%가량의 검증력 향상효과가 있음을 보여 주고 있다.

집단 무선화 시행의 주된 약점은 이 설계가 집단 내 비교가 아닌 집단 간 비교라는 점이다. 집단 무선화 시행의 틀 안에서 집단 내 비교가 가능하도록 해 주는 방법으로 교차이전설계(cross-over design; Rietbeergen & Moerbeek, 2011)와 스텝웨지설계(stepped-wedge design; Hussey & Hughes, 2007)가 있다. 스텝웨지설계는 교차이전설계의 특수한 형태로 통제조건에서 처치조건으로만 이전이 이루어진다. 이 설계는 처치의 효과가 비가역적일 경우, 예컨대 처치의 목적이 피험자에게 어떤 기술을 가르치는 것일 경우 적절하다. 두 설계 모두 표준적인 집단 무선화 설계보다 더 많은 측정이 반복측정의 형태로 이루어져야 하므로 더 많은 비용이 소요된다는 점을 고려해야 한다.

집단 무선화 시행의 검증력은 집단 내 상관계수가 높아질수록 감소한다. 원하는 검증력을 얻기 위한 표본크기를 계산할 때 집단 내 상관계수의 합리적인 어림값이 필요하며, 집단 내 상관계수는 집단의 사례 수와 역상관이 있는 경향이 있다. 즉, 수백 혹은 수천 명의 환자가 있는 일반적 병원 상황이 소수의 구성원으로 이루어진 가정보다 집단 내 상관계수가 더 낮다. 일반적 병원 상황에서 상관은 대부분 동일한 사람(의사)에 의한 처치에 기인하지만, 가정 내에서 상관은 가정 구성원 상호 간의 영향과 유전적 유사성에 기인한다. 지난 20년간 다양한 분야에서 후속연구자들의 효율적 실험설계에 도움을 주기 위해 집단 내 상관계수 추정치를 제공한 논문들이 약 50편 출판되었다. 이 논문들의 목록은 Moerbeek과 Teerenstra(2016)에서 확인 가능하다. 최근에는 실험설계 단계에서 집단 내 상관계수를 추측하는 문제를 해결하기 위해 내부 예비 설계(internal pilot designs; Lake et al., 2002; van Schie & Moerbeek, 2014)와 같은 적응적 설계(adaptive design)에 주목하고 있다. 적응적 설계의 아이디어는 다음과 같다. 우선, 집단 내 상관계수에 대한 합리적인 어림값을 사용해 표본크기를 계산한다. 다음으로 예비조사에서 자료의 일부를 수집하고, 이를 통해 집단 내 상관계수를 재추정한다. 다음으로 재추정된 집단 내 상관계수를 사용하여 필요한 표본크기를 새로 계산한다. 마지막으로 예비조사 자료를 포함하여 새로 계산된 표본크기의 전체 자료를 수집하여 분석한다.

2) 다중 사이트 시행

집단 무선화 시행은 처치집단 오염의 위험을 막기 위해 주로 사용된다. 이러한 오염의 문제가 없거나 미미할 것이라 판단된다면, 다중 사이트 시행이 고려되어야 한다. 왜냐하면 다중 사이트 시행이 같은 사례 수로 더 높은 검증력을 얻을 수 있고, 처치효과가 사이트별로 차이가 있는지 검증 가능하기 때문이다. 이하의 계산에서 각 사이트는 동일한 표본크기 n_{clus}를 가지고, 각 사이트 내에서 피험자들은 처치군과 통제군에 50:50으로 무선할당된다고 가정한다.

또한 검증력 분석의 논리가 변인의 척도에 의해 달라지지 않도록 표준화된 모형으로 논의를 진행한다. Raudenbush와 Liu(2000)는 1수준 분산을 $\sigma_e^2 = 1$로 표준화할 것을 제안하였다. 집단 무선화 시행에서 전체분산, 즉 $\sigma_e^2 + \sigma_{u0}^2$이 1이 되도록 표준화한 것과는 차이가 있다. 다중 사이트 시행은 (처치효과가) 집단 간 비교가 아닌 집단 내 비교를 통해 추정되므로 $\sigma_e^2 = 1$로 표준화하는 것이 타당하다. 평균적 처치효과는 앞서와 마찬가지로, Cohen의 경험칙을 준용하여 대, 중, 소를 각각 0.2, 0.5, 0.8로 설정하였다. 평균 처치효과는 각 사이트별 처치집단의 평균과 통제집단의 평균 간 차이를 계산하여 이를 평균하는 방식으로 추정할 수 있다. 평균 처치효과의 분산은 다음과 같다.

$$\frac{4\left[\sigma_e^2 + n_{clus}\sigma_{u1}^2\right]}{kn_{clus}} \tag{12.11}$$

여기서 σ_e^2는 집단 내 분산이고 σ_{u1}^2은 처치효과의 분산이다. 처치효과가 집단에 따라 크게 차이가 날 경우 평균적 처치효과의 검증력이 낮아질 것임은 명백하다. 또한 표본크기의 효과는 집단 무선화 시행과 유사할 것이다. 즉, 집단의 수를 늘리는 것이 집단 내 사례 수를 늘리는 것보다 더 효율적일 것이며, 집단의 수가 작을 경우 집단 내 사례 수가 커져도 원하는 수준의 검증력을 얻을 수 없는 경우가 생길 수도 있다.

평균 처치효과는 t 검증을 통해 검증 가능하다. 영가설하에서 검증통계치(평균 처치효과)는 자유도 $k-1$의 t 분포를 따른다. 자유도는 집단 무선화 시행의 경우보다 1이 더 크다. 그 이유는 집단 간 비교가 아닌 집단 내 비교이기 때문이다. 집단의 수가 많을 경우 표준정규분포로 근사할 수 있고, 식 12.3을 기초로 검증력을 쉽게 계산할 수 있다. 검증력은 기울기 분산에 따라 달라지며, 해당 분산성분(기울기 분산)에 대해 경험적 기준을 가지는 것이 도움이 된다. Raudenbush와 Liu(2000)는 0.05, 0.10, 0.15를 각각 +0.5, −0.5로 더미코딩된 처치변인의 기울기에 대한 작은 분산, 중간 분산 및 큰 분산의 기준으로 삼을 것을 제안했다. 이러한 제안은 합리적이지만 물론 잠정적이고, 연구에 따라 달라질 수 있다. 예를 들어, Cohen(1988, 1992)은 처치효과

0.5를 중간 정도의 효과크기라고 보았다. 만약 이 효과크기에 해당하는 회귀계수(기울기)의 분산이 0.05라면 표준편차 0.22에 해당하고, 정규분포를 가정한다면 95%의 기울기 분산은 0.06에서 0.94 사이에 존재할 것이다.[3] 즉, 중간 크기의 처치효과와 작은 수준의 집단 간 처치효과 분산을 조합하면 거의 대부분의 모집단 처치효과가 정(+)적인 것으로 나타나게 된다. 작은 처치효과(0.2)와 중간 수준의 처치효과 분산(0.1)을 조합하면 집단별 처치효과는 −0.42에서 +0.82 사이의 값을 가지게 된다. 이 상황에서 26%의 처치효과는 부(−)적인 값을 가지게 되는 것이다. 이러한 예는 사이트 전반에 걸친 처치효과를 살펴보는 것이 중요함을 강조한다. 또한 처치효과 분산의 대, 중, 소 값에 대한 경험치를 지지한다. 처치효과의 집단 간 분산은 그것이 처치의 효과크기보다 상당히 클 경우에만 중요성을 가진다.

〈표 12-2〉는 일방검증 $\alpha = 0.05$, 작은 효과크기 $\delta = 0.2$, 집단 내 사례 수 $n_{clus} = 20$의 조건에서 다중 사이트 시행의 검증력 수준을 비교하였다. 처치효과 분산의 크기는 작은 수준($\sigma_{u1}^2 = 0.05$)과 중간수준($\sigma_{u1}^2 = 0.10$)으로 설정하였다. 처치효과 분산이 작은 수준일때는 집단이 60개 이상일 경우 0.80 수준의 검증력이 확보된 반면 처치효과 분산이 중간 수준일 경우 동일한 검증력을 확보하는 데 90개 이상의 집단이 필요한 것으로 나타났다.

---

3) 이는 95% 신뢰구간이 아님을 유의하라. 95% 신뢰구간은 집단 간 평균 처치효과 추정치의 정확도(precision)와 관련된 개념이다. 무선 기울기 모형은 처치효과가 평균을 기준으로 집단 간 정상분포함을 가정하며 여기서 말하는 구간은 95% 예측 구간(predictive interval)을 의미한다.

⟨표 12-2⟩ 평균 처치효과에 대한 검증력 및 처치효과 분산에 대한 검증력

집단의 수(K)	사례 수 ($n = k * n_{dus}$)	평균 처치효과 검증력 ($\sigma_{ul}^2 = 0.05$)	평균 처치효과 검증력 ($\sigma_{ul}^2 = 0.10$)	처치효과 분산 검증력 ($\sigma_{ul}^2 = 0.05$)	처치효과 분산 검증력 ($\sigma_{ul}^2 = 0.10$)
30	600	0.53	0.41	0.22	0.47
40	800	0.64	0.50	0.27	0.57
50	1000	0.72	0.57	0.31	0.64
60	1200	0.80	0.64	0.34	0.71
70	1400	0.84	0.70	0.38	0.76
80	1600	0.88	0.75	0.41	0.81
90	1800	0.91	0.79	0.44	0.85

다중 사이트 시행에서는 처치효과가 집단에 따라 다른가를 검증하는 것이 중요하다. 만약 처치효과의 집단 간 분산이 큰 값이고, 통계적으로 유의하다면 집단 수준의 공변인을 통해 분산의 집단 간 차이를 설명할 필요가 있다. 예를 들어, 사설 의료기관에서 어떠한 의학적 처치에 필요한 인력을 훈련하는 데 더 많은 예산을 사용하기 때문에 동일한 의학적 처치의 효과가 공립병원보다 사설병원에서 더 크게 나타날 수 있다. ⟨표 12-2⟩의 마지막 두 열은 처치효과의 분산이 작은 경우와 보통인 경우 처치효과 분산의 검증력을 보여 준다. 물론 분산이 클 경우가 분산의 검증력이 더 크다. 또한 검증력은 집단의 수가 늘어날수록 커지고(⟨표 12-2⟩ 참조), 집단 내 사례 수가 커질수록 커진다(결과는 표에 제시되지 않음). Raudenbush와 Liu(2000)는 집단의 수보다 집단의 크기(집단 내 사례 수)가 검증력에 더 큰 영향을 준다는 점을 보여 주었다. 따라서 처치효과 분산의 검증력에 미치는 집단의 수와 집단의 크기의 상대적 영향력은 평균 처치효과의 검증력의 경우와는 반대로 작용함을 알 수 있다.

4. 관찰연구에서의 검증력 분석방법

지금까지 표본의 크기와 검증력 간의 비교적 단순한 수학적 관련성에 대해 살펴보았다. 하지만 연구에서 이러한 단순한 상황만 주어지는 것은 아니다. 보다 복잡한 상황에서는 모의실험과 같은 다른 검증력 분석방법을 사용해야 한다. 이는 특히 다수의 독립변인과 무선효과, 수준 간 상호작용을 포함하는 복잡한 모형이 사용되는 관찰연구의 경우 그러하다. 모의실험 연구는 또한 산출변인이 연속 혹은 이분 변인이 아닌 경우, 다층 구조방정식 모형이 적용된 경우에도 흔히 사용된다.

6장에 소개된 태국 교육 자료를 사용하여 관찰연구에서 사후 검증력 분석을 어떻게 수행하는지 예시하도록 한다. 산출변인은 유급 여부이고 예측변인은 성별, 취학 전 교육 여부, 학교 평균 SES이다. 주효과만 포함된 모형이 최종 분석모형으로 사용되었고, 아동수준의 두 예측변인(성별, 취학 전 교육)의 고정효과를 포함시켰다. 〈표 6-3〉의 마지막 열에 수치적분을 사용한 추정 결과가 제시되어 있다. 이 결과 중 절편 및 무선효과 분산 추정치를 기초로 검증력 분석을 진행한다. 추가적으로, 외생(예측)변인을 생성해야 한다. 학교 평균 SES는 평균 0.0097, 분산 0.141의 정규분포로부터 생성하고 성별과 취학 전 교육 여부는 확률 0.5의 이항분포로부터 생성한다. 학교의 수는 356이고 학교 평균 사례 수는 21이다. 실제 학교별 사례 수는 2에서 41까지 다양하지만 모든 규모를 예시적 모의실험에서 다 고려하는 것은 지나치게 번거롭다.

모의실험을 위한 소프트웨어는 이 장 6절에서 논의되고 있다. 이 예에서는 Mplus (Muthén & Muthén, 1998~2015)을 사용했다. 분석 결과, 성별 및 취학 전 교육 여부의 회귀계수의 검증력은 1.0이었고 학교 평균 SES의 검증력은 0.261에 불과했다.

이 연구와 동일한 연구를 (다른 해 혹은 다른 나라에서) 반복 수행하고, 연구의 주된 관심은 취학 전 교육의 효과라고 가정해 보자. 취학 전 교육의 효과에 대한 검증력이 0.8 수준이 되어야 하고, 학교당 21명의 학생이 표집된다면 몇 개의 학교가 필요할지를 결정하는 것이 연구문제이다. 이것은 사전 검증력 분석(a priori power analysis)에 해당한다. 분석을 위해서 통계모형과 모형 모수치에 대한 모집단 값이 먼저 정해져야 한다. 예시에서는 태국 자료 분석에서의 추정치들을 모집단 값으로 사용한다.

　Muthén과 Muthén(2002)는 모수치와 표준오차의 편향이 10% 이하이고, 특히 검정력을 계산할 모수치의 경우 표준오차의 편향이 5% 이하이며, 95% 신뢰구간이 설정된 모수차를 포함하는 비율(커버리지)이 0.91에서 0.98이 되어야 함을 제안했다. 35개 학교를 표집한 경우 취학 전 교육의 검정력은 77%(0.77)로 요구되는 수준보다 약간 낮다. 또한 학교가 35개일 경우 학교 평균 SES 효과의 95% 신뢰구간의 커버리지가 90%(0.9)로 약간 낮으며, 해당 모수치의 표준오차의 편향 또한 약간 높은 수준인 11.9%이다. 40개 학교를 표집한 경우 취학 전 교육 효과의 검증력은 0.805가 되지만 학교 평균 SES 효과의 표준오차의 편향은 여전히 약간 높은 수준인 0.105이다. 이를 통해 주된 연구의 관심사가 취학 전 교육의 효과를 검증하는 것에 있다면 원래 연구에 사용된 356개 학교보다는 훨씬 작은 수의 학교만으로도 충분하다는 것을 확인할 수 있다.

　이 예는 사전 모의실험 연구를 수행할 경우 분석을 위한 통계모형과 모형 모수치들의 모집단 값을 알고 있어야 함을 보여 준다. 이 경우, 선행연구의 추정치를 모집단 값으로 사용할 수도 있을 것이다. 그러나 실제로는 그런 경우가 거의 없다. 따라서 충분한 시간을 할애한 선행연구 검토를 통해 설정된 모형에 맞는 적절한 값을 찾아 모의실험의 입력자료로 사용해야 할 것이다.

5. 메타분석에서의 검증력 분석방법

　제11장에서 다층분석 기법을 사용한 메타분석의 결과를 논의했다. 〈표 11-4〉를 다시 사용해서 3개의 설명변인(특성)을 각각 추가하면 어떤 결과가 나타날지를 논의하고자 한다. 첫 번째 특성은 각 연구의 전체 사례 수 N_{tot}이다. 만약 각 연구의 사례 수와 연구의 효과크기 간에 연관성이 발견된다면 이는 출판편향의 가능성을 시사하

는 것이라 할 수 있다. 실제로 N_{tot}를 투입한 결과, 회귀계수는 0.001로 유의하지 않았다. 그러나 검증력에 문제가 있다. 즉, 20개의 연구밖에 없기 때문에 유의하지 않은 결과는 실제로 모집단 수준에서 효과가 없기 때문이 아니라 낮은 검증력으로 인한 것일 수 있다.

이러한 가능성을 살펴보기 위해 우선 어느 수준의 효과크기를 탐지할 수 있기를 원하는지 먼저 결정해야 한다. 상관계수의 경우 중간 정도의 효과크기는 0.30 또는 9%의 설명력이 될 것이다. 회귀모형의 경우 예측변인이 총 분산의 10%를 설명하는 정도를 생각해 볼 수 있을 것이다. 〈표 11-4〉의 무선절편모형의 경우 연구 간 분산은 $\sigma_u^2 = 0.14$로 추정되었다. 이 분산의 10%는 0.014이다. 이 정도의 분산이 γN_{tot} 항을 추가할 경우 설명되어야 한다. 〈표 11-4〉의 자료를 통해 총 사례 수 N_{tot}의 분산을 계산하면 155.305이다. 분산의 10%에 해당하는 0.014를 설명하기 위해 $\gamma = \sqrt{0.014} / \sqrt{155.305} = 0.01$이 되어야 한다. 따라서 $\gamma = 0.01$, 표준오차 0.01 (N의 표준오차 값은 〈표 8-4〉에 제시됨), 유의수준 $\alpha = 0.05$에 해당하는 검증력을 계산해야 한다. 식 12.3((효과크기)/(표준오차) $\approx (Z_{1-\alpha} + Z_{1-\beta})$)을 사용하면 $(0.01)/(0.01) \approx (16.4 + Z_{1-\beta})$가 된다. 따라서 $Z_{1-\beta} = 1 - 1.64 = -0.64$이므로 사후 검증력 추정치는 0.74로 적절한 수준으로 보인다. 즉, 유의한 결과를 얻지 못한 것이 통계적 검증력이 부족해서인 것으로 보기는 어렵다.

〈표 11-4〉 (반복) 예시 자료에 대한 다층 메타분석

모형	무선절편모형	+연구규모	+신뢰도	+처치기간	+동시투입
Intercept	0.58 (.11)	0.58 (.11)	0.58 (.11)	0.57 (.08)	0.58 (.08)
+연구규모(N_{tot})		0.001 (.01)			−.00 (.01)
신뢰도			0.51 (1.40)		−.55 (1.20)
처치기간				0.14 (.04)	0.15 (.04)
σ_u^2	0.16	0.16	0.16	0.04	0.05
p−value χ^2 deviance	$p<.001$	$p<.001$	$p<.001$	$p=.15$	$p=.27$
p−value χ^2 residuals	$p<.001$	$p<.001$	$p<.001$	$p=.09$	$p=.06$

사후 검증력 분석은 자신의 분석 결과를 평가하기 위해서만 유용한 것이 아니라, 방금 살펴본 바와 같이 새 연구의 계획단계에서도 유용하다. 이전 연구들의 검증력 을 살펴봄으로써 자신의 연구에서 효과의 크기 및 집단 내 상관계수가 어느 정도 될 것인지를 가늠해 볼 수 있으므로 연구의 계획을 수립하는 데 도움이 되는 것이다.

메타분석과 같은 연구에서는 연구 간 이질성 혹은 연구 간 분산을 탐지할 수 있어 야 한다. 메타분석의 다층분석 접근(제11장)에서는 이것이 2수준 절편 분산의 유의성 과 같은 의미이다. Longford(1993, p. 58)는 절편의 표집분산 σ_u^2이 다음과 같음을 보였다.

$$var\left(\sigma_u^2\right)=\frac{2\sigma_u^4}{kn_{clus}}\left(\frac{1}{n_{clus}-1}+2\omega+n_{clus}\omega^2\right) \tag{12.12}$$

여기서 k는 집단의 수, n_{clus}는 집단의 크기, ω는 집단 간 분산과 집단 내 분산의 비 $\omega=\sigma_u^2/\sigma_e^2$이다. 식 12.12는 특정한 연구 간 분산을 탐지해 내는 검증력을 추정하는 데 사용될 수 있다.

표준화된 효과크기를 분석할 경우 1수준 분산은 1.0으로 고정시키는 것이 일반적 이다. Raudenbush와 Liu(2000)가 제안한 방식을 따라 표준화된 효과크기를 위한 연

구 간 분산의 크기를 소, 중, 대 순으로 각각 0.05, 0.10, 0.15로 설정한다. 또한 중간 정도의 분산 크기인 0.10을 0.80의 검증력으로 탐지하고자 한다.

특정 주제에 대해 메타분석을 수행하기 위해 선행연구를 검색하여 해당 주제에 대한 19개의 연구물을 검색을 통해 발견하고, 이 중 3개의 연구물을 도서관에서 찾았다고 가정해 보자. 우선, 도서관에서 찾은 3개의 연구에 대해 효과크기와 전체 사례 수를 코딩한 결과가 〈표 12-3〉에 제시되어 있다[이 3개의 연구결과는 Bryk와 Raudenbush (1992)의 메타분석 예시에 제시된 첫 3개 연구임].

〈표 12-3〉 메타분석을 위한 3개 연구물

연구	d	N_{tot}
1	0.03	256
2	0.12	185
3	−0.14	144

우선, 다음과 같은 질문이 생길 수 있다. 3개의 코딩된 연구결과로 볼 때, 연구를 지속할 필요가 있는가? 즉, 나머지 16개의 연구를 찾아 코딩할 가치가 있는가? 이에 답하기 위해 사전 검증력 분석을 시도해 볼 수 있다. 우선, 연구결과들이 이질적인가, 즉 σ_u^2이 통계적으로 유의한가에 관심이 있다고 가정해 보자. 보편적인 $\alpha = 0.05$ 수준에서 연구 간 분산이 Schmidt와 Hunter(2015)가 제안한 하한선인 적어도 전체 분산의 25%일 경우 이를 탐지할 검증력으로 0.80을 확보하고자 한다. 표준화된 효과크기를 메타분석에 사용했기 때문에 연구 내 분산은 $\sigma_e^2 = 1.0$으로 고정되어 있다. 연구 간 분산의 비율이 0.25가 되기 위해서 연구 간 분산은 $\sigma_u^2 = 0.33$이 되어야 하며(0.25 = 0.33/1.33), 따라서 $\omega = 0.33$이 되어야 한다. $k = 19$개의 연구와 연구당 평균 표본 크기 $n_{clus} = 195$(〈표 12-1〉 N_{tot}의 평균), 그리고 $\omega = 0.33$을 통해 $var(\sigma_u^2) = 0.012$가 됨을 알 수 있다. 따라서 2수준 분산 추정치 σ_u^2의 표준오차는 0.11이 된다. 식 12.3을 이용하면 표준오차가 0.11일 경우 $\sigma_u^2 = 0.33$에 대한 검증력은 0.91이 됨을 알 수 있

다[일방검증을 가정하고 $p(Z>(1.64-0.33/0.11)=p(Z>0-1.31=0.91]$. 이는 충분히 적절한 수준이다. 만약 3개의 가용한 연구들의 표본크기가 다른 연구들과 크게 다르지 않다면, 메타분석을 진행할 만한 가치가 있다고 볼 수 있다.

설계효과(design effect, 이 책 제12장 2절 참조)를 사용한 유사한 계산을 통해 평균 효과크기 δ에 대한 검증력을 산출할 수 있다(이 장 2절 2항 참조). 작은 효과크기인 $\delta=0.2$를 탐지해 내고자 한다고 가정해 보자. 이는 작은 효과크기이지만 메타분석의 장점 중 하나가 이처럼 작은 효과크기를 탐지해 낼 가능성이 높다는 점이다. 만약 가용한 세 연구의 표본크기가 다른 연구들과 크게 다르지 않다면, 전체 19개 연구를 합친 표본크기는 $19 \times 195 = 3{,}705$가 된다. 그러나 이는 사례 수 3,705인 하나의 대규모 실험연구가 아니라 19개의 작은 실험들이 모인 것이다. 다시, 연구 간 분산은 전체 분산의 25%라고 가정해 보자. 다시 말해, 195명으로 이루어진 19개 집단이 있고 집단 내 상관계수는 0.25이다. 집단 내 상관계수와 평균 집단크기를 식 12.4에 대입하여 실효 표본크기 $n_{eff} = 3{,}705/(1+194 \times 0.25) = 75$임을 알 수 있다. 〈표 11-1〉의 효과크기에 대한 표집오차 표준화공식을 적용하면, 75명의 피험자가 있을 경우(실험집단과 통제집단 동수 배정), 표준오차 d는 0.23으로 추정된다. 따라서 검증력은 양방검증을 가정할 경우 $p(Z>1.96-0.10/0.077)=p(Z>1.53)=0.06$이 된다. 결론적으로 수행하고자 하는 메타분석이 작은 효과크기를 탐지해 낼 검증력은 매우 약한 수준이다. 중간 수준의 효과크기를 탐지하고자 한다 해도, 검증력은 (양방검증) $p(Z>1.96-0.30/0.23)=p(Z>0.66)=0.25$로 여전히 충분하지 않다.

6. 검증력 분석을 위한 소프트웨어

다양한 컴퓨터 프로그램이 주어진 표본크기에서 검증력을 계산하거나 혹은 원하는 검증력을 얻기 위한 표본크기를 계산하기 위해 개발되었다.

우선, 수리적 계산에 의존하는 프로그램을 살펴보자. 첫 번째로 PINT(Power analysis IN Two-level designs; Bosker, Snijders & Guldemond, 2003)가 있다. 이 소프트웨어에 사용된 공식들은 Snijders와 Bosker(1993)에 제시되어 있다. PINT는 2수준 선형 다층모형에만 적용 가능하지만 많은 예측변인을 1수준 및 2수준에 포함시킬 수 있고, 1수준 예측변인들이 무선효과 및 고정효과를 모두 가질 수 있다는 점에서 유연하다. 결과적으로 예측변인의 수, 평균, 분산 및 공분산, 잔차의 분산과 공분산 등 많은 모수값들을 설정해 주어야 한다. 요구되는 사례 수를 계산하기 위해 두 가지 옵션을 제공한다. 첫 번째는 비용을 제한하는 방법이고 두 번째는 정해진 최소−최대 표본 수의 범위 안에서 모든 사례 수 조합을 제공해 주는 것이다. 입력값들은 parameter file로 저장하여 투입해야 한다. 결과는 두 개의 파일로 제공되는데 여기에는 다양한 사례 수 조합에 대해 추정된 회귀계수의 표준오차와 분산−공분산 행렬이 포함된다. 이 결과값들을 참조하여 가장 효율적인 설계를 선택할 수 있다.

Optimal Design(Spybrook et al., 2011)은 실험설계, 특히 집단 무선화 시행, 반복측정 다중 사이트 시행에 특화된 프로그램이다. 2수준 및 3수준 구조를 분석할 수 있고 대부분 실험설계의 경우 연속형 산출변인을 가정하며, 몇몇 설계의 경우 이분산출변인의 경우도 분석 가능하다. PINT 프로그램에 비해 사전정보를 적게 요구한다. 대부분의 경우 표준화된 효과크기와 집단 내 상관계수에 대한 사전정보만으로 분석 가능하다. 이 프로그램은 검증력을 다양한 설계요소(표본크기, 효과크기 혹은 집단 내 상관 등)의 함수로 표현하는 그래프를 제공하며, 공변인이 검증력에 미치는 영향에 대해서도 분석 가능하다.

실험설계에 사용 가능한 또 다른 프로그램으로 SPA−ML(Statistical Power Analysis in MultiLevel designs; Moerbeek & Teerenstra, 2016)이 있다. 이 프로그램으로 교차이전설계, 스텝웨지설계, 준−집단 무선화 시행 등 다양한 실험설계 상황에 대한 분석이 가능하다. 이 프로그램은 한 수준의 표본크기가 고정되어 있을 경우 다른 수준에서 요구되는 표본크기를 계산해 주고, 예산 제한을 사용한 계산도 가능하다. 결과는 텍스트파일로 제공되어 복사−붙이기가 가능하며, 표본크기에 따른 검증력을 그래프로 제공해 주기도 한다.

수리적 계산에 기반한 표본크기와 검증력 간 관계 분석의 장점은 계산이 빠르다는 데 있다. 수리적 공식이 가용하지 않을 경우 대안적으로 모의실험을 진행할 수 있다. Mplus(Muthén & Muthén, 1998~2015)는 모의실험 연구를 위한 명령어를 탑재하고 있고, 모형의 각 모수치에 대해 다양한 통계치를 결과 파일에서 제공하며, 여기에는 검증력에 대한 정보도 포함되어 있다. Mplus는 연속 산출변수뿐만 아니라 순서형, 명목형, 빈도형 산출변수도 분석가능하다. 또한 집단별로 사례 수를 달리하는 것도 가능하다. 종단자료에서 다양한 형태의 결측 패턴을 다룰 수도 있다. 또 다른 장점은 실제 데이터 분석을 통해 모수치를 추정하고, 추정된 모수치를 모집단 값으로 사용하여 모의실험 자료로 생성할 수 있다는 점이다. 이를 통해 경험적 연구에서의 모수 추정치를 후속연구의 사전정보로 활용하는 것이 가능하다.

프로그래밍에 익숙한 연구자라면 R(R Development Core Team, 2011)이나 MLwiN(Rasbash et al., 2015)을 사용하여 직접 모의실험 프로그램을 제작할 수도 있다. MLPowSim(Browne, Golalizadeh Lahi & Parker, 2009) 소프트웨어 패키지는 MLwiN이나 R을 활용한 모의실험에 필요한 R 스크립트나 MLwiN 매크로를 작성해 주는데, 이를 R이나 MLwiN에서 실행시키는 방식으로 모의실험을 진행할 수 있다. 이 프로그램은 2수준 이상의 모형에서 표본크기 계산, 교차 무선효과, 비균형자료(unbalanced data), 정규분포를 따르지 않는 산출변인 등을 처리할 수 있다. 대안적으로 ML-DEs 프로그램(Cools et al., 2008)을 사용할 수도 있는데, 이 프로그램 또한 MLwiN과 R에서 모의실험을 수행할 수 있는 MLwiN 매크로 또는 R 스크립트를 생성해 준다.

제**13**장

다층모형의 가정 및 강건 추정방법

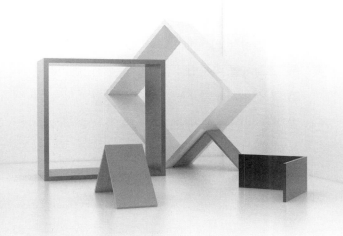

요약

이 장은 다층회귀모형의 기본 가정 및 이 가정들을 검증할 수 있는 방법들에 대해 논의한다. 분포에 대한 가정이 충족되지 않을 경우 이를 다룰 수 있는 몇 가지 방법들이 존재한다. 분산성분에 대한 보다 정확한 신뢰구간을 얻기 위해서는 비대칭적 신뢰구간을 산출해 주는 기법이 필요하다. 프로파일 우도 방법은 최대우도 추정법에 기반하여 이를 가능하게 해 주는 기법의 하나이다. 보다 일반적인 비정규 자료를 다루는 방법으로 강건 표준오차 사용, 부트스트래핑, 베이지언 추정법 등이 있다.

1. 도입

다층회귀모형의 가정은 선형 중다회귀모형의 가정을 확장한 것이라 할 수 있다(Tabachnick & Fidell, 2013 참조). 주요한 가정은 충분한 표본크기(제12장 참조), 선형 연관성, 다중공선성의 부재, 종속변인의 (다변량) 정규성 등이며, 이러한 가정들을 이 장에서 주로 살펴볼 것이다. 일반적인 다층분석 소프트웨어들은 이러한 가정이 충족되지 않았음을 잘 알려 주지 않는 경우가 많지만, 중다회귀분석을 위한 프로그램들은 이러한 가정의 충족 여부에 대한 정보를 제공하는 경우가 많다. 따라서 가정의 충족 여부에 대한 검증은 이러한 표준 소프트웨어를 사용하여 이루어지게 되는데, 이를 위한 절차는 Tabachnick과 Fidell(2013), Meuleman, Loosveldt와 Emonds(2015) 등에 자세히 제시되어 있다. 비록 단일수준 모형에 적용되는 유의수준이 다층모형 자료에 그대로 적용될 수는 없지만 선형성 검증을 위한 산점도, 단일수준 자료 분석을 위한 다중공선성 진단 통계치 등은 다층자료에도 매우 유용하게 사용될 수 있다. Hox와 van de Schoot(2013)는 단순한 단일수준 중다회귀분석의 진단절차가 다층자료에서 문제 있는 피험자 혹은 집단을 특정하는 데 유용하다는 점을 보여 주었다.

추가적으로, 다층모형은 일반적으로 서로 다른 층위의 잔차가 서로 독립적이고, 다변량 정규분포를 따른다고 가정한다. 대부분의 다층모형 분석 소프트웨어들은 각 층위에서의 잔차를 산출해 주는데, 이 값들을 사용해서 이상치(outlier)나 결과에 큰 영향을 주는 사례를 찾아낼 수 있다.

베이지언 분석이 점차 많이 사용되고 있지만, 여전히 모수 추정에 가장 많이 사용되는 방법은 최대우도법이다. 최대우도법은 모수 추정치와 점근적 표준오차를 산출해 주는데, 이 값들을 사용해서 특정 모수의 유의성을 검증하거나 신뢰구간을 설정할 수 있다. 제3장에서 추정과 검증에 사용되는 몇 가지 대안적인 접근법들을 소개했다. 이 장에서는 비정규성에 초점을 맞추어 이러한 대안들을 좀 더 자세히 논의할 것이다. 우선, 예시 자료를 소개하고 Wald 검증을 사용할 경우 비정규성이 어떤 문제를 가져올 수 있는지 보여 줄 것이다.

2. 예시자료와 비정규성 관련 몇 가지 이슈들

서로 다른 추정방법을 비교하기 위해 두 개의 자료를 사용할 것이다. 첫 번째 자료는 소규모 자료로 5명의 여성의 혈액으로부터 각각 독립적으로 16번씩 측정한 에스트론(estron) 수준이다(자료에 대한 자세한 설명은 부록 E 참조). 이 자료는 Fears, Benichou

와 Gail(1996)이 Wald 통계치(모추 추정치를 표준오차 추정치로 나눈 것)를 특정 상황에서 분산성분의 검증에 사용할 경우의 오류 가능성을 보여 주기 위해 사용한 것이다. 이 자료에서 Wald 검증은 두 가지 이유에서 분산성분의 검정에 실패한다. 첫 번째로, 사례 수가 작기 때문이고(Fears et al., 1996), 두 번째로 피험자 수준의 분산에 대한 우도(likelihood)가 명백히 비정규적이기 때문이다(Pawitan, 2000). 문제점이 있는 것으로 판명된 이 자료와 더불어 제2장에서 사용된 아동의 인기에 대한 자료를 사용했다. 이 자료는 대규모 자료(100개 학급 2,000명)로, 최대우도법을 사용한 다층모형의 가정에 기반하여 생성된 자료이다. 충분한 표본크기를 고려할 때, 이 자료는 어떤 추정방식을 사용해도 정확한 결과를 산출하게 될 것이다.

에스트론 자료는 각 피험자별로 16개의 측정치를 아래로 쌓는 포갬형식(stacked)으로 재구조화되었다(제5장 참조). Fears, Benichou와 Gail(1996)의 분석방법을 따라 에스트론 수준을 로그변환하여 종속변인으로 사용한다. 동일한 혈액 표본으로부터 측정된 16개 측정치가 독립적임을 가정하고 일원 무선효과 분산분석을 사용하여 다섯 명의 에스트론 수준이 유의하게 다른지를 검증할 수 있다. 균형자료이므로 표준적인 분산분석 절차(Tabachnick & Fidell, 2013)를 적용하여 정확한 결과를 산출할 수 있다. 분석 결과는 〈표 13-1〉에 제시되었다.

〈표 13-1〉 에스트론 자료에 대한 무선효과 분산분석 결과

구분	df	SS	MS	분산성분	F비	p
피험자	4	1.133	0.283	0.0175	87.0	< .001
오차	75	0.244	0.003	0.0022		
전체	79	1.377				

F 비는 매우 유의하며, 따라서 에스트론 수준은 사람에 따라 다르다는 강력한 증거가 될 수 있다. 분산분석 방식으로 추정한 분산성분 추정치를 통해 집단 내 상관계수는 $\rho = 0.84$임을 알 수 있는데, 이는 이 자료의 분산 대부분이 개인 간 분산임을 의미한다. 제한최대우도(REML) 추정법을 사용한 다층분석 또한 유사한 추정치를 보여

줄 것이다. REML 추정 결과, 개인 수준의 분산은 $\sigma^2_{u0} = 0.0175$, 측정(오차) 수준의 분산은 $\sigma^2_e = 0.00325$로 추정되었다. 이 값은 앞서 분산분석 방식의 추정치와 유사하며, REML 방식에서 집단 내 상관계수 또한 $\rho = 0.84$로 계산된다. 그러나 분산 추정치 0.0175를 해당 표준오차 0.0125로 나눈 Wald 검증 통계치는 $Z = 1.40$이며, $Z = 1.40$에 해당하는 일방검증 p값은 0.081로 유의하지 않다. 명백히, Wald 검증은 이 자료에 잘 작동하지 않는다. p값은 상당히 증가했고 이는 Wald 검증의 검증력이 충분하지 않음을 보여 준다. 분산성분 추정치의 차이는 미미했으므로 문제는 REML 추정방식에 있는 것이 아니라 Wald 검증 자체에 있다. 이 자료에 Wald 검증이 잘 작동하지 않는 이유는 단순하다. 이 검증방식이 검증대상이 되는 통계치의 표집분포가 정규분포를 따르고, 표집분산은 정보행렬로부터 추정된다는 가정에 기초하기 때문이다. 에스트론 자료에서 우리는 분산성분에 대해 검증했는데, 분산성분은 정규분포를 따르지 않는다. 특히 표본 수가 아주 작고 분산값이 가능한 범위의 극단인 0에 가까울수록 더욱 그러하다.

몇 가지 대안적인 방식들이 이 자료에는 더욱 잘 작동한다. 예를 들어, Longford (1993) 그리고 Snijders와 Bosker(2012)는 분산이 아닌 표준편차 $s_{u0} = \sqrt{s^2_{u0}}$ 에 Wald 검정을 사용할 것을 제안했다. 이 경우 표준오차는 $s.e.(s_{u0}) = s.e.(s^2_{u0})/(2s_{u0})$가 된다. 표준편차는 분산의 제곱근 변환이고 그 분포는 정규분포에 가까워진다. 예시 자료에서 $s_u = 0.132$이고 표준오차는 $0.0125/(2 \times 0.132) = 0.047$이 된다. 표준편차에 대한 Wald 검증값은 $Z = 2.81$, $p = 0.003$이다. 이처럼 검증이 더 잘 작동한다. 그러나 일반적인 경우에 추정된 분산을 일정한 방식으로 변환하는 방식의 해결책은 문제의 여지가 있다. Fears, Benichou와 Gail(1996)은 Wald 검증이 모형의 모수화에 의존하므로 s^2_{u0}의 다양한 멱변환(power transformation)을 통해 p값을 0에서 1 사이의 어떤 값이든 되게 할 수 있음을 지적하였다. 따라서 분산의 변환은 적절하지 않을 수 있고 다른 더 나은 방식이 선호된다.[1]

---

1) HLM, MLwiN, SPSS는 2수준 분산 및 이의 표준오차에 대해 약간씩 다른 결과를 산출한다. 이 경우 분산값을 표준편차로 변환하고, 해당 표준오차를 재계산하게 되면 프로그램 간의 차이는 더

3장에서 다룬 HLM 프로그램에 적용되어 있는 카이제곱(χ^2) 검증을 사용한다면 $\chi_4^2 = 348.04$, $p < 0.001$이 된다. 만약 제3장에 논의된 이탈도 차이 검증을 사용한다면 이탈도 차이는 114.7(RML)이 된다. 이 값은 자유도 1의 χ^2분포를 따르고 이 값의 제곱근을 취해 표준정규분포를 따르는 Z값으로 변환할 수 있다. 이렇게 변환한 Z값은 10.7로 매우 유의하다. 결론적으로 잔차 χ^2 및 이탈도 차이에 대한 χ^2 검증 모두 이 자료에는 잘 작동한다. 그러나 이 방식은 개인 수준의 분산에 대한 신뢰구간 설정에 사용될 수는 없다. Wald 통계치는 신뢰구간 설정에 사용될 수 있지만, 이는 정규분포를 따를 경우만으로 한정된다. 회귀계수의 경우 잔차의 정규분포를 가정할 수 있다. 분산성분의 경우(정규분포를 가정할 수 없기 때문에) 다른 방법을 사용해야 한다.

3. 가정의 점검: 잔차 검토

중다회귀분석에서 잔차의 검토는 정규성과 선형성의 가정이 충족되는지 여부를 살펴보기 위한 표준 절차이다(Stevens, 2009; Tabachnick & Fidell, 2013 참조). 다층회귀분석 또한 정규성과 선형성을 가정한다. 다층회귀분석 모형이 일반 회귀분석보다 더 복잡하기 때문에 가정을 점검하는 것은 더 중요하다. 예를 들어, Bauer와 Cai(2009)는 비선형 연관성을 무시하게 되면 기울기 분산과 수준 간 상호작용 효과가 비정상적으로 과대추정됨을 보여 주었다. 잔차분석은 선형성과 등분산성을 점검하기 위한 방법 중 하나이다. 무선효과가 하나인 중다회귀분석과 달리 다층회귀분석에서는 각각의 무선효과마다 잔차가 존재한다. 결과적으로, 다양한 잔차 도표가 생성될 수 있으며 이들에 대해 다음에서 논의한다.

커진다. 표준편차로 변환하여 Wald 검증을 할 것을 추천하기 어려운 또 다른 이유이다.

1) 잔차도표의 예

다음 식은 제2장에서 다룬 예시 자료를 사용한 직접효과 모형으로, 1수준과 2수준 회귀식을 통합한 것이다. 이 다층모형에 수준 간 상호작용은 포함되지 않았다. 수준 간 상호작용이 외향성의 기울기 일부를 설명하므로 이를 포함하지 않는 모형의 그래프가 실제 기울기 분산을 보다 잘 보여 줄 것이다.

$$인기도_{ij} = \gamma_{00} + \gamma_{10}성별_{ij} + \gamma_{20}외향성_{ij} + \gamma_{01}교직경력_{j}$$
$$+ u_{2j}외향성_{ij} + u_{0j} + e_{ij}$$

이 모형에는 3개의 잔차항(e_{ij}, u_{0j}, u_{2j})이 존재한다. e_{ij}는 1수준의 예측 오차에 해당하는 잔차이며, 이는 단일수준 중다회귀분석의 오차항과 유사하다. 이 잔차에 대한 상자 도표를 통해 극단적 이상치를 판별할 수 있다. 다층회귀분석의 일반적 가정은 모든 집단에서 잔차분산이 동일하다는 것이다. 이 가정은 잔차의 절대값에 대해 집단 간 일원분산분석을 실시해서 그 위배 여부를 파악할 수 있는데 이는 분산분석에서 분산의 동일성에 대한 Levene의 검증과 동일하다(Tabchnick & Fidell, 2013). Raudenbush와 Bryk(2002)는 집단 간 분산의 동일성에 대한 카이제곱 검증절차를 제시했는데, 이는 HLM 프로그램에 포함되어 있다.

u_{0j}는 집단 수준에서 예측오차에 해당하는 잔차이다. 이 또한 e_{ij}와 마찬가지 방식으로 가정의 위배 여부를 검증할 수 있다. u_{2j}는 각 집단의 회귀 기울기가 전체 평균 회귀선으로부터 이탈된 정도를 나타내는 잔차이다. 각 집단의 회귀선을 그래프로 그려 보면 실제로 집단별로 회귀의 기울기가 얼마나 다른지, 그리고 특별히 다른 집단과는 기울기가 다른 집단이 어느 집단인지 시각적으로 파악할 수 있다.

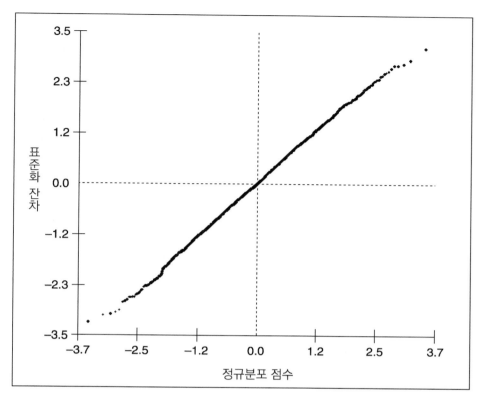

[그림 13-1] 1수준 표준화 잔차 대 정규분포 점수 그래프

　정규성 가정을 검증하기 위해 표준화된 잔차를 y축, 이에 해당하는 정규분포 점수를 x축으로 하는 그래프를 그려 볼 수 있다. 잔차들이 정규분포한다면 그래프는 대각선을 따라 올라가는 직선 형태가 되어야 한다. [그림 13-1]은 1수준 잔차에 대한 이러한 그래프로, 수준 간 상호작용이 포함된 최종모형을 기반으로 작성되었다. 그래프를 통해 잔차가 정규분포에 거의 근접하며 극단적 이상치도 없음이 확인된다. 2수준 잔차에 대해서도 유사한 그래프를 그려 확인할 수 있다.

　각 사례의 잔차와 종속변인(인기도)의 예측값으로 그래프를 그려 볼 수도 있다. 이때 예측값은 모형의 고정부분을 기반으로 계산한다. 이 산점도는 정규성, 비선형성, 등분산성이 확보되었는가에 대한 정보를 제공한다. 이러한 가정이 충족되었다면 그래프의 점들은 평균(0)을 중심으로 균등하게 분포하고, 특별한 패턴이 없어야 한다 (Tabachnick & Fidell, 2013, p. 163). [그림 13-2]는 1수준 잔차에 대한 이러한 잔차−예측값 그래프이다. 그래프상으로 가정들에 대한 특별한 위배가 발견되지 않는다.

유사한 산점도를 2수준 절편 및 기울기의 잔차에 대해서도 그려 볼 수 있다. [그림 13-3]은 2수준 절편 및 기울기의 잔차를 인기도 예측값에 대응시킨 산점도이다. 두 산점도 모두 가정들이 적절히 충족되었음을 보여 준다.

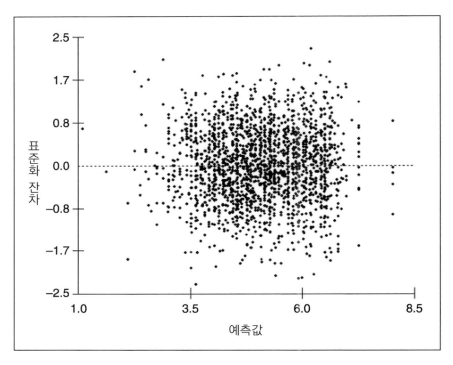

[그림 13-2] 1수준 잔차 대 예측된 인기도 그래프

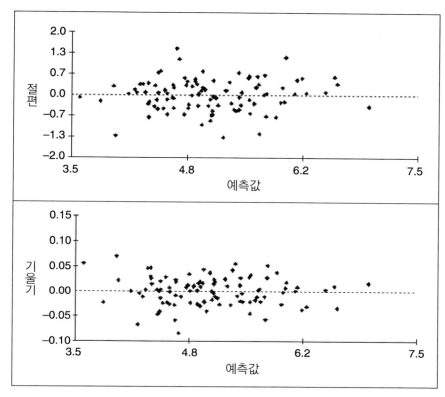

[그림 13-3] 2수준 잔차(절편, 기울기) 대 예측된 인기도 그래프

　2수준 잔차를 이용해서 그릴 수 있는 또 다른 그래프는 잔차를 크기 순으로 늘어놓고 각 잔차에 오차막대를 함께 표시하는 것이다. [그림 13-4]는 각 점추정치에 오차범위를 함께 표시하고, 집단을 잔차의 크기 순으로 나열하였다. 오차막대는 각 추정치에 대한 신뢰구간을 보여 주며, 그 범위는 표준오차에 일반적으로 사용하는 1.96이 아닌 1.39를 곱해서 구한다. 1.39를 곱함으로써 만일 두 집단의 오차 범위가 겹치지 않으면 5% 수준에서 두 집단의 잔차가 통계적으로 유의하게 다르다는 것을 나타낼 수 있다(Goldstein, 2011). 오차막대의 설정과 활용에 대한 논의는 Goldstein과 Healy (1995), Goldstein과 Spiegelhalter(1996)를 참조하기 바란다. 애벌레 도표 플롯(caterpillar plot)이라고 불리기도 하는 예시된 그래프 [그림 13-4]를 통해 몇몇 이상치를 확인할 수 있다. 이는 절편에 이상치가 존재함을 의미한다. 다음 단계는 이러한 극단적 절편을 보이는 집단들을 확인하고, 이 집단들이 왜 다른 집단과 차이를 보이는지 사후 해

석을 시도하는 것이다.

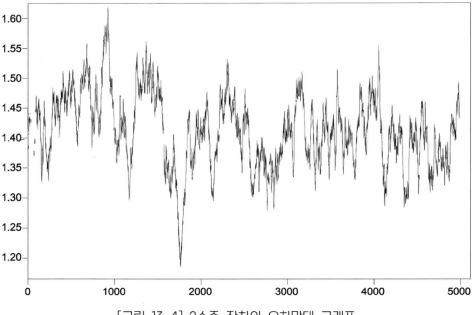

[그림 13-4] 2수준 잔차의 오차막대 그래프

다변량 모형에서 잔차를 검토하는 것에는 하나의 문제가 있다. 예를 들어, 잔차들은 정규분포 형태를 보여야 하는데 이는 극단적 이상치가 없어야 함을 함의한다. 그러나 이는 모든 중요한 설명변인들과 모수치들을 투입한 이후의 잔차를 통해 검토되어야 한다. 만약 모형을 순차적으로 설정하고 분석한다면 각 모형별로 서로 다른 잔차를 가지게 될 것이다. 모든 단계에서 모든 잔차를 이와 같은 방식으로 검토하는 것은 현실적으로 어렵다. 한편으로는, 특정 변인 혹은 모수를 모형에 포함시킬지를 결정하기 위해서는 가정들의 충족 여부를 검토해야 한다. 이 딜레마에 대한 완벽한 해결책은 없지만, 합리적인 접근법은 무선절편모형에서(1수준, 2수준) 두 잔차를 검토해서 가정을 크게 위배한 경우가 있는지를 찾아보는 것이다. 무선절편모형에서 가정의 위배가 발견된다면 정규분포에 가깝도록 변인을 변환하거나, 특정 사례 혹은 집단을 분석에서 제외하거나 혹은 이상치를 나타내는 개인 혹은 집단을 지시하는 더미변인을 모형에 포함시키는 등의 방식으로 이 문제를 해결해야 한다. 최종모형을 결정했다면 이를 통해 다양한 잔차를 보다 자세히 검토해야 한다. 이 과정에서 가정이 크게 위배된 것이 발견된다면 이 또한 앞서 언급한 방법을 통해 해결해야 한다. 물론 극단적 이상치들을 이런 방식으로 처리한 이후 기존에 유의하던 효과가 사라질 수도 있다고, 모형을 다시 수정해야 할 수도 있다. 단일수준 중다회귀분석에 대한 모형탐색 및 가정 위배 탐색 절차는 Tabachnick과 Fidell(2013) 및 Field(2013)에 제시되어 있다. 다층회귀분석의 경우 동일한 절차를 적용할 수 있지만 여러 개의 잔차를 다루어야 하고, 두 수준을 구분해서 다루어야 하기 때문에 그 과정은 더 복잡하다.

이 장의 도입부분에서 언급한 바와 같이 그래프는 이상치나 비선형 연관성을 파악하는 데 매우 유용하다. 그러나 명백한 이상치가 아님에도 불구하고 하나의 사례가 전체 회귀분석의 결과에 지나치게 큰 영향을 주는 경우도 있다. [그림 13-5]에 제시된 소위 Anscombe 자료(Anscombe, 1973)의 산점도가 이를 잘 보여 준다. [그림 13-5]에는 회귀선을 전적으로 결정하는 하나의 사례가 관찰된다. 이 사례가 없다면 회귀선의 모양은 완전히 달라질 것이다. 그러나 잔차를 검토해 보면 이 사례는 명백한 이상치가 아니다.

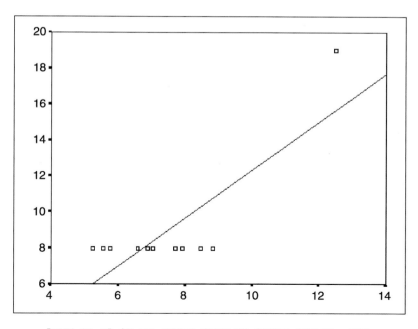

[그림 13-5] 하나의 사례가 회귀선의 형태를 결정하는 경우

일반적인 회귀분석에서 개별 사례가 분석 결과에 주는 영향력을 나타내기 위한 다양한 지수들이 제안되었다(Tabachnick & Fidell, 2013 참조). 일반적으로 이들 영향력 혹은 레버리지 지수들은 특정 사례가 포함되었을 때의 결과와 포함되지 않았을 때의 결과를 비교하는 방식으로 구성된다. Langford와 Lewis(1998)은 이러한 레버리지 지수들을 다층모형으로 확장하는 방법에 대해 논의하였다. 이 지수들은 특정 사례가 포함된 결과와 포함되지 않은 결과를 비교하므로 직접 계산하는 것은 어렵다. 그러나 소프트웨어에 이 지수들을 계산하는 옵션이 포함되어 있다면 레버리지를 산출해 보는 것을 권장한다. 만약 한 개인 혹은 집단의 영향력 지수가 매우 크다면, 그 사례 혹은 집단이 회귀계수 값을 결정하는 데 큰 영향을 주고 있음을 의미한다. 극단적으로 영향력이 큰 사례 혹은 집단을 찾아 이러한 사례가 가정을 위배하고 있는 것은 아닌지, 혹은 자료 입력에 오류가 있는 것은 아닌지를 확인할 필요가 있다.

2) 기울기 분산 검토: OLS와 수축된 추정치

절편과 기울기의 평균에 잔차를 더해서 서로 다른 집단의 절편과 기울기를 예측할 수 있다. 집단들의 절편과 기울기는 그래프로 나타낼 수 있다.

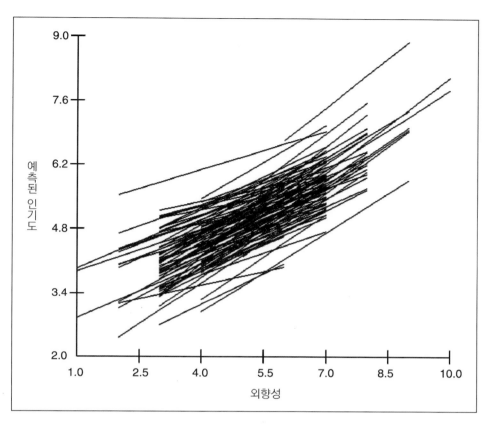

[그림 13-6] 100개 학급별 회귀선(외향성으로 인가도 예측)

　예를 들어, [그림 13-6]은 100개 학급별로 설명변인인 외향성의 회귀선들을 그려 놓은 것이다. 대부분 학급에서 외향성의 효과는 정(+)적으로 강하다. 즉, 모든 학급에서 외향적 성격의 아동들이 더 인기가 높은 경향이 있다. 또한 몇몇 학급의 경우 그 연관성이 다른 학급들보다 더 강하다는 것도 파악할 수 있다. 즉, 대부분 학급의 기울기가 크게 다르지 않지만 몇몇 학급은 다른 학급과는 기울기가 다르다. 이런 학급들에 대해 다른 학급들과는 기울기 양상이 다른 이유가 있는지 좀 더 자세히 살펴볼 필요가 있다.

　그림에 제시된 100개 학급의 예측된 절편과 기울기는 일반화 최소제곱법(Ordinary Least Squares: OLS)을 사용하여 100개 학급 각각에 대해 회귀분석을 실시한 결과로 얻어지는 회귀선과 동일하지 않다. 실제로 100번의 OLS 회귀분석을 실시하여 얻어진

100개의 절편과 100개의 기울기를 앞의 다층모형에서 얻어진 절편 및 기울기와 비교해 보면, OLS 결과의 변산이 더 크다는 것을 발견하게 될 것이다. 이는 다층모형에서의 100개 학급의 회귀계수 추정치가 가중추정치이기 때문이다. 이 추정치를 소위 경험적 베이즈(EB) 추정치 혹은 수축된(shrinkage) 추정치라 한다. 즉, 각 학급의 OLS 추정치와 모든 유사한 학급들을 통해 추정된 전체 추정치의 가중평균이다(Raudenbush & Bryk, 2002, 제3장 참조).

결과적으로 각 학급의 회귀계수는 전체 자료를 통해 추정된 평균 회귀계수를 향해서 수축된다. 수축 가중치는 추정된 회귀계수의 신뢰도에 따라 달라진다. 정확성이 떨어지는 개별 학급의 추정치는 더 강한 정도로 평균을 향해 수축되며 정확도가 높은 개별 추정치는 평균을 향해 수축되는 정도가 덜하다. 추정치의 정확도는 두 요인에 달려 있다. 집단의 크기와 각 집단 추정치와 평균 추정치 간의 거리이다. 사례 수가 작은 집단의 추정치는 신뢰도가 낮고, 따라서 사례 수가 큰 집단의 추정치보다 평균을 향해 수축되는 정도가 더 크다. 다른 조건이 같다면 전체 평균 추정치로부터 멀리 떨어진 개별 집단 추정치는 덜 신뢰할 수 있는 것으로 간주되며, 따라서 전체평균에 가까운 추정치보다 더 강하게 평균을 향해 수축된다. 이에 사용되는 통계방법을 경험적 베이즈(EB) 추정이라 한다. 이러한 수축작용으로 인해 EB 추정치는 편향된 추정치가 된다. 그러나 일반적으로 EB 추정치는 보다 정확하다. 많은 경우 불편성보다 정확성이 보다 유용한 통계치의 특성이다(Kendall, 1959 참조).

절편의 경험적 베이즈 추정에 사용되는 공식은 다음과 같다.

$$\hat{\beta}_{0j}^{EB} = \lambda_j \hat{\beta}_{0j}^{OLS} + (1 - \lambda_j)\gamma_{00} \tag{13.1}$$

이 식에서 λ_j는 β_{0j}의 추정치로서의 OLS 추정치 β_{0j}^{OLS}의 신뢰도를 의미하며 이는 $\lambda_j = \sigma_{u0}^2 / (\sigma_{u0}^2 + \sigma_e^2/n_j)$ 같이 계산된다(Raudenbush & Bryk, 2002). γ_{00}는 전체평균 절편이다. 신뢰도 λ_j는 집단의 사례 수가 매우 크거나 절편의 집단 간 분산이 클 경우 1에 근접한다. 반대로 집단의 사례 수가 작고 절편의 집단 간 분산도 작을 경우 0에

가까워지며, 이 경우 더 많은 가중치가 전체평균 절편인 γ_{00}에 부여된다. 식 2.14에서 명확히 알 수 있는 바와 같이, OLS 추정치는 불편파 추정치이므로 경험적 베이즈 추정치 β_{0j}^{EB}는 전체평균 추정치 γ_{00}를 향해 편향된 추정치이다. 즉, 경험적 베이즈 추정치는 평균값 γ_{00}를 향해 수축된 추정치이다. 이 이유 때문에 경험적 베이즈 추정치를 수축된 추정치라 부른다. [그림 13-7]은 100개 절편과 외향성 기울기에 대한 EB 추정치와 OLS 추정치의 상자 도표이다. 사용된 모형은 수준 간 상호작용이 없는 모형(〈표 2-3〉의 모형 M_{1A})이다. 명백히, OLS 추정치가 더 큰 분산을 가지고 있다.

비록 EB 추정치가 편향된 추정치이기는 하지만 일반적으로 (미지의) β_{0j}값에 더 가깝다. 만약 회귀모형이 집단 수준 예측변인을 포함한다면 수축된 추정치는 집단 수준 모형에 대한 조건부 추정치가 된다. 집단 수준 모형이 잘 명세화되었을 경우 조건부 수축 또한 수축된 추정치의 장점을 유지한다(Bryk & Raudenbush, 1992, p. 80). 이 특성은 특히 추정된 회귀계수를 특정 집단을 기술하는 데 사용할 경우 중요하다. 예를 들어, 추정된 학교별 절편으로 학교들을 종속변인에 관해 서열화시키는 경우를 생각해 볼 수 있다. 만약 이 절편이 학교의 질을 나타내는 지표라면, 수축된 추정치를 사용할 경우 편향이 발생한다. 왜냐하면 점수가 높은(절편이 높은) 학교는 지나치게 낮은 쪽으로(부정적으로) 수축될 것이고 점수가 낮은 학교의 경우 반대로 지나치게 긍정적으로 수축이 발생할 것이기 때문이다. 이는 보다 작은 표준오차를 가짐으로 인해 얻는 이득을 상쇄한다(Carlin & Louis, 1996; Lindley & Smith, 1972). Bryk와 Raudenbush는 조직 효과성과 관련된 예시를 통해 이에 대해 논의하고 있다(Bryk & Raudenbush, 1992, 제5장). Raudenbush와 Willms가 언급한 주의사항(1991), Snijders와 Bosker(2012, pp. 58-63)에서도 이러한 논의가 발견된다. 모든 문헌이 경험적 베이즈 추정치의 높은 정확성은 편향이라는 대가를 치르고 얻어진 결과임을 강조한다. 이러한 편향은 사례 수가 작고 전체평균으로부터 멀리 떨어진 집단일수록 커지게 된다. 이런 경우, 잔차의 검토는 다른 절차들, 예를 들어 모든 집단의 오차막대를 동시에 고려하는 것과 병행되는 것이 좋다(Goldstein & Healy, 1995). 오차막대는 [그림 13-4]에 제시되어 있다.

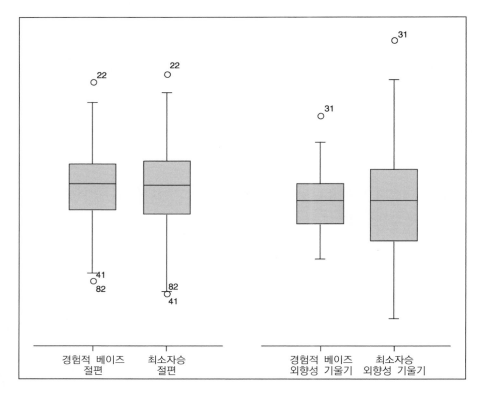

[그림 13-7] 절편과 기울기(외향성)의 최소자승(OLS) 및 경험적 베이즈(EB) 추정치 분포

4. 프로파일 우도법

잔차를 검토한 이후 잔차의 분포가 정규분포를 따르지 않는다고 결론이 날 수 있다. 에스트론 자료에서 절편 추정치는 1.418, 표준오차는 0.06이었다(RML, MLwiN). 피험자 수준 분산 σ_{u0}^2는 0.0175, 모형의 이탈도는 −209.86[2]였다. 만약 이 분산성분

---

2) MLwiN의 RML 추정치임. HLM의 RML 추정은 약간 다른 추정치를 제공한다. 두 방식의 차이는 MLwiN은 RML의 이탈도를 제공하지 않는다는 점이다. 따라서 RML 추정치와 FML의 이탈도를 제시하였다. 이 장 전체에서 MLwiN만 사용되었는데 그 이유는 MLwiN에서는 분산에 제약을 부여할 수 있기 때문이고, 분산에 제약을 주는 것이 이 장에 필요했기 때문이다. 대부분의 다층모

을 0으로 고정시킨다면 이탈도는 −97.95로 대폭 상승하며, 그 차이값 111.91은 자유도 1의 카이제곱 분포에 반하여 검증 가능하다. 이탈도 검증을 통해 보자면 분산성분은 매우 유의하다. 이 자료에 대한 Wald 검증이 적절하지 못하므로 피험자 수준 분산에 대한 점근적 표준오차에 기초한 95% 신뢰구간 또한 의문의 여지가 있다. 대안적으로 이탈도에 직접 기초한 신뢰구간을 설정하는 방법이 있다. 이는 이탈도에 기초한 영가설 검증 절차와 유사하다. 이 방법을 프로파일 우도법이라 하며, 이에 따라 생성되는 신뢰구간을 프로파일 우도 구간이라 한다.

에스트론 자료에 프로파일 우도 구간을 설정하기 위해서는 고정 및 무선 모수에 제약을 가할 수 있는 다층분석 프로그램이 필요하다. 우선, 모든 모수치를 추정된 값으로 고정시키는 제약을 가한다. 그 결과, 산출되는 이탈도는 모든 모수치를 자유모수로 두고 추정한 결과와 반올림 수준에서 동일해야 하므로 이를 우선 점검해야 한다. 다음으로, 연구자가 검증하고자 하는 모수치를 다른 값으로 제약한다. 그 결과로 이탈도는 증가해야 한다. 그 차이가 유의미하기 위해 이탈도 증가분은 자유도 1의 카이제곱 분포의 임계치를 넘어야 한다. 95% 신뢰구간이라면 이 임계치는 3.8415이다. 따라서 피험자 수준 분산 추정치 $s_{u0}^2 = 0.0175$에 대한 95% 신뢰구간을 설정하기 위해 이탈도 값이 −209.86+3.84 = −206.02이 되는 상한 $U(s_{u0}^2)$와, 이탈도 값이 마찬가지로 −206.02가 되는 하한값 $L(s_{u0}^2)$을 찾아야 한다. 상한값과 하한값은 해당 모수치를 여러 값으로 제약하면서 시행착오를 통해 찾을 수 있다.

에스트론 자료에 프로파일 우도법을 적용한 결과 σ_{u0}^2에 대한 95% 신뢰구간은 $0.005 < \sigma_{u0}^2 < 0.069$가 되었다. 이 구간은 0을 포함하지 않는다. 따라서 피험자 수준 분산은 0이라는 영가설은 기각된다. 프로파일 우도 구간은 점추정치 $\sigma_{u0}^2 = 0.018$에 대해 대칭이 아니다. 물론 분산성분은 카이제곱 분포를 따르고, 카이제곱 분포가 대칭이 아니라는 사실은 잘 알려져 있다. 따라서 분산성분에 대한 신뢰구간 또한 비대칭이어야 한다.

형 소프트웨어들이 프로파일 우도법을 제공하고 있지 않다. 따라서 이 절차는 손으로 계산해야 한다. 베이지언 추정법 또한 비대칭 구간을 제공한다.

5. 강건 표준오차

잔차가 정규분포를 따르지 않을 때에도 최대우도법으로 추정한 모수치들은 일관성을 가지고 점근적으로 불편성을 가진다. 즉, 표본의 크기가 커질수록 모집단의 참값(true value)에 접근하는 경향성이 있다(Eliason, 1993). 그러나 점근적 표준오차는 정확하지 않으므로 유의성 검증이나 신뢰구간의 설정에 이용하기에 신뢰성이 없을 수 있다(Goldstein, 2011, pp. 93-94). 이 문제는 표본의 크기가 커진다 해서 항상 사라지는 것이 아니다.

종속변인을 변환하여 정규분포에 보다 가까운 분포를 얻을 수 있는 경우도 있다. 그러나 종속변인을 변환하는 것이 적절하지 않거나 불가능한 경우 정확한 검증결과나 신뢰구간을 얻기 위한 더 나은 방법은 점근적 표준오차를 교정하여 강건 표준오차(robust standard error)를 얻는 것이다. 강건 표준오차를 산출하는 이용 가능한 방법 중 하나는 소위 Huber-White 또는 샌드위치 추정이다(Huber, 1967; White, 1982). 최대우도 추정법에서 흔한 표집분산-공분산 추정치는 정보행렬, 또는 보다 일반적으로 소위 헤시언(Hessian) 행렬의 역행렬에 기초한다(Eliason, 1993 참조). Wald 검정에 사용되는 표준오차는 표집분산의 제곱근인데, 이는 헤시언 행렬의 역행렬의 대각원소에 해당한다. 따라서 행렬 표기법을 사용하여 추정된 회귀계수의 점근적 분산-공분산 행렬을 다음과 같이 나타낼 수 있다.

$$V_A(\hat{\beta}) = H^{-1} \tag{13.2}$$

이 식에서 V_A는 회귀계수의 점근적 공분산행렬이고 H는 헤시언 행렬이다. Huber-White 추정치는 다음과 같다.

$$V_R(\hat{\beta}) = H^{-1}CH^{-1} \tag{13.3}$$

이 식에서 V_R은 회귀계수의 강건 공분산행렬이고, C는 교정행렬(correction matrix)이다. 식 13.3에서 교정행렬은 H^{-1} 사이에 끼어 있으므로 이를 Huber-White 표준오차에 대한 샌드위치 추정치라 한다. 이 교정항은 관찰된 원(raw) 잔차에 기초한다. 만약 잔차가 정규분포를 따른다면 V_A와 V_R 모두 회귀계수 공분산의 일관성 추정치가 된다. 그러나 모형에 기초한 점근적 공분산행렬인 V_A가 최소 표준오차를 이끌어 내므로 보다 효율적인 추정치이다. 그러나 잔차가 정규분포를 따르지 않을 경우 모형에 기초한 공분산행렬인 V_A는 정확하지 않은 반면, 관찰 잔차에 기초한 샌드위치 추정치 V_R은 여전히 회귀계수의 일관성 있는 추정치로서의 특성을 유지한다. 이러한 특성으로 인해 강건 표준오차에 기초한 통계적 추론이 통계적 검증력이 어느 정도 낮아지는 대가를 지불하면서 정규성 가정의 위배에 대해 보다 자유로워지게 되는 것이다. 교정항의 정확한 형태는 모형에 따라 달라진다. 이에 대한 기술적 논의는 Greene(1997)을 참조할 수 있다. 다층분석에서 교정항은 자료의 다층 구조를 고려한 잔차의 교차곱에 기초한다. 몇몇 다층분석 프로그램이 고정부분과에 대한 강건 표준오차를 제공한다. MLwiN과 Mplus는 분산성분의 표준오차에 대해서도 강건 샌드위치 추정치를 제공한다.

비정규성, 이상치, 모형 명세화 오류 등으로 인해 이분산성(heteroscedasticity)이 나타날 경우, 점근적 표준오차는 일반적으로 과소추정된다. 이 경우 강건 표준오차가 문제를 완전히 해결할 수는 없지만 보다 정확한 유의성 검증 및 신뢰구간 추정 결과를 산출한다(Beck & Katz, 1997). 따라서 비정규성이 강하게 의심될 경우, 샌드위치 표준오차를 사용하는 것이 보다 적절하다. 강건 표준오차는 부분적으로 관찰 잔차에 기초하고 있으므로 정확한 분석을 위해서는 2수준 사례 수가 적당히 커야 한다. Long과 Ervin(2000)의 단일수준 모의실험 연구에서 적어도 100개의 사례 수가 제안된 바 있다. 다층분석에 이 기준을 적용할 경우 강건 표준오차가 잘 작동하기 위해서는 2수준에서 적어도 100개의 집단이 필요하다고 할 것이다. 강한 비정규성을 가진 2수준 자료를 사용한 모의실험 연구도 이러한 제안을 뒷받침한다(Hox & Maas, 2001). Chung, Fotiu와 Raudenbush(2001)는 심지어 분석에서 2수준을 고려하지 않는 경우에도 강건 표준오차가 이를 보완하는 역할을 할 수 있음을 보여 주었다. 반면, 정규분포의 가정이 충족되었을 경우 강건 표준오차는 점근적 표준오차보다 큰 경향이 있다 (Kauermann & Carroll, 2001). 따라서 분포의 가정이 충족된 상태에서 강건 표준오차를 적용할 경우 표준오차가 커져서 통계적 검증력이 손실되는 결과를 초래할 수 있다.

샌드위치 추정치가 잘 작동하기 위해서는 적절한 사례 수가 필요하기 때문에 $N =$ 5인 에스트론 자료는 적당한 예시가 아니다. 제2장에 사용된 인기도 자료를 사용해서 샌드위치 표준오차의 활용법을 예시해 보기로 하자. 분석을 위해 적용된 모형은 무선효과 모형으로 예측변인을 전체평균에 대해 중심화했고, FML 방식으로 추정하였다. 중요한 분산함인 외향성 기울기의 무선효과를 모형에 포함시키지 않음으로 해서 모형의 명세화에 오류를 발생시켰고, 그 결과 2수준 잔차에서 이분산성이 발견되었다. [그림 13-8]은 모형의 2수준 잔차 u_0를 크기순으로 나열한 것이다. 양쪽 극단에서 비정규성의 증거가 분명히 관찰된다.

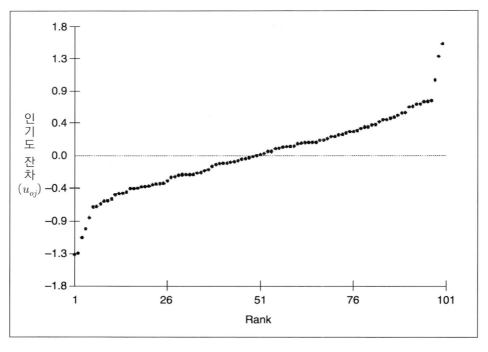

[그림 13-8] 인기도 자료: 2수준 잔차(크기 순)

〈표 13-2〉에 접근적 표준오차 및 샌드위치 표준오차를 사용하여 모수 추정치, 표준오차 및 95% 신뢰구간이 제시되었다. 모수 추정치는 당연히 동일하며, 대부분 모수의 표준오차 및 신뢰구간도 거의 비슷하다. 유일하게 외향성 기울기에서 강건 표준오차가 더 컸고, 외향성 및 2수준 분산의 신뢰구간에서 약간의 차이가 관찰되었다. 아마도 이 결과는 외향성 기울기의 무선효과를 반영하지 않은 모형 명세화 오류에서 비롯되었을 것이다.

〈표 13-2〉 인기도 자료, 접근적 표준오차와 강건 표준오차 비교

	ML 추정치, 접근적 표준오차		ML 추정치, 강건 표준오차	
	회귀계수(s.e.)	95% CI	회귀계수(s.e.)	95% CI
고정효과				
절편	5.07 (.06)	4.96~5.18	5.07 (.06)	4.96~5.18
아동 성별	1.25 (.04)	1.18~1.33	1.25 (.04)	1.18~1.32
아동 외향성	0.45 (.02)	0.42~0.49	0.45 (.03)	0.41~0.50
교사 경력	0.09 (.01)	0.07~0.11	0.09 (.01)	0.07~0.11
무선효과				
σ_e^2	0.59 (.02)	0.55~0.63	0.59 (.02)	0.55~0.63
σ_{u0}^2	0.29 (.05)	0.20~0.38	0.29 (.05)	0.19~0.39

　제3장에서 소개된 일반화 추정방정식(Generalizd Estimating Equations: GEE; Liang & Zeger, 1986)은 유의성 검증과 신뢰구간 설정에서 강건 표준오차에 강하게 의존한다. GEE 추정은 준-우도 접근법으로 분산성분을 원자료로부터 직접 추정하는 것이 첫 단계이다. 이를 기초로 다음 단계에서 GLS 추정법으로 회귀계수를 추정한다. 그 결과, 일관적 회귀계수 추정치를 얻을 수 있다. 그러나 최대우도 추정치보다 효율성이 떨어진다(Goldstein, 2011, p. 25; GEE에 대한 논의는 Pendergast et al., 1996 참조). 만약 2수준 표본크기가 적절하다면(N > 100; Long & Ervin, 2000; Hox & Maas, 2001), GEE 표준오차 추정치는 분산성분 구조의 명세화 오류에 크게 민감하게 반응하지 않는다.

Raudenbush와 Bryk(2002, p. 278)는 최대우도법으로 추정한 점근적 표준오차와 강건 표준오차를 비교해 보면, 모형 명세화 오류와 비정규성이 결과에 미치는 영향을 보다 정확히 이해할 수 있다고 제안한다. 이런 방식으로 사용될 경우, 강건 표준오차는 모형 명세화 오류 혹은 모형의 가정 위배 가능성에 대한 지표로 기능할 수 있다. 즉, 만약 강건 표준오차가 점근적 표준오차와 크게 차이 난다면, 이는 정규분포의 가정이 위배되므로 이 문제를 더 살펴보아야 한다는 경고신호로 해석해야 한다.

6. 다층 부트스트래핑

비정규성 문제에 대한 또 다른 접근방식은 제3장에서 간단히 다룬 부트스트래핑을 이용하는 것이다. 이 방식은 관찰자료에서 복원추출방식으로 복수의 무선표집 자료를 만들어 내는 방식이다. 각 무선표집 자료를 통해 FML 혹은 RML 최대우도 추정법으로 모수치를 추정한다. b개의 무선표집을 생성했다면 각 모수치별로 b개의 추정치가 생성된다. 각 모수치에 대한 b개 추정치들의 분산이 원표본으로부터 얻어진 모수 추정치의 표집오차로 기능한다. 부트스트래핑 표본은 전체 표본으로부터 복원추출 방식으로 얻어지기 때문에 부트스트래핑은 재표집 기법으로 분류된다(Good, 1999 참조). 부트스트래핑은 점추정치와 표준오차의 추정을 모두 향상시키기 위해 사용된다. 일반적으로, 충분히 정확한 추정을 위해 적어도 1,000개 이상의 부트스트래핑 재표집이 필요하고, 정확한 신뢰구간의 산출을 위해 적어도 5,000개 이상의 재표집이 필요하다. 이로 인해 연산에 부하가 많이 걸리게 되는데, 그렇다고 해도 다음 절에서 소개될 베이지언 방식보다는 연산 부하가 덜하다.

잔차가 정규분포를 따른다면 부트스트래핑 방식과 전통적인 최대우도법은 동등한 결과를 산출한다. 자료가 정규분포를 따르지 않는다면 최대우도법은 엄밀히 말해 타당하지 않다. 부트스트래핑 기법은 자료의 이러한 비정규성을 부트스트랩 표본에 그대로 반영하므로, 이론적으로 보아 비정규 자료에 대해 타당한 표준오차와 신뢰구간을 산출해 준다고 볼 수 있다.

모수 추정치에 대한 표준오차 및 신뢰구간 산출을 위한 부트스트래핑의 절차는 단순명료하다. 만약 모집단으로부터 예를 들어, 1,000개의 표집을 얻을 수 있다면, 표집 분산을 직접적으로 계산할 수 있다. 그러나 이것이 불가능하기 때문에 컴퓨터를 사용하여 하나의 표집자료로부터 1,000개의 표본을 재표집하는 것이다. 이를 통해 현실적으로는 불가능한 실제 반복표집을 모의실험하도록 하여 표집오차에 대한 모의실험 자료를 얻을 수 있다. 부트스트래핑을 통해 모수 추정치와 표집오차뿐만 아니라 다른 장점도 취할 수 있다. 예를 들어, 점근적 모수 추정치를 교정하는 데 부트스트래핑을 이용할 수 있다. 부트스트랩 자료로부터 산출한 모수치들의 평균이 항상 원표본의 점추정치와 동일한 것은 아니고, 어느 정도 차이가 날 수 있다. 차이가 발생한다면, 해당 통계치가 편향되어 있다고 가정해 볼 수 있다. 부트스트래핑 표본에서 편향을 발생시키는 기제가 무엇이든 간에 이는 원표본에도 동일하게 작동한다고 볼 수 있다. 이 편향을 교정하기 위해, 원추정치와 부트스트래핑 추정치 간의 차이를 원추정치의 편향의 크기에 대한 추정치로 사용한다(Hox & van de Schoot, 2013).

편향조정 부트스트랩(줄여서 bc-bootstrap)은 원자료 모수 추정치와 부트스트랩 추정치 평균 간의 차이를 추정 편향으로 가정한다. 따라서 모수 추정치 $\hat{\theta}$의 편향(Bias)은 모수치 θ와 모수 추정치 $\hat{\theta}$의 기댓값 간 차이로 정의된다.

$$Bias(\hat{\theta}) = \theta - E(\hat{\theta}) \tag{13.4}$$

예를 들어, 표본평균과 같은 많은 통계치들은 일반적으로 이에 대응하는 모집단 값에 대한 불편파추정치이다. 그러나 다른 통계치들, 예를 들어 표본 상관계수는 대응하는 모집단 값에 대한 편향된 추정치인 것으로 알려져 있다. 이러한 통계치들에 대해서 편향의 정도는 다음과 같이 추정된다.

$$Bias_B(\hat{\theta}) = \hat{\theta} - \bar{\theta}_B \qquad\qquad (13.5)$$

이 식은 편향의 크기를 점근적 모수 추정치와 부트스트랩 추정치 평균 간의 차이로 추정하고 있다. 유사한 편향교정 방법이 신뢰구간의 백분위에도 적용되는데, 이를 통해 편향교정 백분위 신뢰구간을 생성한다(Stine, 1989; Efron & Tibshirani, 1993; Mooney & Duval, 1993). 편향교정 부트스트래핑은 각 단계의 부트스트래핑이 이전 단계에서 추정된 편향교정을 포함하도록 하는 방식으로 반복된다. 이를 반복적 부트스트랩(iterated bootstrap)이라 하는데, 정확성의 향상을 위해 이 방법으로 대량의 부트스트랩 표집을 생성할 경우, 연산 부하가 가중될 수 있다.

1) 다층회귀모형의 부트스트래핑

단일수준 회귀모형의 부트스트래핑에는 두 가지 방법이 있다(Stine, 1989; Mooney & Duval, 1993). 사례를 부트스트랩하는 방법과 잔차를 부트스트랩하는 것이 그것이다. 첫 번째 방법은 전체 사례들을 재표집하는 것이다. 이는 직관적이고 단순하지만 회귀분석에서 설명변인은 고정된 값이라는 가정에 어긋난다. 다시 말하자면, 어떤 연구를 재현(replication)함에 있어서 우리는 예측변인 값은 정확히 그대로이고 단지 잔차만이 변화하기 때문에 그 결과 산출변수값이 달라지게 될 것을 기대한다. 이러한 상황을 모의실험으로 구현하기 위해서 전체 사례가 아닌 잔차만을 재표집할 필요가 있다. 잔차를 부트스트랩하기 위해 우선 중다회귀분석을 실시하여 회귀계수와 잔차를 추정한다. 다음으로 각 부트스트랩 복제 단계에서 추정된 회귀계수와 고정된 예측변인 값을 이용하여 종속변인 예측값을 산출한 다음 여기에 부트스트랩된 잔차들을 무선적으로 더해 준다. 이렇게 생성된 부트스트랩된 산출변인 값을 사용해 회귀계수와 모형의 다른 모수치들을 추정한다.

사례 부트스트랩과 잔차 부트스트랩 중 어떤 것을 선택할 것인지는 실제 설계와 표집절차에 달려 있다. 잔차에 대한 재표집은 전적으로 회귀분석모형을 따른다. 통계모형은 예측변인들이 설계상 고정되어 있고, 이 설명변인들은 연구를 재현할 경우 정확히 같은 값을 가진다고 가정한다. 해당 연구가 실험연구라면 이는 적절한 가정이다. 설명변인 값은 실험설계에 의해 고정되기 때문이다. 그러나 많은 사회, 행동과학 연구에서 설명변인의 값은 사실상 응답에 의한 변인으로 표집된 값의 성질을 가진다. 따라서 연구를 재현한다 해도 설명변인 값이 정확히 동일할 것으로 기대하기 어렵다. 이 경우 사례에 대한 재표집이 정당화될 수 있을 것이다.

다층회귀분석에서 사례 부트스트랩은 일반 회귀분석보다 복잡하다. 개인뿐 아니라 집단 수준에서도 재표집을 해야 하기 때문이다. 이는 예측변인과 산출변인의 값을 변화시킬 뿐만 아니라 다층구조 자체를 변화시키기도 한다. 즉, 표본크기와 분산이 수준 간 분할되는 방식 자체가 바뀌는 것이다. 예를 들어, 2,000명의 아동이 100개 학급에 내재된 인기도 예시 자료에서 사례를 표집하는 상황을 생각해 보자. 학급별 학생 수는 동일하지 않다. 따라서 학급을 재표집한다면 부트스트랩 표본의 전체 사례수는 2,000보다 클 수도, 작을 수도 있다. 학급 표본들을 조정해서 사례 수를 2,000으로 맞출 수 있겠지만 이 경우 각 학급의 학생 수가 정확하지 않다. 그 결과로 발생하는 수준 간 분산비율의 변화는 다른 모든 추정치에 영향을 준다. 현재 어떤 전문 소프트웨어도 다층구조의 사례별 부트스트래핑을 지원하지 않는다. MLwiN은 잔차 부트스트래핑을 두 가지 방식으로 지원한다. 첫 번째는 비모수적 부트스트랩이다. 비모수 부트스트랩에서는 전체 자료에 대해 다층회귀분석을 우선 수행하여 회귀계수를 추정하고 그 값을 통해 종속변인 예측값과 이에 대한 잔차를 산출한다. 이 단계에서 산출된 잔차들은 부트스트랩 반복 단계에서 재표집된다.[3] 이 접근법은 잔차가 비정규분포할 경우 그 특성을 유지하므로 비모수적 부트스트랩이라 한다. 비정규분포 자료에 대한 신뢰구간 추정에 있어 비모수적 부트스트랩의 예는 Carpenter, Goldsetin과 Rasbash(2003)에서 찾을 수 있다. 두 번째 접근법인 모수적 부트스트랩은 다변량 정

---

3) 관찰된 잔차는 그 자체로 하나의 표본이므로, 그 분산은 최대우도법에 의해 추정된 분산과 정확히 일치하지 않는다. 따라서 잔차를 재표집하기 전에 MLwiN은 잔차의 분산과 공분산이 ML추정치와 정확히 일치하도록 잔차에 대해 변환과정을 수행한다. Carpenter와 Bithell (2000)은 '비모수적 부트스트랩'이라는 용어를 사례 부트스트랩에 사용하고, 잔차의 경우 '준-모수(semi-parametric)'이라는 명칭을 사용했다.

규분포로부터 잔차를 표집하는 것이다. 이 접근에서 잔차는 항상 정확한 정규분포를 따르는 것으로 가정된다. 부트스트랩이 분포의 가정이 충족되지 않을 경우 주로 수행된다는 사실을 고려한다면 비모수적(잔차) 부트스트랩이 일반적으로 선호된다.

MLwiN은 앞서 설명한 부트스트랩에 기초한 편향조정 절차를 모수적 및 비모수적 부트스트랩 절차 모두에 탑재하고 있다. 편향조정은 조정된 모수 추정치를 반복적으로 사용함으로써 여러 차례 반복될 수 있다. 이것이 앞서 설명된 반복적 부트스트랩이다.

부트스트래핑은 관찰된 자료를 모집단에 대한 유일한 정보원으로 사용하며, 따라서 적당한 크기의 집단 수가 확보되었을 경우 최상의 결과를 산출해 준다. 부트스트랩을 통한 분산성분의 추정을 위해 적어도 50개 이상의 집단을 추천한다. 만약 연구의 관심이 주로 고정효과에 있다면, 고정효과는 일반적으로 대칭분포를 가지므로 10~12개 정도의 집단으로도 부트스트랩이 가능할 것이다(Good, 1999, p. 109 참조).

2) 다층 부트스트랩의 예

부트스트랩을 예시하기 위해 제2장에서 사용한 아동 인기도 자료를 사용하며, 사용할 모형은 무선절편모형이다. 실제로는 학급에 따라 유의한 차이가 있는 외향성 변인 기울기에 학급 간 분산을 허용하지 않음으로써 의도적으로 모형 명세화의 오류를 만들었다. 동일한 모형이 강건 표준오차를 예시하기 위해 이 장 3절에 사용되었고, 5절에서 베이지언 추정을 위해서도 사용되고 있다.

MLwiN을 사용하면 부트스트래핑 메뉴에서 몇 가지 선택사항이 있다. 예를 들어, 부트스트랩을 위한 반복의 수 또는 반복적 부트스트랩 횟수 등이다. 한 가지 핵심 선택사항이 있는데, 프로그램이 분산성분을 음(−)의 값으로 추정할 수 있도록 허용하는 것이다. MLwiN을 포함하여 많은 프로그램이 기본 설정으로 음수로 추정된 분산을 0으로 고정시키도록 설정되어 있다. 이렇게 0으로 고정시키는 것이 보다 나은 추정치를 산출하는 반면, 편향을 발생시키기도 한다. 부트스트랩된 추정치들을 통해 모수를 추정하거나 신뢰구간을 설정할 때, 부트스트랩 표본에서 불편파추정치를 얻어야 한다(따라서 음의 분산추정치를 허용하도록 설정한다).

〈표 13-3〉은 각각 $b = 1,000$개의 반복표집으로 구성된 3개의 반복 부트스트랩 표본을 사용한 모수적 부트스트랩 결과를 보여 준다. 부트스트랩 표본에 대한 95% 신뢰구간은 두 가지 방식으로 얻을 수 있다. 첫째, 편향교정된 추정치 ±1.96×부트스트랩 표준편차로 구간을 설정하는 방식이고, 둘째, 3개의 반복적 부트스트랩에서 마지막 표집된 값들의 분포로부터 2.5 및 97.5 백분위에 해당하는 값으로 범위를 설정하는 것이다. 표집분포가 정규분포를 따르지 않는 분산과 같은 모수에 대해 부트스트랩 추정을 할 경우 두 번째 방법인 백분위에 기초한 방법이 우월하다. 비교를 위해 〈표 13-3〉에는 두 방식(정규분포 방식 및 백분위 방식)의 구간이 모두 제시되어 있다.

　〈표 13-3〉의 부트스트랩 결과는 점근적 추정방식 결과와 거의 동일하다. 의도적으로 기울기 분산을 모형에 반영하지 않았기 때문에 우리는 2수준 잔차가 정규분포하지 않음을 알고 있다. [그림 13-2]에서 이를 확인할 수 있다. 따라서 모수적 부트스트랩에서와 같이 정규분포로부터 잔차를 표집하는 것은 적절치 않다. 비모수적 부트스트랩은 비정규적 잔차를 표집에 사용하므로 모형의 기저에 놓인 분포를 보다 정확하게 반영한다. 〈표 13-4〉는 $b = 1,000$개 표본으로 이루어진 3세트의 반복적 비모수 부트스트랩 결과이다.

〈표 13-3〉 점근적 추정과 모수적 부트스트랩 결과 비교: 인기도 자료

	ML 추정치		모수적 부트스트랩		
	회귀계수 (s.e.)	95% CI	Coefficient (s.d.)	95% CI (정규분포방식)	95% CI (백분위 방식)
고정효과					
절편	5.07 (.06)	4.96−5.18	5.07 (.06)	4.96−5.19	4.96−5.19
아동 성별	1.25 (.04)	1.18−1.33	1.26 (.04)	1.18−1.33	1.18−1.33
아동 외향성	0.45 (.02)	0.42−0.49	0.46 (.02)	0.42−0.49	0.42−0.49
교사 경력	0.09 (.01)	0.07−0.11	0.09 (.01)	0.07−0.11	0.07−0.11
무선효과					
σ_e^2	0.59 (.02)	0.55−0.63	0.59 (.02)	0.55−0.63	0.56−0.63
σ_{u0}^2	0.29 (.05)	0.20−0.38	0.30 (.05)	0.20−0.39	0.20−0.38

〈표 13-4〉 점근적 추정과 비모수적 부트스트랩 결과 비교: 인기도 자료

	ML 추정치		비모수 부트스트랩		
	회귀계수 (s.e.)	95% CI	Coefficient (s.d.)	95% CI (정규분포방식)	95% CI (백분위 방식)
고정효과					
절편	5.07 (.06)	4.96–5.18	5.08 (.06)	4.97–5.19	4.96–5.19
아동 성별	1.25 (.04)	1.18–1.33	1.26 (.04)	1.18–1.33	1.18–1.33
아동 외향성	0.45 (.02)	0.42–0.49	0.46 (.02)	0.42–0.49	0.42–0.49
교사 경력	0.09 (.01)	0.07–0.11	0.09 (.01)	0.07–0.11	0.07–0.11
무선효과					
σ_e^2	0.59 (.02)	0.55–0.63	0.59 (.02)	0.55–0.63	0.56–0.63
σ_{u0}^2	0.29 (.05)	0.20–0.38	0.30 (.05)	0.21–0.40	0.21–0.40

비모수적 부트스트랩 결과 또한 점근적 추정 결과와 매우 유사하다. 이는 자료가 점근적 추정의 가정들을 충실히 따르고 있음을 보여 준다. 편향교정 추정치들은 점근적 추정치와 매우 유사한데 이는 점근적 추정에 심각한 편향이 없음을 보여 준다. 만약 점근적 추정치와 편향교정 추정치 사이에 뚜렷한 차이가 있다면 연쇄적 (successive) 반복 부트스트랩 추정치들을 모니터링해서 연쇄적 부트스트랩 값들이 충분히 정확하게 수렴했는지 확인해야 한다. 예를 들어, [그림 13-9]는 학급 수준 분산성분 σ_{u0}^2에 대한 점근적 추정치(가로축 0에 해당)와 세 번의 반복 부트스트랩 값들을 보여 주고 있다.

첫 번째 부트스트랩 반복에서 미세한 편향교정이 관찰된다. 이후 두 번째와 세 번째 부트스트랩은 추정치를 크게 변화시키지 않았다. 따라서 반복 부트스트랩은 수렴했다고 결론지을 수 있다. 점근적 추정치 0.296과 최종 편향 교정 추정치 0.304 간의 차이는 물론 사소한 수준이다. 결론적으로, 즉 2수준 분산 추정치에는 실재하지만 매우 작아서 현실적으로는 무시 가능한 수준의 부적 편향이 존재한다고 결론지을 수 있다.

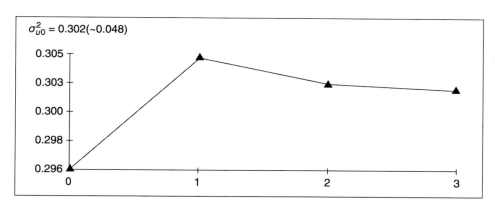

$\sigma_{u0}^2 = 0.302(\sim 0.048)$

[그림 13-9] σ_u^2에 대한 편향교정추정치(3회 반복 부트스트랩)

7. 베이지언 방법

통계학은 불확실성에 대한 학문이다. 우리는 미지의 모수치를 표본으로부터 계산된 값, 즉 통계치에 의해 추정한다. 고전적 통계추론에서는 관찰된 통계치가 미지의 모수치를 얼마나 잘 추정하는지에 대한 불확실성을 무한히 표집했을 경우 얻는 모수치의 표집분포를 통해 표현한다. 일반적으로는 하나의 표본만 존재하므로 표집분포는 수학적 표집 모형에 기초한다. 이에 대한 하나의 대안이 앞서 살펴본 부트스트래핑으로, 이 방법에서는 표집 과정을 모의실험한다. 표집분산 혹은 그 제곱근인 표준오차는 유의성 검정이나 신뢰구간 설정에 사용된다.

베이지언 통계학(제3장 참조)은 모집단 값 자체가 확률분포한다고 가정하는 방식으로 모수치에 대한 불확실성을 표현한다. 이 확률분포를 사전분포라 한다. 왜냐하면 이는 관찰자료와는 독립적으로 설정되기 때문이다. 베이지언 접근법은 고전통계학과 근본적으로 다르다. 고전통계학에서 모수치는 특정한 하나의 고정된 값을 가지며, 단지 우리가 그 값이 무엇인지 모를 뿐이라고 생각한다. 베이지언 통계에서 우리는 미지의 모수치에 대해 가능한 값들의 확률분포를 고려한다. 베이지언 모형화에 대한 입문서로 Kaplan(2004), van de Schoot 등(2014)을 추천한다. 보다 구체적인 베이지언 다층모형에 대한 정보는 Hamaker와 Klugkist(2011) 또는 Gelman과 Hill(2007)을 참고할 수 있다.

자료 수집 이후에 사전분포는 자료의 우도(likelihood)와 결합하여 사후분포를 산출하는데, 이것이 자료를 관찰한 이후 모집단 값에 대한 우리의 불확실성을 반영한다. 일반적으로 사전분포가 정규분포를 따른다고 가정할 경우, 사후분포의 분산은 사전분포의 분산보다 작아진다. 이는 자료 수집을 통해 가능한 모집단 값들에 대한 불확실성이 줄어들었음을 의미한다.

베이지언 통계에서 모형의 미지의 각각의 모수치는 반드시 확률분포를 가지게 된다. 사전분포에 얼마나 많은 정보를 포함하느냐에 따라 정보적 사전분포(informative prior)와 비정보적 사전분포(uninformative prior) 중 하나를 선택하게 된다. 정보적 사전분포는 미지의 모수에 대한 연구자의 강한 믿음을 반영하는데, 특히 표본의 수가 작을 경우 사후분포에 큰 영향을 미치고, 따라서 결론에도 큰 영향을 미치게 된다(예: Depaoli and Clifton, 2015, 또는 van de Schoot et al., 2015). 이러한 이유로 어떤 연구자들은 비정보적(uninformative) 혹은 균등(diffuse) 사전분포를 선호하는데, 이는 결론에 거의 영향을 미치지 않고 단지 사후분포를 산출하기 위해 (형식적으로) 사용된다. 비정보적 사전분포의 예로 균일분포(uniform distribution)를 들 수 있다. 균일분포는 단순히 모수치가 최댓값과 최솟값 사이의 어떤 값일 것이라는 정보만을 준다. 즉, 최댓값과 최솟값 사이의 모든 값을 가질 확률이 동일하다고 가정한다. 비정보적 사전분포의 또 다른 예는 매우 큰 분산을 가지는 정규분포이다. 이러한 사전분포를 무지 사전분포(ignorance prior)라고도 부르는데 이는 모수치에 대해 연구자가 사전에 아무런 정보가 없음을 의미한다. 그러나 사실 이는 정확한 표현이 아니다. 왜냐하면 적어도 베이지언 통계에서 완벽한 무지란 존재하지 않기 때문이다. 비정보적 사전분포조차도, 예를 들어 로지스틱 회귀분석에서와 같이 연결함수를 적용한다면 매우 강력한 정보력을 가지게 된다(Seaman, Seaman, & Stamey, 2012). 모든 사전분포는 자료에 어느 정도의 정보를 추가해 준다. 그러나 균등(diffuse) 사전분포가 더해 주는 정보의 양은 매우 적기 때문에 사후분포에 큰 영향을 주지 않는다. '자료에 추가되는 정보'를 다른 방식으로 표현하자면 사전분포를 자료에 추가되는 몇 개의 가상 사례로 생각해 볼 수도 있다.

　사후분포가 정규분포와 같이 수리적으로 단순한 형태라면 이 분포의 특성을 이용해 모수치에 대한 점추정 및 구간추정을 할 수 있다. 정규분포의 경우 사후분포의 평균을 점추정치로, 표준편차를 구간추정의 기초로 사용할 수 있다. 그러나 베이지언 방식이 보다 복잡한 다층모형에 적용될 경우 사후분포는 일반적으로 복잡한 형태의 다변량분포가 되고 수리적 계산방식으로 신뢰구간을 설정하기가 어려워진다. 사후분포를 수리적으로 표현하기 어려운 경우 마르코브 체인 몬테 카를로(Markov Chain Monte Carlo: MCMC) 모의실험 절차를 통해 사후분포를 근사하게 된다. MCMC는 복잡한 사후분포로부터 무선표집된 표본을 생성하는 모의실험 기법이다. 사후분포로부터 대규모의 무선표본을 얻을 경우 이를 통해 분포의 정확한 형태를 얻을 수 있다. 모의실험을 통해 얻어진 사후분포 자료는 점추정치 혹은 신뢰구간 추정에 사용된다. 일반적으로 각 모수의 (일변량) 주변분포(marginal distribution)를 사용하게 되는데, 사후 주변분포의 최빈치가 모수치에 대한 매력적인 점추정치가 된다. 이는 최빈치가 가장 가능성이 높은 값이기 때문이고, 따라서 베이지언 방식에서 최빈치는 빈도주의 접근에서의 최대우도 추정치와 같은 의미를 가진다. 최빈치는 평균보다 결정하기가 어렵기 때문에 사후분포의 평균을 사용하기도 한다. 사후분포의 형태가 편포일 경우 중앙치가 매력적인 선택이 될 수 있다. 신뢰구간은 일반적으로 점추정치를 중심으로 한 $100 - \frac{1}{2}\alpha$ 백분위 범위를 사용하는데, 베이지언 용어로 이를 $100 - \alpha$ 중앙신용구간(central credibility interval)이라 한다.

　고전적 방식과 비교했을 때, 베이지언 기법에는 몇 가지 장점이 있다. 우선, 점근적 최대우도법과는 대조적으로 베이지언 기법은 작은 표본에서도 타당하게 적용될 수 있다. 확률분포가 정확하게 주어진다면, 추정치는 항상 적절하며, 분산이 음수로 추정되는 문제를 해결해 준다. 올바른 분포로부터 무선표집이 시행되므로 분산을 추정할 때 정규분포의 가정이 필요치 않다. 마지막으로, ML 추정과 달리 충분한 MCMC 반복이 사용될 경우 이 방법은 이론적으로 항상 수렴된다.[4]

1) 모의실험을 통한 사후분포 추정

사후분포로부터 무선표집을 얻기 위한 몇 가지 모의실험 방법이 있다. 대부분의 방법들은 MCMC 표집법을 사용한다. 특정 다변량 분포로부터의 초기치가 주어진다면 MCMC 절차는 동일한 분포로부터 새롭게 무선적으로 값을 취한다. $Z^{(1)}$이 목표로 하는 분포 $f(Z)$로부터 무선적으로 추출한 값이라 하자. MCMC 기법을 사용하여 일련의 새로운 추출값들 $Z^{(1)} \rightarrow Z^{(2)} \rightarrow \cdots \rightarrow Z^{(t)}$을 얻을 수 있다. MCMC가 매력적인 이유는 $Z^{(1)}$이 목표 분포인 $f(Z)$로부터 추출된 값이 아니라 할지라도 t가 충분히 크다면 결과적으로 $Z^{(t)}$는 $f(Z)$로부터 추출된 값이 된다는 점이다. $Z^{(1)}$에 적절한 초기치를 부여할 경우 목표 분포로의 수렴속도가 빨라지는 장점이 있다. 따라서 최대우도 혹은 OLS 추정치가 초기치로 사용되는 경우가 많다.

목표한 분포에 도달하기 전에 요구되는 t회의 반복횟수를 MCMC 알고리듬의 예열(burn-in)구간이라 한다. Burn-in이 완전히 이루어지는 것이 중요하다. 목표 분포에 수렴하기 위해 충분한 알고리듬의 반복이 이루어졌는지를 확인하기 위해 몇 가지 진단값이 사용된다. 유용한 진단 중 하나는 알고리듬에 의해 산출되는 순차적 값들을 그래프로 나타내 보는 것이다. 또 다른 방법은 매우 다른 초기값을 설정하여 MCMC 절차를 몇 회 독립적으로 시행해 보는 것이다. 만약 t회의 반복 이후 거의 동일한 분포가 확보된다면 t회의 반복이 목표 분포에 수렴하기 위한 충분한 수의 반복이라고 결론지을 수 있을 것이다(Gelman & Rubin, 1992). 보다 형식적으로 진술하자면 MCMC 절차는 2개 혹은 4개의 서로 다른 체인에서 시작된다. 정확한 분포로 수렴되었는지 확인하기 위해 모수치의 체인-내 및 체인-간 분산을 모니터링하게 된다. 체인 간 분산의 크기를 의미하는 PSR(Potential Scaling Reduction; Gelman & Rubin, 1992) 값이 작으면, 예컨대 0.05 혹은 0.01(PSR<0.01을 선호) 이하이면, MCMC 알고리듬이 목표 분포에 수렴했다고 결론 내게 된다. 다른 말로 예열이 충분히 길었다고 말할 수 있다.

---

4) 그러나 수렴이 되기 위한 반복횟수가 불가능할 정도로 클 수도 있음을 주의해야 한다.

대부분 경우 MCMC 반복의 수가 부트스트랩 표본의 수보다 훨씬 크다. 10,000 이상의 MCMC 반복이 보편적이다. 베이지언 MCMC 추정(및 관련된 기법들)의 기본 법칙은 '반복은 많을수록 좋다' '의심스럽다면 반복의 횟수를 극단적으로 늘려 보라'는 것이다. Depaoli와 van de Schoot(2017)는 트레이스 도표(trace plot), 다양한 진단도 구값, 반복의 횟수가 다른(예: 10,000 vs. 50,000) 두 모형 간의 상대 편향값 등에 기초하여 모형이 수렴되었는가를 확인하기 위한 체크리스트를 제공하고 있다.

2) MLwiN을 사용한 베이지언 추정: 에스트론 자료

베이지언 분석이 가능한 다층모형 소프트웨어로는 MLwiN, Mplus, 그리고 R의 몇 몇 패키지 등이 있다(R에서의 베이지언 회귀모형에 대한 입문으로 Gelman & Hill, 2007 참조). 여기서는 MLwiN을 사용하여 에스트론 자료를 분석하고자 한다. 이 자료는 5명의 여성에 대해 각 16회씩 반복측정된 소규모 자료로 점근적 최대우도법이 잘 작동하지 않는다. 베이지언 방법은 더 나은 결과를 보여 줄 수 있다.

MLwiN은 비정보적 사전분포를 기본설정으로 사용한다(회귀계수에 대해서는 균일분포, 분산에 대해서는 매우 평활된 형태의 감마분포를 사용). 우선, 기본으로 설정되어 있는 500회의 예열 반복을 적용하고, 이후 5,000회의 MCMC 반복을 실시하여 결과를 얻을 것이다. 이 정도의 예열과 MCMC 반복이 적절한지를 판단하기 위해 MLwiN은 다양한 도표와 통계치를 제공한다. [그림 13-10]은 절편 β_0에 대한 500회 예열 기간의 추정치 추이를 보여 준다. [그림 13-11]은 절편에 대한 5,000회까지의 반복 결과를 보여 준다. 이 5,000개의 추정치는 일련의 추정치들이 여전히 수렴하지 못했음을 보여 주므로 예열 이후 500,000회의 MCMC 반복을 수행하고, 솎음값(thinning factor)을 100으로 설정할 것이다. 이는 메모리 부하를 감소시키기 위해 MCMC 반복 중 100, 200, 300… 번째의 추정치만 저장하고, 나머지 추정치는 저장하지 않도록 하는 것이다.[5] 이를 통해 5,000개의 MCMC 추정치를 얻을 수 있다.

---

[5] Thinning이 필요한 이유는 MLwiN이 모든 자료를 메모리에 저장하기 때문이다. 메모리 문제가 없다면 모든 반복 결과를 저장하는 편이 좋다.

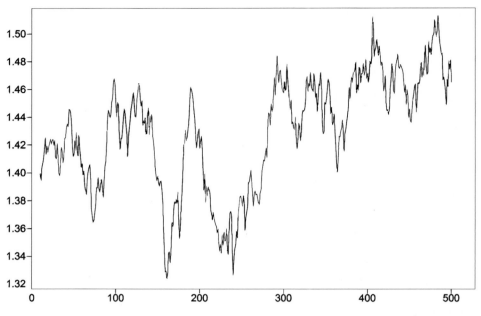

[그림 13-10] 절편 b_0에 대한 500회 burn-in 구간 추정치 도표, 에스트론 데이터

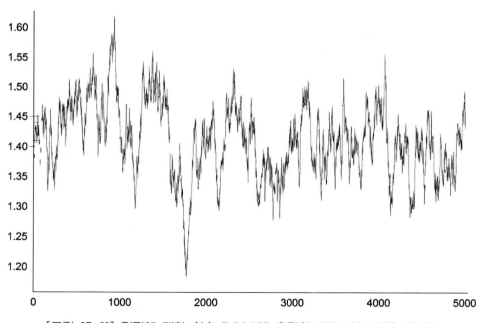

[그림 13-11] 절편에 대한 최초 5,000개 추정치 도표, 에스트론 데이터

[그림 13-12]는 마지막 500개의 절편 추정값을 보여 주는데 [그림 13-11]보다 안정적으로 보인다. 특히 [그림 13-13]에 나타난 전체 체인의 결과를 살펴보면 더욱 그러하다. 참고로 [그림 13-13]의 전체 체인 결과는 솎음된 것으로 500,000회 중 각 100번째 반복의 결과만을 모아서 보여 준 것이다.

[그림 13-13]에는 솎음을 통한 전체 5,000개의 연쇄 추정치를 보여 주는데, 상당히 안정적으로 보이고, 생성된 값들은 거의 정규분포한다. MLwiN은 MCMC 추정치들의 정확성을 판단하기 위한 몇 가지 진단값들을 산출해 준다. Raftery-Lewis(Raftery & Lewis, 1992) 진단값은 2.5분위 및 97.5분위수가 각각 0.005 이하의 오차값으로 추정되었다고 95% 확신하기 위해 요구되는 MCMC 반복횟수 추정치이다. 일반적으로 이 정도 수준의 정확성을 확보하기 위해 매우 큰 수의 반복(Raftery-Lewis 진단값)이 각각의 분위수에서 필요하다고 알려져 있다. 예시 자료의 경우 약 1,000,000회의 MCMC 반복이 필요한 것으로 Raftery-Lewis 진단값이 나타났다. Brooks-Draper 진단값은 평균에 대한 추정치가 (주어진 유의수준에서) 소수점 n자리까지 정확하다고 할 수 있기 위해 요구되는 반복횟수가 얼마인지를 보여 준다. 에스트론 자료에서 Brooks-Draper 진단값은 MCMC 반복값들의 평균을 소수점 두 자리까지 유의하게 나타내기 위해서 39회의 반복이 필요하다는 것을 보여 준다(물론 39회의 반복은 희석값을 적용한 이후의 수치이다). MLwiN은 또한 추정치에 대해 실효 표본크기(Effective Sample Size: ESS)가 1,325임을 보여 준다. 이는 각 반복 간의 자기상관으로 인해 (희석값 100을 적용한 이후의) 5,000회 반복이 1,325회의 독립적 반복과 등가의 결과임을 의미한다.

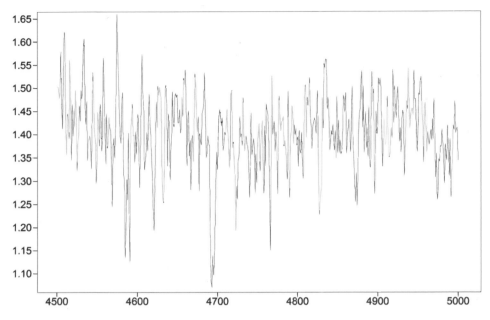

[그림 13-12] 절편 b_0에 대한 마지막 500개의 추정치 도표, 에스트론 데이터

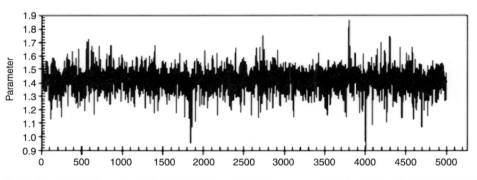

[그림 13-13] 절편 b_0에 대한 5,000개의 솎아진(thinned) 추정치 도표, 에스트론 데이터

절편 추정치의 분포가 정규분포 형태임이 확인되었으므로, 분포의 최빈치 1.42를 점추정치로 사용할 수 있다. MCMC 추정치의 표준편차는 0.083이며, 이를 일반적인 표준오차를 활용하는 방식과 동일하게 활용할 수 있다. 그 결과, 베이지언 95% 신용구간은 1.26~1.58이 된다. 5,000개 반복값들의 분포로부터 산출된 2.5~97.5분위수 구간, 즉 베이지언 중앙 95% 신용구간은 1.24~1.58로 매우 유사하다. 최대우도 추

정치는 점추정치 1.42, 표준오차 0.06, 95% 신뢰구간 1.30~1.54이다. 최대우도 추정법이 매우 작은 사례 수의 자료에 적용되었으므로, MCMC 신뢰구간이 훨씬 현실적인 구간일 가능성이 높다.

이 분석에서의 주된 관심은 피험자 간 분산 추정치인 σ_{u0}^2이다. "분산 σ_{u0}^2에 대한 마지막 500개 추정치, 에스트론 자료"는 마지막 500회의 σ_{u0}^2 추정값을 보여 준다. 분산값들의 추세도표는 안정적으로 보인다. 대부분의 값들이 0에 가깝고, 간헐적으로 높은 추정값들이 나타난다. 사례 수가 매우 작은 점을 고려한다면 이는 정상적인 것이다. 비정상적 사례와 이에 대한 해법은 van de Schoot 등(2015)을 참조하기 바란다.

"분산 σ_{u0}^2에 대한 커널 밀도(kernel density) 에스트론 자료"는 모든 σ_{u0}^2 추정값들의 히스토그램을 바탕으로 작성된 커널 밀도함수이다. 커널도표는 사후분포의 형태를 근사하고 있으며, 평균, 중앙치 및 최빈치와 같은 요약통계값 및 95% 신용구간 등을 얻는 데 사용될 수 있다. 분산에 대한 커널도표는 MCMC 베이지언 추정법의 중요한 특징을 보여 준다. 즉, 사후분포로부터 표집된 값들이 항상 적정하다는 점이다. 달리 말하자면 모든 소프트웨어들은 디폴트로 (잔차) 분산에 대해 역감마분포와 같이 양(+)의 값만을 얻을 수 있는 사전분포를 설정한다. 그 결과, 베이지언 방식은 분산값으로 결코 음(−)의 값을 산출하지 않는다. ML 추정을 사용했을 때 분산이 음수로 추정된다면 베이지언 방식을 대신 사용하는 것이 좋은 대안이 될 것이다. (ML) 방식으로 추정된 분산이 음수라면 이는 모형이 제대로 명세화되지 않았다는 신호일 수 있다.

사전분포가 적절히 설정되었다면 MCMC 방법은 절대로 분산값을 음수로 추정하지 않기 때문에 정(+)적 편향이 생긴다. 그 결과, 중앙 신용구간은 결코 0을 포함하지 않게 된다. 예를 들어, 에스트론 자료에서 σ_{u0}^2 추정치의 중앙 95% 구간은 0.01~0.14이다. 만약 분산항 σ_{u0}^2를 모형에 포함시키는 것이 올바른 모형설정이라면, 비록 Raftery−Lewis 통계치는 정확성을 위해 훨씬 많은 MCMC 반복이 필요함을 보여 주지만, 0.01~0.14는 적절한 95% 신뢰구간이 될 수 있다. 그러나 분산항의 값이 매우 작기 때문에 피험자 간 분산은 모형에서 제외시키는 것이 더 나은 선택이 될 수도 있다. 신용구간이 0을 포함하지 않는다는 것이 분산이 '유의미'하다는 증거가 될 수는 없다. 왜냐하면 일단 분산이 모형에 포함되어 추정된다면, 분산 추정값으로서의 0은 언제나 95% 구간 바깥에 위치하게 될 것이기 때문이다. σ_{u0}^2이 모형에 포함되어야 할지를 결정하기 위한 검증에는 MLwiN은 제공하지 않는 다른 방법이 동원되어야 한다. Mplus는 분산을 검증하기 위한 Bayes 인수(Bayes factor)를 산출해 준다. 베이지언 방식의 분산 검증에 대한 보다 자세한 논의는 3장 4절을 참조하기 바란다.

3) MLwiN을 사용한 베이지언 추정: 인기도 자료

인기도 자료는 2000명의 학생들이 100개의 학급에 내재된 자료이다. 부트스트래핑 예시에서와 동일하게 분산성분 모형을 사용했고, 의도적으로 외향성 기울기의 분산 및 외향성×교사경력 수준 간 상호작용을 모형에서 제외하였다. 추정을 용이하게 하기 위해 모든 예측변인은 전체평균 중심화하였다. 500회의 예열 반복 이후 5,000회의 MCMC 반복을 수행했다. MLwiN에서 [그림 13-14]와 [그림 13-15]를 얻었다.

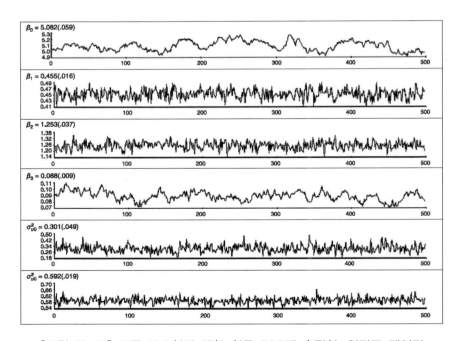

[그림 13-14] 모든 모수치에 대한 최종 500개 추정치, 인기도 데이터

[그림 13-14]는 마지막 500회의 추정 결과를 보여 준다. 모든 그래프가 정상적 결과를 보여 준다. 즉, 어떠한 특정한 추세도 보이지 않으며, 표집된 값들이 안정적임을 알 수 있다. 다른 그래프들도 문제가 없어 보인다. 즉, 반복적으로 표집된 값들이 무선적으로 흩어져 있고, 특정한 패턴이나 추세를 보이지 않는다.

그래프 외에도 MCMC 연쇄의 수렴은 초기값을 달리하여 분석하여, 서로 다른 연쇄가 동일한 분포로 귀결되는지, 그렇다면 얼마나 많은 반복 이후에 동일한 분포가 되는지를 살펴봄으로써 확인할 수 있다. 예를 들어, 일반적으로 초기치로 사용되는 최대우도 추정 결과 대신 절편 초기치를 0(FIML 추정치는 5.07), 성별의 기울기는 0.5 (FIML: 1.25), 외향성 기울기 2(FIML: 0.45), 교사 경력 기울기 0.1(FIML: 0.09), 학급 수준 분산 0.2(FIML: 0.29), 학생수준 분산 0.8(FIML: 0.59) 등으로 설정한 분석을 해 볼 수 있다. 이 초기값들은 합리적인 수준이지만 최대우도 추정치와는 상당히 동떨어진 값들이다. 초기값을 이와 같이 설정하여 분석한 예열 구간의 MCMC 결과는 [그림 13-15]에 제시되었다.

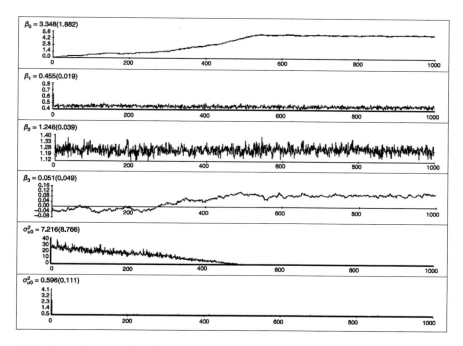

[그림 13-15] 서로 다른 초기값을 사용한 최초 1,000개 추정치, 인기도 데이터

이 결과는 정보량이 많은 자료에 좋지 않은 초기치를 사용하여 MCMC 알고리듬을 시작할 경우 어떤 현상이 일어나는지를 잘 보여 주고 있다. 이 경우, 예열 구간이 길어진다. 약 200~400회의 반복 이후 연속적 MCMC 추정치들이 안정화되고 있음을 확인할 수 있다. 절편 β_0는 예열에 더 많은 반복이 필요한 것으로 보인다. 또한 이 결과는 MCMC 체인이 올바른 분포로 수렴함을 재확인해 준다. 만약 자료가 모형의 모수치에 대해 많은 정보를 가지고 있지 않다면(즉, 가용한 자료에 비해 모형이 너무 복잡한 경우), 서로 다른 초기치를 사용해 시작된 MCMC 체인들은 매우 느리게 수렴될 것이다. 이 경우 적절한 대응방법은 모형을 단순화시키는 것이다.

마지막으로 예열 구간 1,000회, MCMC 체인 50,000회 반복, '숨은값'(thinning factor) 10으로 설정하여 재분석을 실시하였다. 〈표 13-5〉에 이 분석의 결과가 점근적 추정치와 함께 제시되었다. 최대우도 추정은 FML 방식으로 수행되었고, 95% 신뢰구간은 표준정규 근사방식에 기초하여 산출되었다. 베이지언 분석의 경우 사후분포의 최빈치가 점추정치로 제시되었다. 정규분포자료의 경우 이것이 최대우도법과 등가의 추정치이기 때문이다. 베이지언 중앙 95% 신용구간은 사후분포의 2.5 및 97.5백분위에 기초하여 제시하였다.

〈표 13-5〉의 베이지언 추정치들은 최대우도 추정치와 매우 유사하다. 단지 학급 수준 분산의 95% 구간만이 약간의 차이를 보인다. 부트스트랩의 예에서와 같이 관찰값에 기초한 신뢰구간은 최빈치를 기준으로 대칭적이지 않은데, 이는 분산 모수의 비정규적 분포를 반영한다.

4) 베이지언 추정에 대한 추가 논의

베이지언 접근법의 장점은 사후분포를 얻을 때 모수치에 대한 불확실성이 고려된다는 점이다. 즉, 고정부분 추정치에서의 불확실성이 무선부분의 추정에 고려된다. 더욱이, 사후분포로부터 대규모의 표본을 얻는 것은 모수치에 대한 점추정(즉, 사후 최빈치 혹은 평균)뿐만 아니라 사후분포의 정규성에 대한 가정으로부터 자유로운 신용구간을 제공한다는 점에서 유용하다. 결과적으로, 신용구간은 소규모 표본의 경우에도 정확하다(Tanner & Wong, 1987).

〈표 13-5〉 점근적 추정 및 베이지언 추정 결과 비교: 인기도 자료

	ML 추정치		MCMC 추정치	
	회귀계수(s.e.)	95% CI	Coefficient(s.d.)	95% CI
Fixed				
절편	5.07 (.06)	4.96~5.18	5.07 (.06)	4.96~5.19
아동 성별	1.25 (.04)	1.18~1.33	1.25 (.04)	1.18~1.33
아동 외향성	0.45 (.02)	0.42~0.49	0.45 (.02)	0.42~0.49
교사 경력	0.09 (.01)	0.07~0.11	0.09 (.01)	0.07~0.11
Random				
σ_e^2	0.59 (.02)	0.55~0.63	0.59 (.02)	0.56~0.63
σ_{u0}^2	0.29 (.05)	0.20~0.38	0.30 (.05)	0.22~0.41

　　사례 수가 큰 인기도 자료에서, 베이지언 추정은 잘 작동했다. 그러나 이와 같이 잘 작동하는 자료의 경우에도 연구자는 수렴의 문제 혹은 다른 문제가 없는지 결과를 세밀히 검토해야 한다. 예열＝1,000회, MCMC 반복＝50,000회, 솎은값은 10으로 설정된 마지막 분석에서도 Raftery-Lewis 통계치에 따르면 더 많은 반복이 필요한 것으로 나타났다. 그러나 Raftery-Lewis 통계치는 보수적인 경향이 있다. 이 통계치는 하한계 추정치로(Raftery & Lewis, 1992), 엄청나게 많은 MCMC 반복이 필요하다고 결론을 내는 경우가 많다. 이 통계치는 2.5 및 97.5분위수가 0.005 이하의 오차로 추정되었다고 95% 신뢰하기 위해 필요한 MCMC 반복횟수이다. 즉, 95% 신뢰구간의 양쪽 끝에 해당하는 값이 소수점 이하 두 자리까지 정확하다고 95% 신뢰하는 데 필요한 반복횟수라 할 수 있다. 만약 훨씬 작은 반복횟수로 여러 번 분석했을 때 동일한 신뢰구간으로 결과가 수렴한다면, (Raftery-Lewis 통계치가 제안하는 것보다) 더 작은 반복으로도 충분하다고 결론 낼 수 있을 것이다. 실제로 인기도 자료를 기본값인 예열＝500, 반복＝5,000(솎은값 없음)으로 설정하고 분석해 보아도 거의 동일한 결과를 얻을 수

있다. Depaoli와 van de Schoot(2017)가 제안한 바와 같이 우리도 모형을 ① 반복횟수를 늘리고, ② 초기값을 달리하면서 몇 차례 재분석하면서 MCMC가 원하는 안정적 패턴으로 수렴하는지를 확인해 보기를 제안한다. 추세도표를 시각적으로 검토하는 것뿐 아니라 수렴과 관련한 통계치도 검토해야 한다. 그러나 여러 진단통계치 중 어느 것이 최선인지에 대한 일치된 의견은 없다.

베이지언 추정 또한 많은 일반적인 가정에 기반한다. 이 추정법은 비모수적 부트스트랩과 같은 비모수적 방법이 아니다. 이 방법은 표집분산과 점추정치를 얻기 위해 다른 접근법을 사용하며, 점근적 최대우도법을 적용하기 어려운 경우에 사용될 수 있다. 또한 각 모수치에 대해 모수치에 적절한 분포를 선택하므로(예: 회귀계수의 경우 균일분포 혹은 정규분포, 분산의 경우 역카이제곱 분포 혹은 역감마분포), 그 결과로 얻게 되는 모수치 분포는 항상 적정하다. 이 특성으로 인해 베이지언 추정은 관찰자료의 비정규성에 대해 강건(robust)하다(Hox & van de Schoot, 2013).

앞서 언급한 바와 같이 모든 사전분포는 데이터에 어느 정도의 정보를 추가해 준다. 그 결과, 베이지언 추정은 편향되어 있다. 표본의 크기가 적절할 경우, 편향의 정도는 작다. 베이지언 방법은 보다 정확하고 우수한 표집분산의 추정을 보장하므로, 이 편향은 수용 가능하다고 본다. 모의실험 연구(Browne, 1998; Browne & Draper, 2000)가 이를 확인해 주는데, 특히 비선형모형을 다룰 경우 그러하다.

이 장에서 우리는 비정보적 사전분포를 사용했다. 정규분포하는 대규모 자료에서 비정보적 사전분포를 사용할 경우 추정치는 최대우도 추정치와 동일하므로 이는 유용한 선택이다. 더욱이, 대부분의 연구자들은 자료에 사전적 정보를 추가하는 데 조심할 것이다. 결과를 조작하는 것으로 해석될 여지가 있기 때문이다. 그러나 실제로 타당한 사전정보를 연구자가 가지고 있는 경우도 있다. 예를 들어, 표준화 지능검사 결과를 종속변인으로 사용할 경우, 그 평균이 100 근처이고, 표준편차가 약 15라는 것을 이미 알고 있다. 10점 척도를 사용할 경우, 평균이 0과 10 사이의 어느 값이며, 분산은 25를 넘을 수 없다는 것을 이미 알고 있다. 따라서 이 경우 분산의 사전분포로 0에서 무한대의 값을 가질 수 있는 분포를 사용하는 것은 가용한 정보를 낭비하는 것이다. Novick과 Jackson은 1974년에 이미 그들의 탁월한 베이지언 방법의 입문서에서 과학적 논쟁에 있어 현상에 대한 서로 다른 두 가지 가설을 반영하는 두 개의 서로 다른 사전분포를 정의해 주는 것이 건설적이라고 제안한 바 있다. 자료가 수집되고 분석된 이후, 두 사후분포는 앞서 정의한 두 사전분포보다 더 비슷할 것인데, 이는 관찰자료의 수집으로 인해 결론이 수렴되어 감을 보여 준다.

베이지언 MCMC 방법은 부트스트랩과 마찬가지로 연산 부하가 큰 방식이다. 그러나 현재의 컴퓨터 연산능력의 범위 안에서 대부분 해결 가능하다. 이 장에서 제시된 모든 예시적 분석은 MLwiN(버전 2.10)을 사용하였다. 그러나 예열 구간의 반복횟수 결정, MCMC 체인의 모니터링과 같은 이슈들은 Mplus나 WinBUGS(Lunn et al., 2000)와 같은 프로그램을 사용한 베이지언 추정에서도 동일하게 제기된다. 이러한 결정은 연구자의 몫이며, 관련 그래프 및 진단통계치들을 면밀히 검토하여야 한다. 반복횟수는 일반적으로 부트스트래핑의 경우보다 훨씬 많아야 한다. 그러나 MCMC 방법이 추정치를 생성하는 방식이고, 부트스트랩은 원자료를 생성하거나 뒤섞는 방식이므로, MCMC 방식이 더 빠른 경우가 많다.

8. 소프트웨어

다층분석 소프트웨어에 따라 가정의 점검을 위해 제공되는 옵션에 큰 차이가 있다. 그러나 가정의 점검은 많은 경우 잔차도표에 의존하는 경우가 많으므로 일반적인 단일수준 분석용 소프트웨어에서 제공하는 옵션들이 다층자료 가정의 점검에도 유용하다. 회귀계수와 분산을 특정 값으로 고정시킬 수 있는 옵션을 제공하는 소프트웨어라면, 프로파일 우도법을 수작업으로 수행할 수 있다. 그러나 이 작업은 지루한 반복과정을 거쳐야 한다. 강건 표준오차가 보다 통상적으로 제공되는 옵션이다.

다층 부트스트래핑과 베이지언 추정은 이를 지원하는 소프트웨어를 통해서만 수행 가능하다. MLwiN은 서로 다른 다층 부트스트래핑 방법을 모두 지원하는 유일한 소프트웨어이다. MLwiN과 Mplus는 베이지언 추정을 제공한다. WinBUGS와 같은 몇몇 베이지언 추정 소프트웨어로 다층모형의 베이지언 추정이 가능하다. 이 장에 설명된 방법들을 사용하기 위해 연구자는 각 소프트웨어가 이를 제공하는지 여부를 우선 확인해야 한다.

제14장
다층요인분석

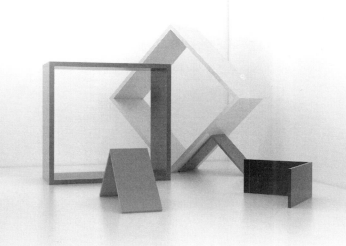

요약

    지금까지 논의한 통계방법들은 모두 전통적인 중다회귀분석의 다층모형으로의 확장이었다. 중다회귀모형은 매우 유연한 모형이고, 다양한 연구에 적용될 수 있기 때문에 그리 제한이 많은 모형이 아니다. 그럼에도 불구하고 중다회귀 방식으로는 분석 불가능한 모형이 있다. 특히 요인분석과 경로분석이 이에 해당한다.

    요인분석과 경로분석을 모두 포함하는 일반적 모형이 구조방정식모형(Structural Equation Modeling: SEM)이다. 구조방정식모형의 주된 관심사는 이론적 구인으로, 이는 잠재 요인으로 표현된다. 흔히 측정모형이라 불리는 요인모형은 잠재요인이 어떻게 관찰변인에 의해 측정되는지를 명세화한 모형이다. 이론적 구인들 간의 관계는 요인들 간의 회귀계수 혹은 경로계수로 표현된다. 이 장에서는 다층 확인적 요인분석과 현재 사용되는 두 가지 주요한 추정방법인 가중최소제곱(WLS)과 최대우도(ML) 방식을 설명한다. 또한 다층 구조방정식모형의 표준화계수와 적합도 지수를 얻기 위한 방법들을 검토한다.

1. 도입

    구조방정식모형은 요인분석, 중다회귀분석, 판별분석 및 정준상관분석과 같은 전통적 다변량 분석을 포함하는 일반화되고 편리한 통계분석방법이다. 구조방정식모형은 유전학자인 Sewall Wright(Wright, 1921)가 개발한 경로분석(path analysis)에 그 근원을 두고 있다. 구조방정식모형은 경로도(path diagram)를 사용해 시각적으로 나타내는 경우가 많다. 경로도는 사각형과 원이 화살표로 연결된 형태이다. Wright는 관찰된 (혹은 측정된) 변인을 직사각형 혹은 정사각형으로 나타내었고 잠재 (혹은 측정되지 않은) 요인을 원형 혹은 타원형으로 나타내었다. 일방향 화살표 혹은 '경로'는 모형에서 가설로 설정된 인과적 관계를 나타내는데, 화살표가 출발하는 쪽이 원인, 도착하는 쪽이 결과를 나타낸다. 양방향 화살표는 공분산 혹은 상관을 나타내며, 인과적으로 해석되지 않는다. 통계적으로, 일방향 화살표 혹은 경로는 회귀계수를 의미하고 양방향 화살표는 공분산을 의미한다. 통계모형은 주로 일련의 행렬 방정식으로 표시된다. 이 장은 구조방정식 자체보다는 다층자료에 대한 구조방정식모형에 초점을 맞추고 있으므로 모형은 주로 경로도를 사용하여 논의될 것이다.

측정모형과 구조모형을 구분할 필요가 있는데, 측정모형 혹은 확인적 요인분석 모형은 잠재요인이 관찰변인들과 어떻게 관련되어 있는가를 명세화하는 모형이다. 구조모형은 잠재요인들 간의 관계를 명세화한다. 이 장에서는 다층요인분석에 관해 주로 논의하고 다층 요인모형을 추정하는 데 사용되는 기법들을 소개할 것이다. 다층 경로모형은 구조모형으로 잠재요인을 포함할 수도 있고 아닐 수도 있는데, 이 모형은 제15장에서 소개될 것이다. SEM에 관한 입문서로 Hox와 Bechger(1998)의 논문 및 Kline(2015)의 입문서를 추천한다. SEM에 관한 통계적 논의는 Bollen(1989)을 참조할 수 있다.

구조방정식모형은 다변량 정규분포 자료의 평균과 공분산행렬로 다음과 같이 표현된다.

$$y_i = \mu + \Lambda \eta_i + \epsilon \tag{14.1}$$

이 식은 관찰변인 y_i가 절편 μ, 관찰되지 않은 요인점수 η_i와 요인부하량행렬 Λ의 요인부하량의 곱 및 잔차에 해당하는 측정오차 ϵ로 구성된 회귀식에 의해 예측된다고 보고 있다. 이 모형은 다시 공분산행렬 Σ에 대한 모형으로 표현될 수 있다.

$$\Sigma = \Lambda\Phi\Lambda' + \Theta \tag{14.2}$$

여기서 공분산행렬 Σ는 요인부하량행렬 Λ, 요인간 공분산행렬 Φ 및 잔차 (공)분산행렬 Θ의 함수로 표현된다.

이 장에서는 다층 SEM에 관한 두 가지 접근법을 논의한다. 첫 번째는 Rabe-Hesketh, Skrondal과 Zheng(2007)의 '(집단) 간-(집단) 내 방법(within and between formulation)'으로, 이 방법은 집단 내 공분산행렬과 집단 간 공분산행렬을 분리하여 추정하는 방법이다. 추정된 공분산행렬은 개별적으로 혹은 동시에 피험자 수준(집단 내) 요인 모형과 집단 수준(집단 간) 요인 모형에 의해 모형화된다. 각각의 모형은 식 14.2에 제시된 단일수준 식과 동일하다. 이 방법은 잘 작동하지만 제한점이 있는데, 이는 2절에서 보다 자세히 논의될 것이다. 두 번째 접근법은 관찰된 다층자료를 각 수준의 변인을 모두 포함하는 하나의 모형으로 직접 모형화하면서 절편과 기울기의 집단 수준 분산을 포함시키는 방식이다. 이 방법은 가장 정확하면서 다양한 활용이 가능한 접근법이지만 연산부하가 커질 수 있다. 이 방법은 또한 현재 다층 혹은 SEM 소프트웨어에 광범위하게 적용되어 있지 않다. 이 접근법은 3절에서 자세히 소개한다.

2. 집단 내-집단 간 접근법

이 접근법은 개인 및 집단 수준 공분산행렬의 분석에 기초한 방법이다. 이 방법은 변인들을 집단 내와 집단 간으로 나누어 분석을 진행한다.

1) 다층 변인의 분해

다층구조모형은 개인을 집단별로 나누어 볼 수 있다는 가정에 기초한다. 개인수준에서 측정된 p개의 변인을 벡터 형태인 Y_{ij}로 나타내 보자. i는 개인, j는 집단을 나타내는 첨자이다. 개인 수준의 자료 Y_{ij}는 집단 간 요소 $Y_B = \overline{Y}_j$와 집단 내 요소 $Y_W = Y_{ij} - \overline{Y}_j$로 분해된다. 달리 말하자면, 각 개인의 관찰된 총점 $Y_T = Y_{ij}$를 집단 수준 요소 Y_B(개인이 소속된 집단의 평균)와 개인수준 요소 Y_W(개인 점수와 개인이 속한 집단의 평균 간 차이)의 합으로 나타내는 것이다. 이 두 요소는 독립적(orthogonal)이고 가산적(additive)이라는 특징이 있다(Searle, Casella, & McCulloch, 1992 참조).

$$Y_T = Y_B + Y_W \tag{14.3}$$

개인 점수를 이와 같이 분해하여 집단 간 공분산행렬 Σ_B(개인 점수를 집단 평균점수로 대체한 Y_B의 모집단 공분산행렬)과 집단 내 공분산행렬 Σ_W(집단평균으로부터의 개인 편차점수의 모집단 공분산행렬)을 계산할 수 있다. 이 두 공분산행렬 또한 독립적이고 가산적이다.

$$\Sigma_T = \Sigma_B + \Sigma_W \tag{14.4}$$

동일한 논리로 표본자료 또한 분해할 수 있다. G개 집단 N명의 개인으로부터 수집한 자료가 있다고 가정해 보자(개인에 대해 첨자 $i = 1 \ldots N$, 집단에 대해 첨자 $g = 1 \cdots G$). 표본자료를 분해한다면 표본 공분산행렬 또한 독립적이고 가산적이다.

$$S_T = S_B + S_W \tag{14.5}$$

다층 구조방정식모형은 모집단 공분산행렬 Σ_B와 Σ_W가 집단 간 모형과 집단 내 모형으로 각각 설명된다고 가정한다. 모형의 모수치, 즉 요인부하량, 경로계수 및 잔차분산의 추정을 위해 모집단 집단 간 공분산행렬 Σ_B 및 집단 내 공분산행렬 Σ_W의 최대우도 추정치가 필요하다. 집단 간 및 집단 내 접근법에 기초한 다층요인분석 모형의 추정을 위한 몇 가지 방법이 제안되었다. 역사적으로, 유용하면서도 기존 SEM 소프트웨어를 이용해 수행 가능한 최초의 방법은 Muthén(1989, 1994)이 MUML(MUthén's ML)이라 명명한 방법으로, 이는(표본집단 간 및 집단 내 공분산행렬인) S_B와 S_W를 나누어 분석하는 방법이다. 그러나 이 방법은 집단의 크기가 동일하다는 것을 가정하고 있고, 모의실험 연구(Hox & Maas, 2001; Hox et al., 2010)에서 그 정확성이 제한적이라는 문제점이 발견되었다. Yuan과 Hayashi(2005)는 MUML이 집단의 수가 무한대로 커지고 집단 크기의 분산이 0에 근접할 경우에만 올바른 결과를 산출한다는 것을 분석적으로 보여 주었다. 대부분의 구조방정식 소프트웨어들이 2수준 자료에 대해 여전히 MUML 접근법을 탑재하고는 있으나 다음에서 논의될 WLS 및 ML 접근법이 훨씬 정확한 방법이다.

2) 가중최소제곱법을 사용한 집단 내 및 집단 간 행렬의 분석

Asparouhov와 Muthén(2007)은 다층 SEM에서 모집단 공분산행렬들(집단 간, 집단 내)을 각각 추정하고 이어서 다층 요인모형의 집단 내 및 집단 간 모형을 각각 추정하는 방법을 제안했다. 이 접근법에서는 단변인 최대우도 추정법을 통해 집단 수준에서의 평균벡터 μ 및 S_B와 S_W의 대각원소(diagonal element, 분산)를 추정한다. 범주형 서열변인의 경우 임계값들(thresholds) 또한 추정된다. 다음으로, S_B와 S_W의 비대각 원소들(off-diagonal elements)을 이변량 최대우도 추정법을 통해 추정한다. 이 접근법에서 S_B는 표본 집단평균들 간의 공분산행렬이 아니라 모집단 공분산행렬 Σ_B의 ML 추정치이다. 마지막으로 얻어진 추정치들 간의 점근적 분산-공분산 행렬이 얻어지고, 가중최소제곱(WLS) 방식으로 다층 SEM모형을 추정하게 된다. 현재 이 접근법은 Mplus (Muthén & Muthén, 1998~2015)에서만 가용하다.

WLS는 S_B와 S_W의 점근적 표집 분산-공분산 행렬을 가중치행렬로 사용하여 정확 카이제곱값과 표준오차를 얻는 기법이다. 변인의 수 혹은 모수의 수가 많을 경우 점근적 공분산행렬은 매우 커지게 된다. 표본의 크기가 매우 크지 않은 이상 가중치행렬의 추정의 정확성이 떨어지고, 결과적으로 모수치 추정이 부정확해진다. 특히 집단 간 모형에서 가중치행렬의 요소들의 수가 집단의 수보다 많아지는 경우가 발생하기 쉽다. 일반적인 표본크기를 고려해 본다면 가중치행렬의 대각원소만을 사용하는 것이 현실적이다(이를 diagonal WLS 혹은 DWLS라 함. Muthén et al., 1997). Mplus에서 비정규 변인에 대한 다층모형에서는 WLSM 추정이 기본방식으로 설정되어 있는데, 이 방식이 강건 카이제곱을 사용한 DWLS이다[WLSM은 평균 (first-order) 교정, WLSMV는 평균과 분산(second-order) 교정 상관계수를 사용함]. 비정규자료에 대한 ML 추정 또한 가능하지만 이는 연산부하가 크다. WLSM은 이보다 훨씬 빠른 추정법이다. WLSM은 연속변인에 대해서도 사용 가능하지만 이 경우 ML추정보다 나은 점이 없다.

3. 완전최대우도 추정

2수준 자료에서 식 14.1에 제시된 요인구조는 다음과 같아진다.

$$\mathbf{y}_{ij} = \mu_j + \Lambda_W \eta_{ij} + \epsilon_W$$
$$\mu_j = \mu + \Lambda_B \eta_j + \epsilon_B,$$

(14.6)

여기서 μ_j는 집단에 따라 달라지는 무선절편 벡터이다. 첫 번째 식은 집단 내 변산을, 두 번째 식은 집단 간 변산을 모형화한다. 개인 수준 변인들은 집단평균 중심화되어 있으므로 개인 수준에서 모든 평균은 정의에 의해 0이 되고 μ_j는 집단 수준에서 정의된다. 두 번째 식을 첫 번째 식에 대입하고 재정렬하여 다음과 같은 식을 얻을 수 있다.

$$\mathbf{y}_{ij} = \mu_j + \Lambda_W \eta_{ij} + \Lambda_B \eta_j + \epsilon_B + \epsilon_W$$

(14.7)

기호체계만 다를 뿐 식 14.7의 구조는 요인행렬 Λ의 회귀계수(요인부하량)가 고정효과이고, 1수준 및 2수준의 오차항을 가지는 무선절편 회귀모형의 구조와 동일하다. 만약 요인부하량에도 집단 간 분산을 허용한다면 이 모형은 무선계수 모형으로 일반화된다. 다층요인분석의 맥락에서 요인부하량에 집단 간 차이가 존재하는 것은 적절하지 않다. 왜냐하면 이는 측정모형이 집단 간에 동등하지 않다는 의미이기 때문이다. 다층 경로분석의 맥락에서 변인 간 관계에 대한 회귀계수가 집단에 따라 달라지는 무선계수 모형은 집단 간 차이에 대한 유의미한 해석을 위한 정보를 제공해 준다.

집단별 사례 수가 다른 보다 일반적인 불균형 자료에 대해 모수의 최대우도 추정치를 얻기 위해 원자료(raw data)를 분석해야 한다. 불균형 자료는 일종의 결측자료로 볼 수 있다. 결측자료에 대한 최대우도 추정법은 모형과 우도(likelihood)를 원자료에 관하여 정의한다. 이러한 이유로 이 방식을 원자료 우도 방법(raw likelihood method)이라 하기도 한다. Raw ML 방식에서는 다음의 함수를 최소화시킨다(Arbuckle, 1996).

$$F = \sum_{i=1}^{N} \log |\Sigma_i| + \sum_{i=1}^{N} \log (X_i - \mu_i)' \Sigma_i^{-1} (X_i - \mu_i) \tag{14.8}$$

첨자 i는 관찰된 사례들을, x_i는 사례 i에 대해 관찰된 변인값을 나타낸다. μ_i와 Σ_i는 I에 대해 관찰된 변인들의 모집단 평균과 공분산을 포함한다.

Mehta와 Neale(2005)은 개인이 집단에 내재된 다층자료를 위한 모형들이 구조방정식으로 표현될 수 있음을 보여 주었다. 식 14.8의 적합함수가 이 경우 적용 가능한데, 이때 집단은 관찰단위(unit of observation)로, 집단 내의 개인들은 변인으로 취급된다. 불균형 자료(여기서는 각 집단의 사례 수가 다른 경우)를 처리하는 방식은 보편적인 SEM에서 결측자료를 처리하는 것과 동일한 방식으로 처리 가능하다. 2단계 WLS 접근법은 집단 간 모형에서 무선절편만 포함 가능한 반면, ML 방식은 무선기울기도 포함 가능하다(Mehta & Neale, 2005). 이론적으로는 결측자료의 분석이 가능한 모든 SEM 소프트웨어에서 다층 구조방정식 분석이 가능하다. 그러나 실제로는 특정 다층 구조를 활용하여 계산을 단순화시키는 기능이 포함된 특화된 소프트웨어가 다층 구조방정식 분석에 사용된다. 다층 SEM에 대한 완전최대우도 추정은 현재 Mplus에서 3수준까지, GLLAMM에서(3수준 이상의) 다수준까지 가능하다. 최근에는 강건 표준오차 및 카이제곱을 이용한 유의성 검정도 가능하다. 다층자료에서 카이제곱과 강건 표준오차의 사용은 모형이 놓친 이질적 분산에 대한 보호장치가 될 수 있다. 이질적 분산은 집단 수준 모형이 잘못 설정되었거나 포함되어야 할 수준을 포함시키지 않을 경우 발생할 수 있다. 마지막으로, Skrondal과 Rabe-Hesketh(2004)는 완전최대우도 방식을 정규성에서 벗어나는 자료에 대한 일반화 선형모형에 적용하는 방법을 개발했는데, 이는 현재 Mplus와 GLLAMM에서만 구현된다.

다음 절에서 예시 자료를 WLS와 ML 추정법을 통해 분석한다. 모의실험(Hox et al., 2010) 결과는 WLS와 ML의 결과 차이가 보통은 무시할 만한 수준임을 보여 준다. 다음절의 예시에서도 두 방식이 매우 유사한 결과를 산출함을 보여 준다. ML 추정이 가능한 경우라면 이 방식을 선택하는 것이 우선이다. ML 추정을 위해 소요되는 연산 부하가 컴퓨터의 연산능력을 넘어설 경우 대안적으로 WLS를 선택할 수 있다.

모형에 무선기울기가 포함될 경우 가능한 추정법은 최대우도 추정법이다. 확인적 요인분석에서 무선기울기가 포함된다는 것은 요인부하량이 집단에 따라 달라진다는 것을 의미한다. 다음 예시에서 6개의 개인 수준 요인부하량 중 가족 간에 유의한 차이를 보이는 부하량은 없었다. 확인적 요인분석에서 이는 바람직한 결과이다. 왜냐하면 집단 간 요인부하량이 다를 경우 이는 사용된 측정도구가 각 집단에서 동일한 구인을 동일한 방식으로 측정하고 있지 않다는 것을 함의하기 때문이다.

4. 다층요인분석 예시

예시 자료는 van Peet(1992)의 이론에 따라 60가구의 400명 아동에 대한 6개 지능 측정치이다. 6개 지능 측정치는 단어목록(word lists), 카드(cards), 행렬(matrices), 도형(figures), 동물(animals), 직업(occupations)이다. 자료는 아동이 가족에 내재되어 있는 다층구조이다. 지능은 가정의 공유된 유전적·환경적 요인에 큰 영향을 받으므로 상당히 강한 정도의 집단효과가 있을 것으로 기대한다. 자료에서 지능 측정치들의 집단 내 상관계수는 0.38~0.51에 이른다.

1) 완전최대우도 추정

완전최대우도 방식이 표준적 추정법이라 볼 수 있으므로 이 방법에 의한 추정을 우선 실시한다. Muthén(1994)은 총점을 사용한 분석을 먼저 실시할 것을 권장하는데 이는 복잡한 준–균형 자료 상황에서는 적절한 제언이라 할 수 있으나 사용자 친화적인 다층 SEM 소프트웨어가 가용한 상황에서는 불필요한 단계라 할 수 있다. 실효 1수준 표본크기($N-G$)가 거의 대부분 경우 집단의 수(G)보다 훨씬 크기 때문에, 집단 내 모형부터 분석을 시작하는 것이 좋다. 이 경우 집단 간 모형은 포화모형으로 설정하거나 통합 집단 내 행렬만을 분석한다.

예시 자료에서 개인 수준 관찰값의 수는 400-60＝340이고 가족 수준에서는 60이다. 따라서 개인 수준에서 S_B 는 무시하고 S_{PW} 만 분석하는 모형을 먼저 살펴보는 것으로 분석을 시작한다.

S_{PW} 에서 도출된 상관계수를 사용한 탐색적 요인분석 결과, 요인의 수가 2개인 것으로 파악된다. 첫 세 측정치가 하나의 요인에 부하되고 나머지 세 측정치가 다른 하나의 요인에 부하된다. S_{PW} 에 대한 확인적 요인분석 또한 이러한 2요인 모형을 지지한다($\chi^2＝6.0$, $df＝8$, $p＝0.56$). S_{PW} 에 대한 단일요인(일반요인) 모형은 기각되었다($\chi^2＝207.6$, $df＝9$, $p<0.001$).

다음 단계는 가족 수준 모형을 설정하는 것이다. 탐색적 목적에서 추정된 집단 간 공분산행렬 S_B 에 대해 별도의 요인분석을 실시해 볼 수 있다. 행렬 S_B 는 Σ_B 의 최대우도 추정치로 집단 내 및 집단 간 모형에 모두 포화모형을 설정함으로써 얻을 수 있다(Mplus는 이 행렬을 자동으로 생성해 줌). 예시자료에서, 집단 내 모형의 우수한 적합도를 고려하여, 집단 내 모형에서 도출된 2요인 모형을 유지하면서 다층요인분석을 진행한다.

집단 간 모형은 집단 수준의 기준모형(benchmark model)을 우선 설정하여 집단 간 구조가 존재하는지 여부를 먼저 검증한다. 가장 단순한 기준모형은 영모형(null model)으로 집단 수준에서 아무런 구조도 설정하지 않은 모형이다. 영모형이 채택된다면 가족 수준에서는 아무런 구조가 없는 것이다. 즉, S_B의 모든 분산과 공분산은 개인 수준의 표집분산의 결과로 보아야 한다. 따라서 분석은 단일수준 분석방법을 사용해서 진행해도 좋다.

다음 단계의 모형은 독립모형(independenc model)으로, 가족 수준에서 분산만 명세화하고 공분산은 명세화하지 않는다. 만약 독립모형이 채택된다면 가족수준의 분산은 존재하나 실질적으로 분석할 만한 구조모형은 존재하지 않는 것으로 볼 수 있다. 따라서 단순히 통합 집단 내 행렬만 분석하면 될 것인데, 이 경우 집단 간 공분산 행렬에 포함된 G개의 관찰값으로부터 얻을 수 있는 집단 내 정보는 상실하게 된다. 만약 독립모형이 기각된다면, 가족 수준에서 모종의 구조가 존재하는 것으로 보아야 한다. 개인 수준 모형이 주어진 상황에서, 적합도가 가장 높은 집단 수준 모형은 공분산행렬을 가족 수준 관찰값에 완전히 적합시키는 포화모형(saturated model)이다. 이 모형은 가족 수준 모형에 아무런 제약을 가하지 않는 모형이다. 〈표 14−1〉에 이 세 가지 유형의 가족 수준 기준모형 추정 결과가 제시되어 있다. 영모형과 독립모형은 기각되었다. 다음 단계로 개인 수준에서 검토한 1요인 모형과 2요인 모형을 가족 수준에서 각각 설정해 본다. 1요인 모형은 잘 적합한 것으로 나타났다($\chi^2 = 11.9$, $df = 17$, $p = 0.80$). 2요인 모형에서 적합도는 더 향상되지 않았다(카이제곱 차이값 0.15, $p = 0.70$).

〈표 14-1〉 가족 수준 기준모형들

	카이제곱	df	p
가족 수준 모형			
영모형	323.6	29	.00
독립모형	177.2	23	.00
포화모형	6.7	8	.57

또 다른 다층모형은 집단 간 및 집단 내 수준에 동일한 요인구조를 상정하고, 두 수준에서 대응되는 요인부하량에 동일성 제약을 가한 모형이다. Jak, Oort와 Dolan (2013)은 다집단모형에서 집단 간 요인부하량 동일성은 2수준 모형에서 수준 간 요인부하량의 동일성을 함의한다는 것을 보여 주었다. 수준 간 요인부하량 동일성은 집단 수준에서 개인 수준과 동일한 요인이 개인 수준 요인의 집합화로 해석될 수 있음을 보증하는 데 필요하다. 동일성이 확인된다면 각 수준 요인의 분산 ϕ를 사용하여 요인의 집단 내 상관계수를 다음과 같이 계산할 수 있다(Mehta & Neale, 2005).

$$\text{ICC}_{\text{factor}} = \phi_{\text{BETWEEN}} / (\phi_{\text{BETWEEN}} + \phi_{\text{WITHIN}}) \tag{14.9}$$

만약 수준 간 요인부하량이 동일하지 않을 경우, 공통요인은 수준에 따라 다르게 해석된다. 요인부하량이 동일할 경우, 집단 간 수준의 잔차분산은 측정편향(measurement bias)을 나타낸다(Jak et al., 2013; Rabe-Hesketh et al., 2007). 예시 자료에서 요인부하량 동일성 제약을 가한 2수준 모형은 자료에 꽤 적합하게 되었다($\chi^2 = 18.75$, $df = 20$, $p = 0.54$). Mplus의 강건 최대우도 추정을 통한 모수 추정치는 〈표 14-2〉에 제시되어 있다. 식 14.9에 각 수준의 요인분산 추정값을 대입한 결과, '수리(numeric)' 요인분산의 47.1%가 가족 수준(.892/(.892+1) = .471), '지각(perception)' 요인분산의 52.5%가 가족 수준인 것으로 나타났다(1.092/(1.092+1) = .525).

〈표 14-2〉 두 수준 간 요인부하량 동일성 모형의 모수 추정치

	개인 수준			집단 수준		
	수리	지각	잔차분산	수리	지각	잔차분산
단어목록	3.20 (.28)		6.14 (.78)	3.20 (.28)		1.23 (.50)
카드	3.17 (.21)		5.33 (.65)	3.17 (.21)		1.35 (.60)
행렬	2.97 (.21)		6.58 (.77)	2.97 (.21)		1.89 (.60)
도형		2.95 (.20)	7.11 (76)		2.95 (.20)	2.12 (.65)
동물		3.12 (.17)	5.08 (.60)		3.12 (.17)	0.56 (.57) ns.
직업		2.94 (.15)	5.02 (.72)		2.94 (.15)	1.90 (.63)
요인분산	1.000	1.000		0.892 (.25)	1.092 (.28)	
요인공분산	.388 (.05)			.972 (.24)		
요인상관	.388			.985		

　　간명성의 원칙(적합도가 적절한 모형 중 가장 단순한 모형 선택)에 가장 부합하는 모형은 가족 수준에서 단일요인을 상정한 모형이다. 이 모형을 선택할 경우 해석의 복잡성이라는 대가를 치러야 한다. 이 모형에서는 요인구조가 개인 및 가족 수준에서 동일하지 않기 때문이다. 모형의 카이제곱 검증은 유의하지 않으며, 적합도지수도 적절하다(CFI 1.00, RMSEA 0.00; 14장 6절 참조). [그림 14-1]은 집단 간 모형과 집단 내 모형의 경로도이다. 이는 개인수준 지표변인의 가족수준 절편(가족별 평균)이 가족 간에 차이가 있으며, 잠재변수로 포함됨을 의미한다.

　　Mplus의 최대우도법을 사용한 추정 결과가 〈표 14-3〉에 제시되었다.

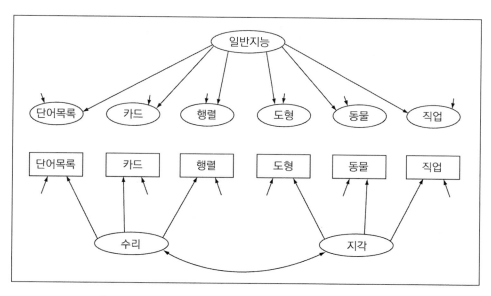

[그림 14-1] 가족 IQ 자료 1에 대한 분석모형 경로도

〈표 14-3〉 개인 및 가족 수준 추정치: ML 추정

	개인 수준			가족 수준	
	수리	지각	잔차분산	일반지능	잔차분산
단어목록	3.18 (.20)		6.19 (.74)	3.06 (.39)	1.25 (.57)
카드	3.14 (.19)		5.40 (.69)	3.05 (.39)	1.32 (.59)
행렬	3.05 (.20)		6.42 (.71)	2.63 (.38)	1.94 (.67)
도형		3.10 (.20)	6.85 (.76)	2.81 (.40)	2.16 (.71)
동물		3.19 (.19)	4.88 (.70)	3.20 (.38)	0.66 (.49)
직업		2.78 (.18)	5.33 (.60)	3.44 (.42)	1.58 (.62)

괄호 안은 표준오차. 개인 수준 요인 간 상관: 0.38.

2) 가중최소제곱 추정

Mplus의 강건 카이제곱 가중 최소제곱 분리추정/WLS(WLSMV) 결과가 〈표 14-4〉에 제시되었다.[1) 카이제곱 검증을 통해 모형이 수용 가능한 것으로 나타났다(χ^2 = 5.91, df =7, p =0.55). 적합도는 CFI = 1.00, RMSEA = 0.00으로 적절한 수준이었다.

〈표 14-4〉의 모수 추정치는 앞서의 완전최대우도 방식 결과와 유사하지만 정확히 같지는 않다. 강건 표준오차를 사용한 이 결과는 완전최대우도 방식으로 점근적 표준오차를 사용한 결과와 동일하다.

〈표 14-4〉 개인 및 가족 수준 추정치: WLS 추정

	개인 수준			가족 수준	
	수리	지각	잔차분산	일반지능	잔차분산
단어목록	3.25 (.15)		5.67 (.84)	3.01 (.48)	1.51 (.62)
카드	3.14 (.18)		5.44 (.68)	3.03 (.38)	1.25 (.71)
행렬	2.96 (.22)		6.91 (.92)	2.62 (.45)	2.02 (.69)
도형		2.96 (.22)	7.67 (.92)	2.80 (.46)	2.03 (.72)
동물		3.35 (.21)	3.79 (.99)	3.15 (.41)	0.96 (.61)
직업		2.75 (.24)	5.49 (.94)	3.43 (.44)	1.67 (.63)

괄호 안은 표준오차. 개인 수준 요인 간 상관: 0.38.

5. 다층 구조방정식에서 추정치의 표준화

지금까지 제시된 추정치들은 모두 비표준화계수이다. 표준화계수는 서로 다른 척도로 측정된 변인들 간 요인부하량과 잔차분산의 비교가 가능하므로 해석의 용이성을 위해서는 표준화계수도 함께 검토하는 것이 유용하다. 간편한 표준화 방법은 각 수준의 잠재요인과 관찰변인 모두 각각 표준화시키는 것이다. 〈표 14-5〉에 ML 추정치의 표준화계수가 제시되어 있다. 이를 통해 요인구조는 개인 수준보다 가족 수

---

1) 점근적 카이제곱은 완전 WLS 추정법을 선택하여 얻을 수 있다. 앞서 설명한 바와 같이 이 방식의 추정은 매우 큰 가중치행렬의 연산을 필요로 한다. 집단의 수가 60밖에 되지 않으므로 이렇게 추정할 경우 문제가 생길 수 있다. 따라서 강건 WLS 방식의 추정을 선택한다.

준에서 더 강하다는 것을 알 수 있다. 이는 일반적인 현상이다. 하나의 이유는 측정의 오차가 개인 수준에서는 누적되기 때문이다.

〈표 14-5〉에 제시된 표준화계수는 '집단 내 완전 표준화 해법'이라 불린다. 여기서 표준화는 집단 내 및 집단 간 수준을 분리하여 각각 별도로 이루어진다.

〈표 14-5〉 개인 및 가족 수준 추정치: 표준화계수 추정

	개인 수준			가족 수준	
	수리	지각	잔차분산	일반지능	잔차분산
단어목록	0.79 (.03)		0.38 (.05)	0.94 (.03)	0.12 (.06)
카드	0.80 (.03)		0.35 (.05)	0.94 (.03)	0.12 (.06)
행렬	0.77 (.03)		0.41 (.05)	0.88 (.05)	0.22 (.08)
도형		0.76 (.03)	0.42 (.05)	0.89 (.04)	0.22 (.08)
동물		0.82 (.03)	0.32 (.05)	0.97 (.02)	0.06 (.05)
직업		0.77 (.03)	0.40 (.05)	0.94 (.03)	0.12 (.05)

괄호 안은 표준오차. 개인 수준 요인 간 상관: 0.38.

6. 다층 구조방정식에서의 모형 적합도

SEM 프로그램은 카이제곱 검증 이외에도 다양한 적합도지수를 산출해 준다. 이 지수들은 모형이 자료에 얼마나 적합한가를 보여 준다. 모형의 적합도에 대한 통계적 검증에는 표본크기에 따라 검증력이 달라진다는 문제가 있다. 표본크기가 매우 크다면 통계적 검증은 거의 대부분 유의한(즉, 영가설이 기각되는) 결과를 산출하게 된다. 따라서 규모 대표본 자료에서는 모형이 자료를 잘 설명하고 있는 경우에도 대부분의 모형이 기각된다. 반대로, 표본크기가 매우 작다면 모형이 꽤 적합하지 않은 경우에도 대부분 모형이 채택될 것이다.

카이제곱 검증이 표본크기에 민감하다는 점을 고려하여 다양한 대안적 적합도지수가 제시되었다. 모든 대안적 적합도지수들은 카이제곱값과 자유도의 함수로 나타난다. 대부분의 지수들은 모형의 적합도뿐만 아니라 간명성도 함께 고려한다. 모든 변인들 간의 가능한 모든 경로를 포함하는 포화모형은 항상 자료에 완벽하게 적합하지만 이는 그저 관찰된 자료만큼이나 복잡한 모형일 뿐이다. 일반적으로 모형의 적합도와 간명성은 상충적 관계(trade-off)에 있다. 몇몇 적합도지수들은 모형의 적합도와 간명성을 동시에 평가한다. 목표는 표본의 크기 혹은 자료의 분포로부터 독립적인 적합도지수를 산출하는 것이다. 다양한 모의실험 결과, 대부분의 적합도지수들이 사실상 여전히 표본의 크기와 분포에 의존하는 것으로 나타났지만 그 의존의 정도는 카이제곱 검증보다는 훨씬 덜하다.

대부분의 SEM 소프트웨어는 당황스러울만큼 많은 수의 적합도지수를 계산해 보여 준다. 이 모든 값들이 카이제곱 통계치의 함수이지만 몇몇 지수들은 복잡한 모형에 벌점을 주는 두 번째 함수를 포함하기도 한다. 예를 들어, Akaike의 정보 기준(Akaike's Information Criterion: AIC)은 카이제곱의 2배에서 모형의 자유도를 빼 주는 것이다. 다양한 적합도지수의 검토를 위해 Gerbing과 Anderson(1992)을 참조하기 바란다.

Jöreskog과 Sörbom(1989)은 GFI(Goodness of Fit Index)와 AGFI(Adjusted GFI)라는 두 적합도지수를 소개했다. GFI는 적합도를 나타내고 AGFI는 모형의 복잡도에 대해 조정된 적합도를 나타낸다. Bentler(1990)는 비교적합도지수(Comparative Fit Index: CFI)라는 유사한 지수를 소개했다. 이 외에 잘 알려진 2개의 적합도지수는 Tucker-Lewis index[TLI; Tucker & Lewis, 1973, 비표준적합도지수(Non-Normed Fit Index: NNFI)로도 알려져 있음]와 표준적합도지수(Normed Fit Index: NFI)가 있다(Bentler & Bonett, 1980). NFI와 NNFI(TLI) 모두 모형의 복잡성에 대해 조정된 지수들이다. 모의실험 연구 결과, 이 모든 지수들이 여전히 표본의 크기 및 추정법(예: ML 또는 GLS)의 영향을 받지만 그중 CFI와 TLI/NNFI가 전체적으로 가장 우수한 것으로 나타났다(Chou & Bentler, 1995; Kaplan, 1995). 모형이 완벽하게 자료에 적합하다면 이 지수들은 1의 값을 가져야 한다. 일반적으로 적어도 0.90 이상이 수용 가능한 수준이고 0.95 이상이 '좋은' 모

형의 기준으로 받아들여지지만, 이는 단순히 경험칙일 뿐이라는 점을 명심해야 한다.

적합도를 바라보는 또 다른 접근법은, '모형'은 단지 근사(approximation)일 뿐으로 완벽한 적합을 모형에 기대해서는 안 된다는 관점이다. 대신, 문제는 주어진 모형이 얼마나 '진짜' 모형에 근접하느냐를 평가하는 것이다. 이 관점으로부터 근사오차평균제곱의 제곱근(Root Mean Square Error of Approximation), 즉 RMSEA라 불리는 적합도지수가 개발되었다(Browne & Cudeck, 1992). 연구모형이 잘 근사되었다면 RMSEA는 매우 작은 값을 가져야 한다. 일반적으로 0.10 이하의 RMSEA 값이 수용 가능한 수준이고(Kline, 2015), 0.05 이하일 경우 '좋은' 모형으로 간주된다. RMSEA가 이 하한계보다 유의하게 큰지를 검정하기 위한 통계적 검증 및 신뢰구간의 설정이 가능하다.

다수의 적합도지수가 존재하기 때문에, 서로 다른 원칙에 기초한 몇 개의 지수들을 검토해 보는 것이 권장된다. 따라서 예시 분석에 대해 카이제곱뿐만 아니라 CFI와 RMSEA를 함께 고려했다.

다층 SEM에서 적합도 지수들의 문제점은 이들이 전체 모형에 적용된다는 점이다. 따라서 적합도지수들은 집단 내 모형과 집단 간 모형 모두의 적합도를 동시에 반영한다. 개인 수준의 사례 수가 훨씬 크기 때문에 집단 내 모형이 적합도지수의 산출에 압도적으로 작용하게 되고, 집단 간 모형의 적합도 부족을 적절히 반영하지 못하는 문제가 생긴다(Ryu, 2014). 따라서 모형의 두 부분의 적합도를 별도로 살펴볼 필요가 있다.

개인 수준 표본의 크기가 집단의 수보다 훨씬 크기 때문에 집단 내 행렬을 별도로 모형화하고 적합도지수를 산출하여 해석한다 해도 정보의 손실이 크지 않다.

집단 내 혹은 집단 간 모형의 적합도지수를 얻는 간단한 방법은 두 수준 중 한 수준의 모형을 포화모형으로 설정하고 (포화모형이 아닌) 다른 수준 모형의 적합도를 살펴보는 것이다. 포화모형은 모든 변인들 간의 모든 공분산을 추정하므로 자유도는 0이고 적합도는 항상 1이다. 결과적으로, 적합도지수에 나타난 적합의 정도는 포화모형이 아닌 부분의 적합도를 나타내게 된다. 이 방법은 집단 간 모형의 적합도를 판단하기에 좋은 방법은 아니다. 왜냐하면 포화모형으로 설정된 부분의 완벽한 적합도가 적합도지수에 영향을 주기 때문이다. 적합도지수 중 적합의 정도에 대한 민감도가 높은 적합도지수가 특히 비정상적으로 좋은 적합도를 보여 줄 것이고, 모형의 간명성을 반영하는 적합도지수는 낮은 적합도를 보여 줄 가능성이 있다.

집단 간 및 집단 내 모형의 적합도를 분리산출하는 더 좋은 방법은 수작업으로 적합도를 계산하는 것이다. 대부분의 적합도 지수가 카이제곱, 표본크기 N, 자유도 df의 비교적 단순한 함수이다. 몇몇 지수는 목표모형(target model) M_t만을 고려하고, 또 다른 지수들은 목표모형과 기저모형[baseline model, 대부분의 경우 독립모형(independence model)] M_I를 함께 고려한다. 집단 간 모형을 포화모형으로 두고 집단 내 행렬에 대해 연구모형과 독립모형을 추정함으로써 전체 카이제곱에서 각 집단 내 모형의 카이제곱이 어느 정도를 차지하고 있는지를 판단할 수 있다. 이 정보를 이용하여 대부분의 적합도지수를 계산하는 것이 가능하다. 대부분 SEM 소프트웨어들이 필요한 정보를 산출해 주며, 산출공식 및 참고자료들은 사용자 매뉴얼 및 다양한 문헌에서 확인 가능하다(예: Gerbing & Anderson, 1992).

〈표 14-6〉에 가족 지능예시 자료의 독립모형 및 최종모형에 대한 각 수준의 카이제곱, 자유도, 그리고 표본크기가 제시되어 있다.

〈표 14-6〉 개인 및 가족 수준 모형의 카이제곱 및 자유도

	개인수준 (집단수준에서는 포화모형 설정)		가족수준 (개인수준에서는 포화모형 설정)	
	독립모형	2요인 모형	독립모형	1요인 모형
카이제곱	805.51	6.72	168.88	4.74
자유도	30	8	15	9
n	340	340	60	60

비교적합도지수 CFI는 다음과 같이 계산된다(Bentler, 1990).

$$CFI = 1 - \frac{\chi_t^2 - df_t}{\chi_I^2 - df_I}$$

(14.10)

식 14.10에서 χ_t^2는 목표모형의 카이제곱 χ_I^2는 독립모형의 카이제곱이며, df_t와 df_I는 각각 목표모형과 독립모형의 자유도이다. 카이제곱과 자유도의 차이가 음수라면 0으로 치환한다. 예를 들어, 가족 수준 모형의 CFI는 다음과 같이 계산된다.

$$CFI = 1 - (4.74 - 9)/(168.88 - 15) = 1 - 0/153.88 = 1.00$$

비표준적합도지수(NNFI)로 알려진 Tucker-Lewis 지수(TLI)는 다음과 같이 계산된다.

$$\text{TLI} = \frac{\dfrac{\chi_I^2}{df_I} - \dfrac{\chi_t^2}{df_t}}{\dfrac{\chi_I^2}{df_I} - 1} \tag{14.11}$$

마지막으로 근사오차평균제곱의 제곱근 RMSEA는 다음과 같이 계산된다.

$$\text{RMSEA} = \sqrt{\left(\frac{\chi_t^2 - df_t}{N df_t}\right)} \tag{14.12}$$

여기서 N은 전체 사례 수이다. 만약 RMSEA가 음수로 계산된다면 역시 0으로 대체된다. 식 14.10에서 14.12 및 〈표 14-6〉의 값들을 사용하여 집단 내 및 집단 간 모형의 CFI, TLI, RMSEA를 각각 계산할 수 있다. 결과는 〈표 14-7〉에 제시되었다. 〈표 14-7〉의 적합도지수들은 집단 내 및 집단 간 모형에서 모두 매우 우수한 적합도를 보여 주었다.

〈표 14-7〉 개인 및 가족 수준 모형의 수준별 적합도

	개인수준, 2요인	가족수준, 1요인
CFI	1.00	1.00
TLI	1.01	1.05
RMSEA	0.00	0.00

7. 소프트웨어

현재 대부분의 SEM 소프트웨어들은 2수준 SEM 분석 절차를 탑재하고 있다. 2수준까지 밖에 분석이 안 된다는 것이 큰 제한점으로 보일 수 있으나 SEM이 본질적으로 다변량 기법이며, 다층회귀분석은 단변량 분석이라는 점을 인식할 필요가 있다. 결과적으로, 다층회귀분석에서 다변량 분석을 수행하거나 측정모형을 포함시키기 위해서는 '변인' 수준을 모형에 추가할 필요가 있고, 종단연구에서는 '시점' 수준을 추가할 필요가 있다. 그러나 다층 SEM은 이러한 것으로부터 자유롭다.

그럼에도 불구하고 두 수준까지만 분석 가능하다는 것이 제한점이 될 수 있다. 현재 Mplus(Muthén & Muthén, 1998~2015)는 3수준 분석이 가능하고 GLLAMM(Rabe-Hesketh & Skrondal, 2008)은 다수준 분석이 가능하다.

2단계 WLS 접근법은 일반적인 무선계수모형보다 단순하다. 이 방법은 상위 수준에서 절편분산만 가지는 다층회귀분석과 비교할 수 있다. 여기서는 무선기울기(요인부하량 및 경로계수의 분산)를 설정하지 않는다. 흥미로운 접근법으로 2수준 다층모형과 다집단 모형을 결합하는 방법이 있는데, 이는 서로 다른 하위집단에 대해 서로 다른 집단 내 공분산행렬을 허용하는 것이다.

최대우도 추정법을 사용할 경우 다층 SEM은 무선기울기를 포함시킬 수 있다. 현재 Mplus와 GLLAMM만이 이러한 분석이 가능하다. Muthén과 Muthén(2015)은 표

준 경로도의 1수준 모형 화살표에 점을 찍는 방식으로 무선절편 혹은 무선기울기를 도식으로 나타낼 수 있도록 경로도 표시방식을 확장했다. 무선으로 설정된 기울기는 2수준 모형에서 잠재변인으로 표시된다. 이는 2수준 절편을 잠재변인으로 표시하는 것과 일관성을 가진다. 이 방식은 다층회귀분석과 다층 SEM 간의 중요한 연관성, 즉 무선계수는 잠재변인이며, 많은 다층회귀모형이 SEM의 맥락에서 명세화될 수 있다는 점을 보여 준다(Curran, 2003; Mehta & Neale, 2005).

[그림 14-2]는 Mplus 매뉴얼(Muthén & Muthén, 1998~2015)에 제공된 경로도의 예시이다. 집단 내 모형은 종속변인 y, 예측변인 x의 단순한 회귀모형이다. y에 표시된 검은 점은 y에 대한 무선절편을 의미하며, 이는 집단 간 모형에서 y로 표시된다. $x \rightarrow y$ 화살표상의 검은 점은 무선기울기를 나타내며 이는 집단 간 모형에서 s로 표시된다. 집단 간 모형에서 2개의 집단 수준에서 측정된 예측변인이 있는데, w는 집단 수준의 변인이고 xm은 1수준 변인 x의 집단별 평균이다.

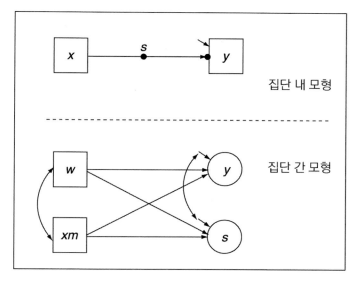

[그림 14-2] 무선절편과 무선 기울기를 가지는 경로모형의 예시

제**15**장

다층경로모형

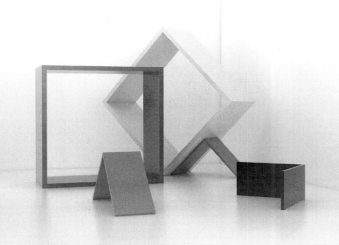

요약

경로모형은 잠재변인 혹은 관찰변인들 간의 직접효과, 간접효과 및 상호적 효과 등을 포함하는 복잡한 경로로 구성된 구조방정식모형이다. 제14장에서 언급된 바와 같이 모형은 구조모형과 측정모형으로 나누어 볼 수 있다. 측정모형은 잠재요인이 어떻게 관찰변인들에 의해 측정되는지를 명세화한 것이고 구조모형은 이론적 구인들 간의 관계구조를 명세화한 모형이다. 이론적 구인은 잠재요인일 수도, 관찰변인일 수도 있다. 다층경로모형은 제14장에서 살펴본 다층요인분석과 접근방식이 동일하다. 제14장에서는 몇몇 추정법들에 대해 논의했는데, 이 장에서는 최대우도 추정법을 사용한다. 그러나 제4장에서 논의된 바와 같이 집단의 수가 상대적으로 작을 때는 베이지언 추정법을 사용하기를 추천한다.

다층경로모형에서 복잡한 문제 중 하나는 순수한 집단 수준 변인(제1장의 용어로는 일반 변인)이 존재한다는 점이다. 일반 변인의 예로는 집단의 크기(집단별 사례 수)가 있다. 이 변인은 개인 수준에서는 존재하지 않는다. 물론 집단수준 변인을 개인 수준으로 해체시켜 분석하는 것도 가능하다. 그러나 이 경우 동일집단 내에서 이 변인은 더 이상 변인이 아닌 상수이고, 결과적으로 집단 내에서 분산과 공분산은 모두 0이 된다. 이 경우 사실상 개인 및 집단 수준에서 서로 다른 변인세트를 가지고 있는 것이다. Mplus와 같은 몇몇 SEM 소프트웨어는 서로 다른 변인을 가진 집단 혹은 수준을 직접적으로 다룰 수 있다. 이런 소프트웨어의 경우 모형의 추정에 별 문제가 없다. LISREL과 같은 몇몇 SEM 소프트웨어에서는 개인과 집단이 동일한 변인들을 가지고 있어야 한다. 이 문제는 집단 수준 변인이 개인 수준 자료에서 체계적인 결측을 가지는 것으로 간주함으로써 해결 가능하다.

1. 다층경로모형의 예시

다층경로분석의 이슈들을 Schijf와 Dronkers(1991)의 연구에 사용된 자료를 통해 예시한다. 58개 학교, 1,377명의 학생[총 1,559명 중 결측치를 완전제거(listwise) 방식으로 제거]에 대한 자료로, 학생 수준의 변인은 아버지의 직업지위(focc), 아버지의 교육수준(feduc), 어머니의 교육수준(meduc), 학생 성별(sex), GALO 학업성취도검사 점수(GALO), 교사의 중등교육에 대한 조언(advice)이다. 학교 수준에서는 학교의 종교유형(denom)을 변인으로 사용한다. 종교는 개신교＝1, 무교＝2, 가톨릭＝3으로 코딩되어 있다(범주는 최적척도법에 기초함). 연구문제는 다른 변인들이 통제된 이후에도 학교의 종교유형이 GALO 점수와 교사의 조언에 영향을 주는가이다.

일련의 다층회귀모형을 통해 연구문제에 답할 수 있다. 경로분석의 장점은 하나의 모형으로 독립변인, 중재/매개변인, 종속변인들 간의 관계에 대해 설정된 가설을 명세화할 수 있다는 점이다. 그러나 연구자료가 학교 수준에서 변인을 가지고 있는 다층자료이므로 분석을 위해 다층모형을 사용해야 한다.

[그림 15-1]에서는 자료의 일부를 제시하였다. 이 자료는 실제로 생길 수 있는 몇 가지 문제를 보여 주고 있다. 첫째, 학교 수준 변인 종교유형 denom은 같은 학교에서 같은 값을 가진다. 즉, 이 변인의 집단 내 상관계수는 1이며, 반드시 학교 수준 모형에만 포함되어야 한다. 이 자료의 또 다른 문제는 학생 성별 sex이다. 이 변인의 집단 내 상관계수는 0.005에 불과한 것으로 나타났으며, 다시 말해 이는 학생의 성별 구성에 학교 간 차이가 거의 없음을 의미한다. 모든 학교가 거의 동일한 남녀비율을 보이고 있다. 또한 학생 성별이 다른 어떤 변인과도 유의한 공분산을 공유하지 않으므로 이 변인은 분석에서 완전히 제외하였다. 다른 변인들의 집단 내 상관계수는 0.14(advice)에서 0.29(father occupation)였다. 분석은 Mplus(version 7.4)를 사용해 수행되었는데, 이 프로그램에는 변인을 집단 내(within) 및 집단 간(between) 수준으로 나누어 지정하는 옵션이 있다.

	한글ID	성별	GALO 점수	교사조언	부교육 수준	모교육 수준	부직업 지위	학교종교 유형
1	1	2	78	1	1	1	2	2
2	1	1	104	4	4	3	4	2
3	1	2	93	2	1	1	2	2
4	1	1	114	4	2	1	5	2
5	1	1	95	2	2	2	5	2
6	1	1	98	2	1	1	2	2
7	1	1	114	4	1	3	1	2
8	1	1	79	2	1	1	999	2
9	1	2	84	2	1	1	2	2
10	1	2	101	2	1	1	2	2
11	1	2	99	2	3	4	2	2
12	1	2	102	2	5	5	4	2
13	1	2	86	2	1	1	4	2
14	2	1	110	2	4	3	2	3
15	2	2	111	4	5	3	6	3
16	2	1	100	2	4	5	3	3
17	2	1	79	0	4	2	2	3
18	2	2	111	4	2	1	3	3

[그림 15-1] 예시 분석자료의 일부. '999'는 결측은 의미함

　두 번째 문제는 결측치로, 자료에는 '999'로 코딩되어 있다. Schijf와 Dronkers(1991)는 결측이 없는 1,377개 사례만으로 다층회귀분석을 수행했고 Hox(2002)의 경우에도 결측이 없는 사례만으로 MUML 경로분석을 실시했다. 결측치에 대한 완전제거법(listwise delition)은 결측의 형태가 완전무선결측(missing completely at random: MCAR)임을 가정한다. GALO 자료에서 가장 결측률이 높은 변인은 아버지의 직업지위(focc)로, 결측률은 약 8%이다. 이 변인에서의 결측은 아버지의 비고용 상태로부터 발생했을 수 있으므로, 이는 부교육수준(feduc)과 상관이 있을 수 있으며, 동시에 교사의 조언(advice)에 영향을 줄 가능성이 있다. 실제로, focc의 결측 여부는 feduc 및 advice와 상관이 있었다. 즉, 결측사례의 feduc와 advice 수준이 관측 사례보다 더 낮았다. 따라서 MCAR을 가정하는 분석방법은 편향된 결과를 가져올 수 있다. 결측자료 분석방법 중 완전정보최대우도(Full Information Maxium Likelihood: FIML)분석은

무선결측(MAR)을 가정하며, 이는 MCAR보다 훨씬 약한 가정이다. 5장에 MAR과 MCAR의 차이가 종단자료의 관점에서 보다 자세히 논의되어 있다. 이 장의 모든 분석은 따라서 FIML 방식으로 수행되었으며 강건 추정법(MLR)을 사용하였다. 이 분석방법은 58개 학교 1,559명 전체 자료를 모두 활용한다.

1) 예비분석: 각 수준에 대한 개별 분석

통합 집단 내 공분산행렬 S_{PW}은 Σ_W의 불편파추정치이고, 이를 개인 수준 모형의 예비분석에 사용할 수 있다. 변인 sex는 다른 어떤 변인들과도 상관이 없었으므로 모형에서 제외시켰다. 결측치가 있으므로 S_{PW}의 사례 수는 정의되지 않는다. 어림값으로 비결측 사례 수에 기초하여 표본크기를 $N =$ (학생의 수−학교의 수) $= 1377 - 58 = 1319$로 설정해 준다. 강건 추정법은 원자료를 필요로 하므로 S_{PW}에 대한 예비분석은 ML방식을 사용한다.

[그림 15−2]는 1개의 잠재변인 'SES'를 포함하는 학생 수준 모형이다. SES는 관찰변인 focc, fedu 및 medu에 의해 측정된다.

S_{PW}에 대한 학생 수준 모형의 $\chi^2 = 15.3$, $df = 4$, $p < 0.01$이다. 적합도지수는 적절한 수준으로 $CFI = 1.00$, $TLI = 0.99$, $RMSEA = 0.05$이다. 수정지수(modification index)를 살펴보면 focc와 fecu의 잔차 간 공분산을 설정할 경우 적합도의 향상이 기대된다. 일반적으로는 측정모형에서 잔차 간 공분산을 허용하는 것이 적절하지 않지만 몇몇 경우 공분산이 허용될 수 있는데, 예를 들어 예시 자료와 같이 아버지의 교육수준과 직업지위가 동일한 사람으로부터 수집된 경우가 그러하다. 잔차 공분산이 모형에 추가될 경우 $\chi^2 = 3.5$, $df = 3$, $p = 0.32$가 된다. 적합도지수는 매우 좋은 수준으로 $CFI = 1.00$, $TLI = 1.00$, $RMSEA = 0.01$이다. 이 모형을 채택하도록 한다.

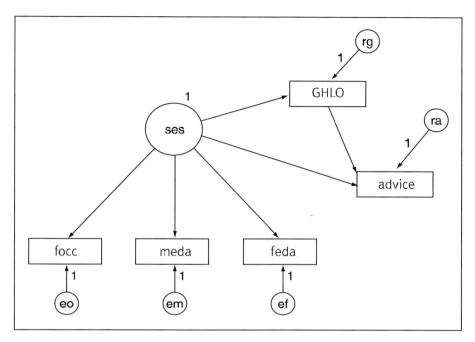

[그림 15-2] 학생수준 예비분석 경로도

　다음 단계는 학교 수준 모형을 설정하는 것이다. 최대우도법을 사용할 경우 집단 내 및 집단 간 수준에서 모두 포화모형을 설정할 수 있는데 이러한 방식으로 Σ_B의 최대우도 추정치를 얻을 수 있다.[1] 추정된 집단 간 행렬 $\hat{\Sigma}_B$에 대해 [그림 15-2]에 제시된 학생 수준 예비모형과 동일한 모형을 적용하는 것으로 분석을 시작한다. 표본 크기는 58이다. 학교수준 변인 denom이 GALO와 advice를 예측하기 위한 변인으로 투입되었다. 이 모형은 $\chi^2 = 63.3$, $df = 6$, $p < 0.01$로 채택되지 않았다. 적합도지수 또한 $CFI = 0.92$, $TLI = 0.79$, $RMSEA = 0.41$로 나빴다. 더욱이, fedu의 잔차분산이 음수로 추정되었고 advice에 대한 학교종교유형(denom)의 효과가 유의하지 않았다($p = 0.64$). 보다 간결하게 정리된 모형이 [그림 15-3]에 제시되었다. 이 모형도 여전히 적절하지 않았다($\chi^2 = 65.6$, $df = 8$, $p < 0.01$, $CFI = 0.92$, $TLI = 0.84$, $RMSEA = 0.35$). 수정지수 또한 특별히 높은 값을 보이는 경로가 없었다. 따라서 학교 수준 모

---

1) Mplus에서, Σ_W 와 Σ_B 추정치는 결과파일의 'sample statistics' 부분에 제시된다.

형의 적합도를 향상시킬 명확한 방법은 없다.

학교 수준 상관계수 행렬을 살펴보면 학교 수준 fedu와 medu의 상관이 높은 반면, focc와의 상관은 훨씬 낮음을 알 수 있다. 또한 focc와 fedu의 다른 변인들과의 공분산이 서로 다르게 나타난다. 이는 학교 수준에서 잠재변인 SES를 가정하는 것이 적절하지 않을 수도 있음을 시사한다. 따라서 완전히 다른 방식으로 회귀분석을 이용한 모형을 시도해 보았다. 예비분석의 경로도는 [그림 15-4]에 제시되었다.

[그림 15-4]에 제시된 모형은 포화모형이고, 따라서 적합도가 낮을 수는 없다. 분석 결과 advice에 대한 denom과 focc의 효과가 유의하지 않은 것으로 나타났다. 따라서 최종모형은 [그림 15-5]에 제시된 모형으로 결정되었다.

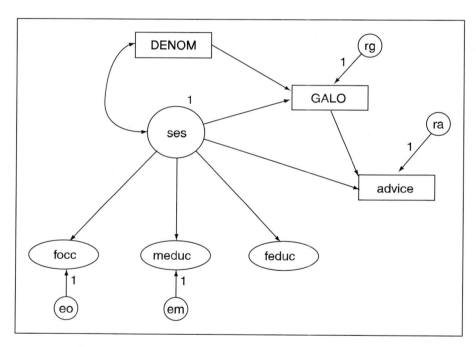

[그림 15-3] 최종 학교 수준 경로도(SES 잠재변인 사용)

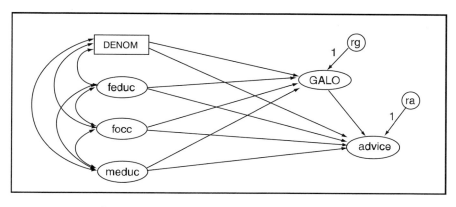

[그림 15-4] 예비 학교 수준 경로도(회귀모형)

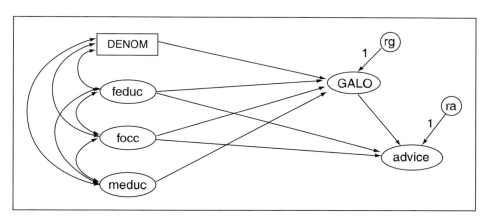

[그림 15-5] 최종 학교 수준 경로도(회귀모형)

최종 학교 수준 회귀모형은 자료에 매우 적합하다($\chi^2 = 2.1$, $df = 2$, $p < 0.34$, $CFI = 1.00$, $TLI = 1.00$, $RMSEA = 0.04$). [그림 15-3]의 SES 모형과 [그림 15-5]의 회귀모형은 배속된 모형은 아니다. 그러나 분산-공분산 행렬 및 사례 수만 동일하다면 비교 가능한 정보 기준 AIC와 BIC를 통해 모형을 비교할 수 있다. SES 모형은 AIC = 148.03, BIC = 172.76, 회귀모형은 AIC = 78.56, BIC = 97.11로, AIC와 BIC 모두 회귀모형 쪽이 우수하였다.

2) 통합모형: 2수준 분석

예비분석 결과를 통해 집단 내 및 집단 간 모형을 통합하여 2수준 모형을 구성하고 동시에 추정했을 때 어떤 결과를 보일지 예상해 볼 수 있다. 두 수준을 나누어 분석하는 것과 통합해서 분석하는 것에는 차이가 있다. 첫째, 2수준 분석은 두 수준이 동시에 분석되므로 한 수준의 명세화 오류가 다른 수준에 영향을 미치게 된다. 여기에는 장점 또한 존재한다. 앞서 사용한 추정된 집단 간 공분산행렬은 집단 내 수준에 대해 포화모형을 설정하여 추정된 것이다. 만약 집단 내 모형으로 적합도가 좋고 간명한 모형을 설정할 수 있다면 집단 간 모형은 보다 안정적이 된다. 둘째, 예비분석은 각 모집단 공분산의 추정에 최대우도법을 사용했다. 그러나 결측치가 있는 경우 사례수는 어림값을 사용할 수밖에 없다.

개인 수준 모형이 학교 수준 모형과 통합되어 동시분석될 경우 학교 수준에서 잠재변인 SES를 사용한 모형이 회귀분석모형보다 더 적합도가 좋은 것으로 나타났다. 〈표 15-1〉에 주요 학교 수준 모형의 적합도지수들이 제시되어 있다. 모든 학교 수준 모형에 수반된 학생 수준 모형은 앞서 예비분석에서 결정된 최종모형이 사용되었으며 학교 수준의 CFI, TLI, RMSEA는 수작업으로 계산되었다.

〈표 15-1〉 주요 학교 수준 모형의 적합도

Model	χ^2	df	p	CFI	TLI	RMSEA	AIC*	BIC*
독감모형	577.7	18	.00	—	—	—	5560	5684
SES 잠재변인 사용모형	11.0	11	.45	1.00	1.00	.00	5124	5279
회귀분석모형	22.9	8	.00	.97	.94	.03	5140	5311

* AIC와 BIC은 가독성을 위해 원값에서 25,000을 뺐음.

따라서 최종 2수준 모형은 [그림 15-6]의 학생 수준 모형과 [그림 15-3]의 학교 수준 모형이 사용되었고, 결합된 다층모형의 적합도는 $\chi^2=14.9$, $df=11$, $p=0.45$, $CFI=1.00$, $TLI=1.00$, $RMSEA=0.00$으로 우수했다.

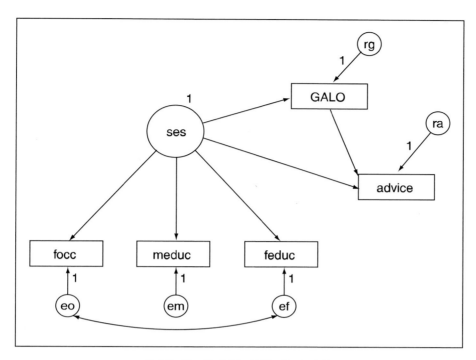

[그림 15-6] 최종 학생 수준 모형

잠재변인 SES가 학생 및 학교 수준에 모두 포함되어 있으므로 focc, medu, fedu의 요인부하량을 학생 및 학교 수준에서 동일하게 제약해야 하는가의 질문이 있을 수 있다. 만약 이러한 제약이 채택되고, 학교 수준에서 모든 측정변인의 잔차분산이 0이라면 학생 수준 및 학교에서 측정동일성이 확보되는 것이다(Jak, Oort & Dolan, 2013). 요인부하량의 동일성 제약을 가한 모형의 적합도는 $\chi^2 = 20.6$, $df = 13$, $p = 0.07$, $CFI/TLI = 1.00$, $RMSEA = 0.02$로 우수했다. 측정오차의 잔차분산을 0으로 제약할 경우 $\chi^2 = 22.1$, $df = 16$, $p < 0.01$로 증가했다. focc의 잔차분산에만 제약을 푼 부분측정동일성 모형의 경우 $\chi^2 = 22.8$, $df = 15$, $p = 0.09$, $CFI/TLI = 1.00$, $RMSEA = 0.02$로 적합도가 좋았다. 이 모형에서 개인 수준의 SES 분산은 1로 고정되었고 학교 수준에서는 자유롭게 추정한 결과, 0.62로 추정되었다. 잠재변수 SES의 집단 내 상관계수 ICC는 0.38로 관찰변인 focc, fedu 및 medu의 ICC보다 상당히 높았다. 이는 전형적인 결과로, 관찰변인의 측정오차가 최하위 수준에서만 존재하기

때문이다(Muthén, 1991b).

〈표 15-2〉에 경로계수 및 해당 표준오차가 제시되어 있다. 학교 수준에서 GALO 점수 및 advice에 대한 강한 효과가 관찰되었다. 학교 수준 변인 denom은 학교 수준 GALO 검사점수에만 영향을 주는 것으로 나타났다.

〈표 15-2〉 최종 모형의 경로계수

Effect on	GALO-학생	교사조언_학생	GALO_학교	교사조언_학교
Effect from:				
SES	0.43 (.04)	0.12 (.02)	0.52 (.09)	0.31 (.06)
GALO	–	0.85 (.03)	–	0.54 (.11)
학교종교유형 (demon)	–	–	0.24 (.08)	not significant

Schijf와 Dronkers(1991)의 다층회귀모형에서 denom은 advice와 GALO 검사점수 모두에 유의한 영향을 주는 것으로 나타났는데, 이 경로분석에서는 advice에 대한 denom의 효과가 GALO 검사점수에 의해 매개되는 것으로 나타났다. 즉, 서로 다른 종교유형(denom)의 학교에서 교사 advice의 차이는 학교 간 GALO 검사점수의 차이로 인한 것이라 볼 수 있다. 이러한 간접효과는 일련의 분리된 회귀분석으로는 밝혀낼 수 없는 종류의 결과이다. denom → GALO → advice의 간접효과는 0.13(demon → GALO 경로계수와 GALO → advice 경로계수의 곱)이고, 표준오차는 $0.052(p < 0.01)$로 유의했다.

[그림 15-4]는 또한 학교 수준에서 SES가 GALO 및 advice에 영향을 주는 것으로 설정되어 있다. 집단 내 점수는 집단평균 중심화되어 있으므로 학생 수준에서 SES의 advice에 대한 효과는 개인 수준의 변산만을 반영한다. 따라서 학교 수준의 결과는 실질적으로 두 효과가 혼합된 것으로 해석되어야 한다. 하나의 해석은 SES 측면에서 학교 간 차이로, 학교가 학생들의 SES에 기초하여 학생을 선발하거나, 학생들이 SES에 따라 선호학교가 다르다고 가정할 수 있다(compositional effect). 두 번째 해석은

평균적인 SES가 높은 학교의 학생이 가지는 맥락효과로, SES가 높은 혹은 낮은 학생이 집중되어 있는 학교에 다니는 것 자체로 종속변인에 효과를 가져올 수 있다고 가정할 수 있다(contextual effect). 학교 수준에서 평균 GALO 점수가 평균 advice에 주는 효과가 음수로 추정되었는데, 이는 전형적인 맥락효과로 해석될 수 있다. 즉, 평균 GALO점수가 높은 학교 교사들의 GALO 점수 수준에 대한 판단이 평균 GALO 점수가 낮은 학교 교사의 판단과 다르다는 것이다.

학생 수준에서 advice에 대한 SES의 효과는 GALO 점수에 의해 매개되고, 학교 수준에서 SES의 효과는 GALO에 의해 부분매개된다.

2. 통계적 이슈와 소프트웨어

다층요인분석 및 다층경로분석은 다층회귀분석과 차이가 있다. 주요한 차이는 다층요인분석/다층경로분석에서는 무선기울기가 없는 경우가 많다는 점이다. 집단 수준의 분산 및 공분산은 절편에 대한 것이다. 무선기울기가 존재하지 않으면 수준 간 상호작용도 존재하지 않는다. 다층요인분석모형에서 집단 수준 분산은 잠재요인의 집단평균들의 분산으로 적절히 해석된다. 경로분석에서 집단 수준 경로계수는 집합화(composition) 혹은 맥락(contextual) 효과로 해석되며, 이 효과가 개인 수준 효과에 추가된다. 다층 구조방정식에서 무선기울기와 수준 간 상호작용항을 설정하는 것이 가능하기는 하지만 추정에 문제가 생길 수 있다.

다층요인분석 및 다층경로분석의 완전최대우도 추정은 매우 복잡한 우도함수의 최댓값을 찾는 해법을 필요로 한다. LISREL(8.5 이상 버전; du Toit & du Toit, 2001)은 불완전자료를 분석하기 위한 옵션을 포함하여, 다층 확인적 요인모형과 경로모형에 대한 완전최대우도 추정을 포함하고 있다. LISREL 8.5 사용자 매뉴얼(du Toit & du Toit, 2001)은 이 추정법이 수렴이 되지 않는 문제가 자주 발생하므로 적절한 초기값을 넣어 주어야 함을 주의사항으로 적시하고 있다. Mplus(Muthén & Muthén, 1998~ 2015)는 2수준 및 3수준 모형에 대해 가중최소제곱(WLS) 및 완전최대우도 추정치를 제공하며, 무선 기울기가 포함된 다층구조방정식, 서로 다른 두 수준에서 잠재변인 간 회귀, 연속변인과 서열 혹은 이분 변인이 혼합된 모형의 분석이 가능하다. Rabe-Hesketh와 Skrondal(2008)은 통계패키지 STATA에서 구동되는 소프트웨어 GLLAMM (Generalized Linear Latent And Mixed Models)을 개발했다. 이 프로그램 및 매뉴얼은 무료로 제공되지만(Rabe-Hesketh et al., 2004) 이의 구동을 위해서는 상용 패키지 STATA가 필요하다. Mplus와 마찬가지로, GLLAMM도 매우 다양한 다층 구조방정식 모형들에 적합할 수 있으며, 형식적으로는 수준의 수에 제한이 없다.

잠재변인을 포함한 보다 복잡한 다층경로모형, 예를 들어 무선기울기, 수준 간 상호작용을 포함한 모형들은 베이지언 방식으로 추정 가능하다. Mplus는 Johnson, van de Schoot, Delmar와 Crano(2015)에서 사용된 분석과 같은 무선기울기가 포함된 다층모형의 베이지언 분석이 가능하다. 다층 구조방정식모형은 OPENBUGS(Lunn et al., 2009)와 같은 베이지언 소프트웨어로도 추정 가능하지만 이 프로그램의 사용을 위해서는 구조방정식모형과 베이지언 추정법에 친숙할 필요가 있다. 다층매개분석에 대해서는 MacKinnon(2012)을 참고할 수 있다.

다층 구조방정식은 통계학 및 소프트웨어 개발 측면에서 최근 많은 발전이 이루어지고 있는 분야이다. 최근 SEM 소프트웨어들의 가용성을 고려했을 때, 최대우도 혹은 베이지언 추정이 선호된다. 비정규자료의 경우 가중최소제곱 추정이 연산속도를 고려했을 때 매력적인 선택이지만 Mplus에서만 분석 가능하고, 이 방법으로는 무선기울기를 포함시킬 수 없다.

다층경로모형의 분석상 이슈들은 다층요인분석과 유사하다. 따라서 제14장에서 논의된 각 수준에 대해 별도로 적합도를 검토하는 법, 표준화 등의 제안사항들이 다층경로분석에서도 동일하게 적용된다.

다층경로분석 및 다층요인분석의 모든 접근법은 단일한 집단 내 공분산행렬을 다룬다. 이 접근법에서는 모든 집단이 동일한 집단 내 공분산행렬을 가지는 공분산행렬의 동질성을 가정한다. 이 가정을 위배할 경우 결과에 어떤 영향을 주는지 현재까지 알려진 바 없다. MANOVA에서 공분산행렬의 동질성 가정 위배에 대한 모의실험 연구결과, 집단의 크기가 크게 다르지 않을 경우 공분산 동질성 가정을 어느 정도 위배해도 큰 문제가 없는 것으로 나타났다(Stevens, 2009). 그러나 MANOVA에서도 사례 수가 집단별로 매우 다르다면 문제가 생긴다. 사례 수가 작은 집단의 집단 내 분산이 클 경우 집단 간 분산이 과대추정된다. 반대로 사례 수가 큰 집단의 집단 내 분산이 큰 경우 집단 간 분산은 과소추정된다.

만약 집단별로 공분산행렬이 다르다고 가정한다면, 가능한 해법은 전체 집단을 둘 이상의 하위집단으로 나누고 각 하위집단별로 고유한 집단 내 모형을 가지는 것으로 분석하는 것이다. 예를 들어, 집단 내 공분산이 성별에 따라 다르다고 가정할 수 있다. 혹은 사례 수가 작은 집단의 집단 내 분산이 크거나 혹은 반대의 경우, 자료를 소규모 집단군과 대규모 집단군으로 나누어 다집단(2집단) 분석을 실시하되 각 집단군에 서로 다른 집단 내 모형과 공통 집단 간 모형을 설정할 수 있다. Mplus와 GLLAMM에서는 잠재계층 혹은 잠재 하위집단을 가정한 다층혼합모형 분석이 가능하다. 이 접근은 개인 혹은 집단 수준에서 서로 다른 공분산행렬을 허용하는 또 하나의 접근법이다.

제**16**장

잠재곡선모형

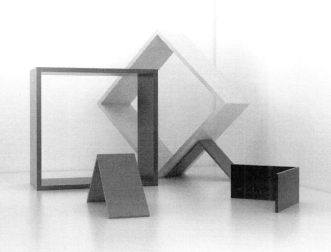

요약

관찰시점이 고정된 패널자료를 분석하기 위한 흥미로운 모형으로 잠재곡선모형(Latent Curve Model: LCM)이 있다. 이 모형은 주로 발달 혹은 성장과 관련된 자료에 적용되었기 때문에 흔히 잠재성장모형(LGM)이라고도 불린다. LCM에서 시간 혹은 측정시점 변인은 잠재요인에 대한 측정모형에서 정의된다. 예를 들어, 선형성장모형에서 반복된 측정치들은 두 개의 잠재변인, 즉 절편과 기울기로 모형화된다. LCM은 단일수준 구조방정식이지만 제5장에 논의된 종단자료의 다층적 접근방식과 매우 유사하다. 이 장에서는 LCM에 대해 설명하고 종단 다층모형과의 유사점과 차이점에 대해 알아보도록 한다.

1. 도입

[그림 16-1]은 5개 관측시점과 하나의 시간불변적(time-independent) 설명변인 Z가 있는 단순한 형태의 잠재곡선모형이다. Y_0, Y_1, Y_2, Y_3, Y_4는 반응변인에 대한 5회의 순차적 관측치이다. 잠재곡선모형에서 시점 0에서의 종속변인 기댓값이 '절편(intercept)'이라는 잠재요인으로 모형화된다. 절편은 시점에 따라 변화하지 않는다. 따라서 모든 시점의 부하량을 1로 고정하는 형태로 모형이 설정된다. '기울기

(slope)' 잠재요인은 관측값들의 시점에 따른 선형적 변화에 대한 기울기이고, 5개 시점의 요인부하량을 각각 0, 1, 2, 3, 4로 고정하는 방식으로 모형이 구성된다. SEM의 도식화 관례에 따라 0으로 고정된 경로(기울기 → 시점 0)는 표시되지 않는다. 2차곡선 형태의 변화가 있다면 세 번째 잠재요인을 추가하고 이에 대한 각 시점의 부하량을 각각 0, 1, 4, 9, 16으로 고정시키는 방식으로 명세화될 것이다. [그림 16-1]의 경로도에서 명확하게 나타나 있지 않지만 LCM에서는 관찰변인들의 절편과 요인의 평균을 모형에 반드시 포함시켜야 한다. 따라서 잠재요인으로부터 관찰변인을 예측하는 회귀계수(즉, [그림 16-1]에서 관찰변인으로 향하는 일방향 화살표)에는 절편항이 포함되어 있다.

 잠재곡선모형에서 모든 시점의 종속변인 관측값에 대해 절편은 0으로 고정된다. 그 결과, 절편 요인의 평균은 공통(평균) 절편 추정치가 된다. [그림 16-1]에서 5개 종속변인(Y) 주위에 표시된 0은 절편이 0으로 고정되었음을, 오차항(e, u) 주위에 표시된 0은 오차의 평균이 0임을 나타낸다.

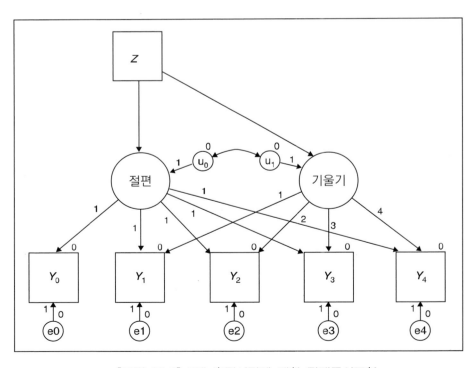

[그림 16-1] 5개 측정시점에 대한 잠재곡선모형

기울기 요인에 대한 순차적 요인부하량은 시간에 따른 선형적 변화경향을 정의하고 있다(기울기 → Y_0 부하량은 0으로 고정되고, 그림에서는 생략됨). 기울기 요인의 평균은 공통(평균) 기울기 추정치가 된다(Meredith & Tisak, 1990; Muthén, 1991a; Duncan et al., 2006 참조). 공통 절편으로부터 개인 절편 값들이 벗어난 정도는 절편 요인의 분산으로, 공통 기울기로부터 개인 기울기 값들이 벗어난 정도는 기울기 요인의 분산으로 추정된다. 절편과 기울기에는 예측변인을 추가할 수 있는데 그림에서는 Z가 이에 해당한다.

잠재곡선모형은 종속변인의 시간에 따른 변화에 대한 무선계수모형이며, 제5장에서 설명된 종단자료에 대한 다층회귀모형과 완전히 동일한 모형이다. 두 모형 간의 연관성을 명확히 하기 위해 두 가지 모형을 모두 식으로 검토해 보자. [그림 16-1]은 다층선형성장모형으로 나타낼 수 있는데, 우선 1수준(즉, 관찰시점) 모형은 다음과 같다.

$$Y_{ti} = \pi_{0i} + \pi_{1i}T_{ti} + e_{ti} \tag{16.1}$$

T_{ij}는 측정시점을 나타내는 지표변수로 각 시점을 0, 1, 2, 3, 4로 나타내며 첨자 t는 시점, i는 개인을 의미한다. 2수준(즉, 개인 수준)의 모형은 다음과 같다.

$$\pi_{0i} = \beta_{00} + \beta_{01}Z_i + u_{0i} \tag{16.2}$$

$$\pi_{1i} = \beta_{10} + \beta_{11}Z_i + u_{1i} \tag{16.3}$$

2수준 모형을 1수준 모형에 대입하여 다음과 같은 단일 식으로 나타낸다.

$$Y_{ti} = \beta_{00} + \beta_{10}T_{ti} + \beta_{01}Z_i + \beta_{11}Z_iT_{ti} + u_{1i}T_{ti} + u_{0i} + e_{ti} \tag{16.4}$$

전형적인 SEM 표기법으로 [그림 16-1]의 경로모형을 다음과 같이 나타낸다.

$$Y_{ti} = \lambda_{0t}\,\text{절편}_i + \lambda_{1t}\,\text{기울기}_i + e_{ti} \tag{16.5}$$

λ_{0t}는 절편 요인에 대한 요인부하량을, λ_{1t}는 기울기 요인에 대한 부하량을 나타낸다.

식 16.5와 식 16.1의 유사성을 살펴보자. 두 경우 모두 시간 t와 개인 i에 따라 변화하는 종속변인을 모형화하고 있다. 식 16.1에는 절편항 π_{0i}가 포함되어 있는데, 이는 개인에 따라 달라진다. 식 16.5에는 잠재 절편 요인이 포함되어 있는데 이 또한 개인에 따라 달라지며, Y_{tj}를 예측하기 위해 λ_{0t}가 곱해져 있다. 요인부하량 λ_{0t}는 모두 1로 고정되어 있으므로 식 16.5에서 λ_{0t}를 생략할 수 있다. 따라서 식 16.5의 절편 요인은 식 16.1의 절편 π_{0i}와 동일함을 알 수 있다. 다음으로, 식 16.1에는 기울기 π_{1i}가 포함되어 있는데 이는 개인에 따라 달라지고, 시점 지표변인 T_{ti}값들인 $0,\cdots,4$가 곱해져 있다. 식 16.5의 기울기 요인 또한 개인에 따라 달라지며 Y_{ij}를 예측하기 위해 요인부하량 λ_{1t}가 곱해져 있다. 요인부하량 λ_{1t}는 $0,\cdots,4$로 고정되어 있으므로 식 16.5의 기울기 요인은 식 16.1의 기울기 π_{1i}와 동일함을 알 수 있다. 따라서 기울기 요인에 대한 고정된 요인부하량은 다층회귀분석모형에서 관찰시점 지표변인 T_{ti}의 역할을 하고, 기울기 요인은 다층회귀모형에서 기울기에 해당하는 회귀계수 π_{1i}의 역할을 한다. 다층회귀모형의 무선회귀계수는 잠재곡선모형의 잠재변인과 동등하다.

다층회귀모형의 2수준 식 16.2와 식 16.3과 완전히 동일한 방식으로 시간불변적 변인 Z를 사용하여 절편 및 기울기 요인을 예측할 수 있다. 일관성을 보여 주기 위해 동일한 부호를 사용하여 다음과 같은 식으로 나타낼 수 있다.

$$\text{절편}_i = \beta_{00} + \beta_{01}Z_i + u_{0i} \tag{16.6}$$

$$\text{기울기}_i = \beta_{10} + \beta_{11}Z_i + u_{1i} \tag{16.7}$$

따라서 통합 식은 다음과 같다.

$$Y_{ti} = \beta_{00} + \beta_{10}\lambda_{1t} + \beta_{01}Z_i + \beta_{11}Z_i\lambda_{1t} + u_{1i}\lambda_{1t} + u_{0i} + e_{ti} \qquad (16.8)$$

λ_{1t}에 포함된 고정된 부하량 $0, \cdots, 4$가 관찰시점 지표변인 T_t의 역할을 한다는 점을 염두에 둔다면 다층회귀모형과 잠재곡선모형이 실제로는 동일한 모형임을 알 수 있다. 지금까지 논의된 바, 유일한 차이는 다층회귀모형이 1수준 오차항 e_{ti}에 대해 일반적으로 하나의 공통분산을 가정하는 반면, 구조방정식은 각 시점별로 서로 다른 오차분산을 가정한다는 점이다. 그러나 이는 잠재곡선모형에서 $e_0, \cdots, e_4$의 분산이 동일하다는 제약을 가함으로써 쉽게 해결 가능하다. 분산이 같다는 제약을 가할 경우 두 모형은 완벽하게 동일하다. 반대로 다층회귀모형에서 1수준 분산을 5개의 시점 더미변인을 활용하여 시점별로 추정하는 것도 가능하다(자세한 사항은 제10장의 다변량 다층모형 참조). 두 모형에 대한 완전최대우도 추정은 기본적으로 동일한 결과를 산출해야 한다. 반복측정자료에 대한 다층모형과 잠재곡선모형 접근법의 보다 자세한 비교는 Chou, Bentler와 Pentz(1998)을 참조할 수 있다.

2. 잠재곡선모형 예시

제5장에서 사용된 종단 GPA 자료를 다시 사용하여 [그림 16-1]에 제시된 표준 잠재곡선모형을 적용한다. 예시 자료는 200명의 대학생으로부터 연속된 6개 학기 동안 수집된 자료로, 각 학기에 직업이 있었는지, 몇 시간 동안 일했는지를 학점과 함께 조사했다. 이 변인은 근로시간(job)으로 0＝없음, 1＝1시간, 2＝2시간, 3＝3시간, 4＝4시간 이상으로 코딩되었으며 시점 수준의 변인(시간가변적 변인)으로 취급된다. 또한 학생 수준의 변인으로 고등학교 GPA 및 성별(0＝남, 1＝여)을 사용한다.

SPSS나 SAS와 같은 통계 패키지에서 이와 같은 자료는 보통 학생을 사례, 각 시점별 측정치를 일련의 변인으로 하여(GPA$_1$, GPA$_2$, $\cdots$, GPA$_6$; JOB$_1$, JOB$_2$, $\cdots$, JOB$_6$) 저장된

다. 제5장에서 설명된 바와 같이 다층회귀분석 소프트웨어를 사용하기 위해서는 이 자료 구조를 바꾸어야 한다. 그러나 잠재곡선모형은 순차적 시점을 다변량 산출변인으로 취급하기 때문에 자료파일의 구조 변환 없이 그대로 사용한다. 우선, 선형적 변화추세만 포함된 모형으로 분석을 시작한다. [그림 16-2]에 제시된 모형이다.

　[그림 16-2]의 모형은 시점 지표변인이 0, 1, ⋯ , 5로 코딩되고 학생 수준에서 무선절편 및 무선기울기를 가진 다층회귀분석과 동등한 모형이다. 완전히 동일한 모형으로 추정하기 위해 잔차 $e_1, \cdots, e_6$의 분산이 동일한 것으로 제약을 주었다. [그림 16-2]에서 이 동일성 제약은 각 잔차항 옆에 붙인 e라는 레이블로 표시된다. 절편과 기울기 요인의 평균은 자유롭게 추정되며, 그 외 모형의 다른 평균과 절편은 0으로 고정되는데 이는 제약이 주어진 변인들 옆에 붙은 0으로 확인할 수 있다.

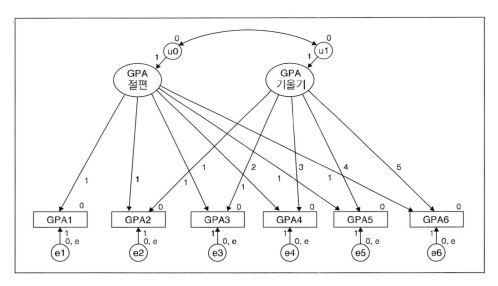

[그림 16-2] GPA 예시 자료에 다한 선형모형 경로도

　절편 및 기울기 요인의 평균은 각각 2.60, 0.11로 추정되었다. 이는 제5장의 〈표 5-3〉에 제시된 다층회귀모형의 고정효과 추정치와 동일하다.

　다음으로, 시간가변적 변수인 근로시간을 제외하고 시간불변적 변수(학생 수준) 고등학교 GPA와 학생 성별만 추가적으로 투입했다. 이 모형은 [그림 16-3]에 결과(비표준화계수)와 함께 제시되어 있다.

선형적 성장을 나타내는 기울기와 학생 성별의 상호작용을 포함하는 이 모형에서 평균 기울기는 0.09로 추정되었다. 기울기 분산은 소수점 둘째 자리까지 표기할 경우 0.00으로 나타나며 (실제 결과파일에서는 0.004) 표준오차는 0.001이었다. 이는 동등한 다층회귀분석 모형인 제5장의 〈표 5-4〉의 결과와 동일하다.

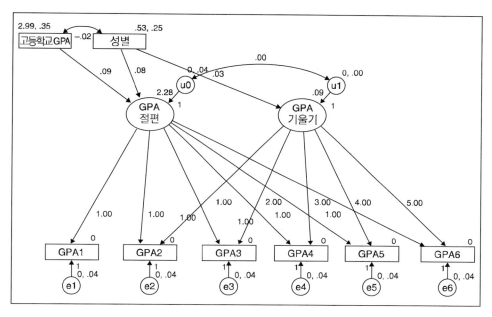

[그림 16-3] 두 예측변수를 포함한 선형잠재곡선모형의 경로도 및 모수 추정값

잠재곡선모형을 통해 다층회귀분석에서는 얻을 수 없는 몇 가지 정보를 얻을 수 있다. SEM 소프트웨어에서 산출되는 적합도지수는 [그림 16-2]와 [그림 16-3]의 모형이 자료에 매우 적합하지 않다는 것을 보여 준다. [그림 16-2]의 모형은 $\chi^2 = 190.8$, $df = 21$, $p < 0.001$, $RMSEA = 0.20$, [그림 16-3]은 $\chi^2 = 195.3$, $df = 30$, $p < 0.001$, $RMSEA = 0.17$이었다. 진단적 정보를 통해 적합도 문제의 발생 원인에 대해 파악할 수 있다. 소위 수정지수(modification indices)라 불리는 값들을 결과파일에서 찾아볼 수 있는데 이는 적합도지수를 떨어뜨리는 제약조건들이 무엇인지를 보여 준다. 수정지수가 큰 값들로 판단해 보면 시점별 잔차분산의 동일성 제약 조건이

자료에 적합하지 않으며, 암묵적 제약조건이라 할 수 있는 잔차들 간 상관이 0이라는 가정 또한 자료에 부합하지 않는 것으로 보인다. 제5장에 제시된 다층회귀모형 또한 이러한 문제를 가지고 있다. 제5장에서는 잔차분석이나 다른 모형 설정 오류와 관련된 점검절차를 거치지 않았으며, 모형의 적합도에 대한 정보도 없었다. SEM에서는 이러한 정보가 분석 시 자동으로 제공된다. 잔차에 대한 동일성 제약을 가할 경우 모형의 적합도는 훨씬 좋아진다($\chi^2 = 47.8$, $df = 25$, $p = 0.01$, $RMSEA = 0.07$). 첫 두 시점의 오차 간 상관을 허용할 경우 모형의 적합도는 더 좋아진다($\chi^2 = 42.7$, $df = 24$, $p = 0.01$, $RMSEA = 0.06$). 이와 같은 모형수정으로 인해 다른 추정 결과들이 크게 달라지지 않으므로, 마지막으로 언급된 모형을 채택한다.

시간가변적 변인 job을 모형에 포함시키는 방법에는 몇 가지가 있다. 제5장에 소개된 다층회귀모형과 동일한 방식을 사용하려면 job_1, ⋯, job_6를 설명변인으로 모형에 포함시키면 된다. 이 변인들은 GPA_1, ⋯, GPA_6를 각각 예측한다. 다층회귀모형은 GPA에 대한 job의 효과를 단일 회귀계수로 추정하기 때문에 정확히 동일한 모형을 설정하기 위해서는 job_1, ⋯, job_6의 회귀계수에 대해 동일성 제약을 가해야 한다.

이 모형에 대한 경로도는 [그림 16-4]에 제시되었다. 모형에서 0은 해당 변인의 평균/절편이 0으로 고정되었다는 것을 의미한다. 변인들의 분산은 자유롭게 추정된다. 이는 0 옆에 별도의 제약조건이 명시되어 있지 않은 것으로부터 알 수 있다. GPA에 대한 job의 공통 회귀계수 추정치는 −0.12로 추정되었다(표준오차 0.01). 이는 ⟨표 5-4⟩의 다층회귀 추정 결과와 유사하다. 그러나 모든 job 변인들을 포함시킨 모형의 적합도는 좋지 못하다($\chi^2 = 202.1$, $df = 71$, $p < 0.001$, $RMSEA = 0.10$). 특별히 높은 수정지수도 발견되지 않는데, 이는 특정한 하나의 수정을 통해 모형을 유의하게 향상시킬 수 없다는 의미이다. 따라서 적합도를 높이기 위해 여러 개의 작은 수정이 필요할 것이다.

반복측정자료에 대해 잠재곡선모형이 다층회귀모형보다 나은 점은 보다 복잡한 구조를 분석할 수 있다는 점이다. 직무에 투입된 시간의 변화를 새로운 잠재곡선모형을 설정하여 분석할 수 있을 것이다. 이 모형은 [그림 16-5]에 제시되어 있다.

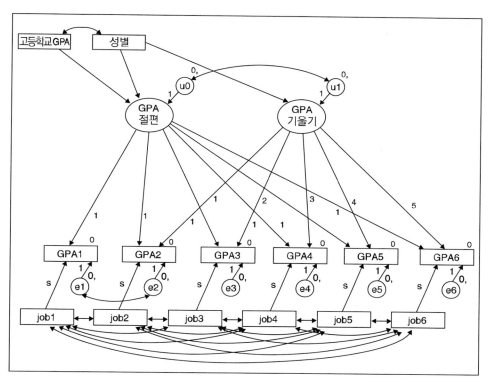

[그림 16-4] GPA 분석 경로도, 근로시간(job status) 효과 포함

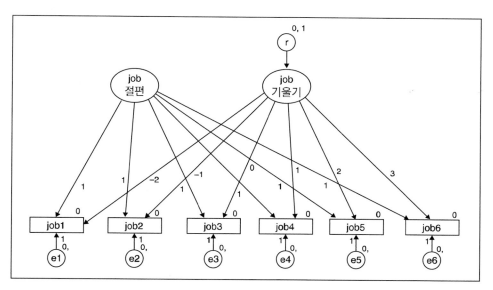

[그림 16-5] 근로시간(job status)에 대한 잠재곡선모형

[그림 16-5]에서 기울기(jobslope)의 분산이 양수가 되도록 하기 위해 오차항 r을 포함시켜 그 분산을 1로 고정하고 $r \rightarrow$ jobslope의 회귀계수는 자유롭게 추정되도록 했다. 그 이유는 일반적인 경우와 같이 회귀계수를 1로 고정하고 분산을 자유모수로 추정할 경우 분산 추정치가 음수가 되는 결과가 나타났기 때문이다. [그림 16-5]에 제시된 잠재곡선모형은 자료에 매우 적합한 것으로 나타났다($\chi^2 = 17.8$, $df = 17$, $p = 0.40$, $RMSEA = 0.02$). 다층회귀모형에 비해 구조방정식모형의 장점은 지금까지 다룬 job의 변화에 대한 모형과 GPA의 변화에 대한 모형이 하나의 모형으로 통합될 수 있다는 점이다. [그림 16-6]에 통합된 모형이 제시되었다.

[그림 16-6]의 모형 적합도는 중간 수준이다($\chi^2 = 166.0$, $df = 85$, $p < 0.001$, $RMSEA = 0.07$). [그림 16-5]의 AIC는 298.3인 반면, [그림 16-6]의 AIC는 243.1이다. 전자는 다층회귀모형과 동등한 모형이고 후자는 그렇지 않다. 복잡한 잠재곡선모형이 매우 좋은 적합도를 보이고 있지는 않지만 연관된 다층회귀모형보다는 적합도가 좋은 것으로 나타났다.

[그림 16-6]을 통해 절편과 분산에 제약이 가해진 복잡한 모형을 표현할 경우 경로도의 모양이 매우 복잡해지고, 해석이 어려워짐을 알 수 있다. 어느 정도 모형이 복잡해질 경우 일련의 식을 통해 모형을 표현하는 것이 오히려 더 간단해진다. 〈표 16-1〉에 예측변인 성별, 고등학교 GPA, 절편 및 기울기 요인의 추정치가 제시되어 있다. [그림 16-7]은 동일한 정보를 경로도의 구조모형 부분만 떼어 표준화된 회귀계수로 표현한 것이다.

[그림 16-7]의 결과는 제5장의 다층회귀분석 결과와 유사하다. 여학생이 남학생에 비해 초기부터 GPA가 더 높았을 뿐만 아니라 연간 향상도도 더 높았다. [그림 16-7]에 나타난 절편과 기울기 요인의 관계를 살펴보면 job와 GPA 변화의 상호적 효과를 확인할 수 있다. job의 초기상태(절편)는 아무런 효과가 없다. job의 변화(기울기)는 GPA에 부(−)적 효과를 가진다. 즉, 업무에 점점 많은 시간을 소비하는 방향으로 job 변인이 변화할 경우 전체적인 GPA의 상승도 없어지고 오히려 GPA가 하락하는 쪽으로 돌아설 수 있다. 또한 GPA 초기상태가 job에 주는 영향도 있는 것으로 나타났다. 즉, 초기 GPA가 높은 학생들이 낮은 학생들보다 업무에 소비하는 시간이 늘어나는 경향이 더 낮았다.

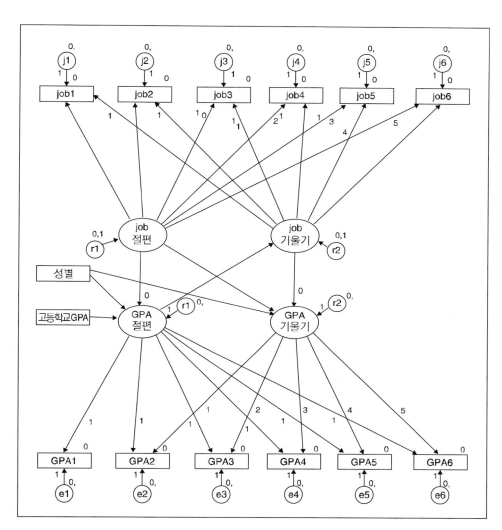

[그림 16-6] job과 GPA의 시간에 따른 변화 경로도

〈표 16-1〉 [그림 16-7]에 제시된 구조모형의 경로계수

예측변수	job 기울기 (s.e.)	GPA 절편 (s.e.)	GPA 기울기 (s.e.)
성별		0.07 (.03)	0.02 (.01)
고등학교 GPA		0.07 (.02)	
job 절편		1.06 (.04)	0.03 (.01)
job 기울기			−0.46 (.11)
GPA 절편	−0.29 (.06)		

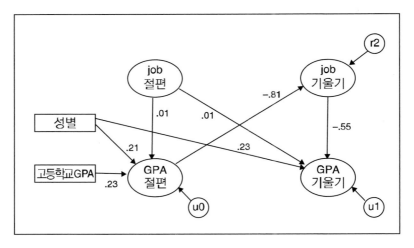

[그림 16-7] [그림 16-6]의 구조모형의 표준화 경로계수

3. 다층회귀분석과 잠재곡선모형의 비교

　　동일한 자료에 동등한 다층회귀모형과 잠재곡선모형이 적용된다면 동일한 결과를 얻게 된다(Chou, Bentler, & Pentz, 1988). Plewis(2001)는 종단자료에 대한 다층회귀모형과 잠재곡선모형을 포함한 서로 다른 세 가지 접근법을 비교했는데 다층회귀모형과 잠재곡선모형은 많은 장점과 제한점을 공유하고 있으며 종단자료의 홍미로운 가설들을 검증하는 데 매우 유용하다고 결론지었다.

　　다층회귀모형의 명확한 장점은 수준을 추가하는 것이 간단하다는 것이다. 3수준 이상의 자료를 분석 가능한 소프트웨어를 사용하여 다층회귀분석을 실시할 경우 학교-학급-학생-시점의 내재된 구조를 분석에 쉽게 반영할 수 있다. SEM 소프트웨어를 사용하여 잠재곡선분석을 실시할 경우, 집단 수준을 추가하는 것은 간단하다(Muthén, 1997 참조). 그러나 3수준 이상을 추가하는 것은 사실상 불가능하다. 다층회귀분석은 각 수준에서 무선기울기를 설정하고 이를 상위 수준에서 종속변인으로 설정하고 설명변인을 투입하여 층위 간 상호작용을 분석하는 것이 가능하다. SEM 맥락에서는 Mplus(Muthén & Muthén, 1998~2015)만이 무선기울기를 다룰 수 있다.

5장에서 언급된 바와 같이, 다층회귀분석은 패널의 중도탈락 등으로 인한 결측을 자동적으로 모형에 반영한다. 반복측정 횟수 및 측정시점이 모든 피험자에 대해 동일해야 할 필요가 없기 때문에 결측이 있는 자료에 대해서도 다층회귀분석은 매우 잘 작동한다. 잠재곡선모형은 고정시점 모형이다. 만약 피험자들의 측정시점이 서로 다르다면 잠재곡선모형은 자료에 존재하는 모든 측정시점을 경로도에 포함시키고 특정 측정시점에 측정되지 않은 개인의 측정치를 결측으로 간주하는 방법밖에 없다.[1] 가능한 시점이 매우 많을 경우 모형이 복잡해지고 추정과정에서 수렴에 문제가 발생할 수도 있다. 이후 잠재곡선모형에 피험자에 따라 다른 측정시점을 허용하는 방법이 개발되기는 했지만(Bollen & Curran, 2006) 대부분의 SEM 소프트웨어는 가변 시점을 포함하는 것을 옵션으로 제공하지 않고 있다.

반면, SEM 소프트웨어를 사용한 잠재곡선모형 추정은 보다 복잡한 경로모형으로 확장이 용이하다는 장점이 있다. 예를 들어, 잠재곡선모형에서는 기울기 요인이 다른 잠재변인을 예측하도록 모형을 설정하는 것이 가능하다. 즉, 성장률이 어떠한 산출변인을 예측한다는 가설을 모형에 반영할 수 있는 것이다. 앞서 job 변인의 기울기 요인이 GPA 기울기요인을 예측하는 모형이 이것의 예이다. 이 모형은 2개의 잠재곡선모형을 하나의 큰 모형으로 통합하여 한 변인의 변화가 다른 변인의 변화에 따라 달라진다는 가설을 검증한다. 이러한 종류의 가설은 표준 다층분석 소프트웨어로는 검증이 불가능하다. Hoeksma와 Knol(2001)은 기울기 요인이 종속변인을 예측하는 모형을 예시한 바 있다. 그들은 이러한 모형이 다층회귀분석의 틀에서 명세화될 수 있지만 매우 어렵고 소프트웨어 설정이 복잡해진다고 논의하고 있다. 잠재곡선모형을 사용할 경우 기본모형으로부터 다양한 모형으로 확장하는 것이 훨씬 용이하다.

또한 잠재성장모형에서는 시점별로 다른 오차를 설정하거나 오차 간 상관을 허용하는 것이 용이하다. 이는 다층회귀모형으로도 가능하지만 현재 가용한 소프트웨어

---

1) 역자 주: 즉, A는 3, 4, 5학년, B는 3, 5, 6학년에 측정되었을 경우 모형에는 3, 4, 5, 6학년을 모두 측정시점으로 포함시키고, A는 6학년, B는 4학년이 결측인 것으로 간주한다

에서 이를 설정하기 위해서는 복잡한 과정을 거쳐야 한다. 두 번째 흥미로운 잠재곡
선모형의 확장형태는 반복측정된 예측변인에 대해 측정모형을 추가하는 것이다. 반
복측정된 관찰변인에 잠재곡선을 설정하여 예측변인을 절편과 기울기 요인으로 이
루어진 잠재변인으로 취급하여 분석하는 것이 가능하다. 마지막으로 표준 SEM 소프
트웨어들은 적합도지수와 적합도 향상을 위한 수정지수를 제공한다.

　마지막으로 잠재곡선모형에서는 절편과 기울기 요인의 분산이 중요하다는 점을
강조하고자 한다. 일반적으로 다층회귀분석과 SEM에서 공통적으로 분산의 검증을
위해 Wald 검증을 사용한다. 그러나 제3장에서 논의된 바와 같이 분산에 대한 Wald
검증은 최적의 해법이라 할 수 없고, 이탈도 차이 검증이 훨씬 좋은 방법이다. 동일한
논리가 SEM의 잠재곡선모형에도 적용된다. Berkhof와 Snijders(2001)에서 설명된
바와 같이 산출된 p값을 2로 나누어 주어야 한다(제3장 참조). Stoel, Galindo, Dolan
과 van den Wittenboer(2006)에 이에 관한 자세한 설명이 SEM의 잠재곡선모형의 맥
락에서 제공되어 있다.

4. 소프트웨어

　잠재곡선모형은 표준 구조방정식모형이므로 모든 SEM 소프트웨어를 모형의 추정
에 사용할 수 있다. 최근의 SEM 소프트웨어는 결측자료를 다룰 수 있기 때문에 부분
적 무응답 및 패널 중도탈락 등의 문제를 분석에 적절히 반영할 수 있다. Mplus는 가
변적 측정시점을 다룰 수 있는 옵션을 제공한다.

부록

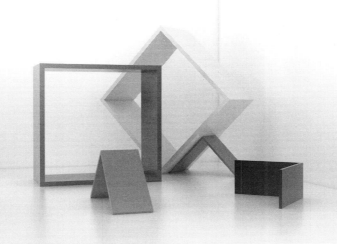

부록 A 다층분석 보고서 작성 시 체크리스트

Dedrick 등(2009)을 포함하여 다수의 연구자가 다층분석을 수행하여 출판된 연구물들을 검토하는 연구를 수행했다. 그 결과, 다층분석 결과를 보고하고 있는 많은 연구물이 자료와 수행한 분석에 대해 충분한 정보를 제공하고 있지 않아 분석과 해석의 적절성에 대해 판단하기 어려운 것으로 나타났다. 부록 A에서는 다층분석을 수행할 경우 보고서에 포함해야 할 사항들에 대한 체크리스트 및 다층모형 연구자가 기본적으로 보고해야 할 분석의 세부사항들에 대한 아웃라인을 제공하고자 한다. 논문의 지면에는 제약이 있으므로 간단한 한두 문장으로 결과를 보고하는 방식을 더불어 논의한다. 체크리스트는 세 부분으로 나누어 제시한다. 첫 번째 목록은 일반사항으로 모든 다층분석이 공통적으로 보고해야 할 사항이다. 두 번째와 세 번째는 각각 다층회귀분석과 다층 SEM에 관한 것이다.

다층분석 결과의 보고, 공통사항

다층모형의 이슈는 크게 모형 및 데이터 관련으로 나누어 볼 수 있다. 모형 관련 이슈는 모형 및 변인 선정, 선형 및 비선형 모형, 추정방법 및 가설검증을 포함하고, 자료 관련 이슈는 표본크기, 분포에 대한 가정 검토, ICC 추정, 결측치 및 중심화(centering) 등이다.

모형 관련 이슈

• 모형 선택: 일반적으로 연구에서는 몇 개의 대안적 모형들을 검토한다. 탐색적 분석에서는 모형 탐색 전략이 기술되어야 한다. 대부분의 다층모형분석은 단계적 모형을 적용한다. 예컨대, 다층회귀분석에서는 고정효과를 분석하고 무선효과를 추가하는 식이다. 다층 SEM에서는 1수준 모형을 분석하고 2수준 모형을 추가하는 방식이 될 수 있다. 이러한 절차를 정확히 보고해야 한다. Dedrick 등(2009)의 연구결과, 단계적 모형의 수를 어느 정도 파악할 수 있는 94개 연구물 중 55%는 1~10개 모형을, 28%는 11~20개 모형을, 나머지는 21개 이상

의 모형을 사용했고, 그중에는 430개의 모형을 사용한 연구도 있었다. 탐색해 본 430개 모형 중에서 어떤 모형이 최적의 모형이라고 선택될 경우 과연 이것이 재현 가능한 연구인가에는 심각한 의심의 여지가 있다. 따라서 특히 자료 기반 탐색적 접근을 시도하는 연구에서 탐색해 본 모형의 수는 매우 중요한 정보이다.

• 변인 선정: 모형 탐색은 종종 변인 선정의 단계를 포함한다. 많은 접근법이 있지만 가장 일반적인 방법은 전진선택법(forward selection), 즉 변인을 투입하고, 유의하다면 모형을 계속 유지하는 방법이다. 다층회귀분석에서 예측변인들은 최하위 수준에서 상위 수준으로 단계별로 추가된다. 추가되는 순서는 이론적 검토를 통해 결정되기도 하고 변수의 역할을 고려하여, 핵심 예측변인을 먼저 투입하고 통제시킬 공변인을 나중에 투입하는 방식이 사용될 수도 있다. 실제 투입 절차는 이론적 검토와 자료상의 유의성 검증 혼합방식일 수 있다 (Dedrick et al., 2009). 변인 선정 단계가 있었다면 선정의 전략과 변인 선정의 결과가 모두 보고에 포함되어야 한다.

• 비선형 모형: 종속변인이 이분 변인, 범주 서열 변인, 또는 빈도(count) 변인 등으로 정규분포하지 않을 경우 특별한 추정방법이 필요하다. 이 경우 모든 추정방법이 똑같이 정확한 것은 아니다. 우도의 수치적분을 사용하는 추정방법은 일반적으로 준-우도(MQL, PQL)에 기반한 추정방법들보다 정확하다. 따라서 추정방법 및 사용한 소프트웨어를 보고하는 것은 중요하다. 예를 들어, 다음과 같이 서술한다. '빈도 자료를 종속변인으로 사용했으며, HLM 7.1의 Laplace 추정법을 사용하였다' 혹은 '요인의 지표변인들이 3범주 서열 변인이므로 Mplus 7.4의 WLSM 추정방식을 사용하였다'.

• 추정방법: 몇 가지 추정방법이 가용한 경우, 선택은 대부분 소프트웨어의 기본설정을 따르는 경우가 많다. 연구자가 예컨대, 정규분포를 따르지 않는 연속변인을 다루기 위해 기본설정을 ML에서 강건 ML로 변경하는 경우도 있고, 소프트웨어의 기본설정 값은 동일한 프로그램이라도 버전에 따라 다를 수 있기 때문에 연구에 사용된 추정방법은 항상 보고서에 포함되어야 한다. 반복횟수를 증가시켜야만 했던 수렴의 문제 혹은 음의 분산과 같은 불가능한 추정치의 문제 및 이에 대처한 방법 등도 함께 보고되어야 한다.

• 베이지언 추정: 베이지언 추정에서는 사전분포를 반드시 보고해야 한다. 추정은 MCMC 방식을 사용하는데, 여기에서 수렴은 특정 값으로의 수렴이 아니라 정확한 분포로의 수렴을 의미한다. 수렴 상황은 항상 모니터하고 점검해야 한다. 베이지언 분석에서는 정확한 추정 방법, 사용된 사전분포, 수렴을 모니터링한 방식과 그 결과를 반드시 보고해야 한다. 예를 들어, 다음과 같이 서술한다. 'MLwiN 2.34를 사용한 베이지언 추정을 실시하였다. 회귀계수

에 대해서는 균일 사전분포(uniform priors), 분산에 대해서는 역감마 사전분포(inverse Gamma priors)를 사용했다. Gibbs sampler를 사용한 MCMC 추정법으로 5,000회의 예열 구간 이후 모수 추정을 위한 5,000회의 반복을 시행하였다. 최상위 수준의 모수 추정치의 표집 궤적을 살펴본 결과, 충분히 수렴되었다고 판단하였다.'(보다 자세한 베이지언 추정의 체크리스트는 Depaoli & van de Schoot, 2017 참조)

- 고정모수에 대한 가설검증: 고정모수에 대해서는 주로 Wald 검증이 사용된다. Wald 검증에서는 표준정규분포가 참고치로 사용되며, 표본크기가 크다고 가정한다. 다층회귀분석에서는 이를 Student t 분포라고 언급되며, 자유도는 분석과정에서 추정된다. 이 경우, 자유도 및 검증절차를 반드시 보고해야 한다. 예를 들어, 다음과 같다. '회귀계수에 대해 Wald 검증을 실시하였으며, 자유도는 SAS Proc Mixed 9.0에 탑재된 Kenward-Roger 방법으로 추정되었다.'

- 무선모수(분산)에 대한 가설검증: Wald 검증이 주로 사용된다. 이 방식은 특히 분산의 크기가 작고 집단의 수가 작을 경우 가장 정확한 검증방법이라 보기 어렵다. 카이제곱 차이 검증이 일반적으로 더 정확한 검증방식이나 이를 위해서는 수기 계산이 필요하다. 두 방식 모두 p값은 반으로 나누어 줄 필요가 있다(일방검증). 분산의 검증을 위한 방법 또한 반드시 보고해야 한다. 예를 들어, 다음과 같이 기술한다. '2수준 분산에 대한 유의성 검증은 이탈도에 대한 차이에 기초하여 수행되었고, 영가설이 모수공간의 경계선에 관한 것이므로 p값은 반으로 나누어 주었다.'

자료 관련 이슈

- 표본크기: 다층모형에서는 표집에 몇 개의 수준이 존재하므로 각 수준별로 표본의 수를 보고해야 한다. 집단의 수가 작거나, 집단 간 사례 수의 차이가 크다면 이 또한 중요한 정보일 수 있다.

- 분포의 가정: 다층모형은 일반적으로 종속변인에 대해 (다변량) 정규분포를 가정하는데, 이에 대한 점검이 필요하다. 자료가 명백히 정규분포에서 벗어난다면, 이를 보고해야 하고, 비정규성에 대처한 방식 또한 보고해야 한다.

- 불완전자료: 자료에 결측치가 있다면 보고서에 얼마나 많은 결측치가 있었는지 명시해야 한다. 완전제거법(listwise delition)으로 5% 이상의 사례를 삭제해야 한다면, 완전제거법 대신 다중대체(multiple imputation)나 완전정보 최대우도법 혹은 베이지언 추정 등 다른 방법을 사용해야 한다.

다층회귀분석

- 공분산구조: 복수의 무선효과가 상위 수준에 존재할 경우 연구자는 공분산구조를 선택해야 한다. 자료가 개인이 집단에 내재된 구조인 경우 완전한 공분산행렬을 사용하는 것이 일반적이다. 표본의 크기가 작아 추정에 문제가 생기는 경우 모든 공분산을 0으로 제약하고 분산성분만을 추정하는 모형을 사용할 수도 있다. 개인이 반복측정된 다층구조라면 자기회귀(autoregression) 혹은 심플렉스(simplex) 구조를 고려해 볼 수도 있다. 어떤 경우이든 연구자가 선택한 공분산구조가 무엇인지 보고서에 명시되어야 한다. 다층회귀분석 결과표에는 적어도 모든 분산이 제시되어야 하며, 자기회귀 분산구조가 사용된 경우 자기회귀 모수치 또한 보고하여야 한다.
- 예측변인의 측정오차: 단일수준 회귀분석의 경우와 마찬가지로 다층회귀분석도 예측변인이 오차 없이 측정되었음을 가정한다. 이 가정이 지켜질 수 있는 것인지에 대해 논의해야 한다.

다층 SEM

- 적합도: 구조방정식모형에서 CFI나 RMSEA와 같은 적합도지수를 흔히 보고한다. 다층 SEM에서는 각 수준에 대해 이러한 적합도지수를 보고하는 것이 해석에 도움이 된다. 그러나 현재 가용한 소프트웨어에서는 각 수준별 적합도를 수작업으로 계산해야 한다.

부록 B 변인의 집합화와 해체
(Aggregating and Disaggregating)

변인의 집합화 및 해체

다층분석에서는 개인 수준 변인을 상위 수준으로 집합화(aggregating)시키는 경우가 있다. 집합화의 가장 흔한 예는 개인수준 변수를 집단별로 평균하여 이를 집단 수준 변인으로 사용하는 것이다. 그러나 평균 이외의 다른 집합화 함수가 유용한 경우도 있다. 예를 들어, 어떤 변인의 측면에서 학생 간 이질성이 큰 학급이 보다 동질적인 학급과는 다른 특성을 보일 것이라는 가설을 세울 수 있을 것이다. 이 경우 해당 학생수준 변인은 학급별 평균이 아닌 학급별 표준편차 혹은 범위(range)로 집합화되어야 할 것이다. 또 다른 집합화의 예로 집단의 크기(예: 학급별 학생 수)를 학급 수준의 설명변인으로 사용할 수 있다.

SPSS에서 집합화는 aggregate 명령을 통해 수행할 수 있다. 이 절차를 통해 집단별로 집합화된 변인을 포함하는 새로운 자료를 생성할 수 있는데 SPSS/Windows의 DATA 메뉴에 있는 aggregate를 사용한다. 개인 수준 자료 'indfile.sav'의 설명변인 IQ에 대해 집단(집단구분자: groupnr)별로 평균(meaniq) 및 표준편차(stdeviq)를 생성하여 새로운 파일 'aggfile.sav'로 저장하는 간단한 명령어의 예는 다음과 같다.

```
GET FILE 'indfile.sav'. AGGREGATE OUTFILE = 'aggfile.sav' /
BREAK = groupnr / meaniq = MEAN(iq) / stdeviq = SD(iq).
```

해체(disaggregation)는 집단 수준의 변인을 개인 수준에 추가하는 것을 말한다. 이 경우 같은 집단에 소속된 모든 개인은 해당 집단 수준 변인에 대해 같은 값을 가지게 된다. SPSS에서는 JOIN MATCH 절차를 이용해 이 작업을 수행한다. JOIN MATCH를 사용하기 전에 개인 수준 및 집단 수준 자료파일은 집단 ID 변인을 기준으로 정렬되어야 한다. 예를 들어, 앞서 집단 수준 파일에 생성한 평균 IQ와 IQ 표준편차를 개인 수준 파일에 추가시키기 위해 다음과 같은 명령어를 수행한다.

```
JOIN MATCH FILE = 'indfile.sav' / TABLE = 'aggfile.sav' / BY
groupnr / MAP.
```

다음에 예시된 명령어는 학생 수준 IQ 점수의 집단별 평균과 표준편차를 집단 수준 변인으로 생성하고(aggregate), 이를 다시 학생 수준 자료에 변인으로 추가하는(disaggregate) 전체 절차를 보여 준다.

```
GET FILE 'indfile.sav'.
SORT groupnr.
SAVE FILE 'indfile.sav'.
AGGREGATE OUTFILE = 'aggfile.sav' / PRESORTED /
BREAK = groupnr / meaniq = MEAN(iq) / stdeviq = SD(iq).
JOIN MATCH FILE = 'indfile.sav' / TABLE = 'aggfile.sav' / BY
groupnr / MAP.
COMPUTE deviq = iq-meaniq.
SAVE FILE 'indfile2.sav'.
```

AGGREGATE 절차의 하위 명령어 PRESORTED는 자료파일이 집단구분변인(BREAK)인 groupnr 값에 따라 이미 정렬되어 있다는 것을 나타낸다. JOIN MATCH 절차의 하위명령어 MAP은 두 데이터자료로부터 어떤 변인들을 추출해서 새로운 자료파일을 만들 것인지와 관련한 새 파일의 지도를 만들어 준다. 이러한 복사-붙이기 류의 작업에서는 결과파일을 주의 깊게 검토하여 사례가 정확하게 매칭되었는지를 확인하는 것이 무엇보다 중요하다.

HLM에는 설명변인을 중심화(centering)하는 기능이 탑재되어 있다. MLwiN과 Mplus에는 개인 수준 자료에 집단별 평균을 추가하는 기능이 있고 변인을 집단평균 혹은 전체평균으로 중심화시켜 저장하는 기능 또한 탑재되어 있다.

변인 해체(disaggregation)의 특수한 형태로 반복측정값들이 각각 별도의 변인(열)으로 저장된 반복측정 자료를 들 수 있다(wide format). 많은 프로그램에서 분석을 위해 각각의 측정값들이 하나의 행으로 처리된 구조의 자료를 사용한다(long format). 이 경우 시간불변적 변인은 wide format 자료로부터 long format으로 해체(disaggregate)된다. 제5장에서 사용된 GPA 자료가 좋은 예이다. long format으로 변환하기 위해 SPSS에서 다음과 같은 명령어가 사용된다.

```
GET FILE 'd: \data \gpa.sav'.
WRITE OUTFILE 'd: \data \gpalong.dat' RECORDS = 6/
student '0' gpa1 job1 sex highgpa /
student '1' gpa2 job2 sex highgpa /
student '2' gpa3 job3 sex highgpa /
student '3' gpa4 job4 sex highgpa /
student '4' gpa5 job5 sex highgpa /
student '5' gpa6 job6 sex highgpa.
EXECUTE.
DATA LIST FILE 'd: \ data \gpalong.dat' FREE /
student occasion gpa job sex highgpa.
SAVE OUTFILE 'd: \ data \gpalong.sav'.
DESCRIPTIVES ALL.
```

이 명령어는 우선 wide format의 SPSS 자료를 ASCII 형태로 저장한 다음, 이를 DATA LIST 명령어를 사용하여 long format으로 다시 SPSS로 읽어 들인다. 마지막의 DESCRIPTIVES 명령어는 모든 변인이 논리적으로 가능한 범위의 값을 가지는지를 확인하는 절차이다.

원자료에 결측치가 있다면 좀 더 복잡한 상황이 된다. SPSS에서 결측치는 보통 시스템 결측으로 코딩되어 있는데 ASCII 파일로 출력할 경우 빈칸으로 처리된다. DATA LIST 'filename' FREE / 라는 명령어가 사용될 경우 빈칸을 읽어 들이지 않기 때문에 첫 결측치 이후 모든 자료 값들을 잘못 읽어 들이는 결과를 초래한다. 이를 방지하기 위해 모든 시스템 결측치를 특정 값으로 치환하는 명령어를 추가하여 long format 파일을 생성하고, long format 파일이 생성된 이후 결측치에 할당된 값들을 다시 제거해 줄 필요가 있다. 이러한 절차는 다음의 명령어에 예시되어 있다.

```
GET FILE 'd: \data \gpamiss.sav'.
RECODE gpa1 to job6 (SYSMIS = 9).
WRITE OUTFILE 'd: \joop \Lea \data \mislong.dat' RECORDS = 6/
student '0' gpa1 job1 sex highgpa /
student '1' gpa2 job2 sex highgpa /
```

```
student '2' gpa3 job3 sex highgpa /
student '3' gpa4 job4 sex highgpa /
student '4' gpa5 job5 sex highgpa /
student '5' gpa6 job6 sex highgpa.
EXECUTE.
DATA LIST FILE 'd: \ data \mislong.dat' FREE /
student occasion gpa job sex highgpa.
COUNT out = gpa job (9).
SELECT IF (out = 0).
SAVE OUTFILE 'd: \ data \mislong.sav'.
```

대부분의 소프트웨어 패키지는 wide format의 자료를 long format으로 자동으로 재구조화하는 절차를 탑재하고 있으므로 이를 이용하는 것을 권장한다.

부록 C 범주형 변수의 재코딩
(Recoding Categorical Data)

범주형 변수의 재코딩

범주형 자료를 선형회귀모형에 사용하는 방법은 Cohen(1968) 및 Pedhazur(1997)에 자세히 설명되어 있다. 이 방법들은 1960년대에 특히 많은 주목을 받았는데, 이는 분산분석 설계에 최적화된 소프트웨어가 부족했기 때문이다. 특히 중다회귀모형을 사용한 분석을 위해 범주형 예측변인들을 코딩하는 방법에 대한 많은 관심이 이어졌다. 다층회귀모형이나 (다층) 구조방정식모형 또한 회귀모형이므로 범주형 변인을 모형에 포함시키기 위해서는 마찬가지로 특별한 코딩방식이 필요하다.

더미코딩

범주형 변인을 코딩하는 가장 간단한 방법은 더미코딩(dummy coding)인데, 이는 특정 범주에 1을, 나머지 범주에는 0을 할당하는 방식이다. 예를 들어, 3개의 범주(1: 통제, 2: 처치 A, 3: 처치 B)로 이루어진 처치변인이 있다고 가정해 보자. 3개 범주를 가진 범주형 변수를 더미코딩하기 위해 2개의 더미변인이 필요하다. 하나의 범주는 참조범주로, 이는 두 더미변인 모두에 0의 값을 할당받는다. 예시에서 1번 범주가 통제집단이므로 이 범주를 참조범주로 할당하는 것이 적당하다. 이 경우 〈표 C1〉과 같은 더미변인 코딩이 이루어진다.

더미1은 처치 A, 더미2는 처치 B에 해당되므로 Dummy 1, Dummy 2라는 변인명을 TreatA, TreatB로 바꾸면 더미변수의 의미가 보다 분명해질 것이다. 2개의 더미만 있는 회귀분석에서 절편은 통제집단의 예측값이 되고 각 더미변인에 대한 회귀계수는 통제집단 평균과 비교했을 때 처치 A 혹은 처치 B의 평균이 얼마나 높은지(혹은 낮은지)를 나타낸다. 절편을 모형에서 제거할 경우 통제집단에 대한 더미까지 추가하여 3개의 더미변인을 모형에 포함할 수 있다. 이 경우 각 더미변인의 회귀계수는 각 집단의 평균값을 추정하게 된다.

〈표 C1〉 2개의 처치집단 및 하나의 통제집단에 대한 더미코딩

처치	더미 1	더미 2
1 = 통제	0	0
2 = 처치 A	1	0
3 = 처치 B	0	1

〈표 C2〉 2개의 처치집단 및 하나의 통제집단에 대한 효과코딩

처치	효과 1	효과 2
1 = 통제	−1	−1
2 = 처치 A	1	0
3 = 처치 B	0	1

효과코딩

범주형 변인을 코딩하는 다른 방법으로 효과코딩(effect coding)이 있다. 이 방식은 참조범주에 대해 −1의 값을 부여한다는 점에서 더미코딩과 다르다. 코딩 결과는 〈표 C2〉에 제시되어 있다.

효과코딩을 사용할 경우, 절편은 전체평균을 추정하고, 각 효과변인에 대한 회귀계수는 처치 A 및 처치 B의 평균이 전체평균보다 얼마나 높은지(낮은지)를 추정하게 된다. 분산분석에서 전체평균으로부터 각 셀의 평균이 떨어진 정도를 처치효과(treatment effect)라 하는데, 효과코딩이라는 명칭은 여기에서 유래한다. (더미코딩의 절편은 통제집단의 평균을 직접 추정하므로) 명백한 통제집단이 존재할 경우 더미코딩이 효과코딩보다 더 유용할 수 있다. 그러나 예컨대, 3개의 서로 다른 처치가 있고, 통제집단은 없는 상황이라면, 셋 중 어느 처치가 가장 효과적인지를 분석하기 위해서 효과코딩이 더 유용하다. 이 경우 절편을 없애고 3개의 효과변인을 모두 회귀분석에 투입하는 것이 적절한 분석방법이 된다.

대조코딩

　　대조코딩(contrast coding)은 특정 가설을 검증하기 위해 사용되는 방식으로, 특히 범주형 변인과 연속형 변인 간의 연관성의 검증을 위한 매우 유연하고 강력한 코딩방법이다. 예를 들어, 앞의 예에서 처치 A와 처치 B가 각각 비타민 섭취를 의미하고, 처치 B가 처치 A에 비해 더 많은 용량이라 가정해 보자. 이 실험에서 합리적인 가설은 ① 비타민 섭취가 전체적으로 도움이 되는가, ② 비타민 용량을 늘리면 더 큰 효과가 있는가일 것이다. 이는 〈표 C3〉에 제시된 대조코딩 방식으로 검증 가능하다.

〈표 C3〉 2개의 처치집단 및 하나의 통제집단에 대한 대조코딩

처치	대조 1	대조 2
1 = 통제	−1	0
2 = 처치 A	.5	−.5
3 = 처치 B	.5	.5

　　이 표에서 대조 1은 통제집단과 두 처치집단을 비교하며, 대조 2는 처치 A와 처치 B를 비교한다. 일반적으로 대조코딩에서는 일련의 대조 가중치를 통해 가설을 표현한다. 양(+)의 가중치와 음(−)의 가중치를 통해 어느 범주(집단)와 어느 범주를 비교할지를 표현하게 된다. 각 범주의 대조가중치의 합은 0이 되도록 설정된다. 각 대조변인은 직교하도록, 즉 상호 독립이 되도록 설정되는 경우도 많다. 직교대조를 위해서는 각 범주의 대조가중치의 곱의 합이 0이 되어야 한다. 보다 중요한 것은 가설을 정확히 반영하도록 대조가중치를 설정하는 것이다.

참고사항

　　이상에서 언급된 코딩방법 이외에 차이(difference) 코딩, (역) Helmert 코딩 등의 방법도 있다. 이 방법들은 주로 사후검증에 사용되므로 ANOVA 관련 문헌에 자세히 소개되어 있다. 추세분석에 자주 사용되는 코딩체계로 직교다항식이 있다. 이 방법은 부록 D에 논의된다.

　　범주형 변인이 복수의 변인으로 재코딩될 경우, 일반적으로 재코딩된 일련의 변인들에 대해 하나하나 별도로 검증하기보다 한 묶음으로 취급하여 전체적인 검증을 실시하게 된다. 특

히 더미코딩이나 효과코딩의 경우 그러하다. 대조코딩의 경우 각 변인이 특정 가설을 나타내기 때문에 각각의 변인에 대한 유의성 검증을 실시하는 것이 일반적이다.

재코딩된 범주형 변인과의 상호작용은 연속변인의 상호작용과 같은 방식으로 처리한다(논의를 위해 Aiken & West, 1991 참조).

회귀분석에서 범주형 변인을 자동으로 처리해 주는 소프트웨어를 사용할 경우[일반적으로 '요인(factor)'이라 불림], 소프트웨어가 범주형 변인을 재코딩하고, 참조변인을 설정하는 기본 방식이 무엇인지를 숙지하는 것이 중요하다. 많은 경우 기본설정으로 설정된 옵션이 연구문제와 부합하지 않을 수 있으므로, 이 경우 연구자가 선호하는 방식으로 직접 코딩하는 것이 적절하다.

부록 D 직교다항식의 설정
(Constructing Orthogonal Polynomials)

직교다항식

범주형 변인의 각 범주가 투여량의 증가 혹은 연속된 측정시점 등을 나타낼 때, 다항회귀를 사용해 추세를 분석하는 경우가 있다. 변인 t가 측정시점을 나타낸다고 가정해 보자. 다항회귀모형은 $Y = b_0 + b_1 t + b_2 t_2 + ... + b_T t_T$의 형태가 된다. t에 따른 Y값의 그래프는 곡선 형태를 띠게 된다. 그럼에도 불구하고 다항회귀분석은 엄격히 말해 비선형모형이 아니다. 수학적으로 이는 선형모형이다. 다항회귀는 복잡한 곡선을 모형화하거나 보다 부드러운 곡선으로 근사하는데 (제8장 비연속시간 생존분석 참조) 매우 유연하게 적용할 수 있는 방법이다. 다항회귀분석의 단점은 관찰된 자료가 다항 곡선을 따르는 경우가 많지 않다는 것인데, 이는 다항회귀분석의 결과가 이론적으로 해석되기 어려운 경우가 많음을 의미한다.

시간변인을 단순히 거듭제곱한 형태의 다항식에서는 거듭제곱 형태로 구성된 예측변인들 간에 상관이 높게 발생한다는 문제점이 있다. 따라서 직교다항식(orthogonal ploynomials)이 사용되는데, 이는 단순 거듭제곱 형태의 변인들을 변인 간 상관이 발생하지 않도록 변환한 것을 의미한다.

범주형 변인의 수준이 같은 간격으로 이루어져 있고, 각 범주의 사례 수가 동일하다면 직교다항식을 쉽게 설정할 수 있다. 범주 간 간격이 다르거나 사례 수가 다르다면 이를 반영하는 방법이 있다(Cohen & Cohen, 1983). 그러나 불균형이 극단적이지 않다면 표준적인 직교다항식이 비록 더 이상 완벽한 직교는 아니지만 충분히 잘 작동한다.

SPSS나 SAS와 같은 주요 소프트웨어 패키지에 기본적으로 탑재된 행렬 절차(matrix procedure)를 이용해 직교다항식을 설정하는 방법은 Hedeker와 Gibbons(2006)에 잘 설명되어 있다. 이 절차를 이해하기 위해서는 행렬대수학의 지식이 필요하다. 이 방법을 사용할 경우 예컨대, 시간변인의 시간 간격이 일정하지 않은 경우도 처리할 수 있다. 제5장에서는 종단 GPA 자료를 사용해서 직교다항식을 설정했다. 이 예에서는 연속된 6개 학기의 GPA를 사용했다. 〈표 D1〉에 측정시점을 0~5로 코딩하고 모든 가능한 거듭제곱항을 제시했다. 〈표 D2〉에는 이렇게 설정된 시간변인들 간의 상관을 제시했다.

거듭제곱항들 간의 상관은 매우 높기 때문에, 이 항들이 모두 사용될 경우 공선성의 문제가 발생할 여지가 매우 높다. 측정시점 간의 간격은 동일하기 때문에 Pedhazur(1997)의 직교다항식의 표준값들을 사용할 수 있다. 〈표 D3〉에 직교다항식 값들이 제시되어 있다.

이들 직교다항들 간의 상관은 0이다. Hedeker와 Gibbons(2006)는 이 다항변인들을 각각 제곱합의 제곱근으로 나누어 모든 항들이 동일한 척도가 되도록 변환하여 직접 비교 가능하도록 할 것을 제안했다. 각 직교다항변인을 평균 0, 표준편차 1로 표준화시켜도 동일한 효과가 생긴다.

〈표 D1〉 4개의 단순 거듭제곱

t_1	t_2	t_3	t_4
0	0	0	0
1	1	1	1
2	4	8	16
3	9	27	81
4	16	64	256
5	25	125	625

〈표 D2〉 단순 거듭제곱 간의 상관

	t_1	t_2	t_3	t_4
t_1	1.00	0.96	0.91	0.86
t_2	0.96	1.00	0.99	0.96
t_3	0.91	0.99	1.00	0.99
t_4	0.86	0.96	0.99	1.00
t_5	0.82	0.94	0.98	1.00

〈표 D3〉 6개 측정시점에 대한 직교다항 설정

t_1	t_2	t_3	t_4
−5	5	−5	1
−3	−1	7	−3
−1	−4	4	2
1	−4	−4	2
3	−1	−7	−3
5	5	5	1

　　마지막으로, 다항식의 항이 많을 경우 이들 항의 통합된 효과를 통제하는 것에만 연구자의 관심이 있을 수 있다. 이 경우 다항회귀분석을 실시하여 결과로 산출된 예측값을 단일 예측변인으로 사용하는 방식으로 모든 항을 하나의 예측변인으로 통합하는 것이 가능하다. 이를 sheaf 계수(Whitt, 1986)라 한다.

부록 E　자료 설명

　　부록 E에서 이 책(3판)에서 예시로 사용된 자료에 대해 설명한다. 몇몇 자료는 실제 자료이고 나머지는 현실상황을 반영하여 생성된 모의자료이다. 각 장에서 사용된 자료에 대해 원 출처 및 해당 자료를 사용한 실제 연구를 소개하거나 모의자료를 생성하기 위해 설정한 가상의 상황에 대해 설명하고자 한다.

　　모든 자료는 SPSS 시스템 파일, 텍스트파일 및 실제 이 책에서 사용한 통계 프로그램용 파일의 형태(예: HLM 또는 MLwiN 등)로 인터넷에서 다운로드 가능하다. 이 책에서 소개한 분석들은 대부분의 다층분석용 소프트웨어를 이용해 분석 가능하지만, 이 책에서는 HLM이나 MLwiN(다층회귀분석), LISREL이나 Mplus(다층 구조방정식)을 사용하여 대부분의 분석을 수행하였다. 이들 패키지를 이용한 분석 결과 또한 인터넷 사이트 https://multilevel-analysis.site.uu.nl/에 탑재되어 있으므로 학습 혹은 강의 목적으로 사용 가능하다.

　　ASCII 자료의 경우 변인과 변인 간의 구분자로 공란(space)을 사용하였고, 이 자료를 통계 프로그램에 읽어 들일 경우 free format 옵션을 사용하면 된다. 다음은 각 장별로 사용된 자료에 대해 설명하고자 한다.

제2장 기본 2 수준 모형

인기 자료

　　인기 자료(popular.*)는 다층회귀분석의 가장 간단한 예시를 보여 주기 위하여 100학교의 2,000명 학생으로 생성되었다. 주요 결과변인인 학생 인기는 사회측정학적 방식에서처럼 1∼10점 척도이다. 일반적으로 사회 측정 절차는 학급 내 학생들이 다른 학생들을 모두 평가하도록 한 후에 각 학생이 받은 인기의 평균값을 인기로 활용한다. 이러한 사회측정절차 때문에 상위수준 분산성분으로 나타나는 집단효과가 다소 강한 편이다. 두 번째 결과변인은 교사가 평가한 1∼10점 척도의 학생 인기이다. 설명변인은 학생 성별(남학생=0, 여학생=1), 학생 외향성(10점 척도), 그리고 연도로 측정된 교직경력이다. 학생인기 자료는 제2장에서 주요 예시로 사용된다. 또한 이 자료는 제10장의 다변인 다변량 분석의 예시에서 결과변인으로 사용된다. 제10장에서는 이러한 목적으로 설문조사 메타분석 자료를 사용하며, 인기 자료의 다변량 다층분석은 독자를 위한 연습문제로 제시한다. 이 자료는 또한 제3장과 제13장에서 상이한 추정 및 검증 절차를 비교하기 위해 활용된다. 인기 자료는 '좋은' 잘 작동하는 자료로 생성되었다. 두 수준의 표본크기는 충분하고 잔차는 정규분포를 따르며, 다층 효과가 강하다.

이 자료의 두 번째 버전은 'popular2incomplete'의 이름으로 생성되었다. 이는 제4장의 불완전자료의 설명에 사용된다. 외향성과 인기는 각각 25%씩 결측이 있는 새 변인으로 복사되었다. 중앙값보다 낮은 외향성 점수 중에 가장 낮은 40%의 외향성 점수에 대응하는 인기는 결측으로 정한다. 중앙값보다 높은 외향성 점수 중에 가장 낮은 10%의 외향성 값에 해당하는 인기를 결측치로 정한다. 비슷하게, 중앙값보다 낮은 인기 점수에 대해서 가장 낮은 10%의 인기 점수에 대응하는 외향성 점수를 결측치로 하고, 중앙값보다 높은 인기 점수의 경우 낮은 40%의 인기 점수에 대응하는 외향성 점수를 결측치로 한다. 이 자료 파일의 결측치 완전제거 결과 870 사례가 결측이고 1,130 사례가 남아서 분석가능하다. 이와 같은 방식으로 결측을 생성한 결과, 결측 메커니즘은 극단적이지만 결과적으로 무선결측(MAR) 자료가 생성되었다.

간호사 자료

간호사 자료(nurses.*)는 병원 스트레스에 대한 가상연구를 위한 3수준 시뮬레이션 자료이다. 자료는 병원에 내재된 병동에 근무하는 간호사에 대한 것이며 군집무선 실험이다. 25개의 병원에서 각각 4개의 병동이 표집되어 무선적으로 실험집단과 통제집단에 할당된다. 실험집단에서는 간호사들에게 직장 관련 스트레스를 이겨낼 수 있는 훈련 프로그램이 제공된다. 프로그램이 완결된 이후 각 병동에서 약 10명의 간호사들에게 직장 스트레스에 대한 검사를 실시한다. 추가적인 변인은 간호사의 연령(연도), 간호 경력(연도), 간호사의 성별(0=남성, 1=여성), 병동의 종류(0=일반 치료, 1=특별 치료), 그리고 병원규모(0=소규모, 1=중간 규모, 2=대규모)이다. 이 자료는 ExpCon의 효과의 무선기울기가 포함된 3수준 분석을 설명하기 위하여 생성되었다.

제5장 종단자료의 분석

GPA 자료

GPA 자료는 6학기 연속으로 수업을 들은 200명 대학생의 종단자료 세트로서 모의생성된 자료이다. 이 자료에는 6개 연속시점에 측정된 GAP 점수와 6시점의 직장 상태 변인(근무시간)이 있다. 학생수준 2개의 설명변인은 성별(0=남학생, 1=여학생)과 고교 GPA이다. 이 자료는 제5장의 종단분석에서 사용되며, 제14장의 잠재곡선분석에 다시 사용된다. 이 자료에는 학생수준 이분 결과변인이 있는데, 학생이 선택한 대학에 합격했는지 여부이다. 모든 학생이 대학에 지원하는 것은 아니기 때문에 이 변인은 결측치가 많다. 결과변인 '합격'은 이 책의 예시에서는 사용되지 않았다.

이 자료는 여러 가지 종류가 있다. 기본 자료 파일은 *gpa*인데, 여섯 측정시점이 별개의 변인으로 제시된다. PRELIS와 일부 소프트웨어는 이 포맷을 사용한다. HLM이나 MLwiN, MixReg, SAS 등과 같은 다른 다층 소프트웨어에서는 별개의 측정시점은 다른 자료기록이다. 이처럼 '긴' 자료 포맷으로 변환된 GPA 자료는 *gpalong*에 저장되었다. 두 번째 자료는 패널소실도 함께 포함되었다. 이전 학기에 GPA가 낮은 학생들은 일부 중도탈락하게 시뮬레이션 되었다. 이 중도탈락 과정은 무선결측(MAR)된 자료를 생성한다. 불완전자료를 제대로 분석하지 않으면 편향된 결과가 도출된다. AMOS, Mplus와 MX, 그리고 최신 LISREL에서 가능한다. 층종단모형이나 SEM을 최신 원자료 우도로 신중하게 분석하면 편향되지 않는 결과를 산출한다. 완전 자료와 불완전자료를 분석한 결과를 비교하면 편향의 정도를 알 수 있다. 불완전자료는 *gpamiss*와 *gpamislong*에 있다.

Curran 종단자료

SPSS 파일(curran*.sav)은 Patrick Curran이 1997년 아동발달연구학회 비엔날레 회의의 '종단자료분석의 세 가지 현대적 접근의 비교: 단일발달표본의 분석' 심포지엄을 위해 구성한 자료세트이다. 이 심포지엄에서 전문가들은 단일 자료를 분석하여 종단모형의 여러 접근법(잠재성장곡선, 다층분석, 혼합모형)을 비교하고 대조하였다. 이후 *curran data*라고 하는 이 자료는 Patrick Curran이 대규모 종단자료에서 구성하였다. 관련 문서와 원본 자료는 인터넷에 있다.

이 자료는 입학 후 첫 2년 이내의 405명 아동의 표본이다. 아동의 반사회행동과 읽기능력의

4시점 자료이다. 첫 측정 시점에서 아동의 어머니에게 정서지원과 인지자극에 대한 정보를 수집하였다. 자료는 1986년에서 1992년까지 2년 간격으로 아동 및 어머니와의 대면 인터뷰를 통해 수집되었다.

제6장 이분 자료 및 비율에 대한 다층 일반화선형모형

태국 교육 자료

thaieduc 파일에 있는 태국 교육 자료는 HLM 소프트웨어(또는 HLM 학생용 버전)에 포함된 예시 자료이다. 이 자료에 대한 설명은 HLM 사용자 매뉴얼에서 상세하게 다루어진다. 태국 교육 자료는 태국의 초등교육에 대한 대규모 조사의 자료이다(Raudenbush & Bhumirat, 1992). 종속변인은 이분변수로서, 학생이 초등학교를 다니는 동안 유급했는지 여부(0=아니요, 1=예)를 나타낸다. 예측변인은 학생의 성별(0=여학생, 1=남학생)과 취학 전 교육(0=아니요, 1=예), 학교의 평균 SES로 이루어져 있다. 제6장의 예시에서는 예측변인으로 학생의 성별만 사용하였다. thaieduc 파일에는 학생 8,582명의 자료가 있지만, 일부 학생은 학교 평균 SES 변인에 대하여 결측값을 지닌다. 따라서 완벽한 자료는 7,516명의 학생의 자료이다.

따라서 다층 프로그램에 파일을 적용하기 이전에 이렇게 결측 자료를 처리해야 한다는 점을 유념해야 한다. 제6장의 분석에서는 단순히 완전제거방법(listwise deletion)을 적용하여 결측을 처리하였다. 하지만, 결측변수를 포함하는 학생의 비율은 12.4%정도로, 실제 분석에서 이를 단순히 무시하기에는 상당한 비율이다.

조사 응답 메타분석 자료

제6장에서 비율을 분석하기 위해 사용된 조사 응답 자료는 Hox와 de Leeuw(1994)의 메타분석에서 이용된 자료이다. 기본 자료 파일은 metaresp이다. 이 파일은 메타분석에서 사용된 각 연구의 ID 변인(source)을 포함한다. mode 변인은 자료 수집 방법(대면, 전화, 메일)을 나타낸다. 주요 응답 변인은 참여한 표본 응답자의 비율이다. 연구에 따라 완료율(전체 표본에 대한 응답자의 비율) 또는 응답률[부적격 응답자(이사, 사망, 주소 누락)을 제외한 표본으로 산출한 응답자의 비율]과 같이 다른 유형의 응답 비율을 사용하였다. 분명한 점은, 응답률은 일반적으로 완료율보다 높은 값을 가진다는 점이다. 예측변인은 논문의 발행 연도와 (추정된) 설문 주제의 중요성으로 이루어져 있다. 또한, 파일에는 완료율과 응답률의 분모가 알려진 경

우에 이에 대한 정보를 포함하고 있다. 대부분의 연구는 이 두 응답 중 하나의 수치만 보고하고 있기 때문에, 'comp'와 'resp' 변인, 그리고 관련된 분모의 변인은 대부분 결측값을 지닌다.

일부 소프트웨어(예: MLwiN)은 '성공'의 비율과 그 기반이 되는 분모를 필요로 한다. 다른 소프트웨어(예: HLM)는 '성공'의 수와 그 기반이 되는 분모를 필요로 한다. 이 파일은 오직 비율의 정보만 지닌다. 따라서 특정 소프트웨어가 성공의 수를 필요로 한다면, 비율로부터 성공의 수가 계산되어야 한다. multresp 파일은 동일한 정보를 포함하며, 3수준의 형식으로 이루어져 있어 다변량 종속변인을 사용하여 자료를 분석(제11장)할 때 유용하다.

제7장 범주 및 빈도 자료에 대한 다층 일반화선형모형

거리 안전 자료

100개의 도로가 표본으로 선택되었고, 각 거리에서 10명을 무선표집하여 그 도로를 걷는 동안 얼마나 안전하지 않은 느낌을 받았는지 질문하였다. 안전하지 않은 느낌(unsafety)에 대한 질문의 응답은 세 개의 범주(1: 전혀, 2: 가끔, 3: 종종)로 이루어졌다. 예측변인은 연령과 성별로 이루어져 있으며, 도로 특성과 관련된 변인은 경제 지수(표준화된 Z점수)와 거리의 혼잡도(7점 척도)로 이루어져 있다. 이 Safety 파일은 제7장에서 서열화된 범주 자료를 분석하는 데 이용하였다.

간질 발작 자료

간질 발작 자료는 Leppik 등(1987)의 연구에서 사용된 자료로, Skronal과 Rabe-Hesketh (2004)를 포함한 많은 연구자에 의해 분석되어 왔다. 이 자료는 플라시보와 비교한 항간질제의 효과를 연구하기 위해 무선적으로 통제되고, 종단 설계된 자료이다. 이 자료에서는 클리닉 방문 2주 전에 각 환자의 발작 발현 수를 측정하였다. 이후, 환자들을 항간질제와 플라시보 조건에 무선 할당하였다. 4회 연속 방문한 환자들에 대하여 클리닉은 방문 전 2주 동안의 간질 발작 횟수를 수집하였다. 이 자료는 발작 수, 처치 지시변인, 방문 횟수, 방문#4 더미변인, 연령(로그변환), 기초선(baseline) 빈도(로그변환)의 변인을 포함한다. 모든 예측변인은 전체 평균으로 중심화되었다. 제7장에서 빈도 자료 분석을 위해 사용된 이 자료는 GLLAMM 홈페이지(www.gllamm.org/books)를 통해 제공받을 수 있다.

제8장 다층생존분석

최초 성경험 데이터

이 데이터는 Singer와 Willett의 종단 데이터 분석 (2003)에 인용된 Capaldi, Crosby 그리고 Stoolmiller의 1996년 연구의 데이터이다. 이 연구는 180명의 중학교 남학생들의 첫 성경험 시기를 7학년부터 12학년까지 추적 조사하였다. 연구 종료 시점에 30%에 해당하는 54명의 남학생들이 성경험이 없었으며, 그 관찰값들은 절단되었다. 데이터 파일 'firstsex(첫 성경험)'이 제8장의 생존분석 데이터 예시로 사용되었다. 이 데이터는 부모관계에 변화가 있는지를 나타내는 이분 예측변인을 포함하고 있다(데이터 수집이 시작되기 전 남학생이 생물학적 부모와 동거하고 있을 경우 0으로 코딩).

형제자매의 이혼

이 데이터는 Dronkers와 Hox의 2006년 연구에서 분석한 다층 생존분석 데이터로, 호주 사회과학 가정조사의 1989~1990 데이터이다. 이 설문조사는 호주의 4,513명의 남녀를 대상으로 응답자의 학력, 부모의 학력과 부의 직업 등 사회경제적 배경, 부모 가족 규모, 가족 형태, 그리고 이와 관련된 다른 특성들에 대한 상세한 정보를 수집하였다. 응답자들은 이와 동일한 질문들에 형제자매에 대해서도 응답하였다. 응답자들은 가족 내에 더 많은 형제자매가 있을지라도 최대 3명에 대한 정보만을 제공하였다. 모든 형제자매 변수는 응답자들 자신에 관한 변수와 같은 방식으로 코딩되었으며, 모든 데이터는 응답자 혹은 형자자매들을 분석단위로 하는 하나의 파일에 통합하였다. 이 새로운 데이터 파일에서, 같은 가족에 속하는 응답자와 형제자매들은 부모 특성에 대해서는 동일한 값들을 가지나, 자녀 특성에 대해서는 다른 값을 가진다. 이 파일은 혼인 상태이거나 결혼한 적이 있는 응답자와 형제자매들만을 포함하며, 결측값은 없다(파일명: Sibdiv).

제9장 교차분류 다층모형

학생 교차 데이터

이 데이터 파일은 초등학교와 중학교에 모두 내재된 학생들의 교차 분류 데이터의 예시로 사용된 시뮬레이션 데이터로, 1,000명의 학생이 100개의 초등학교와 30개의 중학교에 내재되어 있다. 학생들이 초등학교와 중학교의 교차 분류에 내재되어 있기 때문에, 이 구조는 완벽한 위계 구조는 아니다. 파일 'pupcross(학생 교차)'는 종속 변인으로는 중학교 성취도, 학생 수준의 설명변인으로는 성별(0=남학생, 1=여학생)과 사회경제적지위(SES)를 포함한다. 학생 수준의 설명변인으로는 초등학교와 중학교의 기독교 학교 여부(0=일반 학교, 1=기독교 학교)가 있다. 이 데이터는 제8장에서 교차 분류 분석의 예시를 위하여 사용하였다.

사회관계측정 데이터

이 데이터는 교차 분류가 1수준에서 이루어지고, 여러 집단의 존재를 반영한 집단 구조가 추가된 데이터 구조를 보여 주기 위한 시뮬레이션 데이터이다. 이 데이터에서, 작은 집단에 속한 모든 구성원들은 서로를 평가하였다. 집단 규모가 서로 다르기 때문에, socsors의 사례별로 정렬된 일반적인 데이터 파일은 많은 결측치를 포함한다. 이 데이터는 다층분석을 위해 파일 soclong에 재정렬되었다. soclong 파일에서 각각의 점수는 송신자−수신자 조합에 의하여 정의되며, 예측변인인 연령과 성별은 송신자와 수신자에 대하여 따로 기록된다. 이 파일은 집단 수준 변인인 '집단 규모'를 포함한다.

제10장 다변량 다층회귀모형

학교장 데이터

학교장 데이터는 한 교육연구(Krüger, 1994)에서 가져온 것이다. 이 연구에서는 854명의 학생이 98개 학교의 남·여 학교장을 평가하였다. 데이터는 파일 관리자에 있다. 이 데이터는 맥락 특성(여기서는 학교장의 경영 방식)을 측정하는 다층회귀모형의 사용을 설명하기 위해 활용되었다. 학교장에 대한 질문은 5, 9, 12, 16, 21, 25번 문항이다. 이 책의 제10장에서는 번호가 1 … 6으로 재지정되었다. 이 데이터는 오직 제9장의 다층 심리측정 분석을 설명하기 위해 사용된다. 또한 제12장에서 설명한 다층요인분석의 절차 중 하나를 사용하여 분석할 수도 있다. 이 데이터는 학생 및 학교장의 성별(1=여성, 2=남성) 정보를 포함하고 있으나, 책의 예시에서는 활용하지 않았다. 앞의 6개 문항을 제외한 데이터의 나머지 문항들은 모두 학교 환경의 다양한 측면에 관한 것이다. 다층 탐색적 요인분석(a full multilevel exploratory factor analysis)은 이러한 데이터에 대한 유용한 접근 방식이다.

제11장 메타분석에 대한 다층적 접근

사회관계기술 메타분석 자료

파일명 meta20으로 저장되어 있는 사회관계기술 메타분석 자료는 사회불안에 대한 사회관계기술 훈련의 효과를 연구한 20개 연구물의 결과를 코딩한 자료이다. 모든 연구가 실험/통제집단 설계를 사용했다. 설명변인은 훈련기간(주), 각 연구에 사용된 사회관계기술 측정도구의 신뢰도(두 가지 값, 공식 검사매뉴얼에서 발췌), 그리고 각 연구의 표본크기이다. 이 자료는 모의자료이다.

천식과 LRD 메타분석 자료

천식과 LRD 자료(파일명 AstLrd)는 Nam, Mengersen과 Garthwaite(2003)에 사용된 자료이다. 이 자료는 아동의 흡연환경 노출(ETS)과 천식 및 하부호흡기질환(LRD)의 관계에 대한 59개 연구결과이다. 각 연구의 천식과 LRD의 로그 승산 및 그 표준오차가 분석변인으로 포함되어 있고, 연구 수준의 변수로 연구대상의 평균 연령, 출간연도, 흡연(0=부모, 1=부모 이외 가족 구성원), 각 연구의 공분산 통제 여부(0=하지 않음, 1=통제함)가 포함되어 있다. 두 종류의 효과크기, 즉 천식의 로그 승산비 및 LRD의 로그 승산비가 변인으로 포함되어 있으나 이 두 효과크기를 모두 포함하고 있는 연구는 드물었다.

제13장 다층모형의 가정 및 강건 추정방법

에스트론 자료

에스트론 자료는 5명의 폐경기 이후 여성들의 에스트론 수치를 16번 반복측정한 자료이다 (Fears et al., 1996). estronex 파일은 일반적인 wide format이고 estrlong 파일은 다층모형에 사용되는 long format이다. 자료 구조는 측정이 시간순으로 이루어진 것으로 보이지만 실제로는 그렇지 않다.

분석에 들어가기 이전에 에스트론 수치는 자연로그 변환되었다. 이 자료는 제13장에서 사례 수와 분산성분 값이 작은 자료에 대한 고급 추정방법 및 검정방법을 예시하기 위해 사용되었다.

Good89 자료

goog89 파일(Good, 1999, p. 89)은 제13장에서 부트스트래핑의 원리를 보여 주기 위해 사용되었다.

제14장 다층요인분석

가족 IQ 자료

가족 IQ 자료는 대가족의 지능에 관한 연구결과(van Peet, 1992)를 참조하여 작성되었다. 이 자료는 지능검사의 여섯 개 하위검사 점수를 포함하고 있으며 제14장에서 다층요인분석의 예시에 사용되었다. 가족 IQ 파일은 50가족 275명 아동의 자료를 담고 있으며, 6개 하위검사 점수 이외에 성별, 부모의 IQ 변인 또한 포함되어 있지만 이 변인들은 이 책의 분석에는 사용되지 않았다.

제15장 다층경로분석

GALO 자료

파일명 galo로 저장된 GALO 자료는 Schijf와 Dronkers(1991)의 교육학 연구에 사용된 자료이다. 이 자료는 58개 학교 1,377명의 학생들로부터 수집되었으며 학생 수준 변인은 아버지의 직업지위(focc), 아버지의 교육수준(feduc), 어머니의 교육수준(meduc), 학생 성별(sex), GALO 학업성취도검사 점수(GALO), 교사의 중등교육에 대한 조언(advice)이다. 학교 수준의 변인은 학교의 종교유형(denom) 하나이다. 종교유형은 개신교=1, 종교 없음=2, 천주교=3으로 최적척도법으로 척도화되었다. galo 파일에는 결측치가 있는 사례와 완전한 사례가 모두 포함되어 있는데, 각 사례가 결측이 있는지 여부를 알려 주는 지표변인 또한 포함되어 있다.

Adams, R. J., Wilson, M., & Wu, M. (1997). Multilevel item response models: An approach to errors in variables regression. *Journal of Educational and Behavioral Statistics, 22*(1), 47−76.

Afshartous, D. (1995). Determination of sample size for multilevel model design. Paper, AERA Conference, San Francisco, April 18−22.

Agresti, A. (1984). *Analysis of ordinal categorical data.* New York: Wiley.

Agresti, A., Booth, J. G., Hobart, J. P., & Caffo, B. (2000). Random effects modeling of categorical response data. *Sociological Methodology, 30,* 27−80.

Aiken, L. S., & West, S. G. (1991). *Multiple regression: Testing and interpreting interaction.* Newbury Park, CA: Sage.

Akaike, H. (1987). Factor analysis and the AIC. *Psychometrika, 52,* 317−332.

Alba, R. D., & Logan, J. R. (1992). Analyzing locational attainments: Constructing individual-level regression models using aggregate data. *Sociological Methods and Research, 20*(3), 367−397.

Algina, J. (2000). Intraclass correlation−3 level model (Message on Internet Discussion List, December 7, 2000). Multilevel Discussion List, archived at listserv@jiscmail.ac.uk.

Allison, P. D. (2009). *Fixed effects regression models.* Thousand Oaks, CA: Sage.

Andrich, D. (1988). *Rasch models for measurement.* Newbury Park, CA: Sage.

Anscombe, F. J. (1973). Graphs in statistical analysis. *American Statistician, 27,* 17−21.

Arbuckle, J. L. (1996). Full information estimation in the presence of incomplete data. In G. A. Marcoulides & R. E. Schumacker (Eds), *Advanced structural equation modeling.* Mahwah, NJ: Lawrence Erlbaum Associates.

Arnold, C. L. (1992). An introduction to hierarchical linear models. *Measurement and Evaluation in Counseling and Development, 25,* 58−90.

Arnold, B. F., Hogan, D. R., Colford, J. M., & Hubbard, A. E. (2011). Simulation methods to estimate design power: An overview for applied research. *BMC Medical Research Methodology, 11,* 94, doi: 10.1186/1471−2288−11−94

Asparouhov, T., & Muthén, B. (2007). Computationally efficient estimation of multilevel high-dimensional latent variable models. *Proceedings of the Joint Statistical Meeting*, August 2007, Salt Lake City, Utah. Accessed May 2009 at: www.statmodel.com/download/JSM2007000746.pdf

Baldwin, S. A., & Fellingham, G. W. (2013). Bayesian methods for the analysis of small sample multilevel data with a complex variance structure. *Psychological Methods, 18*, 151−164.

Barber, J. S., Murphy, S., Axinn, W. G., & Maples, J. (2000) Discrete-time multi-level hazard analysis. *Sociological Methodology, 30*, 201−235.

Barbosa, M. F., & Goldstein, H. (2000). Discrete response multilevel models for repeated measures: An application to voting intentions data. *Quality and Quantity, 34*, 323−330.

Barnett, V. (1999). *Comparative statistical inference*. New York: Wiley.

Bates, D., Maechler, M., Bolker, B., & Walker, S. (2015). Fitting linear mixed-effects models using lme4. *Journal of Statistical Software, 67*(1), 1−48.

Bauer, D. J., & Cai, L. (2009). Consequences of unmodeled nonlinear effects in multilevel models. *Journal of Educational and Behavioral Statistics, 34*, 97−114.

Bauer, D. J., & Curran, P. J. (2005). Probing interactions in fixed and multilevel regression: Inferential and graphical techniques. *Multivariate Behavioral Research, 40*, 373−400.

Bauer, D. J., & Sterba, S. K. (2011). Fitting multilevel models with ordinal outcomes: Performance of alternative specifications and methods of estimation. *Psychological Methods, 16*, 373−390.

Beck, N., & Katz, J. N. (1997). The analysis of binary time-series-cross-section data and/or the democratic peace. Paper, Annual Meeting of the Political Methodology Group, Columbus, Ohio, July, 1997.

Becker, B. J. (1994). Combining significance levels. In H. Cooper & L. V. Hedges (Eds.), *The handbook of research synthesis*. New York: Russell Sage Foundation.

Becker, B. J. (2007). Multivariate meta-analysis: Contributions by Ingram Olkin. *Statistical Science, 22*, 401−406.

Bell, B. A., Morgan, G. B., Schoeneberger, J. A., Kromrey, J. D., & Ferron, J. M. (2014). How low can you go? An investigation of the influence of sample size and model complexity on point and interval estimates in two-level linear models. *Methodology*, 10, 1−11.

Benedetti, A., Platt, R., & Atherton, J. (2014). Generalized linear mixed models for binary data: Are matching results from penalized quasi-likelihood and numerical integration less biased? *PLOS ONE*, 9: e84601

Benjamini, Y., & Hochberg, Y. (1995). Controlling the false discovery rate: A practical and powerful approach to multiple testing. *Journal of the Royal Statistical Society, Series B. 57*, 289−300.

Bentler, P. M. (1990). Comparative fit indices in structural models. *Psychological Bulletin, 107*, 238−246.

Bentler, P. M., & Bonett, D. G. (1980). Significance tests and goodness-of-fit in the analysis of covariance structures. *Psychological Bulletin, 88*, 588−606.

Berkey, C. S., Hoaglin, D. C., Antczak-Bouckoms, A., Mosteller, F., & Colditz, G. A. (1998). Meta-analysis of multiple outcomes by regression with random effects. *Statistics in Medicine, 17*, 2537−2550.

Berkhof, J., & Snijders, T. A. B. (2001). Variance component testing in multilevel models. *Journal of Educational and Behavioral Statistics, 26*, 133−152.

Biggerstaff, B. J., Tweedy, R. L., & Mengersen, K. L. (1994). Passive smoking in the workplace: Classical and Bayesian meta-analyses. *International Archives of Occupational and Environmental Health, 66*, 269−277.

Bloom, H. S. (2005). Randomizing groups to evaluate place-based programs. In H. S. Bloom (Ed.), *Learning more from social experiments. Evolving analytic approaches*. New York: Russell Sage.

Bollen, K. A. (1989). *Structural equations with latent variables*. New York: Wiley.

Bollen, K. A., & Barb, K. H. (1981). Pearson's and coarsely categorized measures. *American Sociological Review, 46*, 232−239.

Bollen, K. A., & Curran, P. J. (2006). *Latent curve models*. New York: Wiley.

Bonett, D. G. (2002). Sample size requirements for testing and estimating coefficient alpha. *Journal of Educational and Behavioral Statistics, 27*, 335−340.

Boomsma, A. (2013). Reporting Monte Carlo studies in structural equation modeling. *Structural Equation Modeling, 20*, 518−540.

Booth, J. G., & Sarkar, S. (1998). Monte Carlo approximation of bootstrap variances. *American Statistician, 52*, 354−357.

Bosker, R. J., Snijders, T. A. B., & Guldemond, H. (2003). *User's manual PINT.* Program and manual available at: www.stats.ox.ac.uk/~snijders/index.html

Boyd, L. H., & Iversen, G. R. (1979). *Contextual analysis: Concepts and statistical techniques.* Belmont, CA: Wadsworth.

Breslow, N. E., & Lin, X. (1995). Bias correction in generalized linear mixed models with a single component of dispersion. *Biometrika, 82,* 81–91.

Brockwell, S. E., & Gordon, I. R. (2001). A comparison of statistical methods for meta-analysis. *Statistics in Medicine, 20,* 825–840.

Browne, M. W., & Cudeck, R. (1992). Alternative ways of assessing model fit. *Sociological Methods and Research, 21,* 230–258.

Browne, W. J. (1998). *Applying MCMC methods to multilevel models.* Bath, UK: University of Bath.

Browne, W. J. (2005). *MCMC estimation in MLwiN, Version 2.* Bristol, UK: University of Bristol, Centre for Multilevel Modelling.

Browne, W. J., & Draper, D. (2000). Implementation and performance issues in the Bayesian and likelihood fitting of multilevel models. *Computational Statistics, 15,* 391–420.

Browne, W. J., Golalizadeh Lahi, M., & Parker, R. M. A. (2009). *A guide to sample size calculations for random effect models via simulation and the MLPowSim software package.* University of Bristol. Available at http://seis.bris.ac.uk/~frwjb/bill.html

Bryk, A. S., & Raudenbush, S. W. (1992). *Hierarchical linear models.* Newbury Park, CA: Sage

Burchinal, M., & Appelbaum, M. I. (1991). Estimating individual developmental functions: Methods and their assumptions. *Child Development, 62,* 23–43.

Burton, A., Altman, D. G., Royston, P., & Holder, R. L. (2006). The design of simulation studies in medical statistics. *Statistics in Medicine, 25,* 4279–4292.

Burton, P., Gurrin, L., & Sly, P. (1998). Extending the simple regression model to account for correlated responses: An introduction to generalized estimating equations and multi-level mixed modeling. *Statistics in Medicine, 17,* 1261–1291.

Busing, F. (1993). Distribution characteristics of variance estimates in two-level models. Unpublished manuscript. Leiden: Department of Psychometrics and Research Methodology, Leiden University.

Camstra, A., & Boomsma, A. (1992). Cross-validation in regression and covariance structure analysis: An overview. *Sociological Methods and Research, 21*, 89−115.

Can, S., van de Schoot, R., & Hox, J. (2014). Collinear latent variables in multilevel confirmatory factor analysis: A comparison of maximum likelihood and Bayesian estimations. *Educational and Psychological Measurement, 75*(3), 406−427.

Capaldi, D. M., Crosby, L., & Stoolmiller, M. (1996). Predicting the timing of first sexual intercourse for atrisk adolescent males. *Child Development, 67*, 344−359.

Card, N. A. (2012). *Applied meta-analysis for social science research.* New York: Guilford.

Carlin, B. P., & Louis, T. A. (1996). *Bayes and empirical Bayes methods for data analysis.* London: Chapman & Hall.

Carpenter, J., & Bithell, J. (2000). Bootstrap confidence intervals: When, which, what? A practical guide for medical statisticians. *Statistics in Medicine, 19*, 1141−1164.

Carpenter, J., Goldstein, H., & Rasbash, J. (2003). A novel bootstrap procedure for assessing the relationship between class size and achievement. *Applied Statistics, 52*, 431−442.

Chan, D. (1998). Functional relations among constructs in the same content domain at different levels of analysis: A typology of composition models. *Journal of Applied Psychology, 83*(2), 234−246.

Cheong, Y. F., Fotiu, R. P., & Raudenbush, S. W. (2001). Efficiency and robustness of alternative estimators for two-and three-level models: The case of NAEP. *Journal of Educational and Behavioral Statistics, 26*, 411−429.

Cheung, M. W. L. (2008). A model for integrating fixed−, random−, and mixed-effects meta-analysis into structural equation modeling. *Psychological Methods, 13*, 182−202.

Chou, C. P., & Bentler, P. M. (1995). Estimates and tests in structural equation modeling. In R. H. Hoyle (Ed.), *Structural equation modeling: Concepts, issues, and applications.* Newbury Park, CA: Sage.

Chou, C. P., Bentler, P., & Pentz, M. A. (1998). Comparisons of two statistical approaches to study growth curves: the multilevel model and the latent curve analysis. *Structural Equation Modeling, 5*, 247−266.

Chung, H., & Beretvas, S. (2011). The impact of ignoring multiple membership data structures in multilevel models. *British Journal of Mathematical and Statistical*

Psychology, 65, 185−200.

Cohen, J. (1968). Multiple regression as a general data-analytic system. *Psychological Bulletin, 70*, 426−443.

Cohen, J. (1988). *Statistical power analysis for the behavioral sciences*. Mahwah, NJ: Lawrence Erlbaum Associates, Inc.

Cohen, J. (1992). A power primer. *Psychological Bulletin, 112*(1), 155−159.

Cohen, J., & Cohen, P. (1983). *Applied multiple regression analysis for the behavioral sciences*. Hillsdale, NJ: Lawrence Erlbaum Associates, Inc.

Cohen, M. P. (1998). Determining sample sizes for surveys with data analyzed by hierarchical linear models. *Journal of Official Statistics, 14*, 267−275.

Cools, W., van Den Noortgate, W., & Onghena, P. (2008). ML−DEs: A program for designing efficient multilevel studies. *Behavior Research Methods, 4*, 236−249.

Cooper, H., Hedges, L. V., & Valentine, J. (Eds.). (2009). *The handbook of research synthesis and meta-analysis*. New York: Russell Sage Foundation.

Cox, D. R. (1972). Regression models and life tables. *Journal of the Royal Statistical Society, 34*, 187−202.

Cronbach, L. J. (1976). Research in classrooms and schools: Formulation of questions, designs and analysis. Occasional paper: Stanford Evaluation Consortium.

Cronbach, L. J., Gleser, G. C., Nanda, H., & Rajaratnam, N. (1972). *The dependability of behavioral measures*. New York: Wiley.

Croon, M. A., & van Veldhoven, M. J. P. M. (2007). Predicting group-level outcome variables from variables measured at the individual level: A latent variable multilevel model. *Psychological Methods, 12*, 45−57.

Cudeck, R., & Klebe, K. J. (2002). Multiphase mixed-effects models for repeated measures data. *Psychological Methods, 7*, 41−63.

Curran, P. J. (1997). Supporting documentation for comparing three modern approaches to longitudinal data analysis: An examination of a single developmental sample. Retrieved, June 2008 from www.unc.edu/~curran/pdfs/Curran(1997b).pdf

Curran, P. J. (2003). Have multilevel models been structural models all along? *Multivariate Behavioral Research, 38*, 529−569.

Davidson, R., & MacKinnon, J. G. (1993). *Estimation and inference in econometrics*. New York: Oxford University Press.

Davis, P., & Scott, A. (1995). The effect of interviewer variance on domain comparisons. *Survey Methodology, 21*(2), 99−106.

De Leeuw, E. D. (1992). *Data quality in mail, telephone, and face-to-face surveys.* Amsterdam: TT−Publikaties.

De Leeuw, J. (2005). Dropouts in longitudinal data. In B. Everitt & D. Howell (Eds), *Encyclopedia of statistics in behavioral science.* New York: Wiley.

Depaoli, S., & Clifton, J. (2015). A Bayesian approach to multilevel structural equation modeling with continuous and dichotomous outcomes. *Structural Equation Modeling, 22*, 327−351. doi: 10.1037/met0000065

Depaoli, S., & van de Schoot, R. (2017). Improving transparency and replication in Bayesian statistics: The WAMBS-checklist. *Psychological Methods, 22*, 240−261. doi: 10.1037/met0000065.

Dedrick, R. F., Ferron, J. M., Hess, M. R., Hogarty, K. Y., Kromrey, J. D., Lang, T. R., Niles, J. D., & Lee, R. S. (2009). Multilevel modeling: A review of methodological issues and applications. *Review of Educational Research, 79*, 69−102.

Delucchi, K., & Bostrom, A. (1999). Small sample longitudinal clinical trials with missing data: A comparison of analytic methods. *Psychological Methods, 4*, 158−172.

DeMaris, A. (2002). Explained variance in logistic regression. A Monte Carlo study of proposed measures. *Sociological Methods & Research, 31*, 27−74.

Diaz, R. E. (2007). Comparison of PQL and Laplace 6 estimates of hierarchical linear models when comparing groups of small incident rates in cluster randomised trials. *Computational Statistics and Data Analysis, 51*, 2871−2888.

DiPrete, T. A., & Forristal, J. D. (1994). Multilevel models: Methods and substance. *Annual Review of Sociology, 20*, 331−357.

DiPrete, T. A., & Grusky, D. B. (1990). The multilevel analysis of trends with repeated cross-sectional data. In C. C. Clogg (Ed.), *Sociological methodology.* London: Blackwell.

Dolan, C. V. (1994). Factor analysis with 2, 3, 5 and 7 response categories: A comparison of categorical variable estimators using simulated data. *British Journal of Mathematical and Statistical Psychology, 47*, 309−326.

Dronkers, J., & Hox, J. J. (2006). The importance of common family background for the similarity of divorce risks of siblings: A multilevel event history analysis. In F.J.

Yammarino & F. Dansereau (Eds.), *Multilevel issues in social systems*. Amsterdam: Elsevier.

DuMouchel, W. H. (1994). Hierarchical Bayesian linear models for meta-analysis. Unpublished report, Research Triangle Park, NC: National Institute of Statistical Sciences.

Duncan, T. E., Duncan, S. C., & Strycker, L. A. (2006). *An introduction to latent variable growth curve modeling*. Mahwah, NJ: Lawrence Erlbaum Associates, Inc.

du Toit, M., & du Toit, S. (2001). *Interactive LISREL: User's guide*. Chicago, IL: Scientific Software Inc.

Efron, B. (1982). *The jackknife, the bootstrap and other resampling plans*. Philadelphia, PA: Society for Industrial and Applied Mathematics.

Efron, B., & Tibshirani, R. J. (1993). *An introduction to the bootstrap*. New York: Chapman & Hall.

Eliason, S. R. (1993). *Maximum likelihood estimation*. Newbury Park, CA: Sage.

Enders, C. (2010). *Applied missing data analysis*. New York: Guilford.

Enders, C. K., & Tofighi, D. (2007). Centering predictor variables in cross-sectional multilevel models: A new look at an old issue. *Psychological Methods, 12*, 121−138.

Engels, E. A., Schmidt, C. H., Terrin, N., Olkin, I., & Lau, J. (2000). Heterogeneity and statistical significance in meta-analysis: An empirical study of 125 meta-analyses. *Statistics in Medicine, 19*(13), 1707−1728.

Erbring, L., & Young, A. A. (1979). Contextual effects as endogenous feedback. *Sociological Methods and Research, 7*, 396−430.

Evans, M., Hastings, N., & Peacock, B. (2000). *Statistical distributions*. New York: Wiley.

Fan, X, (2003). Power of latent growth modeling for detecting group differences in linear latent growth trajectory parameters. *Structural Equation Modeling, 10*, 380−400.

Faul, F., Erdfelder, F. F., Lang, A. G., & Buchner, A. (2007). GPower 3: A flexible statistical power analysis for the social, behavioral, and biomedical sciences. *Behavior Research Methods, 39*, 175−191.

Fears, T. R., Benichou, J., & Gail, M. H. (1996). A reminder of the fallibility of the Wald statistic. *American Statistician, 50*(3), 226−227.

Field, A. (2013). *Discovering statistics using SPSS*. London: Sage.

Fielding, A. (2002). Ordered category responses and random effects in multilevel and other complex structures. In S. P. Reise & N. Duan (Eds.), *Multilevel modeling:*

Methodological advances, issues, and applications. Mahwah, NJ: Lawrence Erlbaum Associates, Inc.

Fielding, A. (2004). Scaling for residual variance components of ordered category responses in generalised linear mixed multilevel models. *Quality and Quantity, 38,* 425−433.

Fotiu, R. P. (1989). A comparison of the EM and data augmentation algorithms on simulated small sample hierarchical data from research on education. Unpublished doctoral dissertation, Michigan State University, East Lansing.

Geldhof, G. J., Preacher, K. J., & Zyphur, M. J. (2014). Reliability estimation in a multilevel confirmatory factor analysis framework. *Psychological Methods, 19,* 72−91.

Gelman, A., & Hill, J. (2007). *Data analysis using regression and multilevel/ hierarchical models.* New York: Cambridge University Press.

Gelman, A., & Rubin, D. B. (1992). Inference from iterative simulation using multiple sequences. *Statistical Science, 7,* 457−511.

Gerbing, D. W., & Anderson, J. C. (1992). Monte Carlo evaluations of goodness-of-fit indices for structural equation models. *Sociological Methods and Research, 21,* 132−161.

Gilbert, J., Petscher, Y., Compton, D. L., & Schatschneider, C. (2016). Consequences of misspecifying levels of variance in cross-classified longitudinal data structures. *Frontiers in Psychology, 7,* 695.

Gill, J. (2000). *Generalized linear models.* Thousand Oaks, CA: Sage.

Glass, G. V. (1976). Primary, secondary and meta-analysis of research. *Educational Researcher, 10,* 3−8.

Gleser, L. J., & Olkin, I. (1994). Stochastically dependent effect sizes. In H. Cooper & L. V. Hedges (Eds), *The handbook of research synthesis.* New York: Russell Sage Foundation.

Goldstein, H. (1991). Non-linear multilevel models, with an application to discrete response data. *Biometrika, 78,* 45−51.

Goldstein, H. (1994). Multilevel cross-classified models. *Sociological Methods and Research, 22,* 364−376.

Goldstein, H. (1995). *Multilevel statistical models* (2nd edition). London: Edward Arnold.

Goldstein, H. (2011). *Multilevel statistical models* (4th edition). New York: Wiley.

Goldstein, H., & Healy, M. J. R. (1995). The graphical representation of a collection of means. *Journal of the Royal Statistical Society, A, 158*, 175–177.

Goldstein, H., & Rasbash, J. (1996). Improved approximations to multilevel models with binary responses. *Journal of the Royal Statistical Society, Series A, 159*, 505–513.

Goldstein, H., & Spiegelhalter, D. J. (1996). League tables and their limitations: Statistical issues in comparisons of institutional performance. *Journal of the Royal Statistical Society, A, 159*, 505–513.

Goldstein, H., Healy, M. J. R., & Rasbash, J. (1994). Multilevel time series models with applications to repeated measures data. *Statistics in Medicine, 13*, 1643–1656.

Goldstein, H., Yang, M., Omar, R., Turner, R., & Thompson, S. (2000). Meta-analysis using multilevel models with an application to the study of class sizes. *Applied Statistics, 49*, 399–412.

Good, P. I. (1999). *Resampling methods: A practical guide to data analysis.* Boston/Berlin: Birkhäuser.

Gray, B. R. (2005). Selecting a distributional assumption for modeling relative densities of benthic macroinvertebrates. *Ecological Modelling, 185*, 1–12.

Green, S. B. (1991). How many subjects does it take to do a regression analysis? *Multivariate Behavior Research, 26*, 499–510.

Greene, W. H. (1997). *Econometric analysis.* Upper Saddle River, NJ: Prentice Hall.

Grilli, L. (2005). The random effects proportional hazards model with grouped survival data: A comparison between the grouped continuous and continuation ratio versions. *Journal of the Royal Statistical Society, A, 168*, 83–94.

Hamaker, E. L., & Klugkist, I. (2011). Bayesian estimation of multilevel models. In J. J. Hox & J. K. Roberts (Eds.), *Handbook of advanced multilevel analysis.* New York: Routledge.

Hamaker, E. L., van Hattum, P., Kuiper, R. M., & Hoijtink, H. J. A. (2011). Model selection based on information criteria in multilevel modeling. In J. J. Hox & K. Roberts (Eds.), *Handbook of advanced multilevel analysis.* New York: Routledge.

Hartford, A., & Davidian, M. (2000). Consequences of misspecifying assumptions in nonlinear mixed effects models. *Computational Statistics and Data Analysis, 34*, 139–164.

Harwell, M. (1997). An empirical study of Hedges' homogeneity test. *Psychological Methods, 2*(2), 219–231.

Haughton, D. M. A., Oud, J. H. L., & Jansen, R. A. R. G. (1997). Information and other criteria in structural equation model selection. *Communications in Statistics: Simulation and Computation, 26*, 1477−1516.

Hays, W. L. (1994). *Statistics.* New York: Harcourt Brace College Publishers.

Heck, R. H., & Thomas, S. L. (2009). *An introduction to multilevel modeling techniques.* New York: Routledge.

Heck, R. H., Thomas, S. L., & Tabata, L. N. (2012). *Multilevel modeling of categorical outcomes in IBM SPSS.* New York: Routledge.

Heck, R. H., Thomas, S. L., & Tabata, L. N. (2014). *Multilevel and longitudinal modeling in IBM SPSS* (2nd edition). New York: Routledge.

Hedeker, D. (2008). Multilevel models for ordinal and nominal variables. In J. de Leeuw & E. Meijer (Eds), *Handbook of multilevel analysis.* New York: Springer.

Hedeker, D., & Gibbons, R. D. (1994). A random effects ordinal regression model for multilevel analysis. *Biometrics, 50*, 933−944.

Hedeker, D., & Gibbons, R. D. (1997). Application of random-effects pattern-mixture models for missing data in longitudinal studies. *Psychological Methods, 2*(1), 64−78.

Hedeker, D., & Gibbons, R. D. (2006). *Longitudinal data analysis.* New York: Wiley.

Hedeker, D., & Mermelstein, R. J. (1998). A multilevel thresholds of change model for analysis of stages of change data. *Multivariate Behavioral Research, 33*, 427−455.

Hedeker, D., Gibbons, R. D., du Toit, M., & Cheng, Y. (2008). *SuperMix: Mixed effects models.* Lincolnwood, IL: Scientific Software International.

Hedges, L. V., & Olkin, I. (1985). *Statistical methods for meta-analysis.* San Diego, CA: Academic Press.

Hedges, L. V., & Vevea, J. L. (1998). Fixed-and random effects models in meta-analysis. *Psychological Methods, 3*, 486−504.

Hemming, K., Girling, A. J., Sitch, A. J., Marsh, J., & Lilford, R. J. (2011). Sample size calculations for cluster randomisation controlled trials with a fixed number of clusters. *BMC Medical Research Methodology, 11*, 102.

Higgins, J. P. T., Whitehead, A., Turner, R. M., Omar, R. Z., & Thompson, S. G. (2001). Meta-analysis of continuous outcome data from individual patients. *Statistics in Medicine, 20*, 2219−2241.

Hill, P. W., & Goldstein, H. (1998). Multilevel modeling of educational data with cross-classification and missing identification for units. *Journal of Educational and Behavioral Statistics, 23*(2), 117−128.

Hoeksma, J. B., & Knol, D. L. (2001). Testing predictive developmental hypotheses. *Multivariate Behavior Research, 36*, 227−248.

Hoenig, J., & Heisey, D. (2001). The abuse of power: The pervasive fallacy of power calculations for data analysis. *The American Statistician, 55*, 19−24.

Hoffman, L. (2015). *Longitudinal analysis.* New York: Routledge.

Hofmann, D. A., & Gavin, M. B. (1998). Centering decisions in hierarchical linear models: Implications for research in organizations. *Journal of Management, 24*(5), 623−641.

Holm, S. (1979). A simple sequentially rejective multiple test procedure. *Scandinavian Journal of Statistics, 6*, 65−70.

Hox, J. J. (1998). Multilevel modeling: When and why. In I. Balderjahn, R. Mathar, & M. Schader (Eds), *Classification, data analysis, and data highways.* New York: Springer Verlag.

Hox, J. J. (2002). *Multilevel analysis: Techniques and applications.* Mahwah, NJ: Erlbaum.

Hox, J. J., & Bechger, T. M. (1998). An introduction to structural equation modeling. *Family Science Review, 11*, 354−373.

Hox, J. J., & de Leeuw, E. D. (1994). A comparison of nonresponse in mail, telephone, and face-to-face surveys. Applying multilevel modeling to meta-analysis. *Quality and Quantity, 28*, 329−344.

Hox, J. J., & de Leeuw, E. D. (2003). Multilevel models for meta-analysis. In N. Duan & S. Reise (Eds.), *Multilevel modeling: Methodological advances, issues and applications.* Mahwah, NJ: Lawrence Erlbaum Associates, Inc.

Hox, J. J., & Maas, C. J. M. (2001). The accuracy of multilevel structural equation modeling with pseudo-balanced groups and small samples. *Structural Equation Modeling, 8*, 157−174.

Hox, J. J., & Maas, C. G. M. (2006). Multilevel models for multimethod measures. In M. Eid & E. Diener (Eds.), *Multimethod measurement in psychology.* Washington, DC: American Psychological Association.

Hox, J., & van de Schoot, R. (2013). Robust methods for multilevel models. In M.A. Scott,

J. S. Simonov, & B. D. Marx (Eds.), *The SAGE handbook of multilevel modeling.* Los Angeles, CA: Sage.

Hox, J. J., & Wijngaards-de Meij, L. (2014). The multilevel regression model. In H. Best & C. Wolf (Eds), *The SAGE handbook of regression analysis and causal inference.* Thousand Oaks, CA: Sage.

Hox, J. J., de Leeuw, E. D., & Kreft, G. G. (1991). The effect of interviewer and respondent characteristics on the quality of survey data: A multilevel model. In P. P. Biemer, R. M. Groves, L. E. Lyberg, N. A. Mathiowetz, & S. Sudman (Eds.), *Measurement errors in surveys.* New York: Wiley.

Hox, J. J., Maas, C. G. M., & Brinkhuis, M. J. S. (2010). The effect of estimation method and sample size in multilevel structural equation modeling. *Statistica Neerlandica, 64,* 157−170.

Hox, J., van de Schoot, R., & Matthijsse, S. (2012). How few countries will do? Comparative survey analysis from a Bayesian perspective. *Survey Research Methods, 6,* 87−83.

Hox, J. J., Moerbeek, M., Kluytmans, A., & van de Schoot, R. (2014). Analyzing indirect effects in cluster randomized trials: The effect of estimation method, number of groups and group sizes on accuracy and power. *Frontiers in Psychology, 5.* (Feb.), 133−151.

Hox, J., van Buuren, S., & Jolani, S. (2016). Incomplete multilevel data: problems and solutions. In J. R. Harring, L. M. Stapleton, & S. N. Beretvas (Eds.), *Advances in multilevel modeling for educational research.* Charlotte, NC: Information Age Publishing.

Hu, F. B., Goldberg, J., Hedeker, D., Flay, B. R., & Pentz, M. A. (1998). Comparison of population-averaged and subject-specific approaches for analyzing repeated binary outcomes. *American Journal of Epidemiology, 147,* 694−703.

Huber, P. J. (1967). The behavior of maximum likelihood estimates under non-standard conditions. In *Proceedings of the fifth Berkeley symposium on mathematical statistics and probability.* Berkeley, CA: University of California Press.

Huedo-Medina, T. B., Sánchez-Meca, F., Marín-Martínez, F., & Botella, J. (2006). Assessing heterogeneity in meta-analysis: Q statistic or I2 index? *Psychological Methods, 11,* 193−206.

Hussey, M. A., & Hughes, J. P. (2007). Design and analysis of stepped wedge cluster randomized trials. *Contemporary Clinical Trials, 28*, 182–191.

IBM Corporation (2012). *SPSS IBM SPSS advanced statistics 21*. IBM.

Jaccard, J., Turrisi, R., & Wan, C. K. (1990). *Interaction effects in multiple regression*. Newbury Park, CA: Sage.

Jahn-Eimermacher, A., Ingel, K., & Schneider, A. (2013). Sample size in cluster-randomized trials with time to event as the primary endpoint. *Statistics in Medicine, 32*, 739–751.

Jak, S., Oort, F. J., & Dolan, C. V. (2013). A test for cluster bias: Detecting violations of measurement invariance across clusters in multilevel data. *Structural Equation Modeling, 20*, 265–282.

Jang, W., & Lim, J. (2009). A numerical study of PQL estimation biases in generalized linear mixed models under heterogeneity of random effects. *Communications in Statistics-Simulation and Computation, 38*, 692–702.

Johnson, A. R., van de Schoot, R., Delmar, F., & Crano, W. D. (2015). Social influence interpretation of interpersonal processes and team performance over time using Bayesian model selection. *Journal of Management, 41*, 574–606.

Johnson, D. R., & Creech, J. C. (1983). Ordinal measures in multiple indicator models: A simulation study of categorization error. *American Sociological Review, 48*, 398–407.

Jongerling, J., Laurenceau, J., & Hamaker, E. L. (2015). A multilevel AR(1) model: Allowing for interindividual differences in trait-scores, inertia, and innovation variance. *Multivariate Behavioral Research, 50*, 334–349.

Jöreskog, K. G., & Sörbom, D. (1989). *Lisrel 7: A guide to the program and applications*. Chicago, IL: SPSS Inc.

Kalaian, H. A., & Raudenbush, S. W. (1996). A multivariate mixed linear model for meta-analysis. *Psychological Methods, 1*, 227–235.

Kalaian, S. A., & Kasim, R. M. (2008). Multilevel methods for meta-analysis. In A. A. O'Connell & D. B. McCoach (Eds), *Multilevel modeling of educational data*. Charlotte, NC: Information Age Publishing, Inc.

Kamata, A. (2001). Item analysis by the hierarchical generalized linear model. *Journal of Educational Measurement, 38*, 79–93.

Kaplan, D. (1995). Statistical power in SEM. In R. H. Hoyle (Ed.), *Structural equation modeling: Concepts, issues, and applications.* Newbury Park, CA: Sage.

Kaplan, D. (2014). *Bayesian statistics for the social sciences.* New York: Guilford.

Kaplan, E. L., & Meier, P. (1958). Nonparametric estimation from incomplete observations. *Journal of the American Statistical Association, 53,* 457−481.

Kass, R. E., & Raftery, A. E. (1995). Bayes factors. *Journal of the American Statistical Association, 90*(430), 773−795.

Kauermann, G., & Carroll, R. J. (2001). A note on the efficiency of sandwich covariance matrix estimation. *Journal of the American Statistical Association, 96,* 1387−1396.

Kef, S., Habekothé, H. T., & Hox, J. J. (2000). Social networks of blind and visually impaired adolescents: Structure and effect on well-being. *Social Networks, 22,* 73−91.

Kendall, M. G. (1959). Hiawatha designs an experiment. *American Statistician, 13,* 23−24.

Kenny, D. A., Kashy, D. A., & Cook, W. L. (2006). *Dyadic data analysis.* New York: Guilford Press.

Kenward, M. G., & Roger, J. H. (1997). Small sample inference for fixed effects from restricted maximum likelihood. *Biometrics, 53,* 983−997.

Kieseppä, I.A. (2003). AIC and large samples. *Philosophy of Science, 70,* 1265−1276.

Kish, L. (1965). *Survey sampling.* New York: Wiley.

Kish, L. (1987). *Statistical design for research.* New York: Wiley.

Klein, K. J., & Kozlowski, S. W. J. (2000). From micro to meso: Critical steps in conceptualizing and conducting multilevel research. *Organizational Research Methods, 3,* 211−236.

Kline, R. B. (2015). *Principles and practice of structural equation modeling* (4th edition). New York: Guilford.

Konijn, E., van de Schoot, R., Winter, S., & Ferguson, C. J. (2015). Possible solution to publication bias through Bayesian statistics, including proper null hypothesis testing. *Communication Methods and Measures, 9,* 280−302.

Kreft, I. G. G. (1996). Are multilevel techniques necessary? An overview, including simulation studies. Unpublished Report, California State University, Los Angeles. Available at: https://eric.ed.gov/?q=Kreft&id=ED371033

Kreft, I. G. G., & de Leeuw, E. D. (1987). The see-saw effect: A multilevel problem? A reanalysis of some findings of Hox and de Leeuw. *Quality and Quantity, 22,* 127−

137.

Kreft, I. G. G., & de Leeuw, J. (1998). *Introducing multilevel modeling*. Newbury Park, CA: Sage.

Kreft, I. G. G., de Leeuw, J., & Aiken, L. (1995). The effect of different forms of centering in hierarchical linear models. *Multivariate Behavioral Research, 30*, 1−22.

Krüger, M. (1994). *Sekseverschillen in schoolleiderschap* [*Gender differences in school leadership*]. Alphen a/d Rijn: Samson.

Kruschke, J. K. (2011). Bayesian assessment of null values via parameter estimation and model comparison. *Perspectives on Psychological Science, 6*(3), 299−312.

LaHuis, D. M., & Ferguson, M. W. (2009). The accuracy of statistical tests for variance components is multilevel random coefficient modeling. *Organizational Research Methods, 12*, 418−435.

Lake, S., Kammann, E., Klar, N., & Betensky, R. A. (2002). Sample size re-estimation in cluster randomization trials. *Statistics in Medicine, 21*, 1337−1350.

Landau, S., & Stahl, D. (2013). Sample size and power calculations for medical studies by simulation when closed form expressions are not available. *Statistical Methods in Medical Research, 22*, 324−345.

Langford, I., & Lewis, T. (1998). Outliers in multilevel data. *Journal of the Royal Statistical Society, Series A, 161*, 121−160.

Lazarsfeld, P. F., & Menzel, H. (1961). On the relation between individual and collective properties. In A. Etzioni (Ed.), *Complex organizations: A sociological reader*. New York: Holt, Rhinehart & Winston.

Lee, A. H., Wang, K., Scott, J. A., Yau, K. K. W., & McLachlan, G. J. (2006). Multi-level zero-inflated Poisson regression modelling of correlated count data with excess zeros. *Statistical Methods in Medical Research, 15*, 47−61.

Leppik, I. E., Dreifuss, F. E., Porter, R., Bowman, T., Santilli, N., Jacobs, M., et al. (1987). A controlled study of progabide in partial seizures: Methodology and results. *Neurology, 37*, 963−968.

Lesaffre, E., & Spiessens, B. (2001). On the effect of the number of quadrature points in a logistic randomeffects model: An example. *Applied Statistics, 50*, 325−335.

Leyland, A. H. (2004). A review of multilevel modelling in SPSS. Retrieved September 2008 from www.bristol.ac.uk/cmm/learning/mmsoftware/spss.html

Liang, K., & Zeger, S. L. (1986). Longitudinal data analysis using generalized linear models. *Biometrika, 73,* 45–51.

Lindley, D. V., & Smith, A. F. M. (1972). Bayes estimates for the linear model. *Journal of the Royal Statistical Society, Series B, 34,* 1–41.

Lipsey, M. W., & Wilson, D. B. (2001). *Practical meta-analysis.* Thousand Oaks, CA: Sage.

Littell, R. C., Milliken, G. A., Stroup, W. W., & Wolfinger, R. D. (1996). *SAS system for mixed models.* Cary, NC: SAS Institute, Inc.

Little, R. J. A. (1995). Modeling the drop-out mechanism in repeated measures studies. *Journal of the American Statistical Association, 90,* 1112–1121.

Little, R. J. A., & Rubin, D. B. (1987). *Statistical analysis with missing data.* New York: Wiley.

Little, R. J. A., & Rubin, D. B. (1989). The treatment of missing data in multivariate analysis. *Sociological Methods and Research, 18,* 292–326.

Little, T. D. (2013). *Longitudinal structural equation modeling.* New York: Guilford.

Long, J. S. (1997). *Regression models for categorical and limited dependent variables.* Thousand Oaks, CA: Sage.

Long, J. S., & Ervin, L. H. (2000). Using heteroscedasticity consistent standard errors in the linear regression model. *The American Statistician, 54,* 217–224.

Longford, N. T. (1993). *Random coefficient models.* Oxford: Clarendon Press.

Lord, F. M., & Novick, M. R. (1968). *Statistical theories of mental test scores.* Reading, MA: Addison-Wesley.

Lunn, D. J., Thomas, A., Best, N., & Spiegelhalter, D. (2000) WinBUGS – a Bayesian modelling framework: Concepts, structure, and extensibility. *Statistics and Computing, 10,* 325–337.

Lunn, D., Spiegelhalter, D., Thomas, A., & Best, N. (2009). The BUGS project: Evolution, critique and future directions (with discussion). *Statistics in Medicine, 28,* 3049–3082.

Lunn, D., Best, N., Thomas, A., & Spiegelhalter, D. (2012). *The BUGS book: A practical introduction to Bayesian analysis.* New York, NY: Chapman & Hall.

Luo, W., & Kwok, O. (2009). The impacts of ignoring a crossed factor in analyzing cross-classified data. *Multivariate Behavioral Research, 44,* 182–212.

Luo, W., & Kwok, O. (2012). The consequences of ignoring individuals' mobility in multilevel growth models: A Monte Carlo study. *Journal of Educational and Behavioral Statistics, 27*, 31–46.

Luo, W., Cappaert, K. J., & Ning, L. (2015). Modelling partially cross-classified multilevel data. *British Journal of Mathematical & Statistical Psychology, 68*, 342–362.

Maas, C. J. M., & Hox, J. J. (2004a). Robustness issues in multilevel regression analysis. *Statistica Neerlandica, 58*, 127–137.

Maas, C. J. M., & Hox, J. J. (2004b). The influence of violations of assumptions on multilevel parameter estimates and their standard errors. *Computational Statistics and Data Analysis, 46*, 427–440.

Maas, C. J. M., & Hox, J. J. (2005). Sufficient sample sizes for multilevel modeling. *Methodology: European Journal of Research Methods for the Behavioral and Social Sciences, 1*, 85–91.

Maas, C. J. M., & Snijders, T. A. B. (2003). The multilevel approach to repeated measures with missing data. *Quality and Quantity, 37*, 71–89.

Macaskill, P., Walter, S. D., & Irwig, L. (2001). A comparison of methods to detect publication bias in metaanalysis. *Statistics in Medicine, 20*, 641–654.

MacKinnon, D. P. (2012). *Introduction to statistical mediation analysis.* New York: Erlbaum.

Manor, O., & Zucker, D. M. (2004), Small sample inference for the fixed effects in the mixed linear model. *Computational Statistics and Data Analysis, 46*, 801–817.

Maxwell, S. E. (1998). Longitudinal designs in randomized group comparisons: When will intermediate observations increase statistical power? *Psychological Methods, 3*, 275–290.

McCoach, D. B., & Black, A. C. (2008). Evaluation of model fit and adequacy. In A. A. O'Connell & D. B. McCoach (Eds.), *Multilevel modeling of educational data.* Charlotte, NC: Information Age Publishing.

McCullagh, P., & Nelder, J. A. (1989). *Generalized linear models* (2nd edition). London: Chapman & Hall.

McKelvey, R., & Zavoina, W. (1975). A statistical model for the analysis of ordinal level dependent variables. *Journal of Mathematical Sociology, 4*, 103–120.

McKnight, P. E., McKnight, K. M., Sidani, S., & Figueredo, A. J. (2007). *Missing data: A gentle introduction.* New York: Guilford Press.

McLelland, G. H., & Judd, C. M. (1993). Statistical difficulties in detecting interactions and moderator effects. *Psychological Bulletin, 114*, 376−390.

McNeish, D., & Stapleton, L. (2016). The effect of small sample size on two level model estimates: A review and illustration. *Educational Psychology Review, 26*, 295−314.

Mehta, P. D., & Neale, M. C. (2005). People are variables too: Multilevel structural equations modeling. *Psychological Methods, 10*, 259−284.

Mehta, P. D., & West, S. G. (2000). Putting the individual back into individual growth curves. *Psychological Methods, 5*, 23−43.

Menard, S. (1995). *Applied logistic regression analysis*. Thousand Oaks, CA: Sage.

Meredith, W., & Tisak, J. (1990). Latent curve analysis. *Psychometrika, 55*, 107−122.

Meuleman, B., & Billiet, J. (2009). A Monte Carlo sample size study: How many countries are needed for accurate multilevel SEM? *Survey Research Methods, 3*, 45−58.

Meuleman, B., Loosveldt, G., & Emonds, V. (2015). Regression analysis: assumptions and diagnostics. In H. Best & C. Wolf (Eds.), *The SAGE handbook of regression analysis and causal inference*. Thousand Oaks, CA: Sage.

Meyers, J. L., & Beretvas, S. N. (2006). The impact of inappropriate modeling of cross-classified data structures. *Multivariate Behavioral Research, 41*, 473−497.

Miyazaki, Y., & Raudenbush, S. W. (2000). Tests for linkage of multiple cohorts in an accelerated longitudinal design. *Psychological Methods, 5*, 44−53.

Moerbeek, M. (2005). Randomization of clusters versus randomization of persons within clusters: which is preferable? *The American Statistician, 59*, 72−78.

Moerbeek, M. (2011). The effects of the number of cohorts, degree of overlap among cohorts and frequency of observation on power in accelerated longitudinal designs. *Methodology, 7*, 11−24.

Moerbeek, M. (2012). Sample size issues for cluster randomized trials with discrete-time survival endpoints. *Methodology, 8*, 146−158.

Moerbeek, M., & Schormans, J. (2015). The effect of discretizing survival times in randomized controlled trials. *Methodology, 11*(2), 55−64.

Moerbeek, M., & Teerenstra, T. (2016). *Power analysis of trials with multilevel data*. New York: CRC Press.

Moerbeek, M., van Breukelen, G. J. P., & Berger, M. (2000). Design issues for experiments in multilevel populations. *Journal of Educational and Behavioral Statistics, 25*, 271−

284.

Moerbeek, M., van Breukelen, G. J. P., & Berger, M. (2001). Optimal experimental design for multilevel logistic models. *The Statistician, 50*, 17−30.

Moerbeek, M., van Breukelen, G. J. P., & Berger, M. P. F. (2003a). A comparison of estimation methods for multilevel logistic models. *Computational Statistics*, 18, 19−37.

Moerbeek, M., van Breukelen, G. J. P., & Berger, M. P. F. (2003b). A Comparison between traditional and multilevel regression for the analysis of multicenter intervention studies. *Journal of Clinical Epidemiology, 56*, 341−350.

Moghimbeigi, A., Eshraghian, M. R., Mohammad, K., & McArdle, B. (2008). Multilevel zero-inflated negative binomial regression modeling for over-dispersed count data with extra zeros. *Journal of Applied Statistics, 10*, 1193−1202.

Moineddin, R., Matheson, F. I., & Glazier, R. H. (2007). A simulation study of sample size for multilevel logistic regression models. *BMC Medical Research Methodology, 7*, 34.

Mok, M. (1995). Sample size requirements for 2−level designs in educational research. Unpublished manuscript. London: Multilevel Models Project, Institute of Education, University of London.

Mooney, C. Z., & Duval, R. D. (1993). *Bootstrapping. A nonparametric approach to statistical inference*. Newbury Park, CA: Sage.

Morey, R. D., & Rouder, J. N. (2011). Bayes factor approaches for testing interval null hypotheses. *Psychological Methods, 16*, 406−419.

Mosteller, F., & Tukey, J. W. (1977). *Data analysis and regression*. Reading, MA: Addison−Wesley.

Muthén, B. (1989). Latent variable modeling in heterogeneous populations. *Psychometrika, 54*, 557−585.

Muthén, B. O. (1991a). Analysis of longitudinal data using latent variable models with varying parameters. In L. C. Collins & J. L. Horn (Eds.), *Best methods for the analysis of change*. Washington, DC: American Psychological Association.

Muthén, B. O. (1991b). Multilevel factor analysis of class and student achievement components. *Journal of Educational Measurement, 28*, 338−354.

Muthén, B. O. (1994). Multilevel covariance structure analysis. *Sociological Methods and Research, 22*, 376−398.

Muthén, B. O. (1997). Latent growth modeling with longitudinal and multilevel data. In A. E. Raftery (Ed.), *Sociological methodology, 1997*. Boston, MA: Blackwell. Available at: http://www.statmodel.com/papers_date.shtml

Muthén, B. O., & Kaplan, D. (1985). A comparison of some methodologies for the factor analysis of nonnormal Likert variables. *British Journal of Mathematical and Statistical Psychology, 38*, 171–189.

Muthén, L. K., & Muthén, B. O. (1998–2015). *Mplus user's guide*. Los Angeles, CA: Muthén & Muthén.

Muthén, L. K., & Muthén, B. O. (2002). How to use a Monte Carlo study to decide on sample size and determine power. *Structural Equation Modeling, 9*, 599–620.

Muthén, B., du Toit, S. H. C., & Spisic, D. (1997). Robust inference using weighted least squares and quadratic estimating equations in latent variable modeling with categorical and continuous outcomes. Accessed May 2007 at: http://www.statmodel.com.

Nam, I.-S., Mengersen, K., & Garthwaite, P. (2003). Multivariate meta-analysis. *Statistics in Medicine, 22*, 2309–2333.

Nevitt, J., & Hancock, G. R. (2001). Performance of bootstrapping approaches to model test statistics and parameter standard error estimation in structural equation modeling. *Structural Equation Modeling, 8*(3), 353–377.

Normand, S.-L. (1999). Tutorial in biostatistics. Meta-analysis: formulating, evaluating, combining, and reporting. *Statistics in Medicine, 18*, 321–359.

Norusis, M. (2012). *IBM Statistics 19 Advanced statistical procedures companion*. London/New York: Pearson.

Novick, M. R., & Jackson, P. H. (1974). *Statistical methods for educational and psychological research*. New York: McGraw-Hill.

Nunnally, J. C., & Bernstein, I. H. (1994). *Psychometric theory*. New York: McGraw-Hill.

O'Brien, R. G., & Kaiser, M. K. (1985). MANOVA method for analyzing repeated measures designs: An extensive primer. *Psychological Bulletin, 97*, 316–333.

Olsson, U. (1979). On the robustness of factor analysis against crude classification of the observations. *Multivariate Behavioral Research, 14*, 485–500.

O'Muircheartaigh, C., & Campanelli, P. (1999). A multilevel exploration of the role of interviewers in survey non-response. *Journal of the Royal Statistical Society, Series A, 162*, 437–446.

Paccagnella, O. (2006). Centering or not centering in multilevel models? *Evaluation Review, 30*, 66–85.

Paccagnella, O. (2011). Sample size and accuracy of estimates in multilevel models. New simulation results. *Methodology, 7*, 111–120

Pan, H., & Goldstein, H. (1998). Multilevel repeated measures growth modeling using extended spline functions. *Statistics in Medicine, 17*, 2755–2770.

Paterson, L. (1998). Multilevel multivariate regression: An illustration concerning school teachers' perception of their pupils. *Educational Research and Evaluation, 4*, 126–142.

Pawitan, Y. (2000). A reminder of the fallibility of the Wald statistic: Likelihood explanation. *American Statistician, 54*(1), 54–56.

Paxton, P., Curran, P. J., Bollen, K. A., Kirby, J., & Chen, F. (2001). Monte Carlo experiments: Design and implementation. *Structural Equation Modeling, 8*, 287–312.

Pedhazur, E. J. (1997). *Multiple regression in behavioral research: Explanation and prediction.* Fort Worth, TX: Harcourt.

Pendergast, J., Gange, S., Newton, M., Lindstrom, M., Palta, M., & Fisher, M. (1996). A survey of methods for analyzing clustered binary response data. *International Statistical Review, 64*(1), 89–118.

Peugh, J. L., & Enders, C. K. (2005). Using the SPSS mixed procedure to fit cross-sectional and longitudinal multilevel models. *Educational and Psychological Measurement, 65*, 714–741.

Pickery, J., & Loosveldt, G. (1998). The impact of respondent and interviewer characteristics on the number of 'no opinion' answers. *Quality and Quantity, 32*, 31–45.

Pickery, J., Loosveldt, G., & Carton, A. (2001). The effects of interviewer and respondent characteristics on response behavior in panel-surveys: A multilevel approach. *Sociological Methods and Research, 29*(4), 509–523.

Plewis, I. (2001). Explanatory models for relating growth processes. *Multivariate Behavior Research, 36*, 207–225.

Preacher, K. J., Curran, P. J., & Bauer, D. J. (2006). Computational tools for probing interactions in multiple linear regression, multilevel modeling, and latent curve analysis. *Journal of Educational and Behavioral Statistics, 31*, 437–448.

R Core Team (2014). R: A language and environment for statistical computing. Vienna: R Foundation for Statistical Computing. Available: http://www.R-project.org/.

Rabe-Hesketh, S., & Skrondal, A. (2008). *Multilevel and longitudinal modeling using stata* (2nd edition). College Station, TX: Stata Press.

Rabe-Hesketh, S., Skrondal, A., & Pickles, A. (2004). GLLAMM manual. U.C. Berkeley Division of Biostatistics Working Paper Series. Working Paper 160. Accessed May 2009 at: http://www.gllamm. org/docum.html.

Rabe-Hesketh, S., Skrondal, A., & Zheng, X. (2007). Multilevel structural equation modeling. In S.-Y. Lee (Ed.), *Handbook of latent variable and related models*. Amsterdam: Elsevier.

Raftery, A. E., & Lewis, S. M. (1992). How many iterations in the Gibbs sampler? In J. M. Bernardo, J. O. Berger, A. P. Dawid, & A. F. M. Smith (Eds.), *Bayesian statistics 4*. Oxford: Oxford University Press.

Rasbash, J., & Goldstein, H. (1994). Efficient analysis of mixed hierarchical and cross-classified random structures using a multilevel model. *Journal of Educational and Behavioral Statistics, 19*(4), 337–350.

Rasbash, J., Steele, F., Browne, W. J., & Goldstein, H. (2015). *A user's guide to MLwiN, Version 2.33*. Bristol: Centre for Multilevel Modelling, University of Bristol. Accessed March 2016 at www.bristol.ac.uk/cmm/software/mlwin/download/manuals.html

Raudenbush, S. W. (1993a). Hierarchical linear models as generalizations of certain common experimental designs. In L. Edwards (Ed.), *Applied analysis of variance in behavioral science*. New York: Marcel Dekker.

Raudenbush, S. W. (1993b). A crossed random effects model for unbalanced data with applications in cross-sectional and longitudinal research. *Journal of Educational Statistics, 18*(4), 321–349.

Raudenbush, S. W. (1997). Statistical analysis and optimal design for cluster randomized trials. *Psychological Methods, 2*(2), 173–185.

Raudenbush, S. W. (2008). Many small groups. In J. de Leeuw & E. Meyer (Eds.), *Handbook of multilevel analysis*. New York: Springer.

Raudenbush, S., & Bhumirat, C. (1992). The distribution of resources for primary education and its consequences for educational achievement in Thailand.

International Journal of Educational Research, 17, 143−164.

Raudenbush, S. W., & Bryk, A. S. (2002). *Hierarchical linear models* (2nd edition). Thousand Oaks, CA: Sage.

Raudenbush, S. W., & Chan, W.−S. (1993). Application of a hierarchical linear model to the study of adolescent deviance in an overlapping cohort design. *Journal of Consulting and Clinical Psychology, 61*, 941−951.

Raudenbush, S. W., & Liu, X. (2000). Statistical power and optimal design for multisite randomized trials. *Psychological Methods, 5*(2), 199−213.

Raudenbush, S. W., & Sampson, R. (1999). Assessing direct and indirect associations in multilevel designs with latent variables. *Sociological Methods and Research, 28*, 123−153.

Raudenbush, S. W., & Willms, J. D. (Eds.). (1991). *Schools, classrooms, and pupils: International studies of schooling from a multilevel perspective.* New York: Academic Press.

Raudenbush, S. W., Martinez, A., & Spybrook, J. (2007). Strategies for improving precision in group-randomized experiments. *Educational Evaluation and Policy Analysis, 29*(1), 5−29.

Raudenbush, S. W., Rowan, B., & Kang, S. J. (1991). A multilevel, multivariate model for studying school climate with estimation via the EM algorithm and application to U.S. high-school data. *Journal of Educational Statistics, 16*(4), 295−330.

Raudenbush, S. W., Yang, M. −L., & Yosef, M. (2000). Maximum likelihood for generalized linear models with nested random effects via high-order, multivariate Laplace approximation. *Journal of Computational and Graphical Statistics, 9*, 141−157.

Raudenbush, S. E., Bryk, A. W., Cheongh, Y. F., Congdon, R., & Du Toit, M. (2011). *HLM 7. Hierarchical linear & nonlinear modeling.* Lincolnwood, IL: Scientific Software International, Inc.

Reardon, S. F., Brennan, R., & Buka, S. I. (2002). Estimating multi-level discrete-time hazard models using cross-sectional data: Neighborhood effects on the onset of cigarette use. *Multivariate Behavioral Research, 37*, 297−330.

Rhemtulla, M., Brosseau-Liard, P., & Savalei, V. (2012). When can categorical variables be treated as continuous? A comparison of robust continuous and categorical SEM estimation methods under suboptimal conditions. *Psychological Methods, 17*,

354-373.

Rietbergen, C., & Moerbeek, M. (2011). The design of cluster randomized crossover trials. *Journal of Educational and Behavioral Statistics, 36,* 472-490.

Rijmen, F., Tuerlinckx, F., de Boeck, P., & Kuppens, P. (2003). A nonlinear mixed model framework for item response theory. *Psychological Methods, 8,* 185-205.

Riley, R. D., Thompson, J. R., & Abrams, K. R. (2008). An alternative model for bivariate random-effects meta-analysis when the within-study correlations are unknown. *Biostatistics, 9,* 172-186.

Robinson, W. S. (1950). Ecological correlations and the behavior of individuals. *American Sociological Review, 15,* 351-357.

Rodriguez, G., & Goldman, N. (1995). An assessment of estimation procedures for multilevel models with binary responses. *Journal of the Royal Statistical Society, Series A, 158,* 73-90.

Rodriguez, G., & Goldman, N. (2001). Improved estimation procedures for multilevel models with a binary response: A case study. *Journal of the Royal Statistical Society, Series A, 164,* 339-355.

Romano, J. L., Kromrey, J. D., & Hibbard, S. T. (2010). A Monte Carlo study of eight confidence interval methods for coefficient alpha. *Educational and Psychological Measurement, 70,* 376-393.

Romano, J. L., Kromrey, J. D., Owens, C. M., & Scott, H. M. (2011). Confidence interval methods for coefficient alpha on the basis of discrete, ordinal response items: which one, if any, is the best? *Journal of Experimental Education, 79,* 382-403.

Rosenthal, R. (1991). *Meta-analytic procedures for social research.* Newbury Park, CA: Sage.

Rosenthal, R. (1994). Parametric measures of effect size. In H. Cooper & L. V. Hedges (Eds), *The handbook of research synthesis.* New York: Russell Sage Foundation.

Rubin, D. B. (1987). *Multiple imputation for nonresponse in surveys.* New York: Wiley.

Ryu, E. (2014). Model fit evaluation in multilevel structural equation models. *Frontiers in Psychology, 5,* article 81, doi: 10.3389/fpsyg.2014.00081

Sammel, M., Lin, X., & Ryan, L. (1999). Multivariate linear mixed models for multiple outcomes. *Statistics in Medicine, 18,* 2479-2492.

Sampson, R., Raudenbush, S. W., & Earls, T. (1997). Neigborhoods and violent crime: A multilevel study of collective efficacy. *Science, 227*, 918−924.

Sánchez-Meca, J., & Marín-Martínez, F. (1997). Homogeneity tests in meta analysis: A Monte Carlo comparison of statistical power and type I error. *Quality and Quantity, 31*, 385−399.

Satterthwaite, F. E. (1946). An approximate distribution of estimates of variance components. *Biometrika Bulletin, 2*, 110−114.

Schall, R. (1991). Estimation in generalized linear models with random effects. *Biometrika, 78*, 719−727.

Schijf, B., & Dronkers, J. (1991). De invloed van richting en wijk op de loopbanen in de lagere scholen van de stad Groningen [The effect of denomination and neighborhood on education in basic schools in the city of Groningen in 1971]. In I. B. H. Abram, B. P. M. Creemers, & A. van der Ley (Eds.), *Onderwijsresearchdagen 1991: Curriculum*. Amsterdam: University of Amsterdam, SCO.

Schmidt, F. L., & Hunter, J. E. (2015). *Methods of meta-analysis* (3rd edition). Newbury Park, CA: Sage.

Schulze, R. (2008). *Meta-analysis, a comparison of approaches*. Göttingen: Hogrefe & Huber.

Schunck, R. (2016). Cluster size and aggregated level 2 variables in multilevel models. A cautionary note. *Methods, Data, Analyses, 10*, 97−108.

Schwarz, G. (1978). Estimating the dimension of a model. *Annals of Statistics, 6*, 461−464.

Seaman III, J. W., Seaman Jr, J. W., & Stamey, J. D. (2012). Hidden dangers of specifying noninformative priors. *The American Statistician, 66*, 77−84.

Searle, S. R., Casella, G., & McCulloch, C. E. (1992). *Variance components*. New York: Wiley.

Sellke, T., Bayarri, M. J., & Berger, J. O. (2001). Calibration of p values for testing precise null hypotheses. *The American Statistician, 55*, 62−71.

Shrout, P. E., & Fleiss, J. L. (1979). Intraclass correlation: Uses in assessing rater reliability. *Psychological Bulletin, 86*, 420−428.

Siddiqui, O., Hedeker, D., Flay, B. R., & Hu, F. B. (1996). Intraclass correlation estimates in a school-based smoking prevention study: Outcome and mediating variables, by gender and ethnicity. *American Journal of Epidemiology, 144*, 425−433.

Singer, J. D. (1998). Using SAS PROC MIXED to fit multilevel models, hierarchical models, and individual growth models. *Journal of Educational and Behavioral Statistics, 23*,

323−355.

Singer, J. D., & Willett, J. B. (2003). *Applied longitudinal data analysis: Modeling change and event occurrence.* Oxford: Oxford University Press.

Skinner, C. J., Holt, D., & Smith, T. M. F. (Eds.). (1989). *Analysis of complex surveys.* New York: Wiley.

Skrondal, A. (2002). Design and analysis of Monte Carlo experiments: Attacking the conventional wisdom. *Multivariate Behavioral Research, 35,* 137−167.

Skrondal, A., & Rabe-Hesketh, S. (2004). *Generalized latent variable modeling: Multilevel, longitudinal and structural equation models.* Boca Raton, FL: Chapman & Hall/CRC.

Skrondal, A., & Rabe-Hesketh, S. (2007). Redundant overdispersion parameters in multilevel models for categorical responses. *Journal of Educational and Behavioral Statistics, 32,* 419−430.

Smith, T. C., Spiegelhalter, D., & Thomas, A. (1995). Bayesian approaches to random-effects meta-analysis: A comparative study. *Statistics in Medicine, 14,* 2685−2699.

Snijders, T. A. B. (1996). Analysis of longitudinal data using the hierarchical linear model. *Quality and Quantity, 30,* 405−426.

Snijders, T. A. B., & Bosker, R. (1993). Standard errors and sample sizes for two-level research. *Journal of Educational Statistics, 18,* 237−259.

Snijders, T. A. B., & Bosker, R. (1994). Modeled variance in two-level models. *Sociological Methods and Research, 22,* 342−363.

Snijders, T. A. B., & Bosker, R. (2011). *Multilevel analysis. An introduction to basic and advanced multilevel modeling* (2nd edition). Thousand Oaks, CA: Sage.

Snijders, T. A. B., & Bosker, R. J. (2012). *Multilevel analysis* (2nd edition). Los Angeles, CA: Sage.

Snijders, T. A. B., & Kenny, D. A. (1999). Multilevel models for relational data. *Personal Relationships, 6,* 471−486.

Snijders, T. A. B., Spreen, M., & Zwaagstra, R. (1994). Networks of cocaine users in an urban area: The use of multilevel modelling for analysing personal networks. *Journal of Quantitative Anthropology, 5,* 85−105.

Spiegelhalter, D. J., Best, N. G., Carlin, B. P., & van der Linde, A. (2002). Bayesian measures of model complexity and fit. *Journal of the Royal Statistical Society, Series B, 64,* 583−639.

Spreen, M., & Zwaagstra, R. (1994). Personal network sampling, outdegree analysis and multilevel analysis: Introducing the network concept in studies of hidden populations. *International Sociology, 9*, 475–491.

Spybrook, J., Bloom, H., Congdon, R., Hill, C., Martinez, A., & Raudenbush, S. (2011). Optimal design plus empirical evidence: Documentation for the optimal design software. Accessed October 2016 at http://wtgrantfoundation.org/resource/optimal-design-with-empirical-information-od

Steiger, J. H. (1980). Tests for comparing elements of a correlation matrix. *Psychological Bulletin, 87*, 245–251.

Sterne, J. A. C., & Egger, M. (2005). Regression methods to detect publication and other bias in meta-analysis. In H. R. Rothstein, A. J. Sutton, & M. Borenstein (Eds.), *Publication bias in meta-analysis*. New York: Wiley.

Sterne, J. A. C., Becker, B. J., & Egger, M. (2005). The funnel plot. In H. R. Rothstein, A. J. Sutton, & M. Borenstein (Eds.), *Publication bias in meta-analysis*. New York: Wiley.

Stevens, J. (2009). *Applied multivariate statistics for the social sciences*. New York: Routledge.

Stinchcombe, A. L. (1968). *Constructing social theories*. New York: Harcourt.

Stine, R. (1989). An introduction to bootstrap methods. *Sociological Methods and Research, 18*(2–3), 243–291.

Stoel, R., & van den Wittenboer, G. (2001). Prediction of initial status and growth rate: Incorporating time in linear growth curve models. In J. Blasius, J. Hox, E. de Leeuw, & P. Schmidt (Eds.), *Social science methodology in the new millennium. Proceedings of the fifth international conference on logic and methodology*. Opladen: Leske + Budrich.

Stoel, R. D., Galindo, F., Dolan, C., & van den Wittenboer, G. (2006). On the likelihood ratio test when parameters are subject to boundary constraints. *Psychological Methods, 11*(4), 439–455.

Sullivan, L. M., Dukes, K. A., & Losina, E. (1999). An introduction to hierarchical linear modeling. *Statistics in Medicine, 18*, 855–888.

Sutton, A. J., Abrams, K. R., Jones, D. R., Sheldon, T. A., & Song, F. (2000). *Methods for meta-analysis in medical research*. New York: Wiley.

Tabachnick, B. G., & Fidell, L. S. (2013). *Using multivariate statistics*. New York: Pearson.

Tanner, M. A., & Wong, W. H. (1987). The calculation of posterior distribution by data augmentation [with discussion]. *Journal of the American Statistical Association, 82*, 528–550.

Tate, R. L., & Hokanson, J. E. (1993). Analyzing individual status and change with hierarchical linear models: Illustration with depression in college students. *Journal of Personality, 61*, 181–206.

Theall, K. P., Scribner, R., Broyles, S, Yu, Q., Chotalia, J., Simonsen, N., Schonlau, M., & Carlin, B. P. (2011). Impact of small group size on neighbourhood influences in multilevel models. *Journal of Epidemiology and Community Health, 65*, 688–695.

Thomas, L. (1997). Retrospective power analysis. *Conservation Biology, 11*, 276–280.

Tucker, C., & Lewis, C. (1973). A reliability coefficient for maximum likelihood factor analysis. *Psychometrika, 38*, 1–10.

Turner, R. M., Omar, R. Z., Yang, M., Goldstein, H., & Thompson, S. G. (2000). A multilevel model framework for meta-analysis of clinical trials with binary outcomes. *Statistics in Medicine, 19*, 3417–3432.

Van Buuren, S., & Groothuis-Oudshoorn, K. (2011). MICE: Multivariate imputation by chained equations. *R. Journal of Statistical Software, 45*, 1–67.

Van Breukelen, G. J. P., Candel, M. J. J. M., & Berger, M. P. F. (2007). Relative efficiency of unequal versus equal cluster sizes in cluster randomized and multicentre trials. *Statistics in Medicine, 26*, 2589–2603.

Van der Leeden, R., & Busing, F. (1994). First iteration versus IGLS/RIGLS estimates in two-level models: A Monte Carlo study with ML3. Unpublished manuscript. Leiden: Department of Psychometrics and Research Methodology, Leiden University.

Van der Leeden, R., Busing, F., & Meijer, E. (1997). Applications of bootstrap methods for two-level models. Paper, Multilevel Conference, Amsterdam, April 1–2, 1997.

Van der Leeden, R., Meijer, E., & Busing, F., (2008). Resampling multilevel models. In J. de Leeuw & E. Meijer (Eds.), *Handbook of multilevel analysis*. New York: Springer.

van de Schoot, R., Lugtig, P., & Hox, J. J. (2012). A checklist for testing measurement invariance. *European Journal of Developmental Psychology, 9*, 486–492.

van de Schoot, R., Verhoeven, M., & Hoijtink, H. (2013). Bayesian evaluation of informative hypotheses in SEM using Mplus: A black bear story. *European Journal of Developmental Psychology, 10*, 81–98.

van de Schoot, R., Kaplan, D., Denissen, J., Asendorpf, J. B., Neyer, F. J., & van Aken, M. A. G. (2014). A gentle introduction to Bayesian analysis: Applications to developmental research. *Child Development, 85*(3), 842−860.

van de Schoot, R., Broere, J., Perryck, K., Zondervan-Zwijnenburg, M., & van Loey, N. (2015). Analyzing small data sets using Bayesian estimation: The case of posttraumatic stress symptoms following mechanical ventilation in burn survivors. *European Journal of Psychotraumatology, 6.* doi: 10.3402/ejpt.v6.25216.

van de Schoot, R., Winter, S., Ryan, O., Zondervan-Zwijnenburg, M., & Depaoli, S. (2017). A systematic review of Bayesian papers in psychology: The last 25 years. *Psychological Methods, 22*, 217−239.

Van Duijn, M. A. J., van Busschbach, J. T., & Snijders, T. A. B. (1999). Multilevel analysis of personal networks as dependent variables. *Social Networks, 21*, 187−209.

Van Houwelingen, H. C., Arends, L. R., & Stijnen, T. (2002). Advanced methods in meta-analysis: Multivariate approach and meta-regression. *Statistics in Medicine, 21*, 589−624.

Van Peet, A. A. J. (1992). De potentieeltheorie van intelligentie [The potentiality theory of intelligence], PhD thesis, University of Amsterdam.

Van Schie, S., & Moerbeek, M. (2014). Re-estimating sample size in cluster randomised trials with active recruitment within clusters. *Statistics in Medicine, 33*, 3253−3268.

Vandenberg, R. J., & Lance, C. E. (2000). A review and synthesis of the measurement invariance literature: Suggestions, practices, and recommendations for organizational research. *Organizational Research Methods, 3*, 4−70.

Verbeke, G., & Lesaffre, E. (1997). The effect of misspecifying the random-effects distribution in linear mixed models for longitudinal data. *Computational Statistics and Data Analysis, 23*, 541−556.

Verbeke, G., & Molenberghs, G. (2000). *Linear mixed models for longitudinal data.* Berlin: Springer.

Verhagen, A. J., & Fox, J. P. (2012). Bayesian tests of measurement invariance. *The British Journal of Mathematical and Statistical Psychology, 66*, 383−401.

Villar, J., Mackey, M. E., Carroli, G., & Donner, A. (2001). Meta-analyses in systematic reviews of randomized controlled trials in perinatal medicine: Comparison of fixed and random effects models. *Statistics in Medicine, 20*, 3635−3647.

Vink, G., Lazendic G., & van Buuren, S. (2015). Partitioned predictive mean matching as a multilevel imputation technique. *Psychological Test and Assessment Modeling, 57*, 577–594.

Wald, A. (1943). Tests of statistical hypotheses concerning several parameters when the number of observations is large. *Transactions of the American Mathematical Society, 54*, 426–482.

Walsh, J. E. (1947). Concerning the effect of intraclass correlation on certain significance tests. *Annals of Mathematical Statistics, 18*, 88–96.

Wasserman, S., & Faust, K. (1994). *Social network analysis*. Cambridge: Cambridge University Press.

West, B. T., Welch, K. B., & Gatecki, A. T. (2007). *Linear mixed models*. Boca Raton, FL: Chapman & Hall.

White, H. (1982). Maximum likelihood estimation of misspecified models. *Econometrica, 50*, 1–25.

Whitt, H. P. (1986). The sheaf coefficient: A simplified and expanded approach. *Social Science Research, 15*, 175–189.

Willett, J. B. (1989). Some results on reliability for the longitudinal measurement of change: Implications for the design of studies of individual growth. *Educational and Psychological Measurement, 49*, 587–602.

Wolfinger, R.W. (1993). Laplace's approximation for nonlinear mixed models. *Biometrika, 80*, 791–795.

Woodruff, S. I. (1997). Random-effects models for analyzing clustered data from a nutrition education intervention. *Evaluation Review, 21*, 688–697.

Wright, D. B. (1997). Extra-binomial variation in multilevel logistic models with sparse structures. *British Journal of Mathematical and Statistical Psychology, 50*, 21–29.

Wright, S. (1921). Correlation and causation. *Journal of Agricultural Research, 20*, 557–585.

Yuan, K.–H., & Hayashi, K. (2005). On Muthén's maximum likelihood for two-level covariance structure models. *Psychometrika, 70*, 147–167.

Yung, Y.–F., & Chan, W. (1999). Statistical analyses using bootstrapping: Concepts and implementation. In R. Hoyle (Ed.). *Statistical strategies for small sample research*. Thousand Oaks, CA: Sage.

인명

A

Asparouhov, T.   419

B

Bosker, R. J.   106, 108

C

Capaldi, D. M.   236

Cohen, J.   479

D

de Leeuw, J.   54

Dedrick, R. F.   471

Depaoli, S.   67

DiPrete, T. A.   48

Dronkers, J.   440, 448

E

Enders, C.   93, 113

F

Forristal, J. D.   48

G

Gatecki, A. T.   83

Goldstein, H.   54

H

Hamaker, E. L.   77

Hoffman, L.   157

내용

저자 소개

Joop J. Hox

네덜란드 Utrecht 대학교 명예교수 (사회과학 통계)

Mirjam Moerbeek

네덜란드 Utrecht 대학교 교수 (사회과학 통계)

Rens van de Schoot

네덜란드 Utrecht 대학교 교수 (베이지언 통계)

역자 소개

김준엽 (Junyeop Kim)

홍익대학교 교육학과 교수

서울대학교 교육학과 및 동 대학원을 졸업하고 UCLA에서 교육측정 및 평가, 사회연구 방법론으로 박사학위를 수여받았다. 주요 연구관심사는 다층모형, 구조방정식모형 및 인과효과 추론이다.

박현정 (Hyun-Jeong Park)

서울대학교 교육학과 교수

서울대학교 교육학과 및 동 대학원을 졸업하고 University of Minnesota에서 교육측정 및 평가, 양적 연구방법론으로 박사학위를 수여받았다. 주요 연구관심사는 다층모형, 구조방정식모형, 교육 빅데이터 분석 등이다.

신혜숙 (Hye Sook Shin)

강원대학교 교육학과 교수

서울대학교 교육학과 및 동 대학원을 졸업하고 UCLA에서 교육평가 및 사회연구방법론으로 박사학위를 수여받았다. 주요 연구관심사는 다층모형과 구조방정식 모형을 활용한 주요 교육정책의 평가 및 학교효과의 추정이다.

다층모형분석(원서 3판)
- 기법과 적용 -
Multilevel Analysis: Techniques and Applications (3rd ed.)

2023년 3월 15일 1판 1쇄 인쇄
2023년 3월 20일 1판 1쇄 발행

지은이 • Joop J. Hox · Mirjam Moerbeek · Rens van de Schoot
옮긴이 • 김준엽 · 박현정 · 신혜숙
펴낸이 • 김진환
펴낸곳 • (주) **학지사**
　　　　　　04031 서울특별시 마포구 양화로 15길 20 마인드월드빌딩
대표전화 • 02)330-5114　　　　팩스 • 02)324-2345
등록번호 • 제313-2006-000265호

홈페이지 • http://www.hakjisa.co.kr
페이스북 • https://www.facebook.com/hakjisabook

ISBN 978-89-997-2850-1 93310
정가 25,000원

역자와의 협약으로 인지는 생략합니다.
파본은 구입처에서 교환해 드립니다.

출판미디어기업 **학지사**
간호보건의학출판 **학지사메디컬** www.hakjisamd.co.kr
심리검사연구소 **인싸이트** www.inpsyt.co.kr
학술논문서비스 **뉴논문** www.newnonmun.com
교육연수원 **카운피아** www.counpia.com